教育部 财政部职业院校教师素质提高计划研究成果
《设施农业科学与工程》专业职教师资培养标准、培养方案、核心课程和特色教材开发（VTNE058）

中职教师培养资源开发研究

——以设施农业科学与工程专业为例

宋士清　刘桂智　宁永红　王久兴

武春成　杨　靖　贺桂欣　路宝利　　著

科学出版社

北　京

内容简介

本书是教育部、财政部职业院校教师素质提高计划"《设施农业科学与工程》专业职教师资培养标准、培养方案、核心课程和特色教材开发"项目（VTNE058）的研究成果。全书共10章，系统、详细、全面、深入地介绍了项目研发的背景、目的、意义、定位、原则、团队、组织、思想、思路、内容、过程、结果、成果、效果和经验等，是一本不可多得的职教师资培养资源开发研究专著。

本书可供普通高等院校、中高等职业院校教学与科研人员阅读、参考，也可作为教育学、农学相关专业博士研究生、硕士研究生的教材或参考用书。

图书在版编目（CIP）数据

中职教师培养资源开发研究——以设施农业科学与工程专业为例 / 宋士清等著. —北京：科学出版社，2017.11

教育部 财政部职业院校教师素质提高计划研究成果

ISBN 978-7-03-055122-1

Ⅰ.①中… Ⅱ.①宋… Ⅲ.①中等专业学校 - 设施农业 - 师资培养 - 高等学校 - 教材 Ⅳ.① S62

中国版本图书馆 CIP 数据核字（2017）第 268741 号

责任编辑：丛 楠 赵晓静 / 责任校对：王晓茜 贾娜娜
责任印制：吴兆东 / 封面设计：铭轩堂

科 学 出 版 社 出版

北京东黄城根北街16号
邮政编码：100717
http://www.sciencep.com

北京京华虎彩印刷有限公司 印刷

科学出版社发行 各地新华书店经销

*

2017 年 11 月第 一 版 开本：787×1092 1/16
2018 年 1 月第二次印刷 印张：24 1/4
字数：554 000

定价：98.00 元

（如有印装质量问题，我社负责调换）

序 一

《国家中长期教育改革和发展规划纲要（2010—2020 年）》颁布实施以来，我国职业教育进入加快构建现代职业教育体系、全面提高技能型人才培养质量的新阶段。加快发展现代职业教育，实现职业教育改革发展新跨越，对职业学校"双师型"教师队伍建设提出了更高的要求。为此，教育部明确提出，要以推动教师专业化为引领，以加强"双师型"教师队伍建设为重点，以创新制度和机制为动力，以完善培养培训体系为保障，以实施素质提高计划为抓手，统筹规划，突出重点，改革创新，狠抓落实，切实提升职业院校教师队伍的整体素质和建设水平，加快建成一支师德高尚、素质优良、技艺精湛、结构合理、专兼结合的专业化"双师型"教师队伍，为建设具有中国特色、世界水平的现代职业教育体系提供强有力的师资保障。

目前，我国共有 60 余所高校正在开展职教师资培养，但教师培养标准的缺失和培养课程资源的匮乏，制约了"双师型"教师培养质量的提高。为完善教师培养标准和课程体系，教育部、财政部在"职业院校教师素质提高计划"框架内专门设置了职教师资培养资源开发项目，中央财政划拨 1.5 亿元，系统开发用于本科专业职教师资培养标准、培养方案、核心课程和特色教材等系列资源。其中，包括 88 个专业项目，12 个资格考试制度开发等公共项目。该项目由 42 所开设职业技术师范专业的高等学校牵头，组织近千家科研院所、职业学校、行业企业共同研发，一大批专家学者、优秀校长、一线教师、企业工程技术人员参与其中。

经过 3 年的努力，培养资源开发项目取得了丰硕成果。一是开发了中等职业学校88 个专业（类）职教师资本科培养资源项目，内容包括专业教师标准、专业教师培养标准、评价方案，以及一系列专业课程大纲、主干课程教材及数字化资源；二是取得了 6 项公共基础研究成果，内容包括职教师资培养模式、国际职教师资培养、教育理论课程、质量保障体系、教学资源中心建设和学习平台开发等；三是完成了 18 个专业大类职教师资资格标准及认证考试标准开发。上述成果，共计 800 多本正式出版物。总体来说，培养资源开发项目实现了高效益：形成了一大批资源，填补了相关标准和资源的空白；凝聚了一支研发队伍，强化了教师培养的"校—企—校"协同；引领了一批高校的教学改革，带动了"双师型"教师的专业化培养。职教师资培养资源开发项目是支撑专业化培养的一项系统化、基础性工程，是加强职教教师培养培训一体化建设的关键环节，也是对职教师资培养培训基地教师专业化培养实践、教师教育研究能力的系统检阅。

自 2013 年项目立项开题以来，各项目承担单位、项目负责人及全体开发人员做了大量深入细致的工作，结合职教教师培养实践，研发出很多填补空白、体现科学性和前瞻性的成果，有力推进了"双师型"教师专门化培养向更深层次发展。同时，专家指导委员会的各位专家以及项目管理办公室的各位同志，克服了许多困难，按照两部对项目开发工作的总体要求，为实施项目管理、研发、检查等投入了大量时间和心血，也为各个项目提供了专业的咨询和指导，有力地保障了项目实施和成果质量。在此，我们一并表示衷心的感谢。

教育部 财政部职业院校教师素质
提高计划成果系列丛书编写委员会
2016 年 3 月

序　二

《国家中长期教育改革和发展规划纲要（2010—2020年）》发布之后，为进一步推动和加强职业院校教师队伍建设，促进职业教育科学发展，教育部、财政部于2011～2015年实施了职业院校教师素质提高计划，在目标任务中明确提出开发100个职教师资本科专业的培养标准、培养方案、核心课程和特色教材，以便完善适应教师专业化要求的职教师资培养培训体系。河北科技师范学院宋士清教授主持的"《设施农业科学与工程》专业职教师资培养标准、培养方案、核心课程和特色教材开发"项目即其中之一。

作为教育部、财政部"职业院校教师素质提高计划职教师资培养资源开发项目专家指导委员会"成员，我曾数次接触宋士清教授主持的这个项目。2014年3月22日，在云南大学"项目阶段成果推进会"上，该项目做了大会典型发言，给我留下了初步印象，感觉该团队是一个严谨、实干、开拓、创新的团队。特别是在2015年9月20日，我受邀到河北科技师范学院参加该校组织召开的"培养开发包项目汇报研讨会暨项目结题验收准备会"，听了该项目的汇报，顿觉眼睛一亮，切实感到该项目准备充分，理念先进，特色明显，定位准确，逻辑清晰，亮点颇多。足以看出宋士清教授作为国家级精品课程负责人的功底，思路尤为清晰，思维尤为缜密。

2015年11月10日，在苏州"项目结题验收试评会"上，我全力推荐宋士清教授做大会典型发言。遗憾的是，我因事未能到现场听他的发言。但从专家指导委员会反馈回来的信息得知，该项目获得与会领导、专家及其他培养包项目负责人的广泛认可和颇多赞许，成为诸项目学习之典范，且成为第一批顺利结题验收的项目。

主干课程特色教材的开发，作为该项目的核心成果之一起到了关键作用。该项目共开发出7部特色教材，包括5部专业类课程教材：《无土栽培》《设施蔬菜栽培》《园艺设施设计与建造》《工厂化育苗》《设施果树栽培》；1部教育教学类课程教材：《中等职业学校设施农业生产技术专业教学法》；1部教育实践类课程教材：《中职教师教育理论与实践：设施农业科学与工程专业》。另外，该项目组还开发了1部研究专著：《中职教师培养资源开发研究——以设施农业科学与工程专业为例》，待后续出版。

该套教材阅后印象深刻，从编写理念、编写体例到内容组织皆契合了职业教育师资培养的内在要求，主要特色如下。

其一，工作过程导向与本科要求相融合。工作过程导向教材虽为学界所熟知，但仅限于中、高职领域使用，在本科层次未曾发现。在一直固守学科型教材的传统理念之下，对于本科教材进行工作过程系统化改革，难度可想而知。一方面需消除"理论是高职与本科之间区别"的误读；另一方面则需规避将本科教材开发为高职水平。该项目组在认真研习职业教育课程与教材原理基础之上，准确找到了高职与本科教材之间的异同，相同之处是二者皆基于工作过程系统化课程观，典型工作任务自然成为本科教材开发的逻辑原点，原有"命题"收聚的传统编撰方式被完全颠覆；不同之处则是高职与本科之间典型工作任务的难易程度不同，遂典型工作任务之中知识点、技能点亦不相同，该特征在本套教材中多有彰显。

其二，教材内容选取与职业资格标准相对接。一般而言，教材属于学校范畴，职业资格标准则属于职业范畴，由于编写人员不同、目标不同，因此二者鲜有融合。但职业教育属于"跨界"教育，本科职业教育如是。因此只有将教材内容选取与职业资格标准相对接，方有可能消除学校与工作之间的鸿沟，犹如美国STW（School To Work）运动即"从学校到工作运动"所奉行的理念。基于此，本套教材既体现了教育性，又体现了职业性。如此，根据特定的工作情景需要来选择课程内容，既注重知识的系统性，又强调内容的实用性和技术的可操作性，写作风格上则注意阐明材料用量、产品规格、操作步骤、技术指标、动作要点等。

其三，教材逻辑体现"从新手到专家"秩序。该特征在《中等职业学校设施农业生产技术专业教学法》和《中职教师教育理论与实践：设施农业科学与工程专业》两部教材中体现尤为明显。作为提升师范生素养的部分核心教材，业已突破原有的教材编撰思路，体现了现代教育思想和职业教育教学规律，展示出教师应具有的先进教学理念和方法，尤其是按照教师从师技能形成特点："示范—模仿—练习—创新"即"从新手到专家"的成长规律组织教材内容，从而增强了实用性、可操作性，便于学生自我指导学习，既遵循"理实一体"原则，又使专业技能与教学技能"同步"传递，有令人耳目一新之感。

宋士清教授率其团队以严谨的学术态度及脚踏实地的工作作风圆满完成了研发任务，并将此项目研发实践及成果系统化为职教师资培养方面的学术著作，作为学界同仁，我愿意为之作序。这套教材的出版一定能为职教师资培养单位进行课程与教学改革提供借鉴与帮助，也将对提高职教师资的专业技能及教学能力起到积极的推动作用。

2016 年 2 月 2 日

附：石伟平先生简介

石伟平，上海人，1957年12月生，文学学士（英语专业）、教育学硕士（比较教育专业）、教育学博士（比较教育专业），现任华东师范大学长三角职业教育发展研究院院长、华东师范大学职业教育与成人教育研究所所长、亚洲职业教育学会（AASVET）会长，华东师范大学终身教授，是我国职业技术教育学专业第一位博士生导师。

主要社会兼职：上海师范大学天华学院院长，澳门城市大学教授，中国职业技术教育学会副会长兼学术委员会主任，中国职业技术教育学会科研工作委员会副主任，教育部、财政部中等职业学校教师素质提高计划专家指导委员会副主任，中国职业技术教育学会学术委员会副主任，中国职业技术教育学会科研工作委员会副理事长，全国教育规划领导小组职业技术教育学科评审组成员，中国职业技术教育学专业学科建设与研究生培养协作组组长，国务院学位办全国中等职业学校教师在职攻读硕士学位工作专家指导小组成员，教育部全国中等职业教育教学指导委员会委员，教育部高职高专人才培养工作水平评估委员会委员，上海市教育学会职业教育专业委员会主任，上海市中等职业教育课程教材改革专家咨询委员会副主任，英国伦敦大学教育学院客座研究员，美国富布莱特高级研究学者，美国加州大学伯克利分校高级访问学者，香港大学教育学院"田家炳"高级访问学者，重庆房地产职业学院特聘客座教授。

主要研究领域：职业教育国际比较研究，职业教育发展战略研究，职业教育政策研究，职业教育课程研究，现代职业教育体系研究，现代学徒制研究，职业教育办学模式改革研究，面向农村的职业教育研究，高等职业教育研究，培训与就业政策研究，职业院校校长师资专业化发展研究等。

主要研究成果：自1995年以来，主持了教育部哲学社会科学研究重大课题攻关项目"职业教育办学模式改革研究"，国家社会科学基金项目"职业教育的国家制度与国家政策比较研究"，教育部职业教育战略研究重大课题"职业教育战略问题的定位、定性、作用与发展研究"和"中国特色的职业教育体系研究"等50项科研项目；出版了《比较职业技术教育》《时代特征与职业教育创新》《职业教育课程开发技术》等14部著作；主编并且出版了《现代职业教育研究丛书》与《职业教育经典译丛》各1套；在国内外期刊发表了170多篇学术论文，并向教育部、上海市教育委员会等政府部门提交了30多项政策咨询研究报告。2006年，所著《比较职业技术教育》被评为"第三届全国教育科学研究优秀成果奖"二等奖（职业教育领域的最高奖）；2011年主编的《现代职业教育研究丛书》获"上海市第十届教育科学研究成果奖（教育理论创新奖）"一等奖；所著《职业教育课程开发技术》获"第四届全国教育科学研究优秀成果奖"一等奖。

目　　录

第一章 引 言

《国家中长期教育改革和发展规划纲要（2010—2020年）》发布之后，我国职业教育改革进入加快建设现代职业教育体系、全面提高技能型人才培养质量的新阶段。为加强职教师资培养体系建设，提高职教师资培养质量，教育部明确提出，要以推动教师专业化为引领，以加强"双师型"教师队伍建设为重点，以创新制度和机制为动力，以完善培养培训体系为保障，以实施素质提高计划为抓手，统筹规划，突出重点，改革创新，狠抓落实，努力开创职业教育教师工作的新局面。正是在这一背景下，教育部、财政部决定在"十二五"期间实施职业院校教师素质提高计划（教职成〔2011〕14号），经严格遴选、评审，确定43个全国重点建设职教师资培养培训基地作为项目牵头单位，选定"职教师资本科专业培养标准、培养方案、核心课程和特色教材开发"88个专业项目、12个公共项目，开发周期为3年（2013～2015年）。

《设施农业科学与工程》专业职教师资培养标准、培养方案、核心课程和特色教材开发"项目（VTNE058）为100个项目之一。该项目包括6个子项目："职教师资设施农业科学与工程专业教师标准的研发""职教师资设施农业科学与工程专业教师培养标准的研发""职教师资设施农业科学与工程专业培养质量评价方案的研发""职教师资设施农业科学与工程专业课程大纲的研发""职教师资设施农业科学与工程专业主干课程教材的研发""职教师资设施农业科学与工程专业数字化资源库的研发"。

本项目按照教育部、财政部职业院校教师素质提高计划培养资源开发项目管理办公室（以下简称"项目办"）、教育部、财政部职业院校教师素质提高计划职教师资培养资源开发项目专家指导委员会（以下简称"专指委"）的要求，严格执行研发计划，开展研发工作。2015年11月10日，经专指委审核、评议，一致同意通过验收，准予结题，圆满完成了各项成果的研发任务。

一、研发团队的组建

按照项目办、专指委的要求，依据项目申报书和委托开发协议中明确的研发思路、研发内容、研发目标，《设施农业科学与工程》专业职教师资培养标准、培养方案、核心课程和特色教材开发"项目组（以下简称"项目组"）首先组建了"能干事、干实事、干成事"的研发团队。宋士清为项目主持人，王久兴、宁永红、路宝利、武春成、贺桂欣、杨靖6人为子项目主持人（排名不分先后），形成核心组；项目组研发人员达98人，分布于高等院校、中高职学校、农业管理部门、设施农业行业企业等单位，有一线专业教师、职教专家、教育教学管理专家及一线生产经营者、设施农业企业管理专家等，具有广泛的代表性。项目组明确了成员职责，理顺了合作机制，制订了研发计划，设计了技术路线，明晰了时间节点，制定了工作制度、奖惩办法、经费使用办法等。另外，项目组还聘请了全国职业教育、中高职学校、本科高等院校及设施农业行业企业的专家46人，形成专家咨询委员会和专家顾问委员会。在3年的研发实践中，项目组达成了"必须依靠专家，但不唯专家"的基本共识，凝练了"追根溯源，有依有据"的研发品质，塑造了"精益求精，勇于创新"的团队精神。以上措施，保障了本项目研发方案的顺利实施和最终顺利结题验收。

二、主要内容及应用价值

（一）主要内容

本项目主要包括以下 6 方面内容。

1)《专业教师标准》，包括成果文本、研发报告等。

2)《专业教师培养标准》，包括成果文本、研发报告等。

3)《培养质量评价方案》，包括成果文本、研发报告等。

4)《专业课程大纲》，包括编写实施方案、研发报告、32 份大纲等。

5)《主干课程教材》，包括编写方案、研发报告等，并提交 7 本主干课程教材，分别是《无土栽培》《设施蔬菜栽培》《园艺设施设计与建造》《工厂化育苗》《设施果树栽培》《中等职业学校设施农业生产技术专业教学法》《中职教师教育理论与实践：设施农业科学与工程专业》。

6)《数字化教学资源》，包括研发报告、建设方案、数字化教学资源目录清单（设施专业学习路线图、与 7 本主干课程教材配套的数字化教学资源库）、数字化教学资源平台网站等。

（二）应用价值

本项目以科学制定设施农业科学与工程专业（简称"设施专业"）职教师资培养标准，着意构建"一个导向（以社会需求为导向）、一个突出（突出对学生岗位能力的培养）、三个结合（理论与实践结合、工学结合、校企结合）"的新型人才培养模式和培养方案，加强工学结合的核心课程及配套特色教材的开发建设，制订、完善培养质量评价方案等为内容，在培养目标、培养方案、课程体系、教学内容、培养质量等方面进行全方位创新。通过各主干课程的学习，使学生理解和掌握对应的基本概念、基本理论、基本知识、基本技能（简称"四基"）和新理论、新知识、新技术、新方法（简称"四新"），增强学生的实践操作技能，使学生基本具备独立指导生产、独立从事生产和独立讲学授课的能力（简称"三独"）。因此，本项目成果对于建立"有中国特色的现代职业教育体系"，推进我国职业教育体制机制的改革和创新，培养高素质的设施农业科学与工程专业职教师资队伍，提高职业院校的办学水平和质量，促进国家经济建设和社会和谐发展，具有重要的理论意义和现实意义，同时也可为其他专业职教师资队伍的培养提供重要的借鉴。

三、调研访谈及咨询论证

项目研发的第一步是进行广泛、深入的调研，尤其是基于专业教师标准、专业教师培养标准、专业课程大纲的主干课程教材，前期调研论证是其研发的源泉。为充分体现教材的职业性、技术性、师范性及适切性、科学性、先进性，项目组设计了 6 套调研问卷和 6 套访谈提纲，成立 8 个调研组，分赴全国 30 个省（直辖市、自治区），对 4 类单位 6 个层次人员进行了调研，即本科院校 21 所，其中设施农业科学与工程专业一线教师 197 人、学生 864 人；

中高职院校 14 所,其中设施农业相关专业教师 148 人、教育教学管理人员 70 人、学生 474 人;设施农业行业企业 31 家,相关专家 131 人;另外,还调研了设施农业生产技术、现代农艺技术、果蔬花卉生产技术、种植 4 个专业 7 班次国家级骨干教师、专业带头人培训班 175 人,涉及全国 126 所中等职业学校(简称"中职"),总计收回调研问卷 2059 份,完成访谈笔记 8 本。同时,分析了当时全国开设设施农业科学与工程专业的 33 所本科院校的培养方案,收集了教材、教案、笔记、论文、课件、录像、技术专著等大量资料。其间,项目核心组召开研讨会 35 次,子项目专题研讨会 32 次,专业模块和教师教育模块实践专家研讨会 10 次,专家咨询论证会 5 次,参加各种交流、研讨、报告、培训会议 46 次,对全国职教界、设施农业界知名专家、教授进行了专门单独访谈 16 次。形成了系列会议纪要和研讨成果等。

四、专业教师标准的研发

(一)成果名称

依据《关于职教师资培养资源开发项目成果出版的通知(项目办〔2017〕3 号)》文件精神,最终定名为《中等职业学校设施农业生产技术专业教师指导标准》。

(二)主要内容

1. 充分说明制定本标准的依据 随着国家对职业教育的重视上升到国家战略高度,对职业学校教师的质量提出了更高的要求,也是国家教师管理宏观性政策的具体体现,更是职业教育国际化发展的需要。

2. 标准研制的原则 遵循职业教育教学的规律性、时代性、针对性、可操作性、通用性、发展性与引领性。

3. 明确基本性质与特点 本标准是国家对中等职业学校设施农业生产技术专业合格教师的基本要求;是教师开展教育教学活动的基本规范;是引领中等职业学校专业教师发展的基本准则。

4. 标准倡导的基本理念 "师德为先"——要求体现在三个方面:对待职业、对待学生、对待自己。"学生为本"——要求体现在四个方面:尊重、遵循、促进、引导。对教师的课堂教学、学生的管理、学生指导、学生的评价要求全面转向以学生为本。"能力为重"——强调教师在掌握职业教育知识和专业知识的基础上,不断提高自己的专业操作能力、专业实践教学能力、专业理论的教学能力。"终身学习"——强调教师要学习先进的职教理论、提高文化素养、形成终身学习习惯。"绿色高效"——要求教师在专业教学过程中,不断向学生传递在运用先进生产技术提高设施农业生产能力的同时,要生产安全、优质、营养的设施农产品的精神。

5. 标准的框架结构与内容 本标准主要是由职业理念与师德、职业教育知识与能力、专业知识与能力、专业教学能力 4 个维度、16 个领域、86 条基本要求组成(其中,专业知识与能力维度分为设施工程、设施栽培、园区规划三个方向,每个方向实为 80 条基本要求)。

(三)重要结论

制定中等职业学校专业教师标准要充分反映中职专业发展对师资的需要。一是突出师德要求，要求教师要履行职业道德规范，增强教书育人的责任感和使命感，遵守设施农业生产技术的基本规范。二是强调学生主体地位，要求教师要尊重学生、关爱学生、赏识学生、引导学生，充分发挥学生的主动性，培养学生树立学习的自信心。三是强调教师的实践能力，要求教师要把专业知识、教育理论与教育实践相结合，不断反思，改善教育教学工作，提升专业能力。四是体现时代特点，要求专业教师要主动适应经济社会和教育发展的要求，不断优化知识结构，不断提高文化修养，做终身学习的典范。

（四）对策建议

设施农业科学与工程专业起步较晚，属于新兴的交叉学科，涉及农学、工学、理学等多学科内容。我国南北方气候条件、栽培及消费习惯差异较大，设施农业生产方式、栽培植物种类不一，职教师资培养单位在实施本标准时应突出地方特色。

各级教育行政部门要将本标准作为评价中等职业学校教师队伍建设的基本依据，作为设施农业生产技术专业教师准入、选聘的重要参考，作为职教师资培养专业评估认证和培养质量评价的重要依据；职教师资培养基地院校要将本标准作为中等职业学校设施农业生产技术专业教师培养的基本规范；中等职业学校要将本标准作为设施农业生产技术专业教师管理的重要依据；中等职业学校教师要将本标准作为自身专业化发展的基本准则；设施农业行业企业有关单位、部门要把本标准作为参与职业教育教师培养培训的行动指南。

五、专业教师培养标准的研发

（一）成果名称

依据《关于职教师资培养资源开发项目成果出版的通知（项目办〔2017〕3号）》文件精神，最终定名为《职教师资设施农业科学与工程专业本科培养指导标准》。

（二）主要内容

具体规定了职教师资培养基地设施农业科学与工程专业本科学生的培养目标、培养规格、学制和学分要求、课程体系、教学安排、实践环节、培养条件（包含师资队伍、实验实训设备及场地、外部合作资源、图书资料），以及在实施本培养标准过程中的建议要求。

（三）重要结论

1. 构建了"六三三课程体系"　在充分调研的基础上，基于设施农业科学与工程专业职教师资岗位职业能力分析，对应中等职业学校设施农业生产技术专业教师标准，打破原来学科体系的课程结构，对课程进行了重新整合及整体优化，构建了以能力培养为主线，以实践教学为核心的"六三三课程体系"：六类基本课程（公共基础课程、专业基础课程、教师教育课程、职业教育课程、专业核心课程、专业方向课程）逐步递进，三个专业方向（设施工程方向、设施栽培方向、农业园区方向）平行任选，三类拓展课程（选修课程、第二课堂、社会调研）贯穿始终。

2. 建立了"三四五实践教学体系"　依据设施农业科学与工程专业的培养目标，

遵循高等教育、职业教育、师范教育教学规律和学生成长规律，按照三块场地（实验实训室、实践教学基地、社会与市场）、四类技能（专业技能、科研技能、教学技能、社会技能）、五个阶段（一年级、二年级、三年级、四年级上、四年级下）建立了实践教学"四年不断，依次递进"的"三四五实践教学体系"，科学、合理地设置实践教学环节，采用项目引领、任务驱动教学法，实现课堂教学与现场教学有机结合，理论教学与实践教学有机融合，教学过程与生产过程有效对接。

3. 明确了培养条件 包括师资队伍、实验实训设备及场地、外部合作资源、图书资料在内的培养条件。

（四）对策建议

本标准是设施农业科学与工程专业职教师资培养的引领性文件，各地在实施本标准时，应因地制宜，制订细化方案，突出地方特色。

本标准是职教师资培养院校实现设施农业科学与工程专业人才培养目标的基本依据；本标准是设施农业科学与工程专业建设与发展的基本要求；设施农业行业企业及中职学校等有关单位、部门要充分认识国家实施"职业院校教师素质提高计划"的重要意义和基本原则，积极主动地与职教师资培养院校合作，充分发挥行业企业、中职学校物质条件和技术优势，接收设施农业科学与工程专业学生实习实训，为培养合格的职教师资提供便利条件。

六、专业课程大纲的研发

（一）成果名称

依据《关于职教师资培养资源开发项目成果出版的通知（项目办〔2017〕3号）》文件精神，最终定名为《职教师资设施农业科学与工程专业本科培养课程指导大纲》。

（二）主要内容

依据设施农业科学与工程专业培养方案的要求，本项目共开发了包括专业基础课程、专业核心课程、专业方向课程、职业教育课程、教师教育课程五大类课程共计32门课程大纲，制订了《设施农业与工程专业课程大纲编写实施方案》，撰写了《设施农业科学与工程专业课程大纲研发报告》。

本项目专业课程大纲的开发是在调研、文献查阅、专家论证等研究方法的基础上，根据专业培养目标，以各课程专业实践为主线，以项目为载体，以职业能力分析为依据，确定课程目标，设计课程内容，从工作项目（即课程单元）、知识要求与技能要求三个维度对课程内容进行规划与设计。将实际工作过程的情境在教学过程中真实呈现，将知识和技能融入实践操作，实行理论与实践一体化。课程大纲的主要内容包括课程性质、设计思路、学习目标、课程基本内容与学时分配、教学实施、说明六大部分，其中教学实施又包括教材与参考书、教学要求与教学设计、教学资源、课程考核与评价4部分。

（三）重要结论

本成果能够使设施农业科学与工程专业职教师资的培养更加规范化、科学化，满足职业教育对教师队伍学术性、师范性和专业性结合方面的特殊要求，对于本科职教师资培养具有重要的理论及现实指导意义。

（四）对策建议

本成果同时可供职教师资园艺、农学、植物科学与技术等专业参考使用，各学校及相关专业在应用本大纲时，应因地制宜，突出地方特色。本成果具有一定的科学性和可行性，但还需要在真实的教学实践中去检验，逐步完善提高。

七、培养质量评价方案的研发

（一）成果名称

《设施农业科学与工程专业中等职业学校师资培养质量评价方案》。

（二）主要内容

包括评价目标、评价依据、评价体系、评价标准、评价实施与结果应用6部分。其中，确定一级指标10个、二级指标33个（其中核心指标12个）、主要观测点68个。

（三）重要结论

1. 全面理解"培养质量评价"　　全面理解"培养质量评价"是方案研制的前提。从内容来看，包括培养条件质量、培养过程质量与培养结果质量；从评价原则来看，要做到过程评价与结果评价相结合、定性评价与定量评价相结合、单向评价与整体评价相结合；从评价主体来看，要做到自评与他评相结合。并且，将该思想融合至评价方案之中。

2. 全面体现"三性"合一　　在指标体系与评价标准中，全面体现学术性、职业性与师范性"三性"合一原则。其中，学术性体现本科标准，以设计、研究维度来表达；职业性体现行业企业需求，以专业技能维度来表达；师范性体现教师岗位需求，以教育教学理论与实践来表达。尤其在培养方案、课程标准、课程实施等二级指标或观测点中充分体现。

3. 全面体现职业教育特征　　在指标体系与评价标准设置中，在取向上，从学科本位转向能力本位，全面体现职业教育特征，如"校企合作"办学模式、"理实一体化"课程设置、"双师型"教师队伍、行动导向教学法、综合职业能力评价等表述都体现该特征。

4. 全面体现专业特征　　课题研究超越了目前本科专业评估的"普适性"文本，改变以往"一般性"评价指标体系，与设施农业科学与工程专业紧密结合，如培养条件方面有"日光温室达标面积"、培养结果方面有"设施设计与建造能力"等观测点。

（四）对策建议

因培养质量最终显示在学生身上，所以应突出"学生质量评价"，尤其是教育具有复杂性的一面，培养条件与培养过程质量高，并不一定培养结果质量高。

八、主干课程教材的研发

（一）研发目标与定位

专业类课程教材：围绕培养师范生"专业实践能力""专业实践问题的解决能力"进行开发。教材内容的选取体现学科的学术要求，并尽可能体现已应用于实际的学科前沿成果。教材内容的组织依照"任务驱动""问题解决"的模式，在真实或模拟的情境下，通过解决问题的方式使师范生提高解决专业问题的能力，着重培养师范生"双师素质"中的专业实践能力。

教育教学类课程教材：聚焦职教师范生从事设施农业科学与工程专业教学的专门理论和方法，掌握职业教育教学基本规律，能够选择恰当的教育教学模式和教学方法，具备一定的职业教育教学能力。

教育实践类课程教材：聚焦专业实践与教育教学实践相结合，注重典型课程开发案例、教学设计案例、教学评价案例的开发，使师范生在校学习期间就能够掌握专业教学的典型模式。

（二）研发指导方针

项目组认真、深入、审慎地分析了目前流行的各类专业教材体系，发现国内尚无具有本科水平的行动导向型教材范例。项目组重点参考了姜大源、徐国庆两位先生的学术观点，制订了教材研发指导方针：依据职业教育的内在要求，解构传统学科体系教材，重构行动导向型教材。

（三）研发理念

研发理念为"能力本位、项目驱动、理实一体"。能力本位，即打破学科体系"命题知识"至上的拘囿，突出能力培养，在操作技能习得的基础上，尤其凸显设计能力、研究能力等具有本科水平的能力培养。项目驱动，即围绕项目进行知识、技能、态度等教材元素的选择与组织，既打破学科型教材远离生产实际的痼疾，又避免任务驱动型教材中对于单项技能操作的过度关注，从而在真实项目中培养学生的综合职业能力。理实一体，即打破理论与实践二元分离的格局，凸显实践优先原则，在实践中嵌入知识元素，在"教、学、做"一体化中完成职业胜任力培养。

（四）编写体例

在前期的理论研究准备之后，项目组对教材编写体例进行反复推敲，在缺少前人经验的情况下不断探索。核心组内专业教师和职教专家之间还曾发生过多次激烈辩论，在观念的碰撞中探索适合中国国情的、具有职教特色的、达到本科水平的专业课程教材的表现方法。最终形成了一套包括样章在内的详细编写体例：依据本科标准，体现职业导向，在广泛社会调研与实践专家研讨会基础之上，准确提炼师资岗位所对应的典型工作任务，且将其转化至学习领域，最终确定学习情境，将知识、技能、态度嵌入其中。

（五）研发成果

经 3 年艰苦、扎实的工作，"《设施农业科学与工程》专业职教师资培养标准、培养方案、核心课程和特色教材开发"项目顺利通过教育部、财政部首批结题验收。作为核心成果之一，项目组开发的 5 部专业类课程教材——《无土栽培》《设施蔬菜栽培》《园艺设施设计与建造》《工厂化育苗》《设施果树栽培》，1 部教育教学类课程教材——《中等职业学校设施农业生产技术专业教学法》，1 部教育实践类课程教材——《中等职业学校设施农业生产技术专业教学法》，1 部研究专著——《中职教师培养资源开发研究——以设施农业科学与工程专业为例》，从研发理念、编写体例到内容组织皆契合了职业教育师资培养的内在要求，特色鲜明。

（六）主干课程教材简介

1. 主干课程教材之一《无土栽培》

（1）**指导思想**　　从设施农业的发展、职教及社会对人才的需求和对人才知识与技能的要求出发，适应学生就业及培养应用型人才，按行动体系编写。

（2）**教材定位**　　特色鲜明、内容翔实、理实一体的具有本科水平的行动体系职业教材（在我国高校现行本科教材体系中，尤其是无土栽培领域，缺少具有职教特色的理实一体化教材供参照）。

（3）**教材框架**　　教材按行动体系确定课本内容的基本框架，分单元、项目、任务（可有子任务）2～4 级。各级名称尽量采用"名词＋动词"模式。

（4）**表现方法**　　教材注重表现方法。对每个任务或任务中的每个步骤，要先理论，后实践。对理论的阐述要简明准确，采用学术上无争议的理论及用词。注意技术的可操作性。在对技术的阐述中，要注意以下要素：对该项技术形成产品的描述，所用材料的用量与规格，操作的步骤，每个步骤的操作方法和要达到的指标，技术的关键点等。

（5）**主要内容**　　教材紧密结合我国无土栽培实际，参考了国内同行部分研究成果，通过对无土栽培领域的科研成果、实践经验进行总结，使教材内容准确与协调。主要内容包括无土栽培的基本概念、营养液配制与管理、基质分类及特性、无土育苗技术、水培技术、基质培技术、立体无土栽培技术、小型化无土栽培技术等。

（6）**主要特点**　　第一，任务引领，以工作任务引领知识、技能和态度，让学生在完成工作任务的过程中学习相关知识，发展学生的综合职业能力；第二，结果驱动，把关注的焦点放在通过完成工作任务所获得的成果上，以激发学生的成就动机；第三，突出能力，课程定位与目标、课程内容与要求、教学过程与评价等都要突出职业能力的培养，体现职业教育课程的本质特征；第四，内容实用，围绕完成工作任务的需要来选择课程内容，既注重知识的系统性，又强调内容的实用性和技术的可操作性，写作风格上注意写明材料用量、产品规格、操作步骤、技术指标、动作要点等；第五，理实一体，打破理论与实践二元分离的局面，以工作任务为中心实现理论与实践内容的一体化。

2. 主干课程教材之二《设施蔬菜栽培》

（1）**教材定位**　　《设施蔬菜栽培》为设施农业科学与工程的主干专业课程教材。

"设施蔬菜栽培学"是一门实践性很强的课程。所以，教材特别强调以实验、实习和技能训练为内容的实践教学环节。强调以学生就业和社会需求为导向，培养应用型人才。

（2）编写理念　任务引领，结果驱动，突出能力，内容实用，理实一体。

（3）内容结构　教材的内容结构力争实现"四个融合"：专业理论与专业实践的融合，教育教学理论与实践的融合，专业内容与教育教学内容的融合，专业能力与社会能力、方法能力的融合。

（4）编写团队　根据设施蔬菜栽培和设施农业的发展，以及职业教育和社会对人才的需求，组织了编写团队，包括高校教学经验丰富的专业教师、生产一线的设施农业行业企业专家、职业教育专家，编写人员所属高校主要包括河北科技师范学院、中国农业大学、河北农业大学、西北农林科技大学、沈阳农业大学等。

（5）主要内容　通过本课程的学习，使学生在理解和掌握设施蔬菜栽培的基本理论和基本知识的基础上，掌握设施蔬菜栽培制度与茬口安排、瓜类、茄果类、豆类、绿叶菜类、葱蒜类等主要蔬菜作物的设施栽培技术，达到能够独立讲学和能够独立从事生产或指导生产的目的。

（6）教材特色　通过本课程的学习，使学生熟练掌握设施栽培的基本概念、基本理论、基本知识、基本技能（简称"四基"），为后续课程的学习和以后从事设施栽培方面的教学、科研及生产等相关工作奠定良好基础。学习过程中，要求理论联系实际，从我国国情出发，面向广大农村，能够在实践中发现问题、解决问题，增强学生的实践技能，使学生具备独立从事生产、独立指导生产、独立讲学的能力（简称"三独"）。通过本课程的学习，还要培养学生学农、爱农、献身农业的精神，具有良好的科学态度、创新精神，掌握新理论、新知识、新技术、新方法（简称"四新"），具有团队协作意识，初步建立群体、责任、管理、经济、竞争、市场、创新等意识，将学生培养成综合素质高、专业技能强、创新意识浓的应用型园艺复合人才。

3. 主干课程教材之三《园艺设施设计与建造》

（1）指导思想　园艺设施的设计与建造与建筑区域的气候、市场、人才与技术等条件密切相关。由于设施农业科学与工程专业是一个新兴的专业，目前，我国缺乏这方面的专业人才，为了能够培养出符合社会需求的具有园艺设施设计与建造知识的职业院校教师，国内部分高校与企业的专家和技术人员编写了《园艺设施设计与建造》。

（2）教材特点　教材的编写以就业为导向，培养应用型人才。让学生在掌握基本理论的同时，提高其实践操作能力，尽量做到理实一体。本书具有很强的针对性、实用性和可操作性。充分体现"实理一体"的编撰理念。以"实践"作为职业教育的逻辑起点，体现"实践"优先原则，强调在实践情境中构建理论知识，并习得只有在实践情境中才能获得的默会知识。

（3）主要内容　《园艺设施设计与建造》主要包括园艺设施基本知识认知、简易园艺设施、塑料薄膜拱棚、日光温室、现代化连栋温室的建造等内容。

（4）表现方法　教材注重表现方法。对每个任务或任务中的每个步骤，要先理论，后实践。对理论的阐述要简明准确，采用学术上无争议的理论及用词。注意技术的可操作性。在对技术的阐述中，要注意以下要素：对该项技术形成产品的描述，所用材料的用量与规格，操作的步骤，每个步骤的操作方法和要达到的指标，技术的关键点等。

4. 主干课程教材之四《工厂化育苗》

（1）指导思想　"工厂化育苗"是设施农业科学与工程专业的专业核心课程，主要培养学生利用人工控制手段，采用科学化、标准化的技术措施和机械自动化方式，创造育苗最佳环境条件，实现快速、优质和批量化生产秧苗的能力。《工厂化育苗》教材的编写与应用对于职教师资培养过程具有决定和示范作用。

（2）主要内容　教材结构及内容依据培养方案、专业教师标准确定，内容选择与调研报告及专家研讨会结果一致，参考文献丰富、严谨，适合培养中职专业师资。

教材内容的编排以工厂化育苗的基本原理与技术为基础，以育苗工艺流程的实践为主线，设工厂化育苗概述、工厂化育苗温室建设、育苗前准备、播种、催芽、苗期管理、出苗与运输、工厂化嫁接育苗、工厂化育苗经营管理等9个单元，与实际生产中秧苗生产环节充分吻合，明确各单元的教学目标与重点难点，便于教师教学和学生学习。单元内以项目或工作任务为导向，明确各工作任务的知识目标和技能目标，所涉及的项目或工作任务均为育苗各个关键技术环节的经典案例，各工作任务的编排均基于工作过程系统化的设计思路。工作任务后设知识链接、技能训练及复习思考等模块内容，增强学生对新知识、新技能和新设备的了解，提高学生技能水平。教材设有附录，简明扼要地介绍了几种主要作物穴盘育苗生产要点，既包括了育苗关键技术环节，又避免了各种蔬菜育苗知识的重复。

（3）教材特点　《工厂化育苗》教材打破了学科体系的单纯学术和知识的体现，将育苗厂或园艺设施内真实情境呈现于教材内容中，真正做到了将育苗的基本知识与技能融入实践操作中，实现了"三性融合"，是具有鲜明职教师资特色的理实一体化教材。

5. 主干课程教材之五《设施果树栽培》

（1）指导思想　以学生就业和社会需求为导向，培养应用型人才。教材的特点是：任务引领，结果驱动，突出能力，内容实用，理实一体。教材的内容与结构力争实现"四个融合"：专业理论与专业实践的融合，教育教学理论与实践的融合，专业内容与教育教学内容的融合，专业能力与社会能力、方法能力的融合。

（2）主要内容　介绍了设施果树促成栽培的基本理论知识，设施类型与基本结构设计要求，设施环境调控技术，优势资源利用与设施类型、种植品种选择的关系，设施果树园地选择与规划，设施果树的建园与栽植，整形修剪与控长促花技术及设施促成栽培技术。包括草莓、桃、葡萄、杏、李、甜樱桃六大树种，这六大树种的设施栽培面积占我国现有设施果树栽培面积的90%以上。

（3）教材特点　设施果树栽培是一门设施工程、环境调控、现代果树栽培技术等多学科有机结合且实践性很强的学科。设施果树栽培是指在不适宜果树生产的季节或地区，利用专门的栽培设施创造适宜果树生长结实的小气候条件进行栽培生产的一种环控农业。

教材紧密结合我国设施果树栽培实际，参考了国内同行研究成果，并融入了编者20多年的教学经验、科研成果与生产实践。可供高等农林院校和高等职业院校农学、园艺、设施农业科学与工程等本专科专业使用，也可作为其他专业的辅修教材，还可供农业技术员、种植专业户等参考。

（4）基本任务　通过本课程的学习，使学生在理解和掌握设施果树促成栽培的基本理论和基本知识的基础上，掌握草莓、葡萄、桃、杏、李、甜樱桃的设施栽培建园园地选择、设施类型与品种选择相关的知识与技术、栽植技术、整形修剪与控长促花技术及促成栽培技术，达到能够独立讲学和能够独立从事生产或指导生产的目的。

6. 主干课程教材之六《中等职业学校设施农业生产技术专业教学法》

（1）指导思想　《中等职业学校设施农业生产技术专业教学法》的编写首先应进行两个分析，一个是专业分析，另一个是教学分析。分析过程遵循专业科学和教育科学的结合，这种结合需要体现专业教学内容的特点、职业教育教学特点，涉及教学内容的选取和教学方法的选取，需要进一步分析设施专业的知识体系、技能体系、教学方法体系。

（2）编写思路　教材内容的编写要体现教育理论学习与专业教学实践层面的结合。要想体现这种结合，首先应充分理解教学方法的内涵及教学过程，对专业教学过程进行设计，然后，根据设施农业生产技术专业典型工作过程，选取不同部分内容作为教学案例，运用适合职业教育和本专业特点的教学方法，阐释具体运用各种方法应注意的问题，明确提高有效教学的思路，使师范生既能提高专业能力，也能体验教学方法的示范性运用。

（3）内容选择　《中等职业学校设施农业生产技术专业教学法》教材编写主要包括三部分内容：第一部分是专业教学法概述，主要介绍专业教学法的内涵、专业教学法与教学论的区别、专业教学法的研究现状、专业教学法的发展及专业教学法的理论基础；第二部分是专业教学法选用基础，主要从工作领域分析开始，了解设施农业生产技术变革对人才的需求、设施农业劳动组织变化对专业发展的影响，进而分析设施农业发展对中职学生职业能力的要求，还要分析专业教学对象的基本特点、教学目标、学习任务、学习评价、教学环境的创设等相关内容；第三部分是设施专业教学方法选用及案例，方法的选用以设施专业教学内容为主线，按照不同内容的特点选取适应的方法，进行相应的教学设计，然后通过案例形式进行呈现。

（4）教材特色　首先，关于教学方法的运用，适合职业教育的教学方法很多，而且不同的教学方法对于同样的教学内容和教学目标，可以取得同样的教学效果，同一个教学方法不同教师运用在不同的学生、不同的学习情境也会产生不同的效果。因此，在教学方法选取上强调设计教法，不拘定法，要灵活运用，追求得法，着重选用行动导向教学法，如项目教学法、任务驱动教学法、案例教学法等。

其次，在教学案例的选择上，主要以工作过程为导向，系统分析典型工作任务，在不同工作任务中能力培养侧重点不同，有的侧重技能培养，有的侧重理论知识的传授，有的侧重工作态度，有的侧重培养合作意识等。根据不同的学习领域，选择适宜的教学方法，同一教学方法可以在不同教学内容中运用，也可以在同一教学内容中，用多个教学方法，充分体现教学有法，教无定法。根据不同情况灵活运用多种教学方法，体现以学生为本位的教学设计，提高教学效果，才是编写专业教学法教材的根本目的。

7. 主干课程教材之七《中职教师教育理论与实践：设施农业科学与工程专业》

（1）指导思想　《中职教师教育理论与实践：设施农业科学与工程专业》是中

职教师培养院校设施农业科学与工程专业师范类课程的核心课程教材，主要内容包括中职教师职业认知、教学设计实施及考核、培养方案和课程标准研制、教材教学课件开发、微课、慕课与精品课程的开发及隐性课程的建设等。适用于农学、园艺等相关专业。

（2）编写理念　　与传统教材不同，一改学科型教材编撰风格，从知识本位转向能力本位，从学科体系转向工作体系，体现了"理实一体"的编撰理念，"工作框架"的组织原则，"从新手到专家"的逻辑特征，以及注重设计与思维训练的"本科标准"。

其一，充分体现"理实一体"的编撰理念。以"实践"作为职业教育的逻辑起点，体现"实践"优先原则，强调在实践情境中构建理论知识，并习得只有在实践情境中才能获得的默会知识，将理论知识与实践过程在"实践—理论—再实践"循环往复中进行整合。

其二，充分体现"工作框架"的组织原则。根据企业、行业标准，以"工作框架"为原则，分析典型工作任务，并将项目任务依据并列、递进或包含的关系演绎为学习任务。从而将知识、技能等教材元素嵌入工作框架之中，组织教材内容。

其三，充分体现"从新手到专家"的职业成长规律。变革传统学科型教材以知识难易程度排序的原则，教材依照"模仿—提升—创造"的"从新手到专家"的职业成长规律，安排教材内容顺序，通过范例呈现、模仿、问题原理的解析过程，将设施农业科学与工程专业知识、技能等嵌入教师培养中。

其四，充分体现"本科标准"。既注重学生知识、技能的培养，更重视设计与思维的训练，凸显本科教学区别于高职的层次。

（3）教材特色　　教材总体上改变了传统知识观，使命题知识与能力知识并重；明言知识与默会知识并重。另外，改变了"知识是技能的基础"的传统观点，将"知识—技能"单向关系变革为双向关系，从而将教材编撰的"应用模式"转向"建构模式"。

九、数字化教学资源的研发

（一）成果名称

《设施农业科学与工程专业中等职业学校师资培养数字化教学资源库》。

（二）主要内容

《设施蔬菜栽培》数字化教学资源库、《无土栽培》数字化教学资源库、《园艺设施设计与建造》数字化教学资源库、《工厂化育苗》数字化教学资源库、《设施果树栽培》数字化教学资源库、《中等职业学校设施农业生产技术专业教学法》数字化教学资源库、《中职教师教育理论与实践：设施农业科学与工程专业》数字化教学资源库各1套，主要包括相关课程的课程简介、教学大纲、授课计划、学习指南、PPT演示文稿、微课视频、教学图库、参考文献、实践教学资料等。

（三）重要结论

1. 以学习者为中心　　建立以学习者为中心的设施农业科学与工程专业职教师资本

科专业数字化教学资源库，供相关专业的学习者学习，辅助教师开展教学工作。

2．培养学习兴趣 与纸质教学资源相比，数字化教学资源在信息技术方面拥有更多的优势，通过图形图像、动画、视频音频等数字化资源的合理运用，可以充分激发学生的学习兴趣，使学生产生积极的学习态度，并付出更多的努力，自觉地排除障碍、克服困难，获得较好的学习效果。

3．培养自主学习能力 以学生作为学习的主体，通过独立地分析、探索、实践、质疑、创造等方法来实现学习目标，重要的不仅是在教学过程中把知识传授给学生，更重要的是教学生怎样学，使学生"学会学习"，让学生自己掌握"钥匙"，去打开知识的宝库。

4．培养终身学习意识 在科学技术飞速发展的今天，终身学习能力已成为一个人必须具备的基本素质。培养的学生是否具有竞争力，是否具有职业发展潜力，是否能在信息时代驾轻就熟地驾驭知识，从根本上讲，都取决于学生是否具有终身学习的能力。

5．培养学生的信息素质 全球信息资源的网络化趋势对现代人的能力素养，尤其是信息素养，提出了新的要求。培养学生的信息获取能力，训练学生能够熟练地、批判性地评价信息，能够精确地、创造性地使用信息，是教育教学中必不可少的内容。

6．探索线上教学与线下教学的结合与应用 2012年发端于美国的"慕课"创造了跨时空的学习方式，使知识获取的方式发生了根本变化，给延续几千年的传统教育模式带来了巨大冲击。如何真正体现"以学生为中心"，如何真正实现线上、线下教育的融合，这是最大的挑战，也是我们需要探索和改革的内容。

（四）对策建议

数字化教学资源开发，除了满足高校教学需求外，还应兼顾社会学习者，并应加大宣传力度，使教师、学生及社会上的自学者知道这些资源的存在。在课程内容的建设上，应更多地侧重实用性，使其能够真正实现网络化自主学习，而非仅停留在课程资源的展示上。制定政策措施，切实保障原创者的版权，促进精品资源共享课的共享。

数字化教学资源建设是长期的工作，今后还要在资源数量和质量方面进一步提升，进一步增加视频、动画等资源，加强数字资源的自学功能、互动功能。

十、创新之处及突出特点

（一）创新之处

第一，创建具有中国职教特色、满足职教"双师"素质要求的设施农业科学与工程专业中等职教师资的培养体系与模式，促进本专业职教师资培养工作的科学化和规范化。

第二，率先开发制定出中等职业学校设施农业类专业教师标准、设施农业科学与工程专业教师培养标准，构建完成设施农业科学与工程专业培养质量评价方案。

第三，以现代职业教育理念为指导，依照"任务驱动""问题解决"的模式，在全国首次开发完成设施农业科学与工程本科专业32门专业课程大纲、7本主干课程教材及与之相配套的数字化资源库。

（二）突出特点

本成果的突出特点可以概括如下：基础广泛、立足实际、着眼未来、理念先进、依据多元、追根溯源、内容规范、体系完整、精益求精、突破创新。

基础广泛：研发成果基于对全国 30 个省（直辖市、自治区）的本科院校专业教师、中高职院校专业教师、职业教育专家、教育管理专家、设施农业行业企业一线专家的调研，同时掌握了大量权威性文献。

立足实际：一是全国设施农业行业企业经营、发展的社会需求实际，二是本科院校设施农业科学与工程专业办学实际，三是中等职业学校设施农业科学与工程相关专业办学实际。

着眼未来：本成果研发至少着眼未来五年的发展趋势与预测。例如，培养质量评价方案，将目前全国的平均水平定为"合格"，未来五年经过努力达到的水平定为"优秀"。

理念先进：代表教育部进行开发，是全国的最高水平，项目结题时力争达到国内领先或国际先进水平，确定项目开发的基本原则是时代性（前瞻性）、科学性、专业性、创新性、系统性、可行性（实践性）。

依据多元：各项成果的研发均有相互佐证、相互支持的依据，如设施农业科学与工程专业的学生调研，包括校内集中调研（如在学国培班、在校学生）、信函调研（如已离校国培班、毕业学生）等。

追根溯源：本项目自立项之初到即将结题，一直瞄准一个准则，即牢牢把握本项目研发的源泉——设施农业科学与工程专业的现在与未来；将这一源泉真实体现到本项目的研发成果中——深入调研和实践专家研讨会。

内容规范：各成果文本依据国家相关标准的要求，按照国家文件规范进行，站在教育部、财政部的高度进行行文，做到从形式到内容的规范、严谨。

体系完整：本成果包括了中等职业学校设施相关专业师资标准、高等本科院校设施农业科学与工程专业师资培养标准及培养质量评价方案，全套的专业课程大纲、主干课程教材及其数字化资源，形成了完整的中职专业教师培养体系。

精益求精：依托本项目组主持的国家级精品课程"设施蔬菜栽培学"，对项目成果要求精益求精。"精在点点滴滴，精在方方面面，精在前瞻创新，精在科学远见"。"精品是一种意识，精品是一种精神，精品是一种追求，精品是一种境界——精益求精的境界"。

突破创新：本成果力争在某些方面有突破、有创新。一是教育部、财政部确立"职教师资本科专业培养标准、培养方案、核心课程和特色教材开发"系列项目本身就是一个重大创新，很多领域国内尚无人涉及。二是设施农业科学与工程专业研发成果的突破与创新。例如，制定了体现"师德为先、学生为本、能力为重、终身学习、绿色高效"五大理念的专业教师标准；构建了以能力培养为主线，以实践教学为核心的"六三三课程体系"；建立了实践教学"四年不断，依次递进"的"三四五实践教学体系"；编写了"理实一体、理实并重""本科水平、职教体系"主干课程教材；建设了"学生本位"的数字化资源库等。

（三）不足之处

1）设施农业科学与工程专业在我国是一个新兴专业，可供借鉴的文献、经验等较少。

2）主干课程教材的编写理念、内容、结构的呈现形式，还有进一步优化、提升的空间。

3）数字化资源库中的视频、动画等资源较少，应进一步完善。资源库开发过程中融入了课程渗透、嵌入式图书馆等先进的设计思想，并在课程资源建设中体现了相关思想，但还不够全面。

4）项目成果的实施、应用，还有待进一步验证和修正。

（四）问题建议

由于时间紧迫，前期开发占用时间较多，后期开发比较仓促。建议教育部、财政部加强成果的后期应用、推广工作，并结合各专业项目、公共项目的进展和完成情况，继续遴选、资助后续开发研究，将"职教师资本科专业培养标准、培养方案、核心课程和特色教材开发"继续延续下去，将"职业院校教师素质提高计划"进行到底。

十一、成果的影响及专家评价

（一）成果的影响

2014年3月22日，在云南大学"项目阶段成果推进会"上，项目主持人宋士清教授代表该项目做了大会典型发言，介绍了研发思路和经验；2015年11月10日，"结题验收试评会"在江苏省苏州市召开，本项目经过汇报、专家质疑、答辩、评议等环节，验收专家组对项目组所做的工作及提交的16本研发成果给予了高度评价，一致认为，该项目做了大量深入、细致、开创性的工作，思路清晰，创新性强，对其他项目工作具有示范和引领作用，最终以最高分首轮顺利通过结题验收。当天，经过教育部师范教育司和教育部培养资源开发项目专家指导委员会的严格遴选，本项目作为大会唯一交流项目，由宋士清代表项目组做主题报告，并获得与会领导、专家及其他兄弟项目的广泛认可。会后，有70多个兄弟项目与本项目相关人员联系，索取相关资料，交流研发成果。

2016年6月，教育部、财政部职业院校教师素质提高计划成果系列丛书、职教师资培养资源开发项目（VTNE058）《设施农业科学与工程》专业主干课程教材、全国普通高等教育"十三五"规划教材《无土栽培》（王久兴、宋士清主编）、《设施蔬菜栽培》（宋士清、王久兴主编）、《工厂化育苗》（武春成、狄文伟主编）、《园艺设施设计与建造》（胡晓辉主编）、《设施果树栽培》（边卫东主编）、《中等职业学校设施农业生产技术专业教学法》（宁永红、贺桂欣主编）、《中职教师教育理论与实践：设施农业科学与工程专业》（路宝利、崔万秋主编），由科学出版社出版，并陆续在全国高校投入使用。

2017年6月，同济大学项目办发布《关于职教师资培养资源开发项目成果出版的通知》（项目办〔2017〕3号）文件。其中，将本项目研发的《专业教师标准》（子项目负责人为宁永红）作为标准类成果出版的模板，印发给全国各承担高校的项目主持人，要求各项目以此为依据对成果进行细致的修改、核对，将定稿报送项目办准备出版。

（二）专家评价

教育部、财政部职业院校教师素质提高计划职教师资培养资源开发项目验收专家组对本项目的评审意见如下："项目推进堪称典范。研发团队的结构合理。研究方法科学，研发过程科学规范；项目各成果之间逻辑关系清晰，各阶段成果之间的相互依存和支撑关系明确；调研工作扎实开展、调研过程形成的资料齐全、数据统计方法比较合理、调研结论真实可信；按照结题验收的要求，全部完成项目成果，质量达标。培养方案开发的依据明确，体现专业教师标准、人才成长规律和当前中等职业教育的要求；开发过程呈现出现代职业教育理念、'三性'融合的理念、强化实践能力的理念；评价体系合理系统；课程设计的总体思路、课程设置的依据、课程内容确定的依据明确；课程基本内容和学时分配科学；科学设计学习性工作任务；实践教学环节设计合理；以职教师资能力素质培养为导向，采用各种不同的教学方式。建议提高项目的转化率，在自己校内开始推广使用。"

第二章 专业教师标准

第一部分 专业教师标准研发的背景和意义

一、背景

（一）国家政策的支持

20世纪80年代以来，党中央、国务院高度重视职业教育的发展，相继出台了《关于中等教育结构改革的报告》《关于大力发展职业技术教育的决定》等一系列文件，在这些文件中对"中等职业教育发展师资是关键"进行了充分论述，并多次在《加强中等职业学校师资队伍建设的意见》中提出师资队伍建设的具体要求。特别是在"十一五"期间，中央财政投入5亿元实施中等职业学校教师素质提高计划，培训专业骨干教师15万人，受训教师在教育理念、教学方法等多方面素质得以提升。"十二五"期间教育部、财政部又决定在2011～2015年继续实施职业院校教师素质提高计划，组织45万名职业院校专业骨干教师参加培训，并投入资金实施职教师资本科专业人才培养项目，对准师资的培养加大了研发力度。

（二）职教师资培养存在不足

师资培养是师资预备教育，师资培训是教师在职提高的继续教育，是弥补师资培养缺陷的重要措施。从目前职业学校师资来源来看，职教师资培养培训基地主要承担着教师的培养、培训工作，这些基地大多都具有硕士学位招生权，在办学过程中不断地探索职教师资培养模式的改革，以此促进中等职业学校教师学历达标、学位提升、能力提高。但我们应该看到，师资培养培训基地的教师队伍建设仍然是按照普通高校的标准建设，缺乏职教特色，与学生培养和培训的内容及现有的生产工艺、流程脱节，学习与工作场所不一致，对职业学校的教育教学规律研究不深入，等等，这些都不利于入职前教师专业素质的养成与入职后教师专业能力的提高。

（三）职教师资标准缺乏

在德国，要想成为职业学校的教师必须接受系统的专业教育，然后是一年的企业实习，再加上一年的教育实习，最后通过国家资格认证，才能成为合格的教师。尽管我国也一直在加强职业学校师资队伍建设，但缺乏具体的教师资格标准，没有明确教师素质应达到的目标。因此，要建立国家职业教育教师资格标准和认证体系，在我国《教师法》《教师资格条例》等法律法规的基础上，根据职业学校的教育教学规律，分层次制定不同专业（行业）的专业课教师、实习实训指导教师的准入标准，不能仅从定性方面进行要求，应该制定一个科学、合理的评价体系，从定量的角度认真细致地加以研究。

（四）农科类专业教师数量不足

针对近几年的数据分析，不同专业大类的教师结构差别很大。2003年，中等职业学校在校生为 1063.5 万人，2009 年增长到 1779.8 万人，学生数量快速增加，而专任教师的数量增幅不大，从 55.9 万人增加到 68.2 万人，也就是 2003 年的生师比为 18.9∶1，到了 2009 年生师比为 26.1∶1。另外，中等职业学校不同专业大类专业课教师分布比例不均，资源环境类、能源类、土木水利工程类、社会公共事物类所占比例很低，近 7 年增幅不大，与此对应的加工制造类、信息技术类的教师所占比例很高，并且增长速度较快。2003～2008 年农林类学生与专业课教师的比例基本维持在 32∶1，但是 2009 年达到了65∶1，这可能与农科类教育对象发生了变化、学生数量大增有关，而多年来农科类专业教师大部分转岗，一定程度上出现了严重不足。

二、意义

（一）中职专业教师队伍建设的依据

中等职业学校的专业教师来源主要有三种：录用毕业生（学校毕业直接任教）、从企事业单位调入、从其他学校调入。由于从其他学校调入的专业教师本身已经具备一定的职称，也就等于默认是合格的专业教师，因此准入制度并不针对他们而言，但对其他两类人员没有相对严格、统一的标准。对毕业生一般只要求具备相关专业的毕业文凭，而对企业调入人员则看重他们的工作经验或技术等级证书，或是以是否取得教师资格证书作为标准。目前，用来判断是否可以成为中职学校专业教师的标准非常笼统，同时随着学校的不同、区域的不同或专业的不同而有很大变化。

这种情况与职业教育教师专业标准体系的不明确有直接关系，显然不利于对中等职业学校专业教师的准入进行严格的把关，也就无法保证这些专业教师能够满足中等职业学校专业课教学和学生发展的需要。专业教师标准的开发可以回答一个问题：什么样的教师可以成为中等职业学校的专业教师？从而为专业教师的准入提供一个可以参照的标准。

（二）作为职教师资培养培训的依据

我国针对职业院校教师教育从 1979 年开始，相继由天津工程师范学院、河北科技师范学院等 8 所独立设置的职技高师承担职教教师培养工作，20 世纪 90 年代后期在全国范围内建立了 64 所职教师资培养培训基地，成为职业院校教师的主要来源地，但职业教育自身具有与普通教育不同的发展规律，尽管经历了多年的探索与实践，随着职教改革的不断深化，职业学校教师还很难适应中等职业教育教学的需求，多地缺乏统一的、可操作的标准。因此，通过制定各专业教师标准，可使职教师资培养培训基地进行规范培养，提高培养质量和效果。

（三）作为教师管理的依据

设施农业科学与工程专业教师标准建立在中等职业学校教师专业标准的基础上，更能体现设施农业科学与工程专业的特点，主要包括教师的基本素质、专业能力、专业教学能力三个方面，在专业能力方面对教师的专业知识和专业技能提出了具体要求，在专业教学能力方面对其专业教学技能、专业教学知识提出了具体要求，使职教师资培养基地培养出符合职业院校要求的准师资。

（四）作为教师专业发展的依据

"专业化"是教师职业发展的必然趋势，教学是教师工作的核心组成部分，教学的专业性质无须怀疑。每一种教学都有其特殊性，不同的教育类型、不同学科或不同专业的教学都是完全不同的过程，对教师能力的要求也不尽相同。中等职业学校专业课教学既有别于普通教育的学科教学也有别于中等职业学校的公共文化课教学，且不同的专业也很不相同。因此，专业化是对教学质量的保证，它保证教师教学的专业能力，保证学生可以获得好的培养。设施专业教师标准的制定使中职学校专业教师有可以规范的标准，保证专业课的教学质量，同时也保证专业教师的教学是一种专业的、不可随意替代的行为。

三、研究方法

（一）文献法

以教育学、心理学、管理学的视角，通过阅读大量的职教师资培养标准、教师教育标准、其他学科教师标准等著作和相关学术期刊，或上网查询，对设施专业教师标准制定的有关理论进行分析、归纳、总结，为进行教师标准开发提供可靠的理论基础，吸取更加丰富的营养。

（二）调查法

通过咨询、访谈、问卷调查等途径获取第一手资料。为了使制定的教师标准更规范、科学、合理，在全国范围内搜集设有设施农业科学与工程专业的本科院校、设有设施农业生产技术专业的中高职院校、经营管理较好的设施农业行业企业作为总体，从中选取有典型性、代表性的样本，分为中高职院校教师、学生、管理者，本科院校教师、学生，设施农业行业企业专家6个层次，设计不同的调研问卷及访谈提纲，以便多方面了解教师能力及素质要求，为教师标准制定奠定良好的研究基础。

（三）比较法

本研究采用比较的方法，针对近年来国内外特别是国外的职教教师教育标准的研究成果和成功经验，进行有效的比较研究，以批判吸收有益的经验。

（四）DACUM法

本研究还采用了课程开发方法（developing a curriculum，DACUM）来开发设施专业教师标准。由一个主持人和10～12名中高职一线教师、设施专业生产领域的专家组成开发小组，采用头脑风暴的方法来进行工作。

第二部分　国内外研究现状

在制定教师标准之前，分别以教师标准、职教教师、教师教育、职教师资培养、实践教学、专业教学能力、实训教学、实训技能、教学技能等为检索词，在中国知网（CNKI）、万方数据知识服务平台上进行检索，查阅有关职教师资标准方面的文献，对于中等职业学校设施农业生产技术专业教师标准在我国还没有制定过，只能是借鉴或参考其他国家或类型的教师标准的现状进行总结，概括起来主要集中在以下两个方面。

一、国内相关研究

（一）有关职教教师专业标准方面的研究

在"十一五"期间，实施了中等职业学校教师素质提高计划，对中等职业学校70个专业教师教学能力标准分别进行了研发，主要是针对在职教师分合格、骨干、专家三个层次教学能力的培训标准。2013年9月，我国又制定了《中等职业学校教师专业标准（试行）》，主要是参照中小学教师专业标准及国外教师专业标准制定的，涉及专业理念与师德、专业知识、专业能力三个方面的内容，侧重于教师从师能力的要求。这为各专业职教准师资的培养标准制定奠定了基础。中国台北高级职业学校教师标准包括教育专业精神、教育专业知能、产业与行业专业知能、人际关系、贡献5个大项，分为17个分项，61个细项。

（二）有关职教师资职业素质要求的研究

经查阅资料，相关内容主要集中在以下几个方面。①赵雪春主编的《职业教育师资队伍建设与发展》一书中明确指出教师的职业素质包括思想政治素质、职业道德素质、科学文化素质、专业技术素质、身心素质等。②在刘春生主编的《跨入新世纪的中国高等职业技术师范教育》一书中对职技高师学生素质结构进行了研究，主要包括思想品德素质、业务素质、身心素质三个要素。业务素质中主要涉及知识结构、技能结构、能力结构三方面，知识结构又包括教育维、专业维、科学文化维组成的三维立体结构；技能结构包括基本技能、专业技能、师范技能三个要素；能力结构包括教学设计、调控能力、组织管理能力、教育研究能力、适应专业教育任务转移能力、职业课程开发能力、社会活动能力和技术推广能力等。③彭宁主编的《民族地区职教师资培养模式的探索与实践》一书从学术性、技术性、师范性对职教师资的内在素质进行了分析，主要包括广博的知识和学术研究能力、精湛的专业技术素质、全面的知识素质、健康的身心素质、良好的教育教学素质、高尚的职业道德素质等。

（三）其他学科专业教师标准方面的研究

为了使职业学校各专业教师标准的制定更符合国际要求，研发人员也了解了其他学科专业教师标准，查阅到以下几方面的著作：①田延光主编的《本科院校教师教育质量标准》，书中对教师素质标准、教师专业知识标准、专业能力标准、专业态度标准、心理素质标准提出了具体要求。②国家汉语国际推广领导小组办公室主编的《国际汉语教师专业标准》分语言基本知识与技能、文化与交际、第二语言习得与学习策略、教学方法、教师综合素质5个模块分别制定出相应的标准。③朱旭东主编的《教师教育标准体系研究》，全书系统地对教师专业发展标准、教师教学标准、教师教学能力标准、教师教育技术能力标准等进行了研究，如对美国 14～18 岁学生的数学教学标准，主要从 5 个核心使命、20 个方面构建了此阶段优秀教师的教学标准，即责任心，关于数学、学生和教学的知识，数学教学，专业发展及其拓展 5 个核心使命。其中还介绍了香港地区教师专业能力理念框架，包括 4 个范畴：教与学、学生发展、学校发展和专业群体关系及服务，有 6 个基本价值观。4 个范畴又各自分为 4 个领域，每个领域简要描述教师工作中的一个重要环节，而每个领域又包括多个指标。台湾等地区教师专业标准包括教师专业素养、敬业精神与态度、课程设计与教学、班级经营与辅导、研究发展与进修等。

二、国外相关研究

（一）关于职教教师标准的研究

在英国、美国、澳大利亚等国都有明确的教师职业标准，特别是美国开发了 13 项职业教育教师标准，主要包括开创具有生产力的学习环境、对学生的认识、对教材的认识、学习环境、促进学生的学习、增进教材的知识、转换到工作和成人的角色、投入就业市场的准备、专业发展与社区服务、反省的习惯等；在马来西亚有职业分类中的职教教师标准和职业技能中的职教教师标准，以及实用课程开发的方法国家职业技能标准。

在德国，为给职业教育教师制定一个全国统一的基础和最低标准，为职业学校各职业科目教师教育和考核制定了一个全国性的框架。师范教育基本上分为两个阶段，第一个阶段是为期 9 个学期的大学课程学习阶段，累计周课时 160 学时，学习结束后参加第一次国家考试，课程主要包括职业领域中的职业科目（与科目相关的教学法）；第二学科主要是数学、物理、体育等普通学科，还有侧重职业教学的教育学科；另外还有学校中的教学实践。第二个阶段是实践性的教学培训，以预备性服务形式进行，地点为公共师范学院和培训学校。

（二）关于职教教师素质要求的研究

英国职业院校教师的基本素质包括职业意识、专业品质、专业能力（包括一般能力和特殊能力）；德国教师的基本素质要求包括理论知识、职业知识、教学行为知识等。

（三）其他学科教师标准的研究

从徐斌艳主编的《数学教师专业标准的国际比较》中可以看出，在美国，数学教师的专业标准主要包括过程标准、教学法标准、内容标准、领域经历标准四大部分。每个部分又制定了详细的标准要求。在英国，按照入职教师、有经验教师、优秀教师、高级技能教师等不同发展阶段分别制定相应的数学教师标准，每个阶段教师标准包括的内容主要是专业品质、专业知识和理解、专业技能三个方面，具体要求不同（表 2-1）。

表 2-1　不同国家（地区）职业教育教师能力标准要素的比较

标准要素	美国	澳大利亚	欧盟
了解学生	√	√	√
职业领域的知识和能力	√	√	√
营造高效学习环境	√		√
设计学习活动	√	√	√

续表

标准要素	美国	澳大利亚	欧盟
教学实施	√	√	√
评价	√	√	√
质量保障		√	√
培训咨询服务		√	
帮助学生向工作和成人角色过渡	√		
管理		√	√
教师专业发展	√	√	√
建立合作关系	√		√
国际交流合作		√	√
开发并培养持续发展能力	√		

综上所述，可以看出对于中等职业学校各专业教师标准的研究还处于起步阶段，目前大多数学者对普通教育教师标准及国外职教师资标准进行研究，并获得了一定的成果，为制定各专业职教师资标准研究奠定了基础。但是目前学者对教师专业标准产生的背景，以

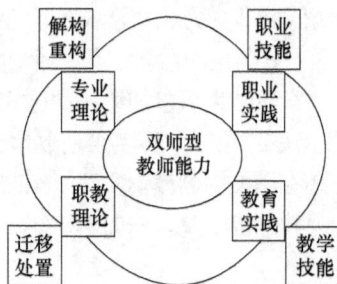

图 2-1 "双师型"教师能力图

及因何而产生尚缺乏系统深入的研究，学者更多地关注教师专业文本内容的介绍，对于教师专业标准的特点、国外运用的环境分析相对较少。为此，本项目力争在前人研究的基础上，综合目前应用比较多的DACUM职业分析法、柱状图表分析法、流程图表等方法的各自优势，选择职业活动分析法作为开发标准的方法与工具，分析教师的职业活动和专业活动，构建"双师型"教师能力模型（图2-1），按照专业能力、专业教学能力两个方面进行开发，教师基本素质作为通用模块参照国家公共模块执行。

第三部分　调研与分析

在"十一五"中职教师素质提高计划的基础上，"十二五"期间国家继续实施中等职业学校教师素质提高计划，本次特别启动了职教师资本科专业培养资源开发项目，使职教师资从培养阶段就开始按照职教发展规律进行，打破传统的普教师资培养模式。为了使项目开发更符合社会发展、职教发展的需要，具有职教特点，遵循科学性、前瞻性的原则，首先需要开展大量的调研活动，了解本科准师资培养现状，了解职教师资需求，分析其职业活动，为制定职教教师标准和培养标准、开发出培养职教师资的课程体系等提供科学依据。

一、调研目的

1）了解目前职教师资培养的现状。
2）了解中等职业学校对设施农业科学与工程专业师资的需求。
3）分析中等职业学校设施农业生产技术专业教师的职业活动及能力需求。

4）分析中等职业学校教师从事设施农业生产活动的能力需求。

二、调研对象

此次调研对象的范围相对较广，主要包括中高职院校教师、管理者、学生，本科院校教师、学生，设施农业行业企业专家6部分。针对6个群体的调研对象，分别拟定调研问卷和访谈提纲。

调研对象分别来自安徽、福建、甘肃、广东、贵州、海南、河北、河南、黑龙江、湖北、湖南、吉林、江苏、江西、辽宁、山东、山西、陕西、四川、云南、浙江21个省，北京、上海、天津、重庆4个直辖市，广西、内蒙古、宁夏、西藏、新疆5个自治区。包括中高职院校14所：北京农业职业学院、海南省农业学校、黑龙江农业工程职业学院、辽宁农业职业技术学院、卢龙县职业技术教育中心、迁安市职业技术教育中心、青县职业技术教育中心、云南省曲靖农业学校、日照市农业学校、武威职业学院、邢台现代职业学校、玉林职业学院、玉田县职业技术教育中心、肇庆市农业学校；本科院校21所：安徽科技学院、安徽农业大学、东北农业大学、甘肃农业大学、河北科技师范学院、河北农业大学、河南农业大学、华中农业大学、吉林农业大学、南京农业大学、内蒙古农业大学、青岛农业大学、山东农业大学、山西农业大学、沈阳农业大学、四川农业大学、天津农学院、西北农林科技大学、云南大学、云南农业大学、中国农业大学；设施农业行业企业31家：北京天安农业发展有限公司特菜大观园、昌黎县德茂种植专业合作社联合社、昌黎县恒丰果蔬种植专业合作社、昌黎县嘉城蔬菜种植专业合作社、昌黎县民联信诚大棚蔬菜种植专业合作社、昌黎县农林畜牧水产局、昌黎县勇正蔬菜专业合作社、抚宁区农牧水产局、乐亭丞起现代农业发展有限公司、乐亭万事达生态农业发展有限公司、乐亭县金畅果蔬专业合作社、乐亭县绿野果蔬专业合作社、乐亭县农牧局、辽宁农业职业技术学院实践教学基地、卢龙县德惠种植专业合作社、卢龙县福临瑞果蔬种植专业合作社、卢龙县农牧局、农业部设施蔬菜规模化种植基地昌黎项目区、秦皇岛丰禾农业开发有限公司、秦皇岛丰硕蔬菜种植专业合作社、秦皇岛市金农农业科技有限公司、秦皇岛市润果生态农业开发有限公司、秦皇岛市蔬菜管理中心、瑞克斯旺（中国）种子有限公司、上海马陆葡萄公园有限公司、唐山市农业科学研究院、天津市丽都农业科技有限公司、吐鲁番市胜金乡人民政府林业站、吐鲁番市鑫农种苗有限责任公司、潍坊万通食品有限公司蔬菜种植基地、张家口市蔚县科技局。另外，还调研了设施农业生产技术、果蔬花卉生产技术、现代农艺技术、种植专业4个专业7班次的中等职业学校国家级骨干教师、专业带头人培训班。

三、调研群体的基本情况统计

通过现场调研、网络调研、函调等方式，共回收有效问卷2059份，即中高职院校教师148份、学生474份、管理者70份，本科院校设施农业科学与工程专业教师197份、学生864份，设施农业行业企业专家131份，国家级培训班175份。

中高职院校教师中133人拥有教师资格证，有51人有其他职业资格证，79名教师所授课程类型为专业理论课，64名教师所授课程类型为专业实践课，78名教师所授课程类型为理论与实践一体课；本科院校教师中拥有教师资格证的教师有176人，高级工证书的有 29 人，工程师证书的 2 人，其他证书的 6 人，94 名教师所授课程类型为专业理论课，78 名教师所授课程类型为专业实践课，54 名教师所授课程类型为理论与实践一体课，此外，其中博士 126 人，本硕博期间所学专业完全一致的教师有 31 人。中高职院校学生中有 88.7% 来自农村，40.9% 对设施农业生产技术专业有深刻认识并十分喜欢，45.7% 有简单认识和了解；本科院校学生有 73.4% 来自农村，94.1% 毕业于普通高中，5.4% 毕业于职业高中。调查中开设农业相关专业的中高职院校 80% 目前仍在招生，开设的设施农业相关专业主要有果蔬花卉生产技术专业、园林技术专业、园艺技术专业等，50% 的中高职院校招聘过本科院校设施农业科学与工程专业的毕业生；调查的行业企业中 26.1% 为民营企业（集体），国有企业、外资企业、其他各占 13%，调查专家学历以大学本科为主。

四、结果分析

（一）教师职业活动分析

1. 教师职业教育及职业活动认知分析　　通过对本科院校教师进行调查，分析其对职业教育的相关政策、理论知识、教师从事的职业活动的认识程度（表 2-2），数据显示，57.4% 的教师对职业教育的相关政策、法规、文件达到一般了解程度，有 36.5% 的教师对这方面内容的了解程度为不多及以下；53.8% 的教师对职业教育的相关理论、知识了解一般，有 38.6% 的教师对其了解程度为不多及以下；对职业学校教师从事的职业活动，61% 的教师达到一般了解程度及以上，其中 10.2% 的教师对职业活动非常了解。说明对职业教育的理论、知识、政策、法规及一般教师的职业活动，本科院校教师多数是一般了解，对其非常了解的教师还是多于对其不了解的教师人数。总体而言，作为本科院校教师，对职教教师职业教育及职业活动的认知程度一般。

表 2-2　教师对职业教育及职业活动的认知分析（%）

项目	非常了解	一般了解	了解不多	不了解
职业教育的相关政策、法规、文件的了解	6.1	57.4	29.9	6.6
职业教育的相关理论、知识的了解	7.6	53.8	33.5	5.1
职业学校教师从事的职业活动的了解	10.2	50.8	32.5	6.6

2. 教师职业活动的重要性、难度和频率的分析

（1）教师职业活动的重要性分析　　对中高职院校教师及本科院校教师进行 21 项职业活动重要性的调查（表 2-3），对调查结果进行平均处理，利用 SPSS16.0 对两组平均分进行独立样本 t 检验，得 Sig.＝0.107＞0.05，表示两组平均分不存在显著性差异，即中高职院校教师与本科院校教师对职业活动重要性的认知不存在显著性差异。

表 2-3　教师职业活动重要性分析

职业活动		重要性（中高职院校教师）		重要性（本科院校教师）	
		平均分	排序	平均分	排序
课程开发	职业分析	4.51	6	4.36	6
	教材开发	4.45	8	4.06	13

续表

职业活动		重要性（中高职院校教师）		重要性（本科院校教师）	
		平均分	排序	平均分	排序
教学设计	学生分析	**4.64**	**3**	4.28	9
	教案设计	4.45	8	**4.41**	**4**
	教学实施	**4.65**	**2**	**4.47**	**2**
	教学评估	4.27	14	3.95	14
学生指导	职业指导	4.41	9	**4.45**	**3**
	学习指导	4.34	12	4.25	10
	其他指导	3.57	18	3.50	16
学校管理	教学管理	**4.53**	**5**	4.32	8
	学生管理	**4.57**	**4**	4.16	11
	行政管理	3.65	17	3.44	18
职业发展	教学研究	4.40	10	**4.40**	**5**
	指导其他教师	3.90	16	3.76	15
	教学实践	**4.73**	**1**	**4.59**	**1**
	企业实践	**4.57**	**4**	4.35	7
	培训进修	4.31	13	4.09	12
公共关系	与行业企业联系	4.47	7	4.32	8
	与家长联系	3.96	15	3.49	17
	与学生联系	4.36	11	4.16	11
	与其他人员联系	3.34	19	2.96	19

但是，二者对职业活动重要性的排序不尽相同。对中高职院校教师按重要性高低排序，前五位分别是教学实践、教学实施、学生分析、学生管理与企业实践（并列）、教学管理，其分数均大于4.50；与其他人员联系、其他指导、行政管理、指导其他教师、与家长联系分别为倒数五名，其分数均小于4.00。对本科院校教师按职业活动重要性高低排序，前五名分别是教学实践、教学实施、职业指导、教案设计、教学研究，其分数均大于或等于4.40；倒数五名为与其他人员联系、行政管理、与家长联系、其他指导、指导其他教师，前四者平均分小于3.50。说明中高职院校教师与本科院校教师对职业活动重要性排序不完全相同；但是二者均认为教师职业活动中教学实践为首要，其次是教学实施；此外，二者均认为其他指导、行政管理、指导其他教师、与家长联系、与其他人员联系5项职业活动重要性相对较轻。

（2）教师职业活动的难度分析 对中高职院校教师及本科院校教师进行21项职业活动难度的调查（表2-4），对调查结果进行平均处理，利用SPSS16.0对两组平均分进行独立样本t检验，得Sig.=0.247>0.05，表示两组平均分不存在显著性差异，即中高职院校教师与本科院校教师对职业活动难度的认知不存在显著性差异。

表 2-4　教师职业活动难度分析

职业活动		难度（中高职院校教师）		难度（本科院校教师）	
		平均分	排序	平均分	排序
课程开发	职业分析	3.80	10	**3.86**	**2**
	教材开发	**4.05**	**3**	**3.80**	**5**
教学设计	学生分析	3.63	12	**3.80**	**5**
	教案设计	3.59	14	3.68	8
	教学实施	3.82	9	**3.80**	**5**
	教学评估	3.66	11	3.57	10
学生指导	职业指导	3.87	8	**3.83**	**3**
	学习指导	3.58	15	3.47	12
	其他指导	3.32	18	3.06	15
学校管理	教学管理	3.90	6	3.60	9
	学生管理	**4.29**	**1**	3.77	6
	行政管理	3.42	17	3.12	14
职业发展	教学研究	**4.17**	**2**	**3.93**	**1**
	指导其他教师	3.51	16	3.43	13
	教学实践	**3.95**	**4**	**3.83**	**3**
	企业实践	**3.94**	**5**	3.74	7
	培训进修	3.62	13	3.50	11
公共关系	与行业企业联系	3.89	7	**3.81**	**4**
	与家长联系	3.20	19	3.01	16
	与学生联系	2.98	20	2.99	17
	与其他人员联系	2.88	21	2.75	18

　　但是，二者对职业活动难度的排序并不相同。对中高职院校教师按难度高低排序，前五位分别是学生管理、教学研究、教材开发、教学实践、企业实践，前三项平均分均大于 4.00；与其他人员联系、与学生联系、与家长联系、其他指导、行政管理为倒数五名，其分数均小于 3.00。对本科院校教师按职业活动难度高低排序，前五名分别是教学研究，职业分析，职业指导、教学实践（并列第三），与行业企业联系，教材开发、学生分析、教学实施（并列第五），其分数均小于 4.00；倒数五名为与其他人员联系、与学生联系、与家长联系、其他指导、行政管理，前两项平均分小于 3.00。说明中高职院校教师与本科院校教师对职业活动难度排序不完全相同；但是二者均认为教师职业活动中教学研究、教学实践、教材开发难度大；此外，二者均认为其他人员联系、与学生联系、与家长联系、其他指导、行政管理 5 项职业活动难度相对较小。

　　（3）教师职业活动的频率分析　　对中高职院校教师及本科院校教师进行 21 项职业活动频率的调查（表 2-5），对调查结果进行平均处理，利用 SPSS16.0 对两组平均分进行独立样本 t 检验，得 Sig.＝0.039＜0.05，说明两组平均分存在显著性差异，即中高职院校教师与本科院校教师对职业活动的发生频率的认知存在显著性差异。

表 2-5 教师职业活动频率分析

职业活动		频率（中高职院校教师）		频率（本科院校教师）	
		平均分	排序	平均分	排序
课程开发	职业分析	2.43	19	2.78	15
	教材开发	2.14	21	2.15	20
教学设计	学生分析	3.51	9	3.23	7
	教案设计	3.87	6	3.14	9
	教学实施	**4.00**	**4**	3.29	6
	教学评估	3.34	12	2.60	17
学生指导	职业指导	3.26	13	2.97	12
	学习指导	**3.94**	**5**	**3.51**	**3**
	其他指导	3.10	15	2.78	15
学校管理	教学管理	**4.02**	**3**	**3.39**	**5**
	学生管理	**4.32**	**1**	**3.64**	**1**
	行政管理	3.58	8	3.07	11
职业发展	教学研究	3.40	10	3.16	8
	指导其他教师	3.23	14	2.91	13
	教学实践	3.77	7	**3.47**	**4**
	企业实践	2.83	17	2.88	14
	培训进修	2.41	20	2.38	19
公共关系	与行业企业联系	3.03	16	3.09	10
	与家长联系	3.36	11	2.67	16
	与学生联系	**4.12**	**2**	**3.61**	**2**
	与其他人员联系	2.72	18	2.53	18

此外，二者对职业活动频率的排序不尽相同。对中高职院校教师按频率高低排序，前五位分别是学生管理、与学生联系、教学管理、教学实施、学习指导，前四项平均分均大于 4.00；教材开发、培训进修、职业分析、其他人员联系、企业实践为倒数五名，其分数均小于 3.00。对本科院校教师按职业活动频率高低排序，前五名分别是学生管理、与学生联系、学习指导、教学实践、教学管理，其分数均小于 4.00；倒数五名为教材开发、培训进修、其他人员联系、教学评估、与家长联系，前两项平均分小于 3.00。说明中高职院校教师与本科院校教师对职业活动频率排序不完全相同；但是二者均认为教师职业活动中学生管理、与学生联系很频繁，其次是学习指导与教学管理；此外，二者均认为教材开发、培训进修、其他人员联系三项职业活动频率较低。

3. 教师单项职业活动的重要性、难度和频率分析　　根据问卷调查结果，中高职院校教师与本科院校教师对职教教师职业活动重要性、难度及频率的认知不同。

利用 SPSS16.0，对中高职院校教师问卷进行统计，分析上述 21 项教师职业活动的重要性、难度及频率的平均分，对教师职业活动的频率与重要性、难度进行多元回归分析，得出回归系数对应显著性水平分别为 Sig.＝0.177 和 Sig.＝0.380，均大于 0.05，方程不显著，则表明教师职业活动的频率与重要性、难度之间并无相互关系；职业活动的重要性与难度之间存在相互关系，难度变量回归系数对应显著水平为 Sig.＝0.000＜0.05，方程显著，回归方程为 $Y=1.108+0.740X$，即教师职业活动的重要性与难度呈正相关。

根据本科院校教师问卷统计结果，教师职业活动的重要性、难度及频率间存在显著相关性。利用 SPSS16.0 分析上述 21 项教师职业活动的重要性、难度及频率的平均分，对教师职业活动频率与重要性、难度进行多元回归分析，得出相应回归系数显著性水平分别为 Sig.＝0.004 和 Sig.＝0.032，均小于0.05，方程显著，回归方程为 $Y=1.821+1.127X_1-0.963X_2$。即教师职业活动的频率与其重要性、难度相关，其中活动的重要性对其频率的增加有促进作用，难度增加对频率增加起抑制作用，活动重要性对频率有更大的贡献。但是方程 R^2 偏小，拟合度低。职业活动的难度与重要性、频率之间也存在相互关系，难度变量回归系数对应显著水平分别为 Sig.＝0.000 和 Sig.＝0.032，均小于 0.05，方程显著，回归方程为 $Y=0.932+0.815X_1-0.239X_2$，即教师职业活动的难度受其重要性与频率影响。职业活动的重要性越大对应的难度越大，频率越小难度越大，其中重要性对其难度的贡献更大。方程中 $R^2=0.795$，拟合度高。

（1）课程开发活动重要，难度较大，频率低　　根据调查结果显示（表2-6），中高职院校教师认为"职业分析"活动非常重要（4.51分）；难度较大（3.80分）；开展活动的频率较低（2.43分），在 21 项职业活动中排在第 19 位。关于"教材开发"，认为比较重要（4.45分）；难度较大（4.05分），在 21 项职业活动中排在第 3 位；开展活动的频率较低（2.14分），在 21 项职业活动中排在最后一位。说明"课程开发"在教师职业活动中占据重要的位置；但是，开发难度较大，特别是对教材的开发；课程开发的频率在职业活动中最低，平均不到 1 年进行 1 次。

表 2-6　教师单个职业活动（课程开发）的重要性、难度、频率总体分析

职业活动		重要性				难度				频率			
		中高职院校教师		本科院校教师		中高职院校教师		本科院校教师		中高职院校教师		本科院校教师	
		平均分	排序	平均分	排序	平均分	排序	平均分	排序	平均分	排序	平均分	排序
课程开发	职业分析	4.51	6	4.36	6	3.80	10	**3.86**	**2**	2.43	19	2.78	15
	教材开发	4.45	8	4.06	13	**4.05**	**3**	**3.80**	**5**	2.14	21	2.15	20

注：重要性按 5～1 打分，5 分非常重要，4 分较重要，3 分中等，2 分不太重要，1 分不重要；难度按 5～1 打分，5 分非常难，4 分较难，3 分中等，2 分不太难，1 分不难；频率指在一定时期内，职业活动进行的次数，5 分频率高（每周至少一次），4 分频率较高（每月至少一次），3 分频率中等（每学期至少一次），2 分频率较低（每年至少一次），1 分频率低（一年以上一次）。表 2-7～表 2-11 同

表 2-6 还显示，本科院校教师认为"职业分析"活动比较重要（4.36分）；难度较大（3.86分），在 21 项职业活动中排在第 2 位；开展活动的频率中等（2.78分）；关于"教材开发"，认为比较重要（4.06分），难度较大（3.80分），在 21 项职业活动中排在第 5 位；开展活动的频率较低（2.15分），在 21 项职业活动中排在倒数第 2 位。说明"课程开发"在教师职业活动中占据重要的位置；但是，开发难度较大，特别是对职业分析；课程开发的频率在职业活动中很低，平均不到 1 年进行 1 次。

（2）教学设计活动很重要，难度稍大，频率偏大　　对于教学设计方面（表2-7），中

高职院校教师认为"学生分析"非常重要（4.64分），在21项职业活动中排在第3位；难度较大（3.63分）；进行的频率较高（3.51分）。关于"教案设计"，认为比较重要（4.45分）；难度较大（3.59分）；开展活动的频率较高（3.87分）。关于"教学实施"，认为非常重要（4.65分），在21项职业活动中排在第2位；难度较大（3.82分）；开展活动的频率较高（4.00分），在21项职业活动中排在第4位。关于"教学评估"，认为比较重要（4.27分）；难度较大（3.66分）；开展活动的频率中等（3.34分）。整体来看，"教学设计"在职业活动中占据非常重要的地位，对于教师来讲难度较大，开展活动的频率比较高，一般每月能够进行1次。

表 2-7 教师单个职业活动（教学设计）的重要性、难度、频率总体分析

职业活动		重要性				难度				频率			
		中高职院校教师		本科院校教师		中高职院校教师		本科院校教师		中高职院校教师		本科院校教师	
		平均分	排序	平均分	排序	平均分	排序	平均分	排序	平均分	排序	平均分	排序
教学设计	学生分析	**4.64**	**3**	4.28	9	3.63	12	**3.80**	**5**	3.51	9	3.23	7
	教案设计	4.45	8	**4.41**	**4**	3.59	14	3.68	8	3.87	6	3.14	9
	教学实施	**4.65**	**2**	**4.47**	**2**	3.82	9	**3.80**	**5**	**4.00**	**4**	3.29	6
	教学评估	4.27	14	3.95	14	3.66	11	3.57	10	3.34	12	2.60	17

表2-7还显示，本科院校教师认为"学生分析"比较重要（4.28分）；难度较大（3.80分），在21项职业活动中排在第5位；进行的频率中等（3.23分）。关于"教案设计"，认为比较重要（4.41分），在21项职业活动中排在第4位；难度较大（3.68分）；开展活动的频率中等（3.14分）。关于"教学实施"，认为比较重要（4.47分），在21项职业活动中排在第2位；难度较大（3.80分），在21项职业活动中排在第5位；开展活动的频率中等（3.29分）。关于"教学评估"，认为比较重要（3.95分）；难度较大（3.57分）；开展活动的频率中等（2.60分），在21项职业活动中排在第17位。整体来看，"教学设计"中的4项职业活动均占据比较重要的地位，难度较大，开展活动的频率中等，一般每学期至少进行1次。

（3）学生指导活动较为重要，难度偏大，频率偏高 学生指导是教育活动中必不可少的一项内容。对中高职院校教师进行调查（表2-8），认为"职业指导"比较重要（4.41分）；难度较大（3.87分）；进行的频率中等（3.26分）。关于"学习指导"，认为比较重要（4.34分）；难度较大（3.58分）；开展活动的频率较高（3.94分），在21项职业活动中排在第5位。关于"其他指导"，认为比较重要（3.57分），在21项职业活动中排在第18位；难度中等（3.32分），在21项职业活动中排在第18位；开展活动的频率中等（3.10分）。说明"学生指导"方面，"职业指导""学习指导"的重要性及难度均相对较大，"学习指导"的频率较高，对于"其他指导"的重视程度不够。

表 2-8　教师单个职业活动（学生指导）的重要性、难度、频率总体分析

职业活动		重要性				难度				频率			
		中高职院校教师		本科院校教师		中高职院校教师		本科院校教师		中高职院校教师		本科院校教师	
		平均分	排序	平均分	排序	平均分	排序	平均分	排序	平均分	排序	平均分	排序
学生指导	职业指导	4.41	9	**4.45**	**3**	3.87	8	**3.83**	**3**	3.26	13	2.97	12
	学习指导	4.34	12	4.25	10	3.58	15	3.47	12	**3.94**	**5**	**3.51**	**3**
	其他指导	3.57	18	3.50	16	3.32	18	3.06	15	3.10	15	2.78	15

　　表 2-8 还显示，对本科院校教师进行调查，认为"职业指导"比较重要（4.45 分），在 21 项职业活动中排在第 3 位；难度较大（3.83 分），在 21 项职业活动中排在第 3 位；进行的频率中等（2.97 分）。关于"学习指导"，认为比较重要（4.25 分）；难度中等（3.47）；开展活动的频率较高（3.51 分），在 21 项职业活动中排在第 3 位。关于"其他指导"，认为比较重要（3.50 分），在 21 项职业活动中排在第 16 位；难度中等（3.06 分）；开展活动的频率中等（2.78 分）。说明"学生指导"方面，"职业指导"的重要性及难度相对较大，"学习指导"的频率高，对于"其他指导"的重视程度不够。

　　（4）学校管理活动重要，难度较大，频率最高　　对于"学校管理"方面（表 2-9），中高职院校教师认为"教学管理"非常重要（4.53 分），在 21 项职业活动中排在第 5 位；难度较大（3.90 分）；进行的频率较高（4.02 分），在 21 项职业活动中排在第 3 位。关于"学生管理"，认为非常重要（4.57 分），在 21 项职业活动中排在第 4 位；难度较大（4.29 分），在 21 项职业活动中排在第 1 位；开展活动的频率较高（4.32 分），在 21 项职业活动中排在第 1 位。关于"行政管理"，认为比较重要（3.65 分），在 21 项职业活动中排在第 17 位；难度中等（3.42 分），在 21 项职业活动中排在第 17 位；开展活动的频率较高（3.58 分）。说明"学校管理"中，教师肯定"教学管理"与"学生管理"的重要地位，难度较大，尤其是"学生管理"难度在职业活动中最大，且最为频繁。

表 2-9　教师单个职业活动（学校管理）的重要性、难度、频率总体分析

职业活动		重要性				难度				频率			
		中高职院校教师		本科院校教师		中高职院校教师		本科院校教师		中高职院校教师		本科院校教师	
		平均分	排序	平均分	排序	平均分	排序	平均分	排序	平均分	排序	平均分	排序
学校管理	教学管理	**4.53**	5	4.32	8	3.90	6	3.60	9	**4.02**	3	3.39	5
	学生管理	**4.57**	4	4.16	11	**4.29**	1	3.77	6	**4.32**	1	3.64	1
	行政管理	3.65	17	3.44	18	3.42	17	3.12	14	3.58	8	3.07	11

　　表 2-9 还显示，本科院校教师认为"教学管理"比较重要（4.32 分）；难度较大

（3.60分）；进行的频率中等（3.39分），在21项职业活动中排在第5位。关于"学生管理"，认为比较重要（4.16分）；难度较大（3.77分）；开展活动的频率较高（3.64分），在21项职业活动中排在第1位。关于"行政管理"，认为重要性中等（3.44分），在21项职业活动中排在第18位；难度中等（3.12分）；开展活动的频率中等（3.07分）。说明"学校管理"中，"教学管理"与"学生管理"是主旋律，地位重要，难度较大，"学生管理"是教师职业活动中最频繁的。

（5）职业发展活动重要性大，难度偏大，频率不一　　对于"职业发展"方面（表2-10），中高职院校教师认为"教学研究"比较重要（4.40分）；难度较大（4.17分），在21项职业活动中排在第2位；进行的频率中等（3.40分）。关于"指导其他教师"，认为比较重要（3.90分）；难度较大（3.51分）；开展活动的频率中等（3.23分）。关于"教学实践"，认为非常重要（4.73分），在21项职业活动中排在第1位；难度较大（3.95分），在21项职业活动中排在第4位；开展活动的频率较高（3.77分）。关于"企业实践"，认为非常重要（4.57分），在21项职业活动中排在第4位；难度较大（3.94分），在21项职业活动中排在第5位；开展活动的频率中等（2.83分），在21项职业活动中排在第17位。关于"培训进修"，认为比较重要（4.31分）；难度较大（3.62分）；开展活动的频率较低（2.41分），在21项职业活动中排在倒数第2位。在"职业发展"方面，教师职业活动中，"教学实践"与"企业实践"具有重要作用，尤其是"教学实践"，是职业活动中最重要的活动；"职业发展"的4项活动难度均较大，其中"教学研究"更难一些；除"教学实践"的频率较高以外，"企业实践"及"培训进修"频率低于一般水平，尤其是"培训进修"，在职业活动中出现的频率很低。

表2-10　教师单个职业活动（职业发展）的重要性、难度、频率总体分析

职业活动		重要性				难度				频率			
		中高职院校教师		本科院校教师		中高职院校教师		本科院校教师		中高职院校教师		本科院校教师	
		平均分	排序	平均分	排序	平均分	排序	平均分	排序	平均分	排序	平均分	排序
职业发展	教学研究	4.40	10	**4.40**	5	4.17	2	**3.93**	1	3.40		3.16	8
	指导其他教师	3.90	16	3.76	15	3.51	16	3.43	13	3.23	14	2.91	13
	教学实践	**4.73**	1	**4.59**	1	**3.95**	4	**3.83**	3	3.77	7	**3.47**	4
	企业实践	**4.57**	4	4.35	7	**3.94**	5	3.74	7	2.83	17	2.88	14
	培训进修	4.31	13	4.09	12	3.62	13	3.50	11	2.41	20	2.38	19

表2-10还显示，本科院校教师认为"教学研究"比较重要（4.40分），在21项职业活动中排在第5位；难度较大（3.93分），在21项职业活动中排在第1位；进行的频率中等（3.16分）。关于"指导其他教师"，认为比较重要（3.76分）；难度中等（3.43

分）；开展活动的频率中等（2.91分）。关于"教学实践"，认为非常重要（4.59分），在21项职业活动中排在第1位；难度较大（3.83分），在21项职业活动中排在第3位；开展活动的频率中等（3.47分），在21项职业活动中排在第4位。关于"企业实践"，认为比较重要（4.35分）；难度较大（3.74分）；开展活动的频率中等（2.88分）。关于"培训进修"，认为比较重要（4.09分）；难度较大（3.50分）；开展活动的频率较低（2.38分），在21项职业活动中排在第19位。在"职业发展"方面，教师职业活动中，"教学实践"与"企业实践"具有重要作用，尤其是"教学实践"，是职业活动中最重要的活动；"教学研究"难度最大，"教学实践"与"企业实践"难度较大；"企业实践"及"培训进修"频率低于一般水平，尤其是"培训进修"，在职业活动中出现的频率很低。由表2-10可以看出，在教师职业活动中，"教学实践"最重要，难度大，频率高。

（6）公共关系活动重要性偏大，难度一般，频率不一　对于"公共关系"方面（表2-11），中高职院校教师认为"与行业企业联系""与家长联系""与学生联系"比较重要，平均分分别为4.47分、3.96分、4.36分；"与其他人员联系"重要性中等，平均分为3.34分，在21项职业活动中排在第19位。认为"与行业企业联系"难度较大，平均分为3.89分；"与家长联系""与学生联系""与其他人员联系"难度中等，平均分分别为3.20分、2.98分、2.88分，在21项职业活动中分别排在第19、第20、第21位。认为"与行业企业联系""与家长联系"的频率中等，平均分分别为3.03分、3.36分；"与学生联系"频率较高，平均分为4.12分，在21项职业活动中排在第2位；"与其他人员联系"频率中等，平均分为2.72分，在21项职业活动中排在第18位。这说明，中高职院校教师重视与行业企业的联系、与学生的联系；认为与行业企业、学生联系的难度偏大；与学生的联系最为密切和频繁。

表 2-11　教师单个职业活动（公共关系）的重要性、难度、频率总体分析

职业活动		重要性				难度				频率			
		中高职院校教师		本科院校教师		中高职院校教师		本科院校教师		中高职院校教师		本科院校教师	
		平均分	排序	平均分	排序	平均分	排序	平均分	排序	平均分	排序	平均分	排序
公共关系	与行业企业联系	4.47	7	4.32	8	3.89	7	**3.81**	**4**	3.03	16	3.09	10
	与家长联系	3.96	15	3.49	17	3.20	19	3.01	16	3.36	11	2.67	16
	与学生联系	4.36	11	4.16	11	2.98	20	2.99	17	**4.12**	**2**	**3.61**	**2**
	与其他人员联系	3.34	19	2.96	19	2.88	21	2.75	18	2.72	18	2.53	18

表2-11还显示，本科院校教师认为"与行业企业联系""与学生联系"比较重要，平均分分别为4.32分、4.16分；"与家长联系""与其他人员联系"重要性中等，平均分分别为3.49分、2.96分，在21项职业活动中分别排在第17、第19位。认为"与行业企业联系"难度较大，平均分为3.81分，在21项职业活动中排在第4位；"与学生联系""与家长联系""与其他人员联系"难度中等，平均分分别为3.01分、2.99分、2.75分，在

21 项职业活动中分别排在第 16、第 17、第 18 位。认为"与学生联系"频率较高,平均分为 3.61 分,在 21 项职业活动中排在第 2 位;"与行业企业联系""与家长联系""与其他人员联系"的频率中等,平均分分别为 3.09 分、2.67 分、2.53 分,其中"与其他人员联系"的频率在 21 项职业活动中排在第 18 位。这说明,教师重视与行业企业的联系、与学生的联系,对与家长的联系、其他人员的联系重视程度一般化;认为与行业企业联系的难度较大,与家长、学生、其他人员的联系难度基本处于一般水平;与学生的联系最为密切和频繁,与行业企业联系一般。

（二）教师职业能力分析

1. 中高职院校学生对教师的需求分析

（1）对学校教师的总体态度　通过对中高职院校学生进行调查,就"你对学校教师的素质"一问进行统计,37.1% 的学生很满意,55.7% 的学生基本满意,3.1% 的学生不满意,1.5% 的学生很失望,对教师素质无所谓和没感觉的学生各占 1.3%。说明大多数中高职院校学生对教师的素质给予了肯定的评价。

就"你对学校教师的总体态度"一问进行统计,63.3% 的学生"很真心地尊敬",29.5% 的学生"还算能真心尊重",5.4% 的学生"内心没感觉但表面尊重","内心表面均不尊重"和"看不起无须尊重"的各占 0.9%。这说明,绝大多数学生对中高职院校教师总体态度还是真心尊重的。

（2）学生心中好教师的标准　就"你心目中好教师的标准是什么"这一开放式问题,对 474 位中高职院校学生的回答进行了统计。发现学生心目中好教师的标准如下:①尊重学生,关心学生身体、心理及学习生活;②爱岗敬业,认真负责;③教学严谨,教学水平高超,实践丰富,且能够实践与理论相结合;④道德高尚,平易近人,善于与学生沟通;⑤集体意识强,平等待人;⑥语言表达能力强,幽默,有时代感;⑦乐观积极,举止大方得体。

2. 中高职院校教师承担的主要工作及优秀教师能力分析

（1）职教教师承担的主要工作　对 148 名中高职院校教师的回答进行整理,职教教师一般承担的工作包括:①理论教学和实践指导;②农业科技知识培训工作,同时兼技术咨询、指导;③非专业基础课教学;④学生的教育管理、财务管理、学籍管理等;⑤教研组长,学科带头人,职业技能鉴定考评员,班主任,课题组组长;⑥教学,招生,就业,农民工培训,阳光工程培训,学校管理;⑦服务工作,学校的后勤管理工作等,为当地园艺专业培养人才;⑧学校政教,安全保卫工作(负责);⑨学生心理健康辅导工作。

（2）优秀职教教师能够承担的工作及能力　优秀职教教师承担的工作多为学生管理工作和实践操作性技能工作,其他还包括承担专业相关课题或科研的研究,承担职业教育教学的创新、实训教材的编写,承担超负荷的工作、科研生产、市场的拓展对新教师的指导与培养等工作。

而作为优秀职教教师需具有的能力如下:实践操作能力、探究创新的能力、理论与实践相结合的能力、实际现实中发现问题和解决问题的能力、培养优秀学生的能力、与所有学生都能和平相处的职业教育研究能力,以及服务社会的能力、熟练的动手操作能力、与外界沟通交流的能力、科研能力、指导就业的能力、组织协调能力、抗压能力、心理教育能力,另外还应具有较强的销售能力、行业发展的敏锐洞悉力、生产经营能力、自主研究探索能力、应变能力、学校管理能力。

3. 中高职院校管理者对职教教师的需求分析   中高职院校选聘毕业生时需要考虑许多因素，包括毕业生的学历、学位等"硬件"，也包括一些实践经验、职业能力等"软件"，对其进行调查后，得到结果见表2-12：中高职院校招聘毕业生最看重的因素排序是学历、学位，专业对口，综合素质，工作及实践经验，人生态度、道德素质，专业技能证书；最不看重的因素排序是档案记录，毕业学校的名气，学生干部，在校学习成绩，党员，无所谓，能适合工作岗位就行，职业资格证书。说明中高职院校在选聘毕业生时主要看重三大方面，一是学历，二是素质，三是专业实践；对于一些记录、学校工作、职业资格证看得较轻。

表 2-12   中高职院校选聘教师看重的主要因素

项目	第1位	第2位	第3位	第4位	第5位
最看重的因素排序	A、E	N	J	M	F
最不看重的因素排序	H	B、C	I	D、O	G

注：A. 学历、学位；B. 毕业学校的名气；C. 学生干部；D. 党员；E. 专业对口；F. 专业技能证书；G. 职业资格证书；H. 档案记录；I. 在校学习成绩；J. 工作及实践经验；K. 仪表、谈吐与礼仪；L. 社交、协调、管理能力；M. 人生态度、道德素质；N. 综合素质；O. 无所谓，能适合工作岗位就行；P. 其他方面

4. 本科院校学生的调研分析

（1）职业能力重要性排序   本科院校学生就"哪些职业能力对你更重要"一题的10个选项进行排序，统计结果可知，职业能力重要程度依次如下：自主学习能力、运用知识能力、观察分析能力、与人沟通能力、适应艰苦环境能力、学生管理能力、外语计算机应用能力、教学研究能力、课程开发能力、教学设计能力。说明学生认为职教教师职业能力的首要为认知能力，其次是社交能力与操作能力，最后是教育教学能力。

（2）实践实习课教师类型   统计多选题"学校实践实习课的指导教师主要类型"得出，68.3%为校内理论课教师担任，30.6%配备专门实践实习指导教师，16.3%由从事设施农业生产的技术人员担任，2.9%来自企业行业的专家担任，3.6%比较随意，教师不确定，1.9%由其他人员担任。这说明本科院校学生实践实习课教师类型丰富，但实践实习课专门指导教师所占比例不多，多数理论课教师承担学生实践实习的教学指导工作，其他技术人员及企业行业专家比例较少。

（3）专业课教学方法   就多选题"专业课教师主要采用的教学方法"一题进行统计（图2-2），本科院校教师90.9%采用讲授法，19.1%采用情境教学法，13.7%采用讨论法，采用项目教学法与任务驱动法的占23.8%。说明培养基地本科院校教师以讲授法为主，专业教育教学中应该采用的项目教学法和任务驱动法应用不多，普教色彩严重。

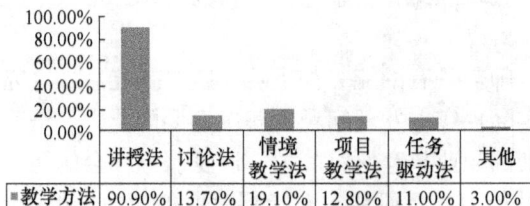

	讲授法	讨论法	情境教学法	项目教学法	任务驱动法	其他
教学方法	90.90%	13.70%	19.10%	12.80%	11.00%	3.00%

图 2-2   专业课教师采用的教学方法

（三）教师专业能力分析

对中高职院校教师、本科院校教师及学生、设施农业行业企业专家进行设施农业生产工作任务重要程度的调查，统计分析数据，得出以下结果（表2-13）。

表2-13　教师专业活动重要性总体分析

工作任务	中高职院校教师		本科院校教师		本科院校学生		设施农业行业企业专家	
	平均分	排序	平均分	排序	平均分	排序	平均分	排序
（1）园区规划与棚室设计	**4.26**	**4**	**4.89**	**1**	**4.34**	**1**	**4.54**	**1**
（2）设施建造	4.06	7	**4.30**	**5**	**4.20**	**4**	4.29	6
（3）设施配套设备安装、维护与使用	4.06	7	4.29	6	4.06	6	4.18	7
（4）设施环境观测与调控	4.04	8	**4.35**	**2**	**4.21**	**3**	**4.41**	**3**
（5）设施栽培新技术引进、集成与示范	**4.27**	**3**	**4.34**	**3**	4.05	7	4.13	8
（6）设施植物专用品种选育	3.92	10	3.94	9	4.06	6	4.00	10
（7）设施作物工厂化育苗	4.09	6	4.25	7	**4.12**	**5**	3.93	11
（8）设施作物栽培管理	**4.36**	**2**	**4.32**	**4**	**4.28**	**2**	**4.43**	**2**
（9）设施作物病虫害诊断与防控	**4.39**	**1**	**4.30**	**5**	**4.21**	**3**	**4.34**	**4**
（10）土壤肥力及其检测	4.09	6	3.74	14	3.82	14	4.10	9
（11）设施作物无公害生产	**4.21**	**5**	4.09	8	4.04	8	4.13	8
（12）设施作物无土栽培	3.59	14	3.82	11	3.94	10	3.59	15
（13）设施名、优、特、稀作物栽培	3.74	12	3.83	10	3.80	15	3.60	14
（14）产品的采收、包装、贮运、营销	3.84	11	3.79	12	3.87	13	3.66	13
（15）农产品品质分析、农药残留检验	3.93	9	3.79	12	3.90	12	3.90	12
（16）设施农业生产资料营销	3.55	16	3.56	16	3.72	16	3.53	16
（17）设施农业企业管理	3.67	13	3.82	11	3.91	11	4.00	10
（18）设施综合利用	3.57	15	3.75	13	3.95	9	**4.30**	**5**
（19）设施试验设计	3.38	18	3.71	15	3.76	17	4.00	10
（20）设施动物养殖	3.45	17	3.17	17	3.37	18	3.30	17

统计中高职院校教师、本科院校教师及学生、设施农业行业企业专家的问卷，计算平均分，利用SPSS16.0进行独立样本 t 检验，得出4组平均分两两间的概率均大于0.05，即4组平均分两两之间并无显著性差异，说明4类调查对象对表2-13中所列的20项设施农业生产任务的重要程度的认识是基本统一的。然而，不同研究对象对工作任务的重要程度排序不尽相同。

中高职院校教师认为最重要的工作任务依次是设施作物病虫害诊断与防控，设施作物栽培管理，设施栽培新技术引进、集成与示范，园区规划与棚室设计，设施作物无公害生产；重要度较低的工作任务依次是设施试验设计，设施动物养殖，设施农业生产资料营销，设施综合利用，设施作物无土栽培。说明中高职院校教师认为设施农业环境消毒与病虫害防治、种植技术、农业设施设计与建造三大方面是设施农业的重要工作任务类型，对农业科研、设施养殖等方面工作任务重视程度不大。

本科院校教师认为最重要的工作任务依次是园区规划与棚室设计，设施环境观测与调控，设施栽培新技术引进、集成与示范，设施作物栽培管理，设施建造和设施作物病虫害诊断与防控（并列第5）；重要度较低的工作任务依次是设施动物养殖，设施农业生产资料营销，设施试验设计，土壤肥力及其检测，设施综合利用。说明本科院校教师认为农业设施设计与建造、设施农业环境调控与病虫害防治、种植技术三大方面是设施农业的重要工作任务类型，对设施养殖、农业科研、农业经营等方面工作任务重视程度不大。

本科院校学生认为最重要的工作任务依次是园区规划与棚室设计，设施作物栽培管理，设施环境观测与调控及设施作物病虫害诊断与防控（并列第3），设施建造，设施作物工厂化育苗；重要度较低的工作任务依次是设施动物养殖，设施农业生产资料营销，设施试验设计，设施名、优、特、稀作物栽培，土壤肥力及其检测。说明本科院校学生认为农业设施设计与建造、种植技术、设施农业环境调控与病虫害防治、工厂化育苗四大方面是设施农业的重要工作任务类型，对设施养殖、农业科研、农业经营等方面工作任务重视程度不大。

设施农业行业企业专家认为最重要的工作任务依次是园区规划与棚室设计，设施作物栽培管理，设施环境观测与调控，设施作物病虫害诊断与防控，设施综合利用；重要度较低的工作任务依次是设施动物养殖，设施农业生产资料营销，设施作物无土栽培，设施名、优、特、稀作物栽培，产品的采收、包装、贮运、营销。说明行业企业专家认为农业设施设计与建造、种植技术、设施农业环境调控与病虫害防治三大方面是设施农业的重要工作任务类型，对设施养殖、农业科研、农业经营管理等方面工作任务重视程度不大。

由此可见，设施农业生产工作任务中园区规划与棚室设计，设施作物栽培管理，设施环境观测与调控，设施作物病虫害诊断与防控，设施栽培新技术引进、集成与示范，设施建造等与农业设施设计与建造、设施农业环境调控与病虫害防治、种植技术方面紧密相关的工作任务重要性较高；与设施养殖、农业科研、农业经营等相关的设施动物养殖，设施农业生产资料营销，设施试验设计，设施名、优、特、稀作物栽培等工作任务重要性低。

（四）本科院校学生就业及能力分析

1. 本科院校毕业生就业去向分析　　就"毕业后准备从事的工作"一题对本科院校学生进行调查，数据结果如图2-3所示。学生毕业后准备从事教师行业的占9.30%，从事农业企业经营管理的占19.90%，想继续学习考研的占33.90%，考公务员的占17.70%，自主创业的占11.90%。说明学生毕业后准备从事教师行业的人数很少，准备继续从事农业相关领域的占总人数的不到一半，公务员热和考研热会吸引部分毕业生。

对中高职院校教师及本科院校教师就"设施专业毕业生从事岗位或就业去向"问题

进行调查（表2-14），两类教师所示结果不同。中高职教师认为设施专业毕业生主要就业去向是设施农业营销、设施农业管理、农业新技术推广、自主创业、设施设计建造，而本科院校教师认为设施本科毕业主要就业去向是设施设计建造、设施作物生产、农业新技术推广、设施农业营销、设施农业管理。"进职业学校当教师"一项分别排在第6位、第7位。说明在教师看来，设施专业毕业生偏向选择农业经营管理及设施建造、农业生产相关的岗位，对成为职教教师的愿望并不强烈。

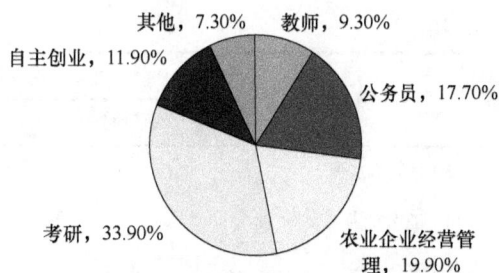

图 2-3　职教师资本科院校毕业生就业意向

（其他，7.30%　教师，9.30%　自主创业，11.90%　公务员，17.70%　考研，33.90%　农业企业经营管理，19.90%）

2. 已录用毕业生素质能力评价　问卷调查了70名中高职学校管理者与31名设施农业行业企业专家，对已录用毕业生素质能力情况满意度进行统计分析，得出以下结果（表2-15）。

表 2-14　设施农业科学与工程专业毕业生从事的工作岗位

重要程度	1	2	3	4	5	6	7	8	9
中高职院校教师	D	E	C	F	A	G	B	H	I
本科院校教师	A	B	C	D	E	F	G	H	I

注：A. 设施设计建造；B. 设施作物生产；C. 农业新技术推广；D. 设施农业营销；E. 设施农业管理；F. 自主创业；G. 进职业学校当教师；H. 考研深造；I. 其他

表 2-15　中高职院校管理者、设施农业行业企业专家对设施专业毕业生满意度分析

项目	中高职院校管理者		设施农业行业企业专家	
	平均分	排序	平均分	排序
（1）职业道德与素养	**4.53**	**1**	**4.55**	**1**
（2）工作责任心与敬业精神	**4.39**	**2**	**4.32**	**2**
（3）自我调控能力	**4.26**	**5**	**4.29**	**3**
（4）适应环境能力	**4.35**	**3**	**4.23**	**4**
（5）沟通与协作能力	4.17	7	4.07	6
（6）开拓创新能力	3.80	12	3.94	8
（7）继续学习能力	4.07	10	**4.32**	**2**
（8）专业实践能力	3.78	13	3.94	8
（9）专业理论基础	**4.28**	**4**	**4.13**	**5**
（10）教育教学水平	3.99	11	4.03	7
（11）外语水平	3.66	14	3.67	10
（12）写作水平	3.66	14	4.07	6

项目	中高职院校管理者		设施农业行业企业专家	
	平均分	排序	平均分	排序
（13）计算机水平	4.12	9	3.84	9
（14）工作实绩	4.16	8	**4.32**	**2**
（15）综合素质	4.24	6	**4.29**	**3**

对两组平均分利用 SPSS16.0 进行独立样本 t 检验，所得 Sig.=0.690＞0.05，表示两组平均分不存在显著性差异，即中高职院校管理者与设施农业行业企业专家对毕业生能力素质的评价不存在显著性差异。

通过统计处理分析，可知中高职院校管理者对专业课教师的职业道德与素质、工作责任心与敬业精神、适应环境能力、专业理论基础和自我调控能力等职业能力的满意度为前五名，平均分均超过 4.20；对专业课教师的外语水平和写作水平（并列第 14）、专业实践能力、开拓创新能力、教育教学水平的满意度为倒数五名，其平均分均小于 4.00。这说明已录用专业课教师的职业道德与素质、工作责任心与敬业精神、适应环境能力、专业理论基础和自我调控能力这些爱岗敬业的精神、自我认知的清晰、知识掌握的程度，都是中高职学校管理者很满意的职业能力方面；而专业课教师的外语水平、写作水平、专业实践能力、开拓创新能力、教育教学水平这些语言表述能力、与时俱进精神、实践及教学能力等方面是目前中高职院校管理者对已有专业课教师职业能力表现不太满意的地方。

设施农业行业企业专家对已录用毕业生的职业道德与素质、工作责任心与敬业精神和继续学习能力（并列第 2）、自我调控能力和综合素质（并列第 3）、适应环境能力、专业理论基础较为满意，平均分均超过 4.10；对毕业生的外语水平、计算机水平、开拓创新能力、专业实践能力的满意度为倒数，其平均分均小于 4.00。这说明已录用毕业生的职业道德与素质、工作责任心与敬业精神、适应环境能力、专业理论基础和自我调控能力这些爱岗敬业的精神、自我认知的清晰、知识掌握的程度，都是行业企业专家很满意的能力和素质；而外语水平、计算机水平、专业实践能力、开拓创新能力这些与时俱进的精神和实践能力等方面是目前行业企业专家对已录用毕业生能力表现不太满意的地方。

（五）不同地区设施农业企业及农产品类型

1. 代表性设施农业企业　就"全国或地区代表性设施农业企业"一问对全国设施农业行业企业进行了调查，得出结果如下。

西北地区：新疆吐鲁番市设施农业企业主要包括一些农业科学研究所、农业技术推广站、园艺站、林业局等，陕西省农垦集团华阴农场有限责任公司等。

东北地区：有吉林省白山市喜丰集团公司、辽宁省沈阳大川设施农业开发有限公司等。

华北地区：有保定丰霸现代农业设施有限公司、北京德胜高科农业发展有限责任公司、北京方圆平安食品开发有限公司、北京金福腾科技有限公司、北京京鹏环球科技股份有限公司、北京康安农业发展有限公司、北京绿奥蔬菜合作社、北京瑞雪环球科技有限公司、北京三元种业科技股份有限公司、北京市小汤山地区地热开发公司、北京顺鑫农业股份有限公司、北京天安农业发展有限公司特菜大观园、北京中环易达设施园艺科技有限公司、北京中农富通园艺有限公司、北京中农绿源工程技术有限公司、都市农夫（北京）农业科技发展有限公司、天津宁河县百利种苗培育有限公司、天津市兴进农业设施有限公司等。

华东地区：有杭州开扩农业设施有限公司、杭州中悦农业科技有限公司、浩丰（青岛）食品有限公司、江苏绿港现代农业发展股份有限公司、青岛冠中生态股份有限公司、青岛浩丰源高效农业科技发展有限公司、青岛环湾百利农业科技有限公司、青岛即发集团股份有限公司、青岛蓝天温室有限公司、青岛普瑞有机农业发展有限公司、瑞克斯旺（中国）种子有限公司、山东寿光恒信设施农业科技有限公司、上海中荷园艺花卉有限公司、寿光百利种苗有限公司、寿光碧龙蔬菜果品有限公司、寿光市华诚农业设施有限公司、宿迁一事百利食品有限公司等。

华南地区：有福清市绿叶农业发展有限公司、福清市新海农业发展有限公司、贵阳农舟农业设施有限公司、利农农业技术（福建）有限公司等。

2. 不同地区设施农业主要农产品类型　　统计中高职院校教师所在地区设施农业产品种类，按我国地理地域划分，不同地区重要农业产品总结如下。

西北地区以甘肃为例，设施蔬菜主要有番茄、茄子、黄瓜、辣椒，设施果树主要有红提、桃、梨、人参果，设施花卉主要有郁金香、百合、君子兰，设施食用菌主要有双孢菇、平菇、金针菇，设施畜禽动物主要有牛、羊、猪，设施水产动物主要有冷水养殖鱼类金鳟鱼、虹鳟鱼，设施昆虫动物主要有蝗虫，其他设施农产品有黄河蚕。

西南地区以云南、贵州为例，设施蔬菜主要有番茄、白菜、黄瓜、辣椒，设施果树主要有葡萄、苹果、梨、核桃，设施花卉主要有万寿菊、月季、百合，设施食用菌主要有平菇、金针菇、木耳，设施畜禽动物主要有猪、牛、羊、鸡，设施水产动物主要有各种鱼类，设施昆虫动物主要有蜜蜂，其他设施农产品有名贵中药材、水稻。

东北地区以黑龙江、辽宁为例，设施蔬菜主要有葫芦科、茄科、十字花科，设施果树主要有葡萄、苹果、油桃、樱桃、蓝莓，设施花卉主要有蝴蝶兰、月季、红掌，设施食用菌主要有各种菇类、木耳，设施畜禽动物主要有猪、鸡、鸭，设施水产动物主要有淡水鱼、海鱼、虾、蟹，设施昆虫动物主要有蝗虫、蛾类，其他设施农产品有药材。

华北地区以北京、河北为例，设施蔬菜主要有番茄、白菜、黄瓜、辣椒、西葫芦、豆角、油菜，设施果树主要有桃、葡萄、樱桃，设施花卉主要有兰花、月季、菊花，设施食用菌主要有平菇、金针菇、香菇，设施畜禽动物主要有猪、牛、羊、鸡，设施水产动物主要有鲤鱼、鲢鱼、观赏鱼，设施昆虫动物主要有蝗虫、蚂蚱。

华中地区以河南为例，设施蔬菜主要有番茄、西葫芦、黄瓜，设施果树主要有西瓜、桃、樱桃，设施花卉主要有桂花、兰花，设施食用菌主要有平菇、香菇、鸡腿菇，设施畜禽动物主要有猪、鸡，设施水产动物主要有鲤鱼、草鱼、鳖，设施昆虫动物主要有蜜蜂、黄粉虫，其他设施农产品有草莓。

华东地区以山东为例，设施蔬菜主要有番茄、黄瓜，设施果树主要有油桃、樱桃，设施花卉主要有玫瑰、非洲菊，设施食用菌主要有平菇、香菇、木耳，设施畜禽动物主要有猪、牛、鸡，设施水产动物主要有虹鳟鱼，设施昆虫动物主要有蝗虫。

华南地区以广东、广西、海南为例，设施蔬菜主要有番茄、空心菜、黄瓜、芥蓝，设施果树主要有荔枝、葡萄、枣、柑橘、芒果，设施花卉主要有兰花、红掌，设施食用菌主要有平菇、金针菇、草菇，设施畜禽动物主要有猪、牛、鸡、鸭、鹅，设施水产动物主要有罗非鱼、桂花鱼、鳝鱼，设施昆虫动物主要有蝴蝶、蜜蜂、蚯蚓、黄粉虫，其他设施农产品有大豆、棉花、水稻。

五、讨论

（一）教师职业活动选择

通过对职业活动的重要性、难度和频率的综合分析可知，在教师所从事的21项主要职业活动中，中高职院校教师、本科院校教师认为，有8项职业活动重要性不高、难度较大、出现的频率较小（表2-16），即教材开发、其他指导、行政管理、教学管理、指导其他教师、培训进修、与其他人联系、与家长联系，其重要性、难度、频率的排序如表2-16所示。特别是此次制定的是准师资标准，也就是具备什么样的能力才能当中职设施专业教师。尽管在这些活动中教学管理很重要、难度较大、出现的频率较高，但指导其他教师、行政管理、教学管理、教材开发这些活动是在入职以后作为骨干教师的主要活动，制定教师标准时将暂时不做考虑。

表 2-16　教师职业活动暂不选择排序表

职业活动		重要性排序1	重要性排序2	难度排序1	难度排序2	频率排序1	频率排序2
课程开发	教材开发	6	13	3	5	21	20
学生指导	其他指导	18	16	18	15	15	15
学校管理	教学管理	5	8	6	9	3	5
	行政管理	17	18	17	14	8	11
职业发展	指导其他教师	16	15	16	13	14	13
	培训进修	13	12	13	11	20	19
公共关系	与家长联系	15	17	19	16	11	16
	与其他人联系	19	19	21	17	18	18

注：重要性排序1、难度排序1、频率排序1为调研中高职院校教师结果统计排序；重要性排序2、难度排序2、频率排序2为调研本科院校教师结果统计排序

（二）教师专业活动选择

根据中高职院校教师、本科院校教师、设施农业行业企业专家及本科院校学生等不同调研对象对教师的20项专业活动重要性分析可知，设施名、优、特、稀作物栽培，设施农业生产资料营销，设施试验设计，设施动物养殖相对其他活动来说不是很重要（表2-17），因此，在制定教师标准的时候可以暂时不予考虑。

表 2-17　教师专业活动暂不选择排序表

工作任务	中高职院校教师		本科院校教师		本科院校学生		设施农业行业企业专家	
	平均分	排序	平均分	排序	平均分	排序	平均分	排序
（13）设施名、优、特、稀作物栽培	3.74	12	3.83	10	3.80	15	3.60	14
（16）设施农业生产资料营销	3.55	16	3.56	16	3.72	17	3.53	16
（19）设施试验设计	3.38	18	3.71	15	3.76	16	4.00	10
（20）设施动物养殖	3.45	17	3.17	17	3.37	18	3.30	17

（三）教师职业能力选择

针对 148 名中高职院校教师的回答进行整理，结合项目研究的重点，主要是培养中职设施农业生产专业的入职教师，可知设施农业生产专业的教师从事工作主要包括：理论教学和实践教学指导；农业科技知识培训工作，同时兼技术咨询、指导；学生的教育管理；班主任工作。对于招生、就业、阳光培训、教研组长等工作只是随着教师工作经验的增加不断进步的要求。

综合本科院校学生就"哪些职业能力对你更重要"一题的 10 个选项进行排序及中高职院校学生心目中好教师具备的能力的回答，结果显示，教师的自主学习能力、运用知识能力、观察分析能力、与人沟通能力、适应艰苦环境能力、学生管理能力、教学研究能力、课程开发能力、教学设计能力、就业指导能力、生产经营能力、行业发展的敏锐洞悉力、熟练的动手操作能力、服务社会的能力等都很重要。

六、专业教师标准制定应注意的问题

（一）中等职业学校农科类专业发展对师资数量的需求

中等职业教育作为公共服务体系的重要组成部分，承担着提高国民素质、促进社会稳定的重任。近年来，高中教育普及推进与国家政策意见的倾斜，加速中等职业教育的发展，急速扩大了中等职业学校的招生及办学规模。2010 年《国家中长期教育改革和发展规划纲要（2010—2020 年）》中提出"加快普及高中阶段教育，合理确定普通高中和中等职业学校招生比例，今后一个时期总体保持普通高中和中等职业学校招生规模大体相当"；2012 年《教育部关于做好 2012 年中等职业学校招生工作的通知》中秉承教育规划纲要的要求，明确"2012 年全国中等职业教育招生规模要达到 800 万人"的任务目标。中等职业教育的发展，特别是招生规模的扩大，势必加大了对职教师资数量的需求。

21 世纪以来，我国中等职业学校（中职）农科类专业发展经历了一个反复的过程。2002 年中职农科类专业招生人数由 2000 年 6 万人下降到 5.3 万人，中职农科类专业发展接近停滞，中职农科类专业大部分教师转岗承担思想政治、计算机、语文等课程的教学任务。2003 年《关于大力推进职业教育改革与发展的决定》颁布，在一定程度上刺激了中职农科类专业招生。2009 年财政部、教育部等联合颁布《关于中等职业学校农村家庭经济困难学生和涉农专业学生免学费工作的意见》，极大地促进了中职农科类专业的建设与发展，特别是加大了中职农科类专业的招生规模。2008~2010 年中职农科类专业招生人数分别为 29.02 万人、74.94 万人、110.43 万人，招生人数增长 2.8 倍；农科类专业招生人数占中等职业学校招生总人数比例分别为 4.46%、10.53%、15.52%，招生比例上升了 10.06%，比例增加速度超过其他各大类专业。面对近年中职农科类专业招生规模的迅猛发展，首先需要解决的根本问题是如何满足中职农科类专业发展对教师数量的需求。

（二）现代农业发展对中职农科类专业教师专业素质的需求

从新中国成立初期"以粮为纲"到 21 世纪"工业反哺农业"，我国农业在经历了一系列政策和体制的改革后，向现代化发展。加快国家现代化农业转型，扶持培养新型农业经营主体，离不开数以万计的农村实用人才和农业科技人才。2010 年中共中央、国务院印发的《国家中长期人才发展规划纲要（2010—2020 年）》中指出"高级、中级、初级专业技术人才比例为 10∶40∶50"，《农村实用人才和农业科技人才队伍建设中长期规划（2010—2020 年）》中明确 2020 年农村实用人才和农业科技人才总数达到 1870 万人，按照所需专业技术人才比例分配，则 2020 年需要中级、初级水平农业建设人才约 1683 万人。农业现代化的发展对农业建设人才的质量和数量提出了更高的要求。中等职业学校农科类专业作为国家初中级农业建设人才培养的摇篮，必须承担起农业转型及发展的主要职责；中职农科类专业教师作为培育新型农业人才的重要力量，需要满足农业发展对职教师资的需求。

从局限于种植业、养殖业单独部门的传统农业，发展到包括生产资料工业、食品加工业等第二产业和交通运输、信息服务等第三产业的内容及协调设备、技术、动植物三者高度相关的现代农业，构成农业相关职业学习内容的材料、工具、方法技术、工作组织及职业道德等方面均发生了巨大改变，农业生产相关的典型工作任务发生了变化，使中职农科类专业人才培养过程中学习任务及实践要求随之改变，这必然要求农科类专业教师提高农业发展意识及专业素质。例如，中职设施农业生产技术专业，教师在把握设施农业生产的典型工作任务时，不仅强调掌握基本种植栽培知识技能，了解基础农业设施的使用与维修，还应逐步适应现代农业发展向环境调控及综合利用等方向转变，提高无公害安全生产技术、设施综合利用及设施产品营销管理等技能。现代农业的发展，要求中职农科类专业教师突破传统农业的限制，及时转变思想，掌握现代农业发展动态，提高现代农业知识水平与生产实践能力。

（三）中职学生基础对农科类专业教师教育教学能力的需求

与普通教育不同，职业教育的培养目标具有培养职业能力和提高综合素质的二重性，加大了职教教师教育教学的难度；而作为受教育者，中等职业学校学生自身基础，如年龄特征、学习水平及心理特点等方面发展的特殊性，也对教师教育教学能力提出了更高的要求。

与普通高中学生相比，中等职业学校学生大多是初中文化课学习基础比较薄弱的群体，英语、语文、数学学习成绩 30 多分比较常见，部分学生还来自残缺家庭、经济困难家庭，家长文化水平较低，家庭环境对孩子身心成长的负面影响较多。因此，学生容易出现心理问题，如自卑自贱心理、暴力倾向及社会情感表现冷等；在学习中，极易出现缺乏学习动机、学习目标不明确、学习能力差、注意力不集中等现象。中职农科类专业学生除具备以上特点外，生源来自农村的比例超过 95%，学生对所学专业有简单的认识和了解，看重实践技能，不爱使用学校学习资源，与老师沟通较少。总之，学生基础是教师进行学生分析、学生管理、学习指导及教学实施的根本，是教师提高教育教学能力的指向。基于中职农科类专业学生的特点，需要职教教师掌握并应用教育学心理学理论，要有耐心，多与学生沟通，尊重关心学生心理；上课时要多利用学校学习资源，多采用启发教学，创建活跃有序的课堂氛围，调动学生学习积极性，使教学有的放矢；课后要经常进行教学反思，多揣摩专业教学的方法与原则。

第四部分　专业教师标准的开发

为促进中等职业学校专业教师专业化发展，建设设施农业科学与工程专业"双师型"教师队伍，根据《中华人民共和国教师法》《中华人民共和国职业教育法》《中华人民共和国劳动法》，在《中等职业学校教师专业标准》的基础上，特制定《中等职业学校设施农业生产技术专业教师指导标准》。

中等职业学校专业课教师和实习指导教师是履行中等职业学校教育教学工作职责的专业人员，要经过系统的培养与培训，具有良好的职业道德，掌握系统的专业知识和专业技能，要具有企事业单位工作经历或实践经验并达到一定的职业技能水平。《中等职业学校设施农业生产技术专业教师指导标准》充分体现设施农业生产技术专业教师教育教学特点，是国家对合格中等职业学校设施农业生产技术专业教师专业素质的基本要求，是中等职业学校设施农业生产技术专业教师开展教育教学活动的基本规范，是引领中等职业学校教师专业发展的基本准则，是中等职业学校教师培养工作的基本依据。

本标准主要包括教师专业能力、专业教学能力两个方面，在专业能力方面对教师的专业知识和专业技能提出了具体要求，在专业教学能力方面对其专业教学技能、专业教学知识提出了具体要求，使职教师资培养基地培养出符合中等职业教育要求的合格师资。

一、开发理念

（一）以现代职业教育理念为指导

职业教育与普通教育不同，要把握职业教育特点，着重培养学生的职业能力，运用行动导向的教学方法、认同学生间的差异性，实施分层指导学生发展。

（二）以培养"双师型"专业教师为目标

掌握专业理论知识，具备理论教学和实践教学能力，能深入农业企业了解最新生产技术，积极参与中职学校的教育教学改革，提高动手操作能力。

（三）以教师专业化发展为动力

不断深入学习设施农业科学与工程专业知识，将职教理论与专业教学有机结合，使教学过程与农业生产过程有效对接，不断提高自身修养，了解农业企业对人才的需求，开发适合设施农业生产专业学生学习的课程，深化教育教学改革，具有终身学习与持续发展的意识和能力，做终身学习的典范。

二、开发过程

　　经查阅文献资料，美国、澳大利亚、欧盟等国家和地区的职业教育教师专业能力标准的开发方法存在一致性，通过访谈、现场观察等方法获取第一手信息，再经由专家集体讨论达成一致意见。欧盟标准的形成基于一份研究报告，在文献研究的基础上对17个国家的专业人员（教师、培训师、培训经理、校长、网络学习导师和培训顾问）进行了深度访谈，在整理分析的基础上形成能力标准框架。澳大利亚 TAE10 标准则是在对现有培训包如 TAA04 相关能力标准分析的基础上，进行重新表述和补充分析。本项目在前人研究的基础上，进一步明确了专业教师标准的研发思路（图 2-4）。

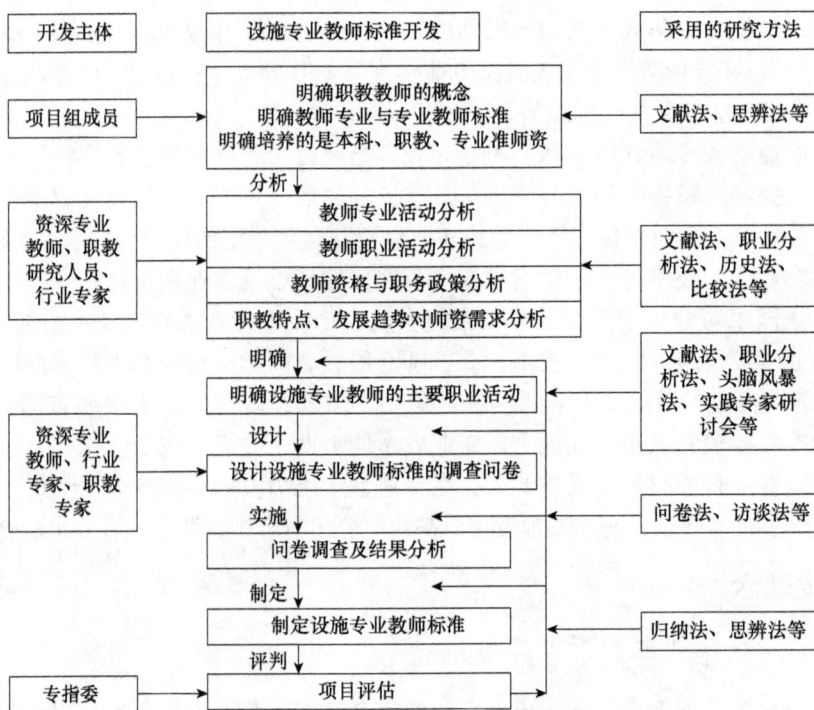

图 2-4　设施农业科学与工程专业教师标准开发过程

　　1. 组建团队　　项目开发组成员以汤生玲教授、卢双盈教授、曹晔教授、张建民教授为顾问，由中高职院校教师、职教师资培养基地教师、行业实践专家全程参与标准的研发，以设施专业一线教师为主体，职教专职研究人员积极参与，组成了专兼职结合的研究队伍。

　　2. 全面调研

　　（1）系统分析文献　　包括对国家和地方相关文件的学习，以及相关的教师和职教教师研究、职业研究和职业教育研究方面的国内国外文献的分析、总结和提炼。

　　（2）深入企业调研　　在对具体专业面向的行业和职业内容（包含行业状况、职业分类、职业标准、职业规章等）进行文献分析的基础上，选取若干具有典型职业资格的企业进行工作过程和内容调研，并召开相应的专家技术工人研讨会，确定未来教师需要具备的职业工作知识和职业实践能力。

（3）学校调研　　在对专业目录、专业教学标准等进行文献分析的基础上，选取若干具有典型专业的职业学校进行教学内容和教师教学能力要求的调研，并召开相应的教学专家研讨会，确定未来教师面向设施农业生产专业岗位群需要具备的教学知识和教学实践能力。

3. 标准起草　　在文献研究、企业和职业学校实证研究的基础上，项目开发组与行业和学校的实践专家共同研讨和总结前期研究的成果。根据专业教师标准的格式、结构、语言等进行标准草案的起草。

4. 征求意见　　将专业教师标准草案发给具有相应职教师资专业的各高校培养单位、相关职业学校和职业教育研究专家进行意见征求。

5. 评议审核　　草案在征求意见和修订的基础上，项目专家组进行评议审核。

6. 批准　　在专家组评议审核的基础上，发布和试运行专业教师标准。后续的培养标准、培养方案、核心课程和特色教材等均在此基础上进行制定。

三、实证依据

（一）"双师型"教师队伍建设理论

自20世纪90年代以来，"双师型"教师的概念是根据职业教育技能型人才培养的需要提出来的，尽管在一些文件中是以人事制度改革谈双职称或双资格，但本质上应该是强调专业课教师要把理论教学与实践教学进行有机结合，要深入企业了解最新生产工艺，熟练掌握专业技能教法，对于企业一线的能工巧匠也要了解相关理论，掌握教育教学方法，即教师个体层面上的"双师"。同时，也包含整个师资队伍结构上的"双师"。

（二）教师职业活动分析

刘育锋（1998）提出职业教育教师标准的制定应该采用职业分析法，辅之以观察、模仿、问卷、咨询等方法，依据职业目前和发展的需求确定内容框架。而这一内容框架包括：职业教育教师职业名称，该职业所包括的活动及活动顺序、活动方法、活动手段、活动时间，完成以上活动所必须具备的能力和该能力所必须具备的知识、技能、态度三要素内容。

（三）中职教师专业标准

为促进中等职业学校教师专业发展，建设高素质"双师型"教师队伍，根据《中华人民共和国教师法》《中华人民共和国职业教育法》《中华人民共和国劳动法》，特制定《中等职业学校教师专业标准（试行）》（以下简称《专业标准》）。本标准本着师德为先、学生为本、能力为重、终身学习的理念，从专业理念与师德、专业知识、专业能力三个方面提出了中等职业学校合格教师的基本专业要求，是中等职业学校教师开展教育教学活动的基本规范，是引领中等职业学校教师专业发展的基本准则，是中等职业学校教师培养、准入、培训、考核等工作的基本原则和依据。

（四）我国职业分类大典中教师及设施专业相应工种所从事的工作

在《中华人民共和国职业分类大典》中对教师、农业生产各工种都提出了具体的工作要求。

1. 职业学校专业课教师和实习指导教师从事的工作　　"2-09（GBM2-4）从事各级各类

教育教学工作的专业人员——2-09-02（GBM2-42）中等职业教育教师——2-09-02-01 中等职业教育理论教师"，从事的工作主要包括：①讲授政治课、文化课、专业基础课和专业课课程，辅导、答疑、批改作业；②指导实验实习教学、课程设计、毕业设计；③组织指导生产实践、社会实践和社会服务；④负责学生思想政治工作，担任班主任或辅导员；⑤进行学生学习成绩的考试考核；⑥编写教案、讲义、教材；⑦进行教学研究、教学管理。

"2-09-02-02 实习指导教师"，从事的工作主要包括：①讲授实习课程、专业基础知识和职业道德、文明生产知识；②示范、辅导实际操作技能，讲授安全操作规程；③考核专业操作技能；④编写实习教案、讲义、教材；⑤组织生产实习和实习教学研究。

2. 设施专业相关工种所从事的工作　"5-01-03-01 蔬菜园艺工"，主要是指从事菜田耕整、土壤改良、棚室修造、繁种育苗、栽培管理、收获贮藏、产后处理等生产活动的人员。从事的工作主要包括：①对菜田土壤进行耕耙、修整和改良；②建造、维修、管理温室和大棚、小棚及其他菜园设施；③进行蔬菜的选种、引种、育种及良种繁育；④进行播种、育苗、定苗、栽插、嫁接等；⑤进行施肥、浇水、除草、整枝、插架、绑蔓等田间管理；⑥采取蔬菜产品；⑦对采收产品进行分级、清洗、整理、包装等初加工；⑧进行蔬菜贮存及收藏保管菜籽；⑨保养、整修菜田物资及工具。

"5-01-03-02 花卉园艺工"，从事花圃、园林的土壤耕整和改良，花房、温室的修造和管理，花卉育种育苗、栽培管理、收获贮藏、采后处理等的人员。从事的工作主要包括：①对花圃园林土壤进行耕耙、修整、改良；②建造、维修、管理温室、花房及其他园艺设施；③进行花卉育种、良种繁殖、选纯复壮；④进行播种、育苗、栽插、嫁接；⑤进行施肥、浇水、除草、上盆、修剪、整形、搭架、盆景制作等田间管理；⑥收藏种子苗木；⑦保养工具。

（五）设施农业科学与工程专业各专业工种职业资格要求

在国家职业资格标准中，对蔬菜园艺工、果树园艺工等国家职业资格标准进行了详细的要求，包括职业名称、职业定义、职业等级、职业环境、职业能力特征、基本的文化程度、培训需求、不同等级的申报条件、工作要求等。其中，蔬菜园艺高级技师的基本工作要求见表 2-18。

表 2-18　蔬菜园艺高级技师基本工作要求

职业功能	工作内容	技能要求	相关知识
技术管理	编制种植计划	能对市场调研结果进行分析，调整种植计划 能预测市场的变化，研究提出新的茬口 引进推广新的农用资材	市场预测知识 耕作制度知识
	技术开发	能预测蔬菜的发展趋势，并提出攻关课题，开展试验研究	蔬菜产销动态知识
	资源调配	能合理配置本单位的生产资源	资源管理知识
培训指导	制订培训计划	能制订高级工、技师和高级技师培训计划	高级工、技师和高级技师职业标准
	培训与指导	能准备高级工、技师和高级技师培训资料、实验用材和实习现场 能给高级工、技师和高级技师授课、实验示范和实训示范 能指导高级工、技师和高级技师生产	教育学基础知识 心理学基础知识

（六）全国范围内的不同层次调研对象的确定

从网络上搜集到全国1000所中等职业学校名单，依据地理位置分东、西、南、北、中几个方向，从中筛选出30所开设设施农业生产技术专业的中高职院校，重点是全国"示范校""重点校"；从全国开设设施农业科学与工程专业的高校中选取20所，重点是"全国重点建设职教师资培养培训基地"；从全国范围内选择设施农业行业企业不少于10家，充分考虑典型性、代表性。按不同类型的单位，分为管理者、教师、学生等不同层面，实施问卷调查和现场访谈，收集一手资料。具体情况见调研报告。

（七）不同层面人员组成的实践专家研讨会

在2013年7月27日、8月17日分两次召集了设施农业生产一线技术人员专业实践专家研讨会和由全国范围内中高职学校一线教师组成实践专家研讨会，两次研讨会分析了教师职业岗位和专业岗位，以及岗位的工作任务、工作对象，进行了相关职业能力的开发，形成了两个能力标准。见实践专家研讨会结果。

四、核心内容

（一）核心概念界定

1. 设施农业科学与工程专业 设施专业是指2002年在教育部本科目录外申请增设的"设施农业科学与工程"本科专业，专业代码090109W。设施农业是一个由生物、环境、工程等多学科交叉形成的新型学科，在人才培养模式上提出了以环境控制为核心，以农业工程为手段，以生物技术应用为目的的"三位一体"的高级创新型复合人才培养体系。

2. 标准 我国《现代汉语词典》对标准的解释包括两层含义：其一，标准是指衡量事物的准则；其二，标准是指本身合于准则，可供同类事物比较核对的事物。本研究侧重于前者。

3. 能力 能力是指顺利完成某一任务所必需、直接影响任务效率、使任务顺利进行、推动任务向预期目标转化、最直接最基本的个性心理特征。能力总是和人完成一定的任务相联系在一起的。离开了具体任务既不能表现人的能力，也不能发展人的能力。

4. 教师标准、专业教师标准、教师专业标准 关于教师标准的定义主要有两类，第一类集中表现为一般教师标准阐述，如有的学者立足于标准的功能，将教师标准定义为甄别教师并引导教师发展的准则；也有学者立足标准的内容，认为教师标准主要体现在职业道德标准、知识与能力等专业标准、心理标准等方面；还有学者从教育家的视角指出，教师标准即教师应具备的资格和条件。第二类集中表现为对优秀教师标准进行剖析。本研究主要是指准师资应具备的条件。

专业教师标准主要说明此次制定的是专业教师的标准，是教师标准的下位概念，强调不同专业教师差异性。既具有一般教师专业能力的共性，还要具有专业的特殊性。

教师专业标准是职教教师专业化发展的准则。

前一个专业是指高等学校或中等专业学校根据社会专业分工的需要设立的学业类别。中国高等学校和中等专业学校，根据国家建设需要和学校性质设置各种专业。各专业都有独立的教学计划，以实现专业的培养目标和要求。

后一个专业是指从教师专业化发展的视角，强调在某个领域擅长的技能，或专门从事某种学业或职业。

5. 教师能力及教师能力标准　　教师能力是指教师从事教育教学活动的能力。国际培训、绩效和教学标准委员会（The International Board of Standards for Training Performance and Instruction，IBSTPI）对教师能力标准的定义为：一整套使个人可以按照专业标准的要求完成特定职业或工作职责的相关知识、技能和情感态度。

6. 专业教学能力及教学能力标准　　教学能力是教师指导学生学习时所内在具有并外化表现出来的课程设计、讲解沟通、组织管理、调节控制、评价激励和教学研究的能力复合体。专业教学能力是指教师根据高校目录中各专业特点，有效指导学生学习时所内在具有并外化表现出来的课程设计、讲解沟通、组织管理、调节控制、评价激励和教学研究的能力复合体。基于此，专业教学能力标准是指以专业课教师在教学活动中的能力复合体为指导和规范对象的专门准则和专业指标。

7. 专业能力及专业能力标准　　一些学者认为，教师专业能力是教师必须具备的、在教育教学活动中所形成的能力。也有学者从知识的角度对教师专业能力进行了定义。例如，大连教育学院职业学校教师教育中心（2006）的定义为专业人员具备从事专业活动所需要的专门技能及专业知识和所形成的合理的知能结构。以上学者都对教师专业能力的内涵进行了界定，虽然分析角度不同，但是都有以下共同点：一是强调教师的专业能力是在教育教学活动中体现的；二是强调教师的专业能力表现为教师必备的能力、技能、本领、个性心理特征等。

本研究的教师专业能力应该更多地考虑学生发展的需要，强调在教育教学活动中，为了促进学生的发展，教师利用已有的经验和设施专业的知识，以及解决设施农业生产中存在技术问题的能力。

教师专业能力标准定义为教师在教育教学活动中所应达到的专业化能力标准，是对教师所必须具备的专业能力的综合性规定，内涵体现为专业知识、专业技能和专业态度的标准和准则。

（二）设施专业教师标准框架

在设施专业教师标准框架的研发过程中，项目组成员不断研发与学习，及时了解项目研发过程中主导思想及项目办每次会议讨论后的安排，经过多次修改才得以完成最终定稿。

第一次设计的教师标准框架，主要包括基本素养、专业能力、专业教学能力三部分。其中教师基本素养部分由公共项目开发。本部分主要涉及专业能力和专业教学能力。专业能力包含特定专业的职校教师应该具备的专业理论知识和实践能力，以及相应的职业和工作过程知识；专业教学能力是帮助学生学习本专业知识和技能的能力。二者应该是相互作用并有机结合的，从而体现专业性、职业性和师范性的有机整合。

1. 基本素养

一级指标	二级指标	基本要求
思想政治素质		
职业道德素质		
身心素质		
教学素质		

2. 专业能力

能力要素	工作内容	基本要求	
		专业技能要求	专业知识要求
专业基本能力	园艺设施设计与建造		
	园艺设施环境调控		
	设施植物栽培		
	无土栽培		
	设施病虫害防控		
	园艺产品与农资营销		
设施工程方向能力 1	设施农业工程设计文件编制		
	设施农业工程构造与施工		
	设施农业工程概预算		
设施栽培方向能力 2	工厂化育苗		
	设施蔬菜栽培		
	设施果树栽培		
农业园区方向能力 3	农业园区规划与设计		
	农业园区管理		
	有机农产品生产		

3. 专业教学能力

能力要素	工作内容	基本要求	
		教学技能要求	教学知识要求
教学设计	确定教学目标		
	分析学情		
	分析学习内容		
	制订教学策略		
	形成教学方案		

续表

能力要素	工作内容	基本要求	
		教学技能要求	教学知识要求
教学实施	组织课堂教学		
	组织实训教学		
	进行课堂管理		
教学评价	制订评价方案		
	实施评价方案		
	分析评价结果		
	反馈评价意见		
课程开发	调查人才需求		
	进行教学分析		
	确定课程		
	编写课程标准		
学生指导	指导学生学习		
	指导学生进行职业规划		
技术推广	示范研究		
	培训农民		
	挂职服务		
职业发展	开展教学研究		
	开展教学实践		
	开展企业实践		

第二次设计的教师标准框架，在修改过程中基本遵从项目办的要求，对已有的标准进行了完善。本标准包括职业道德与基本素养、职业教育知识与能力、专业知识与能力、专业教学知识与能力 4 个维度，含 20 个领域，81 条基本要求（略）。

维度	领域	基本要求
职业道德与基本素养	职业理念	
	职业规范	
	基本素养	
职业教育知识与能力	职业教育知识	
	学生指导	
	班级管理	
专业知识与能力	专业基础知识	
	园艺设施与建造	

续表

维度	领域	基本要求
专业知识与能力	园艺设施环境调控	
	工厂化育苗	
	设施园艺作物栽培	
	病虫害防治	
	园艺产品与农资营销	
	农业园区规划	
专业教学知识与能力	专业教学知识	
	课程开发	
	教学设计	
	教学实施	
	教学评价	
	教学研究	

（三）设施专业教师标准内容

中等职业学校设施农业生产技术专业教师标准主要包括基本素养、专业能力、专业教学能力三部分。基本素养包括思想政治素质、职业道德素质、身心素质、教学素质4个一级指标，9个二级指标；专业能力主要包括一个专业基本能力和设施工程、设施栽培、农业园区三个专业方向能力，专业基本能力涉及园艺设施设计与建造、园艺设施环境调控、设施植物栽培、无土栽培、设施植物病虫害防控、园艺产品与农资营销六大方面的工作内容，专业方向能力包括设施农业工程设计文件编制、设施农业工程构造与施工、设施农业工程概预算、工厂化育苗、设施蔬菜栽培、设施果树栽培、农业园区规划与设计、农业园区管理、有机农产品生产九大方面的工作内容；专业教学能力包括教学设计、教学实施、教学评价、课程开发、学生指导、技术推广、自我发展7方面的能力，24方面的工作内容。

1. 第一次研发的教师标准内容

（1）基本素养

一级指标	二级指标	基本要求
思想政治素质	思想素质	1. 思想认识水平较高，思想感情丰富、人性化、思想方法理性科学 2. 能够用科学的理论指导自己的行动，形成科学的世界观、人生观和价值观
	政治素质	3. 政治信念坚定，政治观点正确，政治立场鲜明 4. 认真学习政治思想，坚决执行党和国家的政治路线和方针政策
职业道德素质	示范职业道德	5. 遵守公民道德的基本规范 6. 明确教师的职责及角色任务 7. 能查阅相关职业教育法律法规、政策及规章制度 8. 遵守相关法律法规、规章制度

续表

一级指标	二级指标	基本要求
职业道德素质	传授职业道德	9. 关爱、尊重、信任学生 10. 积极引导学生养成良好的学习习惯和职业习惯 11. 在教学中融入职业道德和法律法规内容 12. 指导学生遵守职业道德和法律法规 13. 评价学生的职业道德表现
身心素质	身体素质	14. 具备健康的体格，全面发展的身体耐力与适应性，养成合理的卫生习惯和生活规律
	心理素质	15. 具备稳定向上的情感力量，坚强恒久的意志力量，鲜明独特的人格力量
教学素质	教学准备	16. 能备课程标准及教材 17. 能备学生 18. 能选择适合学生学习及教学内容的教学方法
	教学实施	19. 依据不同教学内容，选择合适的课堂导入方式 20. 板书设计有条理、文字书写规范，板书配合讲解富有表达力 21. 运用实物、样品、标本、模型、图画、图表、幻灯片、影片和录像带提供感性材料 22. 能指导学生进行观察、分析和归纳 23. 语言表达准确，逻辑严密条理清楚，正确使用专业术语，通俗易懂
	说课	24. 能说"准"教材 25. 能说"明"教法 26. 能说"会"学法 27. 能说"清"教学意图 28. 能说"清"练习层次

（2）专业能力

能力要素	工作内容	基本要求	
		专业技能要求	专业知识要求
1. 专业基本能力	1.1 园艺设施设计与建造	1）能依据生产目的及环境条件确定适宜的园艺设施 2）能设计用于园艺植物生产的塑料大棚、日光温室等设施 3）能进行建筑识图与制图 4）能进行设施结构观测及施工测量 5）能选择适宜的建筑材料 6）能组织施工 7）能进行环境调控系统、水肥管理系统、计算机控制系统等基本安装与调试 8）能运用棚室工程质量验收规范 9）能运用施工质量评价方法 10）能对设施设备进行常规维护	1）掌握建筑学的基本知识 2）掌握测量的基本原理和基本知识 3）掌握建筑识图、制图的基本原理 4）掌握园艺设施采光设计、保温设计的基本原理 5）了解常用的设施辅助设备的基本结构与原理 6）掌握设施温度、光照、气体调控装置的运行原理及使用与维护、技术状态检查的知识 7）掌握供水、供肥装置及设备的运行原理及使用与维护、技术状态检查的知识 8）熟悉园艺植物对设施结构及性能的基本要求 9）熟悉工作场所的准备、工作安全环境与环境保护知识 10）掌握各类机械监测与维护的基本知识
	1.2 园艺设施环境调控	11）能分析设施气温、地温、光照强度、空气湿度、土壤湿度、二氧化碳、有害气体的分布及变化规律 12）能进行设施地温、气温年变化、日变化的观测 13）能进行设施光照强度、光质、光照长度年变化、日变化的观测	11）掌握设施温度、湿度、光照、气体的变化规律相关知识 12）掌握设施各环境指标的基本概念 13）掌握设施各环境指标的观测方法 14）掌握环境指标的统计与分析方法 15）掌握设施环境观测的记录报告写作方法

续表

能力要素	工作内容	基本要求	
		专业技能要求	专业知识要求
1. 专业 基本 能力	1.2 园艺 设施 环境 调控	14）能进行设施空气湿度和土壤湿度的观测 15）能根据植物生长发育要求操作设施水帘、通风窗等装置或设备降低设施温度 16）能进行设施保温、增温操作 17）能进行设施补光、增光操作 18）能进行日常水肥管理 19）能根据植物生长发育要求进行二氧化碳施肥操作，能排除有害气体	16）掌握设施环境调控装置或设备的运行原理 17）掌握设施环境调控设备与装置操作的相关知识 18）掌握设施园艺植物对环境条件的基本要求 19）掌握各环境指标调控的相关计算方法
	1.3 设施 植物 栽培	20）能依据茬口安排和植物种类选择栽培设施 21）能进行播种、嫁接、分苗等操作 22）能进行环境、水肥等管理 23）能依据栽培茬口、品种特性、土壤条件、环境条件，采用适宜的方式，进行整地、施肥、定植等操作 24）能对定植后缓苗期的植物，进行适宜的环境调控、水肥管理 25）能对植物适时进行蹲苗管理 26）能对开花结果期植物进行环境调控、水肥管理、病虫害防控 27）能依农产品品种特性判断适合采收的时期，并进行分级包装	20）了解园艺植物的基本分类方法 21）了解园艺植物的生命周期的各个生长发育阶段划分标准及不同阶段的生长发育特点 22）了解主要园艺植物的植物学特性 23）掌握设施条件下整地、施肥、做畦的基本知识 24）掌握园艺植物育苗的基本方法与流程 25）掌握园艺植物生长期间的田间管理知识 26）掌握园艺植物采收标准的基本知识
	1.4 无土 栽培	28）能检测水质，选择肥料，配制浓缩营养液 29）能将浓缩液稀释成栽培液 30）能设计与建造营养液膜、深夜流、浮板等水培设施 31）能完成蔬菜定植、营养液管理及田间管理 32）能自行设计与建造砂培槽、砾培槽、复合基质培槽等设施，进行蔬菜定植及营养液供排等日常管理 33）能设计与制作泡沫立柱、叠盆立柱，进行叶菜类蔬菜定植及营养液管理 34）能对精量播种系统、催芽室、基质搅拌机进行安装与调试 35）能对育苗温室环境、基质进行消毒	27）了解无土栽培的分类知识 28）了解水质的基本参数及其意义 29）了解基质的分类方法 30）掌握基质理化性质各参数的意义 31）掌握营养液配制的基本原理 32）掌握各种水培、半基质培、基质培等无土栽培设施和装置的运行原理 33）了解各种无土栽培设施的优缺点 34）掌握主要蔬菜无土栽培的管理知识
	1.5 设施 植物 病虫 害防 控	36）能依据植物病害的症状诊断常见病害的种类 37）能运用柯赫氏法或病原菌形态诊断病害 38）能选用适宜的病情调查方法，对调查数据进行统计，正确判断病情严重程度 39）能根据危害症状正确识别常见害虫种类 40）能根据害虫形态正确识别害虫 41）能选用适宜的虫情调查方法，对调查数据进行统计，正确判断虫情严重程度 42）能根据病虫危害程度选择适宜的防治方法	35）掌握侵染性病害、非侵染性病害、虫害的基本分类方法 36）掌握植物病原真菌、细菌的分离与鉴定方法 37）掌握依据病状、病征对侵染性病害进行诊断的方法 38）掌握对不同虫态害虫的识别方法 39）掌握农药分类及主要农药性能的基本知识 40）掌握病情、虫情调查统计、预测预报方法

续表

能力要素	工作内容	基本要求	
		专业技能要求	专业知识要求
1. 专业基本能力	1.6 园艺产品与农资营销	43）能依据产品的特征判断成熟度和采收期，确定采收方式 44）能根据确定的检测项目进行采样、样品前处理、提交检测报告 45）能确定或选用分级标准，进行手工分级或操控机械进行自动分级 46）能选择净化方法及实施净化 47）能选择包装方式并实施包装 48）能根据产品特性选择贮存方式、确定贮存的环境条件 49）能选择适应的运输方式，调控运输中的环境，指导运输 50）能指导产品上架 51）能进行市场调研，根据市场预测信息、产品特点设计营销方案，撰写新产品研发方案 52）能根据产品策略，确定营销方式，开展营销活动 53）能收集、分析营销调研数据，写出合理的评价报告 54）能根据产品的生命周期、市场供需要求、当地气象条件等确定库存策略	41）掌握主要园艺产品成熟度判断的相关知识 42）掌握园艺产品检测报告写作的相关知识 43）了解主要园艺产品的包装、贮藏方法 44）了解主要园艺产品运输对环境的要求 45）掌握市场预测的基本知识 46）掌握产品营销方案的制订方法 47）了解国内国际园艺产品营销策略的相关知识 48）掌握市场调研的相关知识
2. 设施工程方向	2.1 设施农业工程设计文件编制	55）能组织项目可行性研究报告材料 56）能编制设施农业工程项目可行性研究报告 57）能编制设施农业工程项目设计任务书 58）能编制设施农业工程项目生产工艺流程图 59）能应用 GB/T50103—2010 总图制图标准关于制图的有关规定 60）能熟练运用 GB/T50104—2010 建筑制图标准的有关规定 61）能熟练运用 GB/T50001—2010 房屋建筑制图统一标准的有关规定 62）熟练运用计算机绘制设施农业工程总图、平面图、剖面图、立面图和构造节点图纸	49）掌握计算机办公应用基本知识 50）掌握计算机辅助设计基本技能 51）熟悉工程设计文件编制深度的规定和制图规范条文 52）了解可行性研究报告的编制过程 53）了解工程设计文件的内容和组成 54）学会编制工程项目各类设计文件 55）了解建筑工程设计文件编制深度规定（2008年）中的设计阶段和文件深度要求
	2.2 设施农业工程构造与施工	63）能依据建筑材料的物理性能，选择适合的材料 64）能分析环境条件，选择适宜的保温、通风设计形式 65）能运用墙体、骨架和覆盖材料固定等构造方法 66）能运用建筑构造的一般设计方法 67）能绘制建筑构造节点详图 68）能够根据给定的建筑构造节点图纸进行施工 69）能组织基础和墙体骨架的施工 70）能进行种植床体的施工 71）能进行棚膜覆盖和保温设施的施工	56）了解保温材料、透光材料的物理性质和计算参数 57）熟悉保温设计计算的一般方法 58）熟悉通风口设计和通风量计算的一般方法 59）掌握建筑构造节点图制图规则 60）了解工程质量验收规范和施工质量评价方法 61）熟悉建筑施工程序和施工组织的概念 62）掌握基础和墙体、骨架施工工艺 63）掌握棚膜覆盖和保温设施施工工艺

续表

能力要素	工作内容	基本要求	
		专业技能要求	专业知识要求
2.设施工程方向	2.3设施农业工程概预算	72）能分析工程建设费用的构成要素 73）能运用当地材料和施工技术水平编制定额 74）能进行工程量清单编制与计价 75）能编制设计概算、工程预算和竣工决算 76）能应用计算机进行工程概预算	64）了解建设工程定额的概念 65）掌握建筑工程施工发包与承包计价管理办法 66）掌握《中华人民共和国建筑法》中有关建筑工程发包与承包的规定 67）掌握工程建设费用构成项目 68）能够进行设计项目的投资估算 69）能够根据施工图纸准确计算项目工程量 70）熟悉定额的组成 71）能根据需要编制定额标准
3.设施栽培方向	3.1工厂化育苗	77）能进行工厂化育苗装置、设备的安装与调试 78）能依据配方正确选择单一基质配制育苗用复合肥，并对其理化性质进行检测 79）能依据配方配制育苗营养液，并检测 pH、EC 值等指标 80）能人工或利用机械进行穴盘播种 81）能熟练运用药剂浸种、温汤浸种等方法进行种子消毒操作，以及种子催芽操作和催芽期间管理 82）能采用插接法等嫁接方法对瓜类、茄果类蔬菜幼苗进行嫁接 83）能在苗期依据幼苗长势和规程进行环境调控和营养液管理 84）能进行成苗的贴标、装箱等操作	72）掌握育苗用复合基质混配的基本原理 73）掌握果菜类蔬菜幼苗花芽分化、性型分化的机制及对适宜环境的要求 74）掌握幼苗生长发育对营养液的基本要求 75）了解营养液检测方法的基本知识及检测原理 76）掌握种子处理的基本知识 77）掌握幼苗生长发育对环境条件要求的基本知识 78）掌握多种嫁接方法的基本知识，以及提高嫁接成活率的生理学及解剖学知识 79）了解主要蔬菜的壮苗指标测量与计算方面的知识
	3.2设施蔬菜栽培	85）能根据市场需求和栽培设施性能，选择蔬菜种类、品种 86）能制订蔬菜设施生产的周年生产计划，合理安排茬口 87）能培养蔬菜壮苗 88）能进行整地、施肥、做畦、覆盖地面等操作 89）能进行蔬菜定植操作 90）能进行设施蔬菜的环境调控、水肥管理、保花保果、植株调整等田间管理 91）能按采收标准适时采收，并进行采后处理和短期保鲜 92）能制定蔬菜无公害生产标准	80）掌握制订设施蔬菜生产计划的基本依据与方法 81）掌握种子处理的基本原理 82）掌握播种、苗期管理、嫁接等与育苗相关的基本知识 83）掌握蔬菜生长中的各项管理指标及依据 84）了解无公害蔬菜、绿色食品蔬菜、有机蔬菜的基本标准
	3.3设施果树栽培	93）能分析品种与设施环境之间的适应关系，正确选择栽培品种 94）能运用设施果树的低温需冷量和破眠技术 95）能根据树势，合理拉枝、摘心、叶面施肥等，控制树体旺长，促进成花 96）能根据当地条件正确定植 97）能根据品种和气象合理控制棚内温湿度 98）能根据果树生长特点，合理确定留枝量和主副枝处理技术 99）能合理确定肥水的施用时期	85）了解设施果树物候期的特点 86）了解设施果树生物学特点 87）了解设施果树栽培形式 88）掌握设施果树栽培术和品种选择的原则 89）掌握设施果树栽培的特点 90）了解影响果树芽休眠的因素 91）掌握控制树冠的方法 92）掌握设施果树栽培的技术要点 93）掌握不同生育期对温湿度的要求 94）掌握提高坐果率的技术

续表

能力要素	工作内容	基本要求	
		专业技能要求	专业知识要求
3.设施栽培方向	3.3设施果树栽培	100）能根据品种情况进行人工授粉、疏花、疏果，及时浇水、控水 101）能采用适当的方法提高果树坐果率 102）能根据当年的结果情况控制树体旺长，合理进行修剪	
4.农业园区方向	4.1农业园区规划与设计	103）能使用测量设备和制图软件，测绘大比例尺地形图 104）能编写详细的调查提纲 105）能根据调研数据进行统计分析 106）能进行园区总体规划 107）能根据具体地理环境，确定园区选址 108）能根据项目类型进行生产型园区或观光型园区的区域划分 109）能够综合生产过程，合理组织交通路线 110）能依据各类产品和生产规模确定棚、室、露天栽培的用地比例、布局、走向和棚室建造型式 111）能根据立地条件进行给排水设计并绘制施工图 112）能根据立地条件进行道路交通设计并绘制施工图 113）能进行配电系统设计并绘制施工图	95）掌握资源与市场调研知识 96）掌握详细规划知识 97）掌握专项设计相关知识 98）掌握策划基本知识 99）掌握概念性规划基本知识 100）掌握总体规划基本知识 101）掌握详细规划基本知识 102）掌握专项设计基本知识 103）掌握经营模块设计基本知识
	4.2农业园区管理	114）能撰写农业科技园区申报书、总体规划、年度报告、实施方案等材料 115）能组织园区申报工作 116）能制定园区管理、运行制度，包括产权制度、管理制度、组织制度、领导制度等 117）能制订并组织实施园区种植计划 118）能对园区功能进行调整，使之具有典型性和代表性，对周边地区有较强的示范、引导和带动作用 119）能对园区栽培植物的生产进行技术指导 120）能引进新品种、新设备、新技术 121）能对当地生产群体、产业空间布局进行评估 122）能按多种农业产业化模式进行运作 123）能根据农业园区的三区布局理论，将核心区的先进技术和农产品生产模式扩散到示范区、辐射区 124）能通过对技术层次、设施水平、市场状况、投入产出比、竞争等方面的分析为园区产业进行评估	104）掌握生态农业理论 105）掌握景观农业理论 106）掌握多种农业产业化模式 107）掌握园区景观维护基本知识 108）了解现代企业制度 109）掌握旅游、餐饮、住宿、购物相关知识
	4.3有机农产品生产	125）能组织有机农产品申报 126）能组织有机种植业基地建设及转化 127）能进行土壤肥料测定 128）能按有机农产品要求进行施肥 129）能按有机农产品要求进行病虫害防治 130）能进行有机畜禽产品生产 131）能进行有机农产品加工	110）了解有机产品的质量及质量控制体系 111）了解认证机构与检查认证体系 112）了解有机产品标准与法规 113）掌握有机蔬菜、果品生产相关知识 114）掌握土壤检测相关知识 115）掌握有机农业病虫害防治相关知识

（3）专业教学能力

能力要素	工作内容	基本要求	
		教学技能要求	教学知识要求
教学设计	确立教学目标	1. 能深入研究设施专业培养方案，确立由基本素质、通用能力、专业能力构成的专业教学目标 2. 能根据设施专业教学目标，形成教学科目教学目标 3. 能将单元教学内容分为认知、情感、技能和行为，编制设施专业各单元教学目标 4. 能依据教学科目课程大纲和授课计划确立单节教学目标或项目教学目标 5. 能确立环节教学目标	1. 掌握教学目标的含义与分类 2. 了解教学目标的描述 3. 掌握教学目标确立的依据 4. 了解教学目标确立的步骤
	分析学情	6. 能分析学生生理发展、心理发展、社会性发展的一般特征 7. 能分析学生的初始能力、学习风格 8. 能分析学生对实训内容学习的基础	5. 掌握学生分析的方法
	分析学习内容	9. 能分析设施专业人才培养目标及学生岗位面向，分析设施专业学习内容 10. 能选定合理的实训项目 11. 能分析科目学习内容，形成各类科目教学大纲、各类实训项目教学大纲、毕业实习大纲等 12. 能分析章节学习内容	6. 掌握学习内容分析范围 7. 了解学习内容分析步骤 8. 掌握学习内容分析的方法
	制订教学策略	13. 能确定设施专业教学流程、教学科目的教学流程、单节教学流程等教学程序 14. 能根据农时及教学内容合理安排实训时间 15. 能及时与实训基地联系，确定实训场地及设备准备完好 16. 能确定教学形式 17. 能设计教学情境 18. 能根据设施专业的教学内容、学生基础等选用合适的教学方法 19. 选用合适的教学媒体	9. 掌握教学程序确定的依据 10. 掌握教学时间的确定依据 11. 掌握教学方法选择的依据 12. 掌握教学媒体选择的依据
	形成教学方案	20. 能撰写设施专业教学方案 21. 能撰写教学科目授课计划 22. 能撰写单节教学教案 23. 能撰写项目教学方案 24. 能撰写技能学习指导方案	13. 掌握各教学方案的基本格式及内容要求
教学实施	组织课堂教学	25. 能阐述每次课程的学习目的和学习过程 26. 能关注每一个学生的学习表现 27. 能鼓励学生大胆体验、积极探索 28. 能有效利用专业教具、实验场所等教学资源 29. 能运用书面、口头、肢体、多媒体等手段与学生进行交流 30. 能培养学生掌握知识和获得能力 31. 能提供技能应用的情景，促进知识迁移 32. 能传授促进学习与作业的策略 33. 能传授学生自主学习、自我管理和合作学习的方法	14. 了解设施专业教学中所涉及的工具、设备、机器、软件等的使用知识 15. 具备全面扎实的专业理论知识 16. 对与专业教学相关的其他理论知识有一定的了解 17. 具有一系列教、学和行为管理策略的知识 18. 掌握与学生行为和表现相关的知识，包括能力的差异、个性和兴趣、学习动机、对行为和情感失调的处理

续表

能力要素	工作内容	基本要求	
		教学技能要求	教学知识要求
教学实施	组织实训教学	34. 能按照不同训练项目及实训设备合理分组	19. 了解与设施专业相关的工作知识
		35. 能依据训练项目，合理选择教学方法	20. 了解实践场地设计与运用的知识
		36. 能指导学生按规范操作，并渗透相关职业规范、安全生产规程、自我保护与职业病预防的教育	21. 了解设备的操作、维护和修理相关的知识
		37. 能依据学生的表现进行公正的评价	22. 了解实训的类型及作用
		38. 能及时处理实训过程中的突发问题	23. 掌握实训设计的基本原则
		39. 能对实训中存在的问题，在企业和学校间进行有效沟通	24. 掌握实训项目设立与规划的方法
		40. 能在实训过程中对学生进行安全教育	25. 掌握技能形成过程的基本理论
			26. 根据能力的形成与发展，掌握心智技能、操作技能的教学过程
			27. 根据学生的学习动机，掌握激发学生学习兴趣的方法
			28. 掌握以实践为主的教学组织形式
			29. 了解行业企业的规章制度
			30. 了解学校实习、实训管理规定
			31. 掌握相关设备、人员、财产和数据资料的安全知识
	进行课堂管理	41. 能合理安排与设计座位	32. 了解影响有效课堂教学的因素
		42. 能营造学生之间很好交流的环境	33. 掌握课堂管理策略
		43. 能充分利用教室的空间	34. 掌握学生问题行为处理方法
		44. 能丰富课堂教学交流结构，维持学生学习的注意力和兴趣	35. 掌握课堂行为规范
		45. 能正确有效地处理课堂纪律问题	
		46. 能应对学生的问题行为	
教学评价	制订评价方案	47. 能确定教学评价目的	36. 了解评价的基本概念
		48. 能依据教学目标、教学内容确定评价的内容	37. 掌握不同基础的学生对教学过程的影响
		49. 能确定侧重学生探究式学习的评价内容	38. 了解学生的差异对学习产生的影响
		50. 能依据评价的内容选择适合的评价方法	39. 了解学习过程诊断的基础知识
		51. 能综合性地评价学生对专业知识和技能的掌握	40. 掌握教学评价的方法
		52. 能对教学效果进行自我评价	
	实施评价方案	53. 能设计符合标准的作业	41. 了解教学评价的过程
		54. 能使用与专业情景相符合的评分模式和评分标准	42. 了解教学评价的不同形式及优缺点
		55. 能创设适合不同学生的评分与评价方式	
		56. 能公正、客观地对学生进行评价	
		57. 能对不同教学阶段实施评价	
	分析评价结果	58. 能够正确认识评价结果	43. 掌握教学评价目的与结果的应用
		59. 能对评价的标准、过程、指标进行科学判断	
		60. 能从教学评价中提取有用信息	
	反馈评价意见	61. 利用学生的成绩评定作为自身教学能力的建设性反馈	44. 了解教学评价的反馈原则
		62. 能够与同事相互沟通评价意见，共同提高	
课程开发	调查人才需求	63. 能分析设施专业所对应的职业岗位	45. 掌握社会调查方法
		64. 能调查行业企业对设施专业人才需求	46. 了解职业能力分析方法
		65. 能从用人单位、课程编制者和使用者的角度分析课程存在的问题	

续表

能力要素	工作内容	基本要求	
		教学技能要求	教学知识要求
课程开发	调查人才需求	66. 能调查了解学生的需求 67. 能了解设施专业教师的基本情况	
	进行教学分析	68. 能将一系列专项能力转化为教学单元 69. 能将专项职业能力目标转化为教学目标 70. 能将相关知识技能转化为具体的学习、训练内容	47. 了解教与学的方法 48. 掌握教与学的媒体
	确定课程	71. 能将全部教学单元归并成各门教学学科 72. 能对各门课程按职业教育的总体年限进行计划安排	49. 掌握教学内容选择的原则
	编写课程标准	73. 能列出课时细目及内容 74. 明确学习范围的深度和广度 75. 能对学习目标进一步分解并配合适宜的学习训练时数 76. 能提出各部分内容适宜的教学方法建议 77. 能列出配套的教学仪器与媒体 78. 能明确考试考核的标准和方法	50. 了解课程开发的原则 51. 掌握课程开发的途径
学生指导	指导学生有效学习	79. 能针对不同的学习形式加以启发引导，提供相应的技术支持和帮助 80. 能独立指导学生专业实践活动，动手能力强 81. 能认识学生的发展水平、学习潜能、学习障碍与学习进步 82. 能认识学生的学习起点，并能够使用相应的教育策略 83. 能指导学生制订学习策略	52. 了解中职学生的学习特点 53. 掌握学习指导方法
	进行职业规划	84. 能分析设施专业及所在行业的发展趋势 85. 能为学生提供切实可行的职业选择建议 86. 能引导学生树立正确的职业观、择业观和创业观	54. 了解设施专业所涉及的职业或工作岗位的设置及工作流程 55. 了解人才市场所反映出的专业对应岗位信息，包括用工标准、行业发展与需求
技术推广	示范研究	87. 能根据当地行业发展情况，引进新技术、新品种，在农民中示范推广，提高生产效益 88. 能根据当地生产需求，有针对性地进行应用性技术研究，解决生产难题 89. 能开展农业技术承包，促进大面积增产 90. 能了解技术难题，联合进行技术攻关 91. 能够对农业新技术试验、示范有所改进、创新	56. 了解农业生产技术推广的作用、功能 57. 掌握影响农业创新采用速度的制约因素 58. 了解农业创新的扩散方式、扩散过程
	培训农民	92. 能制订农民培训计划 93. 能展示技术的全过程 94. 能准确表达技术特性与要点 95. 能规范和准确地示范各种技术动作 96. 能准确判断农民操作出现错误的类型 97. 通过观察分析，正确排列好纠正错误动作的主次顺序 98. 能利用农业教育资源，对农民进行职业培训，推进农民职业资格化进程 99. 能解答农民提出的生产问题，对农民进行现场指导，满足农民对技术的需求 100. 能在设施农业生产中丰富教学素材，查找不足，及时修订教学计划和教学内容	59. 掌握农业生产技术推广的沟通程序 60. 了解农民行为改变的层次过程 61. 掌握影响农民行为的因素及改变其行为的方法 62. 掌握农业生产技术推广试验、设计的基本要求 63. 了解成果示范的基本原则和实施步骤

续表

能力要素	工作内容	基本要求		
		教学技能要求		教学知识要求
技术推广	挂职服务	101. 能定期到生产一线进行挂职锻炼，了解一线生产情况，提高解决实际生产问题的能力	64.	掌握农业生产技术推广程序
		102. 能分期分批下基层开展对农作物、果树等常见病、多发病的诊断治疗及技术操作规范指导	65. 66.	掌握农业生产技术推广方法 掌握农业生产技术咨询服务的范围、程序
		103. 能以电话咨询、问题答疑、会诊等形式，指导农业发展对技术的需求		
		104. 能开展技术讲座、技术诊治，为农户提供种植技术服务		
自我发展	开展教学研究	105. 能收集分析毕业生就业信息和行业企业用人需求信息	67.	了解问题能成为课题的条件
		106. 能设计调研方案实施调研，了解教学工作中存在现实需求与问题	68. 69.	掌握选题的来源与方法 掌握行动研究方法的特点
		107. 能明确教改目标	70.	掌握行动研究方法的运用步骤
		108. 能确定教改内容		
		109. 能起草教改方案		
		110. 能够组织研究团队，分配不同的研究任务		
		111. 依据研究目的，实施教改方案		
		112. 发现教改实施过程中存在的问题，及时研讨		
		113. 能够评价教改效果		
		114. 能推广教改成果		
	开展教学实践	115. 能与中职学校积极联系，了解学生的基本情况		
		116. 能进行设施农业生产专业中一门或两门课程的教学		
		117. 能参与中职学校教师教学改革		
		118. 能进行班级管理		
		119. 能依据不同的教学内容设计不同的教学情境，选择合适的教学方法		
	开展企业实践	120. 具有将理论付诸实践的愿望和能力		
		121. 能结合生产季节定期到设施企业参加生产实践		
		122. 能处理和解决设施农业发展中技术难题		
		123. 能掌握设施农业企业的最新技术，并将其应用到教学当中		

2. 第二次修改的教师标准内容

维度	领域	基本要求	
		能力要求	知识要求
职业道德与基本素养	（一）职业理念	1. 能关爱、尊重、信任学生	1. 了解国家实施职业教育的基本要求
		2. 能遵守设施农业生产基本操作规范	2. 了解设施农业生产规范标准
		3. 能生产安全、无污染的设施农产品	
		4. 能定期参加设施农业企业实践活动	
	（二）职业规范	5. 能遵守职业教育相关法律法规、制度	3. 明确教师职责及角色任务
		6. 能引导学生养成良好的学习习惯和职业习惯	4. 了解职业道德和法律法规内容
		7. 能评价学生的职业道德表现	
	（三）基本素养	8. 能运用一门外语进行读、写、译	5. 了解文化、艺术鉴赏等方面的知识
		9. 能进行科技论文写作	6. 掌握科技论文写作流程、技巧
		10. 能与企业、同事、家长等多方进行交流与沟通	
		11. 能及时获取和处理设施农业企业发展信息	
		12. 能赏析文学、艺术作品	

续表

维度	领域	基本要求	
		能力要求	知识要求
职业教育知识与能力	（四）职业教育基础知识		7. 掌握职业教育的内涵与本质 8. 了解职业教育心理学的基本原理和方法 9. 掌握课程开发及教育教学方法 10. 掌握媒体技术在教学中应用的知识
	（五）学生指导	13. 能认识学生的发展水平、学习潜能、学习障碍与学习进步，并选择相应的教育策略 14. 能针对不同的学习形式加以启发引导 15. 能指导学生制订学习策略 16. 能指导学生的专业实践活动	11. 了解中等职业学校学生的学习特点 12. 掌握学习指导方法
	（六）职业指导	17. 能分析设施农业行业的发展趋势 18. 能为学生提供切实可行的职业选择建议 19. 能引导学生树立正确的职业观、择业观和创业观	13. 了解设施农业行业所涉及的职业及工作岗位设置、工作流程 14. 了解人才市场所反映出的专业对应岗位信息，包括用工标准、行业发展与需求
	（七）班级管理	20. 能协调班级人、事、物、时间等关系 21. 能处理班级突发事件 22. 能对问题学生进行转化 23. 能组织学生课外活动	15. 掌握班级管理理论、管理措施与途径
专业知识与能力	（八）农业园区规划与设计	24. 能根据资源与市场的调研数据进行统计分析 25. 能根据具体地理环境，确定园区选址 26. 能依据项目类型进行生产型园区或观光型园区的总体规划 27. 能综合生产过程、生产规模、各类产品确定棚室、道路用地比例、布局、走向 28. 能依据立地条件等进行排水、交通、配电系统的设计并绘制施工图	16. 掌握资源与市场调研知识 17. 掌握策划基本知识 18. 掌握概念性规划、总体规划、详细规划基本知识 19. 掌握专项设计、经营模块设计基本知识
	（九）园艺设施设计与建造	29. 能设计用于园艺植物生产的塑料大棚、日光温室等设施 30. 能进行设施结构观测、施工测量，选择适宜的建筑材料 31. 能进行环境调控系统、水肥管理系统、计算机控制系统等基本安装与调试 32. 能对设施设备进行常规维护	20. 掌握园艺设施采光设计、保温设计的基本原理 21. 掌握设施温度、光照、气体调控装置的运行原理及相关知识 22. 掌握供水、供肥装置的运行原理及相关知识 23. 掌握各类机械监测与维护的基本知识
	（十）园艺设施环境调控	33. 能进行设施内光照、温度、湿度、气体环境条件的观测 34. 能根据生产要求进行设施内光照、温度、湿度和气体环境条件的调控 35. 能正确安装和使用滴灌、渗灌等设备进行灌溉和施肥 36. 能采用有效的措施对设施连作土壤进行消毒	24. 掌握设施内光照、温度、湿度、气体及土壤环境特点 25. 熟悉设施内热量、水分收支途径 26. 熟悉设施内有害气体、土壤连作障碍等逆境产生的原因
	（十一）工厂化育苗	37. 能依据秧苗订货合同制订生产计划 38. 能依据秧苗种类配制或购买适合的育苗基质 39. 能依据穴盘育苗的技术流程，利用育苗设备或人工完成各个技术环节 40. 能通过环境调控、化学调控及病虫害防控等措施培育适龄壮苗	27. 熟悉工厂化育苗的企业化运营与管理的基本知识 28. 熟悉工厂化育苗设施设备的基本性能、特点 29. 掌握种子质量检测、基质配制、播种及出苗后的管理等基本知识 30. 掌握工厂化育苗的质量标准

续表

维度	领域	基本要求	
		能力要求	知识要求
专业知识与能力	（十二）设施蔬菜栽培	41. 能依据市场需求和栽培设施性能，选择蔬菜种类、品种，合理安排茬口	31. 掌握制订设施蔬菜生产计划的基本依据与方法
		42. 能依据栽培特点及目的，进行整地做畦、消毒处理及定植操作	32. 掌握蔬菜植物学特征、生育周期及对设施环境条件的要求
		43. 能依据生长发育状况，进行设施蔬菜的环境调控、水肥管理、植株调整等田间管理	33. 掌握设施蔬菜生长过程中各项管理指标及依据
		44. 能依据采收标准，适时采收，并进行采后处理和短期保鲜	34. 了解无公害蔬菜、绿色食品蔬菜、有机蔬菜及其技术标准
	（十三）设施果树栽培	45. 能分析品种与设施环境之间的适应关系，正确选择栽培品种	35. 了解设施果树物候期特点、生物学特点
		46. 能根据栽培树种、品种特性、设施类型、气候条件确定扣棚及升温时间	36. 掌握设施果树栽培树种、栽培品种选择的基本原则
		47. 能根据树种、品种要求合理控制棚内温湿度	37. 掌握设施果树的栽培形式、特点
		48. 能根据果树生长特点、品种特性进行花果管理、水肥管理及梢果管理	
		49. 能根据不同树种、品种特性合理进行果实采收后的树体及水肥管理	
	（十四）无土栽培	50. 能检测水质，选择肥料，配制营养液	38. 了解无土栽培的分类知识
		51. 能设计与建造营养液膜、深夜流、浮板等设施	39. 掌握营养液配制的基本原理
		52. 能设计建造基质槽培、基质袋培、立柱栽培等设施	40. 了解水质的基本参数及其意义
		53. 能完成蔬菜定植、营养液管理及蔬菜田间管理	41. 了解基质的分类方法、理化性质及各参数的意义
		54. 能对温室环境、基质进行消毒	
	（十五）设施园艺植物病虫害防控	55. 能依据园艺植物的危害症状诊断常见病虫害种类	42. 掌握病害、虫害基本分类方法
		56. 能选用适宜的病情、虫情调查方法，对调查数据进行统计，正确判断病情、虫情危害程度	43. 掌握病害的诊断方法、害虫的识别方法
		57. 能根据病虫危害程度选择适宜的防治方法	44. 掌握农药基本知识
			45. 掌握病情、虫情调查统计、预测预报方法
	（十六）园艺产品与农资营销	58. 能依据产品的特征判断成熟度和采收期，确定采收方式	46. 掌握主要园艺产品成熟度判断的相关知识
		59. 能确定或选用分级标准，进行手工分级或操控机械进行自动分级	47. 了解主要园艺产品的包装、贮藏方法
		60. 能根据产品特性选择贮存方式、确定贮存及运输的环境条件	48. 了解主要园艺产品运输对环境的要求
		61. 能根据产品策略，确定营销方式，开展营销活动	49. 掌握产品营销方案的基本要素
	（十七）农业园区管理	62. 能组织园区项目申报工作	50. 掌握生态农业、景观农业理论
		63. 能制订园区管理运行制度、园区种植计划	51. 掌握多种农业产业化模式
		64. 能对园区栽培植物的生产进行技术指导	52. 掌握园区景观维护的基本知识
		65. 能根据农业园区的三区布局理论，将核心区的先进技术和农产品生产模式扩散到示范区、辐射区	53. 掌握旅游、餐饮、住宿、购物相关知识

续表

维度	领域	基本要求	
		能力要求	知识要求
专业教学能力	（十八）教学设计	66. 能依据中职设施相关专业培养方案，逐级确定单元、项目、环节的教学目标 67. 能分析学生学习基础 68. 能分析中职设施相关专业学习内容，设计学习情境 69. 能根据农时及教学内容确定中职专业教学程序、教学场地、实训时间 70. 能根据中职专业的教学内容、学生基础选用合适的教学方法、教学媒体	54. 掌握教学目标确立的依据、步骤 55. 掌握学生分析的方法 56. 掌握教学程序、教学时间、教学方法选择、教学媒体选择的依据
	（十九）教学实施	71. 能利用专业教具、实验场所等教学资源 72. 能运用书面、口头、肢体、多媒体等手段与学生进行交流 73. 能依据教学内容、训练项目，合理选择教学方法 74. 能指导学生按规范操作，并渗透相关职业规范、安全生产规程、自我保护与职业病预防的教育 75. 能及时处理教学过程中的突发问题	57. 掌握相关设备、人员、财产和数据资料安全的知识 58. 掌握心智技能、操作技能形成机制 59. 掌握项目教学、任务驱动教学应用特点及使用条件 60. 掌握实训设计的基本原则
	（二十）教学评价	76. 能依据教学目标、教学内容确定评价的内容、评价方法 77. 能使用与专业情景相符合的评分模式和评分标准 78. 能够正确认识评价结果 79. 能从教学评价中提取有用信息	61. 了解学习过程诊断的基础知识 62. 掌握教学评价的方法、过程 63. 了解教学评价的不同形式及优缺点 64. 掌握教学评价目的与结果的应用
	（二十一）课程开发	80. 能调查设施农业发展对人才的需求 81. 能进行中职设施相关专业教学特点分析 82. 能确定中职设施相关专业的课程 83. 能编写中职设施相关专业的课程标准	65. 掌握教学内容选择的原则 66. 了解课程开发的原则 67. 掌握课程开发的途径
	（二十二）技术推广	84. 能根据当地农业发展情况，引进新技术、新品种 85. 能制订农民培训计划 86. 能准确表达技术特性与要点、展示技术的全过程 87. 能分期分批下基层开展对农作物、果树等常见病、多发病的诊断治疗及技术操作规范指导	68. 掌握农业生产技术推广的沟通程序 69. 掌握影响农民行为的因素及改变其行为的方法 70. 掌握农业生产技术推广试验、设计的基本要求 71. 了解成果示范的基本原则
	（二十三）教学研究	88. 能分析并选择中职教学中研究的问题 89. 能选择合适的研究方法 90. 依据研究目的，实施研究方案 91. 能推广教学研究成果	72. 了解问题能成为课题的条件 73. 掌握选题的来源与方法 74. 掌握教育调查法、历史研究方法、比较研究法特点及运用条件 75. 掌握行动研究方法的特点、运用步骤

3. 第三次修订的教师标准内容

维度	领域	基本要求
职业道德与基本素养	（一）职业理念	1. 热爱职教事业，有社会责任感 2. 关爱、尊重、信任学生，为人师表 3. 学农爱农，立志服务设施农业生产与发展 4. 具有吃苦耐劳、积极进取的奉献精神
	（二）职业规范	5. 遵守职业教育相关法律法规、制度 6. 遵守教师职业道德规范 7. 了解可持续发展相关知识及政策、法律法规 8. 遵守设施农业生产质量标准，生产安全、优质、营养的农产品
	（三）基本素养	9. 熟练运用一门外语 10. 具备运用现代信息技术，进行资料查询、文献检索的基本技能 11. 具备国际化视野，具有交流、沟通、协调能力 12. 了解人文科学知识，能够赏析文学艺术作品
职业教育知识与能力	（四）职业教育基础知识	13. 掌握职业教育的内涵与本质 14. 掌握中等职业学校学生管理特点 15. 掌握中等职业学校德育工作基本知识 16. 了解经济社会发展与职业教育的关系
	（五）学生指导	17. 掌握学生学习指导的方法 18. 能够指导学生按设施农业生产规范进行操作 19. 掌握学生心理疏导与教育策略 20. 掌握学生思想教育方法
	（六）职业指导	21. 掌握社会需求调研分析方法 22. 具备指导学生进行职业选择的能力 23. 引导学生树立正确的职业观、择业观和创业观 24. 掌握安全生产规程、自我保护与职业病预防的教育方法
	（七）班级管理	25. 熟悉班集体发展的阶段 26. 掌握班级关系协调与控制方法 27. 具备组织学生课外活动的能力 28. 具备应对班级突发事件的能力
专业知识与能力	（八）专业基础知识	29. 具有扎实的数学、物理、化学、计算机等学科基础理论知识 30. 掌握植物学、生物化学、植物生理、土壤营养、农业气象、规划测量、工程制图、建筑力学等专业基础理论知识 31. 掌握农业技术推广的基本知识和理论，适时适地推广新技术、新品种
	（九）园艺设施设计与建造	32. 掌握园艺设施的基本类型、基本结构及性能要求 33. 掌握园艺设施设计的基本内容、基本原理及方法 34. 掌握园艺设施的建造特点、建造工序、建材选用及建造技术 35. 掌握园艺设施温、光、气、水、肥、机械等配套设备的基本知识、运行原理及安装、调试技术
	（十）园艺设施环境调控	36. 掌握园艺设施光、热、水、气、土等环境条件的基本特征及变化规律 37. 掌握园艺作物对光、热、水、气、土等环境条件的基本要求及不适环境条件的危害 38. 掌握园艺设施环境条件的监测方法和技能 39. 掌握园艺设施环境条件的调控原理、方法及技术
	（十一）工厂化育苗	40. 熟悉工厂化育苗设施设备的基本性能、特点、使用方法 41. 掌握工厂化育苗的意义、基本方式及质量标准 42. 掌握工厂化育苗的技术流程及管理技术 43. 熟悉工厂化育苗的企业化运营与管理的基本知识

续表

维度	领域	基本要求
专业知识与能力	（十二） 设施园艺作物栽培	44. 掌握设施蔬菜的栽培制度及主要蔬菜的生物学特性、品种选择及栽培管理技术 45. 掌握设施果树的促成栽培原理及主要果树的生长发育规律、品种选择及栽培管理技术 46. 掌握设施花卉的种苗繁殖、栽培管理及保鲜贮运技术 47. 掌握园艺作物无土栽培的基本原理、基本形式、基本装置及栽培管理技术
	（十三） 设施园艺植物病虫害防控	48. 掌握园艺植物病害、虫害的基本类型及基本知识 49. 掌握病害的诊断方法与技能、害虫的识别方法与技能 50. 掌握病情、虫情调查统计方法及预测预报技术 51. 掌握设施园艺植物病虫害防控的基本原理及绿色防控技术
	（十四） 园艺产品与农资营销	52. 掌握园艺产品及农用物资的基本类型及特点 53. 掌握市场营销环境，进行供需分析，确定营销策略，引进电子商务，开展营销活动 54. 根据园艺产品特性，判断成熟度、确定采收期，选择贮运方式 55. 掌握种子、化肥、农药、农膜、农具、农机等农用物资的推广策略
	（十五） 农业园区规划与管理	56. 掌握农业园区的类型、特点、功能及作用 57. 掌握农业园区规划的依据、原则、任务、内容、方法及工作程序 58. 掌握农业园区规划文本的基本内容、撰写格式，规划图纸的测绘方法 59. 掌握农业园区管理的有关法规，能够进行生产、营销等相关管理
专业教学知识与能力	（十六） 专业教学知识	60. 掌握职业教育课程类型及课程改革趋势 61. 掌握专业教学规律及原则 62. 掌握教学过程、教学主体、教学目标设计的基本知识 63. 掌握中职学生学习心理
	（十七） 课程开发	64. 能分析中职设施相关专业毕业生从事岗位群的职业能力 65. 掌握中职设施相关专业课程开发原则 66. 能进行中职设施相关专业教学分析 67. 具备开发中职设施相关专业理实一体课程的能力
	（十八） 教学设计	68. 掌握教学目标设计、表述的方法 69. 分析专业学习内容、学生学习基础，设计学习情境 70. 掌握专业课教学程序及场地、时间选择依据 71. 掌握教学媒体、教学用具、教学设备选用的依据
	（十九） 教学实施	72. 利用专业教具、实验实训场所等教学资源开展教学 73. 运用书面、口头、肢体、多媒体等手段与学生进行交流 74. 具备项目引导、任务驱动、引导文等教学法的运用能力 75. 具备处理教学过程中突发问题能力
	（二十） 教学评价	76. 掌握教学评价的基本内容、基本方法、基本程序，确定评价标准 77. 能够对教师教学工作、学生学习效果进行评价 78. 具备分析、运用评价结果的能力
	（二十一） 教学研究	79. 掌握调查法、实验法、比较法等常用教研方法 80. 针对教育教学中的问题能有效开展研究，改进教学 81. 能撰写教学研究论文

4. 第四次研发的教师标准内容 在第四次研发过程中，征询了一线教师、专家、同行、企业人员的意见，又对上一次的内容进行详细修改，具体如下。

维度	领域	基本要求
职业理念与师德	（一） 教师职业 理解与 认识	1. 热爱职教事业，有社会责任感 2. 遵守职业教育、农业技术推广等相关法律法规 3. 具有良好的职业道德，为人师表 4. 学农爱农，立志服务设施农业生产技术教育 5. 具有吃苦耐劳、积极进取的奉献精神 6. 遵守设施农业生产质量标准，生产安全、优质、营养的农产品
	（二） 对学生的 态度与 行为	7. 关爱学生身心健康，保护学生生命安全 8. 尊重学生独立人格，平等对待每一名学生 9. 了解学生的智能水平，促进学生自主发展 10. 认识学生个体间差异，主动了解和满足学生的正常需求 11. 认可学生每一次的进步，激发学生潜能
	（三） 教育教学 态度与 行为	12. 传授知识、培养能力、渗透思想品德教育 13. 遵循职业教育教学规律，选择合适的教育方法 14. 培育学生学习自信心，激发学生创新意识，提高动手操作能力 15. 重视学生的方法能力和社会能力的培养
	（四） 个人素养 与行为	16. 熟练运用一门外语 17. 具备运用现代信息技术，进行文献检索的基本技能 18. 具备国际化视野，具有交流、沟通、协调能力 19. 了解人文科学知识，能够赏析文学艺术作品
职业教育知识与能力	（五） 职业教育 知识	20. 掌握职业教育的内涵与本质 21. 了解经济社会发展与职业教育的关系 22. 掌握中等职业学校德育工作基本知识 23. 掌握中等职业学校学生管理特点
	（六） 班级管理	24. 掌握班集体发展的特点及阶段 25. 掌握班级关系协调与控制方法 26. 具备组织学生课外活动的能力 27. 具备应对班级突发事件的能力
	（七） 学生指导	28. 掌握学生学习指导的方法 29. 能够指导学生按设施农业生产规范进行操作 30. 掌握学生教育策略，进行心理疏导 31. 引导学生树立正确的职业观、择业观和创业观 32. 能指导学生进行职业生涯规划和职业选择
专业知识与能力	（八）学科 专业基础 知识与 能力	33. 具有扎实的数学、物理、化学、计算机等学科基础理论知识 34. 掌握植物学、生物化学、植物生理、土壤营养、农业气象、规划测量、工程制图、建筑力学、设施园艺等专业基础理论知识 35. 掌握农业技术推广的基本知识和理论，适时适地推广新技术、新品种
	（九） 从事专业 的知识与 能力	36. 掌握园艺设施设计的基本内容、基本原理及基本方法 37. 掌握园艺设施建造特点，建造工序、建材选用及建造技术 38. 掌握园艺设施温、光、气、水、肥、机械等配套设备的基本知识、运行原理及安装、调试技术 39. 掌握园艺设施光、热、水、气、土等环境条件的调控原理、方法及技术 40. 熟悉工厂化育苗的设施设备、技术流程及管理技术 41. 掌握设施园艺植物无土栽培的基本原理、基本形式、基本装置及栽培管理技术 42. 掌握设施蔬菜的栽培制度，主要蔬菜的生物学特性、品种选择及栽培管理技术 43. 掌握设施果树的促成栽培原理，主要果树的生长发育规律、品种选择及栽培管理技术

续表

维度	领域	基本要求
专业知识与能力	（九）从事专业的知识与能力	44. 掌握设施花卉的种苗繁殖、栽培管理及保鲜、包装、贮运技术
		45. 掌握设施园艺植物病害、虫害诊断方法与绿色防控技术
		46. 熟悉设施园艺产品及农用物资市场营销环境，确定营销策略，能开展营销活动
		47. 掌握农业园区规划的依据、原则、内容、方法及工作程序
		48. 掌握农业园区管理的有关法规，能够进行生产、营销等相关管理
	（十）行业企业实践能力	49. 具有将学校专业理论知识付诸社会实践的愿望和能力
		50. 能结合农业生产季节定期到设施农业企业参加生产实践
		51. 熟悉设施农业企业的具体工作岗位，进行顶岗实习
		52. 能够处理和解决设施农业生产中的技术难题
		53. 学习和掌握设施农业企业的最新技术和成果，并能够应用到教学中去
	（十一）职业岗位操作能力	54. 能管理、维护、调控各种园艺设施及其配套设备
		55. 能进行设施园艺植物的引种、品种选择、育苗及土肥水管理、整枝修剪、病虫草防治等田间管理工作
		56. 能确定各种园艺农产品采收时期，进行采后处理和产品检测
		57. 能针对设施农业生产中遇到的问题，设计并实施相关试验研究
		58. 能依据市场行情和产品特点，进行设施农产品的营销
专业教学能力	（十二）课程教学知识	59. 掌握职业教育课程类型及课程改革趋势
		60. 熟悉所教课程在专业人才培养中的地位和作用
		61. 掌握专业教学规律及原则
		62. 掌握教学过程、教学主体、教学目标设计的基本知识
		63. 熟悉中职学生学习心理
	（十三）专业教学设计	64. 掌握教学目标设计、表述的方法
		65. 基于设施农业生产过程，设计教学过程及教学情境
		66. 了解学生学习基础，引导帮助学生设计学习计划
		67. 掌握专业课教学程序及场地、时间选择的依据与原则
		68. 掌握教学媒体、教学用具、教学设备选用的依据与原则
	（十四）专业教学实施	69. 营造良好的学习环境，激发学生学习兴趣
		70. 利用专业教具、实验实训场所等教学资源有效开展教学
		71. 运用书面、口头、肢体、多媒体等手段与学生进行交流
		72. 具备项目引导、任务驱动、引导文等教学法的运用能力
		73. 具备处理教学过程中突发问题的能力
	（十五）专业教学评价	74. 掌握教学评价的基本内容、基本方法、基本程序，确定评价标准
		75. 能够对教师教学工作、学生学习效果进行评价
		76. 具备分析、运用评价结果的能力
	（十六）教学研究与专业发展	77. 主动收集分析毕业生就业信息和行业企业用人需求等相关信息，不断反思和改进教育教学工作
		78. 掌握调查法、实验法、比较法等常用教研方法
		79. 能撰写教学研究论文
		80. 制订个人专业发展规划，通过参加专业培训和企业实践等多种途径，不断提高自身专业素质

5. 第五次完善专业教师标准内容　　在前几次大的修改基础上，本次对教师标准的修改要求逐条逐句进行，看看是否有遗漏、重复、多余等项目，每一句话要字斟句酌，精益求精。

维度	领域	基本要求
职业理念与师德	（一）教师职业理解与认识	1. 热爱职业教育事业，有社会责任感 2. 遵守职业教育、农业技术推广等相关法律法规 3. 具有良好的职业道德，为人师表 4. 具有吃苦耐劳、积极进取的奉献精神 5. 学农爱农，立志服务设施农业生产技术教育 6. 遵守设施农业生产质量标准，生产安全、优质、营养的农产品
	（二）对学生的态度与行为	7. 关爱学生身心健康，保护学生生命安全 8. 尊重学生独立人格，平等对待每一名学生 9. 赏识学生每一点进步，培养学生树立自信心 10. 引导学生学会与人相处，正确进行人际交往
	（三）教育教学态度与行为	11. 了解学生的智能水平，促进学生自主发展 12. 认识学生个体间差异，激发学生潜能 13. 传授知识、培养能力、渗透思想品德教育 14. 选择合适的教育教学方法，调动学生学习兴趣 15. 创设教学情境，调控教学的组织与管理
	（四）个人素养与行为	16. 借助工具书能查阅与设施农业相关的外文资料 17. 具备运用现代信息技术进行文献检索的基本技能 18. 具备国际化视野，具有交流、沟通、协调能力 19. 了解人文科学知识，具备一定的文学艺术素养
职业教育知识与能力	（五）职业教育知识	20. 掌握职业教育的内涵与本质 21. 了解经济社会发展与职业教育的关系 22. 掌握中等职业教育规律 23. 了解学校德育工作基本原理
	（六）班级管理	24. 掌握中等职业学校学生特点 25. 掌握班级关系协调与控制方法 26. 具备组织学生课外活动的能力 27. 具备应对班级突发事件的能力
	（七）学生指导	28. 掌握学生学习指导方法 29. 能指导学生进行规范的设施农业生产操作 30. 掌握学生教育策略，能进行心理疏导 31. 能引导学生树立正确的职业观、择业观和创业观 32. 能指导学生进行职业生涯规划和职业选择
专业知识与能力	（八）学科专业基础知识与能力	33. 具有扎实的数学、物理、化学、现代信息技术等学科基础理论知识 34. 掌握植物学、生物化学、植物生理、土壤营养、农业气象、植物病理、植物昆虫、园艺测量、工程制图、建筑力学等专业基础理论知识 35. 掌握农业技术推广的基本知识和理论，适时适地推广新技术、新品种
	（九）从事专业的知识与能力	36. 掌握农业园区规划与设计的理论依据、基本内容及方法、过程 37. 掌握园艺设施设计与建造的原理和方法、建造工序及建造技术 38. *1 掌握园艺设施建筑材料的种类、规格、特点、性能、用途，能根据园艺设施需要选用不同材料 39. *1 掌握设施农业工程项目建设费用组成、定额编制方法和工程量计算规则，能够编制投资估算、设计概算、工程预算和竣工决算 40. *1 熟练运用计算机绘制设施农业工程总图、平面图、剖面图、立面图和构造节点图纸 41. 掌握园艺设施对温、光、气、水、肥、机械等配套设备的基本知识、运行原理及安装、调试技术

续表

维度	领域	基本要求
专业知识与能力	（九）从事专业的知识与能力	42. 掌握园艺作物对光、热、水、气、土等环境条件的基本要求及其调控原理、方法及技术
		43. 掌握工厂化育苗的基本原理、技术流程、管理技术，进行育苗设施设备的安装、调试与维护
		44. 掌握设施园艺植物无土栽培的基本原理、基本形式、基本装置及栽培管理技术
		45. 掌握设施蔬菜的栽培制度，主要蔬菜的生物学特性、品种选择及栽培管理技术
		46. *2 掌握设施果树的促成栽培原理，主要果树的生长发育规律、品种选择及栽培管理技术
		47. *2 掌握设施花卉的种苗繁殖、栽培管理及保鲜、包装、贮运技术
		48. *2 掌握园艺植物组织培养的基本理论、操作流程及主要园艺植物的组织培养技术、脱毒苗生产技术
		49. 掌握设施园艺植物病害、虫害的预测预报方法、诊断识别方法与绿色防控技术
		50. *3 掌握农业园区管理的有关法规，能够进行生产、营销等相关管理，进行效益分析
		51. *3 掌握有机蔬菜、果品生产、检测、病虫害防控等相关知识，进行有机农产品的生产与加工
		52. *3 利用农业景观资源和农业生产条件，进行观光、休闲、旅游农业的生产经营
		53. 依据产品的特征判断成熟度和采收期，确定采收方式、贮存及运输的环境条件
		54. 熟悉设施园艺产品及农用物资市场营销环境，能确定营销策略，开展营销活动
	（十）行业企业实践能力	55. 具有将所学专业理论知识付诸社会实践的追求和能力
		56. 熟悉设施农业企业具体工作岗位的技术要求
		57. 能处理和解决设施农业生产中的技术难题
		58. 能将设施农业企业学习和掌握的最新技术成果应用到教学中去
		59. 能结合农业生产季节带领学生定期或不定期到设施农业企业参加生产实践
	（十一）职业岗位操作能力	60. 能管理、维护、调控各种园艺设施及其配套设备
		61. 能进行设施园艺植物的引种、品种选择、育苗及土肥水管理、整枝修剪、病虫草防治等田间管理工作
		62. 能确定各种园艺农产品采收时期，进行采后处理和产品检测
		63. 能针对设施农业生产中遇到的问题，设计并实施相关试验研究
		64. 能依据市场行情和产品特点，进行设施农产品的营销
专业教学能力	（十二）课程教学知识	65. 掌握职业教育课程类型及课程改革趋势
		66. 熟悉所教课程在专业人才培养中的地位和作用
		67. 掌握专业教学规律及原则
		68. 掌握教学过程、教学主体、教学目标设计的基本知识
		69. 熟悉中职学生学习心理
	（十三）专业教学设计	70. 掌握教学目标设计、表述的方法
		71. 基于设施农业生产过程，设计教学过程及教学情境
		72. 了解学生学习基础，引导学生设计学习计划
		73. 掌握专业课教学程序及场地、时间选择的依据与原则
		74. 掌握教学媒体、教学用具、教学设备选用的依据与原则
	（十四）专业教学实施	75. 营造良好的学习环境，激发学生学习兴趣
		76. 利用专业教具、实验实训场所等教学资源有效开展教学
		77. 运用书面、口头、肢体、多媒体等手段与学生进行交流
		78. 具备项目引导、任务驱动、引导文等教学法的运用能力
		79. 具备处理教学过程中突发问题的能力
	（十五）专业教学评价	80. 掌握教学评价的基本内容、方法、程序，确定评价标准
		81. 能够对教师教学工作、学生学习效果进行评价
		82. 具备分析、运用评价结果的能力

续表

维度	领域	基本要求
专业教学能力	（十六）教学研究与专业发展	83. 能收集分析毕业生供求信息，反思和改进教育教学工作 84. 掌握调查法、实验法、比较法等常用教研方法 85. 能申报教学研究课题，撰写教学研究论文 86. 制订个人专业发展规划，不断提高自身专业素质

*1、*2、*3 分别表示设施工程、设施栽培、农业园区 3 个专业方向，学生可任选其一

五、实施建议

（一）使用说明

设施农业科学与工程专业是新兴的交叉学科，起步较晚，涉及农业生产、工程、环境等多学科的内容，我国南北方经济发展程度不同、设施栽培作物种类不一，设施农业生产规模与方式差异较大，在应用《中等职业学校设施农业生产技术专业教师指导标准》的过程中要结合本地实际参考执行。

（二）适用范围

1. 作为中职教师队伍建设的依据　各中等职业学校在选拔、聘用设施农业生产专业课、实习指导教师或选调企业技术人员时可以参考此标准。严把中等职业学校专业教师的准入资格，保证专业教师能够满足中等职业学校专业课教学和学生发展的需要。

2. 作为中职教师管理的依据　此标准是在《中等职业学校教师专业标准》的基础上制定的，更能体现设施农业科学与工程专业的特点，对教师的专业知识和专业技能、专业教学技能、专业教学知识提出了具体要求，中职学校要以此为标准，对新进教师进行选聘、考核、培训，以及选聘兼职教师等。

3. 作为中职教师专业发展的依据　此标准是规范中职学校设施专业教师教育教学的标准，是保证专业课的教学质量，同时也是保证专业教师教学具有专业的、不可随意替代的行为准则。中职教师要以此为基础，不断进行自我完善与发展。

4. 作为职教师资培养、培训的依据　职教师资培养培训基地要以此标准为基础进行规范培养，提供深入企业、学校实践的机会，加强师范生理论与实践教学技能的培养与训练，提高培养质量和效果。

六、修订情况

经 2014 年 3 月云南大学召开的"项目阶段成果推进会"专家审议及 6 月的专家辅导，中职设施农业类专业教师标准又进行了一次大的修改，形成了新一版的专业教师标准，7 月提交专家论证，论证结束后又进行了一轮修改，形成了两个版本，9 月接到项目办的指导意见又进行了修改，最终形成现在的定稿。

第三章 | 专业教师培养标准

第一部分 专业教师培养标准研发的背景和意义

一、背景

2010 年 7 月，中共中央、国务院颁布的《国家中长期教育改革和发展规划纲要（2010—2020 年）》明确提出，"以'双师型'教师为重点，加强职业院校教师队伍建设。加大职业院校教师培养培训力度"。"双师型"作为我国职教师资人才培养模式的目标定位已经成为普遍共识。教育部、财政部决定 2011~2015 年实施职业院校教师素质提高计划。教育部大力加强职业教育"双师型"教师队伍建设，在《关于进一步完善职业教育教师培养培训制度的意见（教职成〔2011〕16 号）》中明确提出"建设高素质专业化教师队伍是推动职业教育科学发展的根本保证……完善培养培训制度是加强职业教育教师队伍建设的紧迫任务"，要"改革职业教育师范生培养制度，强化实践实习环节，优化培养过程；建立系统培养制度，提升教师培养层次，提高教师专业化水平"。

1999 年，河北科技师范学院被教育部确定为首批"全国职教师资培训重点建设基地"。2007 年招收职业技术教育学硕士研究生。河北科技师范学院自 1985 年起招收农学类职教师资本科生，至今培养了近 2000 名毕业生，他们成为河北省中等职业学校专业教师的骨干。2006 年起至今，承担中等职业学校种植、现代农业技术、果蔬花卉生产技术、设施农业技术专业骨干教师、专业带头人国家级培训 14 期，培训学员来自全国各地，培训效果良好。

本子项目以科学制定"设施农业科学与工程专业"（以下简称"设施专业"）职教师资培养标准，着意构建"一个导向（以社会需求为导向）、一个突出（突出对学生岗位能力的培养）、三个结合（理论与实践结合、工学结合、校企结合）"的新型人才培养方案为内容，确定设施专业职教师资培养目标、培养规格、学制和学分要求、课程体系、教学安排、实践环节、培养基本条件。建议教学模式采用理实一体化；教学方式方法灵活多样；充分利用网络资源和现代教育技术手段；具备满足教学要求的实验、实习、实训场所及用具、仪器、设备；注重课程资源的开发与利用；注重教学效果与教学质量的评价与考核。增强学生的实践操作技能培养，最终使学生基本具备独立指导生产、独立从事生产和独立讲学授课的能力。因此，本子项目对造就一支适应技能性和实践性教学需求的"双师型"职教师资队伍，具有重要的理论意义和现实意义。

二、意义

本子项目根据设施农业科学与工程专业职教师资培养中的教学实际和人才培养状况，通过创新改革，建立科学的设施农业科学与工程专业职教师资培养标准；构建新型人才培养方案；开发并完善与之配套的培养条件。

（一）理论意义

项目成果对于建立"有中国特色的现代职业教育体系"，推进我国职业教育体制机制的改革和创新，培养高素质的设施农业科学与工程专业职教师资队伍，提高职业院校的办学水平和质量，促进国家经济建设和社会和谐发展，具有重要的理论意义，同时也可为其他专业职教师资队伍的培养提供重要的借鉴。

（二）应用价值

有助于设施农业科学与工程专业职教师资的培养更加规范化、科学化，大力提升专业职教师资的培养水平，满足职业教育对教师队伍技术性、实践性及其与学术性结合方面的特殊要求，为职业教育持续快速健康发展提供有力保障。

三、研究方法

本子项目采用的具体方法如下。

（一）文献分析法

文献分析法主要是指收集、鉴别、整理文献，并通过对文献的研究，形成对事实科学认识的方法。对"职教师资培养标准"问题的相关研究进行系统而深入的梳理和总结，尤其是结合当前我国职业教育方面的政策理念，对"职教师资培养标准"相关政策的执行进行了剖析。对全国所有开设设施农业科学与工程专业的高校进行了收集、查询、统计，并对其培养方案进行了汇总、对比、分析。

（二）问卷调查法

问卷调查法是通过向调查者发出简明扼要的征询问卷，用书面形式间接收集研究材料的一种调查手段。为使问卷具有科学性和可行性，项目组收集了大量资料，同时分析了调查对象的各种特征，如行为规范、社会环境等社会特征，文化程度、知识水平、理解能力等文化特征，需求动机、行为等心理特征，以此作为拟定问卷的基础。充分征求有关各类人员的意见，以了解问卷中可能出现的问题，力求使问卷切合实际，能够充分满足各方面分析研究的需要。对调查问卷的内容进行了检查，筛选、编排，对提出的每个问题，都要充分考虑是否有必要，能否得到答案，精心研究，反复推敲。并在小范围内进行试验性调查，并做了必要的修改。正式问卷抽样调查了全国 30 个省（直辖市、自治区）的 14 所中高职院校、21 所本科高校、31 家设施农业行业企业及 7 个中等职业学校国家级骨干教师、专业带头人培训班，样本分布广泛，规模大，具有较好的代表性。调研数据通过统计分析软件进行了统计分析。

（三）访谈法

访谈法是指通过研究者与被研究者的直接接触、直接交谈的方式来收集资料的研究方法。这是一种在与被调查者交谈过程中直接获得资料的方法。项目组进行的访谈既有集体访谈（召开座谈会，主要是针对教师、学生），也有个案访谈（专家学者或管理者）。深入访谈中则采用非正式访谈法，在轻松、自由的气氛中获取资料。

（四）参与观察法

所谓参与观察法，是观察者有目的、有计划地运用自己的感觉器官或辅助工具，能动地了解处于自然状态下的社会现象的方法。它是一种收集社会初始信息或原始资料的方法，通过直接感知和记录的方式，从社会生活的现场直接获取与研究对象有关的一切社会现象和行为的情况。项目组深入到高校、中职院校，在实际参观、参与教师和学生工作学习的过程中进行了观察、记录、归纳、总结。观察他们的实验条件、实习场地、教学模式等，获得真实、详细的第一手材料。

第二部分　国内外研究现状

无论是国外职教发达国家还是我国，始终重视职教师资的培养，特别是在职教师资职业能力职前培养方面，积累了一定的理论研究成果和丰富的实践经验。但是对于设施专业职教师资的培养标准尚属空白。只能参考借鉴其他相近专业或者非职教师资的培养标准。

一、国外研究与开发现状

一些发达国家和地区在职教师资培养方面具有悠久的历史，积累了丰富的办学经验，形成了各自鲜明的培养特色和传统，为其经济建设和社会发展做出了巨大贡献。从中汲取经验，为我所用，才能促进我国职教师资建设和发展，走出有自己特色的职教师资培养之路。

（一）德国的"双元制"

德国的"双元制"职教师资培养模式因其服务于经济的社会功效显著而被世界各国相继效仿，其中有关职教师资的培养已自成体系，独树一帜。它是指在企业里学习实践操作和在职业学校里学习理论知识平行进行，使学校教育和企业训练密切结合起来。在这种职业教育体制下，学员既在职业学校接受专业理论和普通文化知识教育，又在企业接受相关职业的专业知识和技能培训。因为德国的职业师范生在入学前就必须接受一年的正规"双元制"培训，而且在企业与学校的合作过程中，教师去企业进修是一项重要内容，两种不同的教学场地必然对师资培养发挥着双元作用。

（二）美国社区学院

美国社区学院是美国高等教育中最大的一个组成部分，被学者称为20世纪美国高等教育最伟大的发明。美国社区学院背景状况不同，但社区学院都能紧紧围绕地方经济建设和社会发展需要，开放性地展开教育工作。一切为了社区，一切服务于社区，落实到了学校的各项工作中，使社区学院紧紧融入了美国经济文化社会发展的大循环之中，依靠社会，服务社会，从而真正成了"人民学院"。其在培养目标、服务对象、学校管理等方面的多元化、多层次、社会化、重实效的办学理念和管理方法是美国社区学院不断发展壮大、保持旺盛生命力并被社会承认的最根本原因。

（三）日本高职教育

日本高职教育的培养目标强调三点：一是坚持为广大产业界服务；二是要为企业培养具有高技术、高素质的人才；三是要为国家培养能适应全球经济的"国际人"。日本的教育方针注重满足实际需要，具有三个特点：第一强调"产学合作"；第二强调培养实际操作型的专业技术人员；第三强调"学会怎样学"。日本高职教育办学规范、到位，学校的实验设备先进齐全，每个学生都能够通过大量的拆装学习和实验，牢固掌握课堂上所学的知识。众多的选修课使学生的爱好和特长能得到充分的尊重和发挥。实习馆里的所有设备都考虑到学生的操作安全和便利，因此学生可以无拘无束地进行操作练习，职教师资特别是实习教师力量雄厚，重视学生综合素质提高并具有完整的职业教育教师资格制度，日本的高职教师继续教育和教师进修制度已经形成了自己的体系和特色。

（四）澳大利亚 TAFE（技术与继续教育）学院

技术与继续教育（technical and further education，TAFE）学院是行业主导的，政府、行业、社会与学校相结合，相对独立的，多层次的综合性职业技术教育与培训机构。TAFE 学院是澳大利亚职业技术教育、成人教育和移民教育任务的主要承担者。在 TAFE 学院中，学生是顾主，学院的一切都要为学生服务。让学生学他们所需要的内容，去他们想去的地方学习，按他们喜欢的方式学习，用适合他们自己的进度安排学习，测试合格后，即可获得证书。TAFE 学院非常重视实践教学，理论教学与实践教学的课时比例约为 1：1。TAFE 学院都建有实力雄厚的校内实践基地，其实践基地的特点就是实习现场和学生教室设在同一场地。实践基地的设备设施与工业、企业界的实际先进设备是一致的，在实习现场可以让学生接受与实际工作岗位设施条件一致的专门学习。TAFE 学院对教师的要求非常严格，注重对兼职教师的使用，让学生掌握实际生产中的最新技术手段是 TAFE 学院的用人准则。

从理论层面看，国外职教教师有严格的专业培养标准，而且以此作为教师聘任、考核及晋升的依据。从实践层面看，国外更强调职教教师实践经验的培养。国外职业教育界没有"双师型"教师这样的名词，但他们对职教教师从业资格的要求与我国所提倡的"双师型"教师异曲同工，其共同特点就在于对教师的专业实践经历、专业实践能力及相关执教能力都有严格的要求。

二、国内研究与开发现状

近年来，我国教育理论界和实践工作者对职业院校教师培养的目标、模式、原则、途径、制度等问题进行了很多有益的探索和研究，促进了职业教育的发展。职教教师培养的研究成果主要体现在以下几个方面。

（一）有关"双师型"职教师资队伍建设的研究

我国的职教工作者对职教师资队伍建设的现状分析和研究相对集中，王明伦在《高等职业教育发展论》中总结了高职教师队伍的现状：数量不足；职称结构、学历结构不合理；"双师型"教师比例远未达到专业课教师总数的 70%。王毅、卢崇高、季跃东著的《高等职业教育理论探索与实践》一文中写道：由于客观条件受限，企业不一定积极配合，教师往往不能在实际岗位上工作，同时教师本人也因课务繁忙，很难集中精力，较难深入实际，达不到预期效果；高职高专院校教师的在职培训，特别是实际能力培养的有效机制尚未形成。郑余、贺应根、韩海燕、张晶等都从"双师型"教师培养的角度进行了研究，指出了"双师型"教师培养的重要性。

（二）我国职业师资培养目标确立的原则

漆书青、何齐宗、万文涛主编的《职业技术教育师资培养模式》一书中阐述了我国职教师资培养目标的确立，必须以马克思主义关于人的全面发展学说为指导，根据我国教育目的和职业技术教育对师资的要求来确立，应体现职教师资培养本身的特殊性。

（三）有关职教师资培养模式的研究

也有许多人对职教师资的培养模式进行了研究，有人提出了"订单式"培养模式、"综合性高校与师范院校合作"的模式、"4+X"等职教师资培养模式。许多人对职教教师培养的模式进行了探索，发表了各自的意见，但并未形成一个统一的系统模式，仍有待深入研究。

（四）有关职教师资培养的中外比较研究

20世纪80年代以来，同济大学的有关部门对德国的"双元制"职业教育及职教师资培养等方面做了大量深入的研究工作，1996年徐朔在《借鉴德国经验，开展职教师资培养典型实验》研究报告中，对"职业教育与工程教育""职业师范教育与工程教育"问题进行了理论探讨，认为职教师资的培养必须建立科学的理论体系和完善的培养体系。牛英杰的《中德职业教育师资培养比较与借鉴》一文和彭爽的《美国、德国、日本高职师资队伍建设的特色与启示》一文，通过对中外职业教师教育师资培养进行比较研究，并从入职标准、在职培训方案和培养途径等微观方面，提出了完善我国职教师资的具体措施。但是美中不足的是其中很多研究仅限于简单的对比，缺乏深入细致的剖析，导致职教师资培养直接复制他国模式的现象，影响了职教师资培养的效果，也使许多研究成果在我国没得到很好的推广。

我国的职教师资培养研究已经取得了丰硕的成果，就"双师型"教师的培养目标、校企合作的培养方式、一体化的培养过程等问题已达成共识。但是在这些研究中，仍是以经验性研究、一般性研究为主，针对性研究和具体到某一专业的培养标准的研究依然缺乏。因此，职教师资培养标准问题仍然需要我们进一步研究探索，尤其是在借鉴发达国家先进的职教师资培养模式的基础上，对我国的职教师资培养标准进行探索，找出适合我国国情的职教师资培养标准。

三、设施农业科学与工程专业职教师资培养标准研究现状

通过文献检索，发现国内关于此选题的文章为数并不多。其中涉及"职教师资设施农业科学与工程专业教师培养标准"的文献在国内及国际上尚属空白，没有成功经验可借鉴，只能边干边改、边干边研、边研边干。

在现代农业发展的新时代背景中，农村经济和农业科技的发展是推动农科类本科人才培养体系发生变革的直接因素。农科类本科人才的培养目标从"培养农学家"到"培养普通劳动者"再到"培养高级农业科学技术人才"的演变过程显示，设施农业科学与工程专业本科人才的社会需求正在发生变化。职教师资设施农业科学与工程专业本科人才培养标准、课程体系设置必须适应传统农业向现代农业转变的需要，以尊重和满足人的本质需要、促进人的长远发展为出发点，树立通识教育、专业教育与职业教育相结合的理念，更加注重受教育者综合素质的提升，拓宽知识基础，强化能力培养，突出实践技能，满足人才发展的个性化需求。

　　设施农业是一门多学科交叉的学科，涉及生物学科、环境学科和工程学科，涵盖了建筑、材料、机械、自动控制、品种、栽培、管理等多学科体系。国家教育部根据农业现代化的客观需求于 2003 年增设了高校本科专业目录以外的专业——设施农业科学与工程专业，并于当年首批在西北农林科技大学等 3 所高等院校招生。截至 2013 年，全国增设该专业的农科院校已达 33 所，其中授予工学学士学位 4 所，其他均为农学学士学位。

　　以上 33 所高校在制订专业人才培养方案时虽然都考虑到了多学科交叉的特点，但以工科为主的高校如河海大学，在设立设施农业科学与工程专业时则较多地突出了工学方面的优势，在课程设置时侧重于农业设施的设计、建筑、农业环境的控制及自动化管理等，而以农科为主的高校在课程设置时侧重设施园艺的栽培管理，较多地突出农科优势，人才培养目标全国大相径庭，各具特色。

　　河北科技师范学院 2005 年设立设施农业科学与工程专业，在开设该专业的这些年里，对该专业的建设进行了长期的不懈研究，在课程设置、培养标准等方面发现了一些问题。例如，现有的课程体系、教学内容与生产岗位不相适应，注重知识的传承，不注重能力的培养，人才培养特色不鲜明，没有体现职业教育的特点；培养过程以知识传授为主的人才培养观念仍然存在，实践教学过分依赖于理论教学；教学实施上仍然沿用以课堂讲授为主的授课方式，缺乏灵活多样的教学方式；师资上"双师型"教师数量不足，实践教学比较薄弱；教材一直沿用普通高校相关本科专业教材，尤其是专业课缺乏与职教师资培养匹配的专用教材；教学计划的制订上，没有突出实践教学的地位，没能体现出素质教育和创新教育；实践教学中的实验、实习课缺乏设计性、综合性等实验、实习内容，对学生的能力和创新意识培养不够；岗位职业工作要求持证上岗，毕业生未能获得相应工种的职业资格证书；考核考试方式单一等。针对这些问题，在综合国内 33 所开设设施农业科学与工程专业高校的实际情况的基础上，项目组对设施农业科学与工程本科专业培养标准进行研究和开发。

　　总之，设施农业生产迅猛发展，职教师资人才需求巨大，但该专业本科职教师资人才培养标准相对滞后，且全国各高校各自为营，互不统一，难以适应时代、社会及生产的需求，进而严重制约了设施农业生产的快速发展。设施农业科学与工程专业职教师资人才培养标准需要进行全面改革和建设，研发新形势下的培养方案及培养条件，努力构建所培养人才合理的知识和能力结构以适应职业教育和现代农业的发展，这是发展的要求，也是本子项目研究的重点。

第三部分　调研与分析

　　为贯彻落实全国教育工作会议精神、《国家中长期教育改革和发展规划纲要（2010—2020 年）》和《教育部关于"十二五"期间加强中等职业学校教师队伍建设的意见》（教职成〔2011〕17 号），加强中等职业学校专业化、"双师型"教师队伍建设，教育部、财政部在"职业院校教师素质提高计划"框架内专门设置了培养资源开发项目，系统开发用于职教师资本科培养专业的培养标准、培养方案、核心课程和特色教材等资源。

　　设施农业科学与工程专业职业师资培养包开发项目是 2012 年度由教育部、财政部批准的 88 个专业项目之一，此部分调查报告是在项目的框架内针对"设施专业教师培养标准"这一子项目进行的。

一、调研设计与实施

调研方法采用了文献资料法、问卷调查法、访谈法等。

（一）文献资料法

针对开设设施农业科学与工程专业的高校，搜集其人才培养方案，调研其专业主干课程设置情况。

截至 2013 年底，教育部共批准全国 33 所高校开设了设施农业科学与工程专业，其中 30 所高校在网上公开了设施农业科学与工程专业人才培养方案。

（二）问卷调查法及访谈法

针对中高职院校管理者、教师、学生，本科院校教师、学生，设施农业行业企业 6 个层次分别设计调查问卷和访谈提纲。

问卷调查及访谈覆盖全国 22 个省、4 个直辖市和 4 个自治区中的 14 所中高职院校、21 所本科院校、31 家设施农业行业企业、7 个中等职业学校国家级骨干教师、专业带头人培训班，样本分布广泛，具有较好的代表性。具体院校及单位名称如表 3-1 所示。

表 3-1　调研单位情况一览表

单位	数量	调查人数	单位名称
中高职院校	14 所	学生 474 人 教师 148 人 管理者 70 人	北京农业职业学院、海南省农业学校、黑龙江农业工程职业学院、辽宁农业职业技术学院、卢龙县职业技术教育中心、迁安市职业技术教育中心、青县职业技术教育中心、云南省曲靖农业学校、日照市农业学校、武威职业学院、邢台现代职业学校、玉林职业学院、玉田县职业技术教育中心、肇庆市农业学校
开设设施农业科学与工程专业的本科院校	21 所	学生 864 人 教师 197 人	安徽科技学院、安徽农业大学、东北农业大学、甘肃农业大学、河北科师范学院、河北农业大学、河南农业大学、华中农业大学、吉林农业大学、南京农业大学、内蒙古农业大学、青岛农业大学、山东农业大学、山西农业大学、沈阳农业大学、四川农业大学、天津农学院、西北农林科技大学、云南大学、云南农业大学、中国农业大学
设施农业行业企业	31 家	专家 131 人	北京天安农业发展有限公司特菜大观园、昌黎县德茂种植专业合作社联合社、昌黎县恒丰果蔬种植专业合作社、昌黎县嘉城蔬菜种植专业合作社、昌黎县民联信诚大棚蔬菜种植专业合作社、昌黎县农林畜牧水产局、昌黎县勇正蔬菜专业合作社、抚宁区农牧水产局、乐亭丞起现代农业发展有限公司、乐亭万事达生态农业发展有限公司、乐亭县金畅果蔬专业合作社、乐亭县绿野果蔬专业合作社、乐亭县农牧局、辽宁农业职业技术学院实践教学基地、卢龙县德惠种植专业合作社、卢龙县福临瑞果蔬种植专业合作社、卢龙县农牧局、农业部设施蔬菜规模化种植基地昌黎项目区、秦皇岛丰禾农业开发有限公司、秦皇岛丰硕蔬菜种植专业合作社、秦皇岛市金农农业科技有限公司、秦皇岛市润果生态农业开发有限公司、秦皇岛市蔬菜管理中心、瑞克斯旺（中国）种子有限公司、上海马陆葡萄公园有限公司、唐山市农业科学研究院、天津市丽都农业科技有限公司、吐鲁番市胜金乡人民政府林业站、吐鲁番市鑫农种苗有限责任公司、潍坊万通食品有限公司蔬菜种植基地、张家口市蔚县科技局
中等职业学校国家级骨干教师、专业带头人培训班	7 个	学员 175 人	2012 年、2014 年、2015 年果蔬花卉生产技术专业，2012 年、2014 年现代农艺技术专业，2013 年种植专业，2015 年设施农业生产技术专业

二、我国高校设施农业科学与工程专业设置情况

设施农业是一种高投入、高产出、知识与技术密集型的高效、可持续发展的现代农业，它借助于温室等各种设施和环境调控技术，实现人为调节和控制动植物生长环境，是一种可控农业生产方式，是农业摆脱自然制约的有效手段，是常规农业的跨越。设施农业的发达程度，往往是一个国家或地区农业现代化水平的重要标志之一。

为满足区域特色产业发展的需要，结合多年来在设施农业学科领域的研究成果，国家教育部根据农业现代化的客观需求于 2002 年增设了高校本科专业目录以外的专业——设施农业科学与工程专业，并于 2003 年首批在西北农林科技大学、河海大学和潍坊学院 3 所高等院校招生，之后 2004 年教育部审批同意设置设施农业科学与工程本科专业的高校有南京农业大学、华中农业大学、云南农业大学、河北农业大学、山东农业大学；2005 年有中国农业大学、河北科技师范学院、内蒙古农业大学、安徽农业大学、福建农林大学、红河学院、甘肃农业大学；2006 年有青岛农业大学（原莱阳农学院）、沈阳农业大学、华南农业大学、海南大学（原华南热带农业大学）、新疆农业大学；2009 年有安徽科技学院、四川农业大学；2010 年有河南农业大学、天津农学院；2011 年有吉林农业大学、西藏大学；2012 年有东北农业大学、石河子大学、塔里木大学；2013 年有银川能源学院（银川大学）、山西农业大学、金陵科技学院、山东农业工程学院。截至 2013 年，教育部共批准国内 33 所高校开设了设施农业科学与工程专业，详见表 3-2。

表 3-2　全国开设设施农业科学与工程专业的高校一览表

序号	学校名称	所在省市	序号	学校名称	所在省市
1	安徽科技学院	安徽蚌埠	18	青岛农业大学 [y]	山东青岛
2	安徽农业大学 [cdy]	安徽合肥	19	山东农业大学 [y]	山东泰安
3	东北农业大学 [by]	黑龙江哈尔滨	20	山东农业工程学院 [d]	山东济南
4	福建农林大学 [y]	福建福州	21	山西农业大学 [ey]	山西晋中
5	甘肃农业大学 [y]	甘肃兰州	22	沈阳农业大学 [ey]	辽宁沈阳
6	海南大学 [by]	海南海口	23	石河子大学 [b]	新疆石河子
7	河北科技师范学院 [y]	河北秦皇岛	24	四川农业大学 [by]	四川雅安
8	河北农业大学 [ey]	河北保定	25	塔里木大学	新疆阿拉尔
9	河海大学 [bd]	江苏南京	26	天津农学院 [y]	天津
10	河南农业大学 [ey]	河南郑州	27	潍坊学院	山东潍坊
11	红河学院	云南红河	28	西北农林科技大学 [aby]	陕西西安
12	华南农业大学 [y]	广东广州	29	西藏大学 [b]	西藏拉萨
13	华中农业大学 [by]	湖北武汉	30	新疆农业大学 [ey]	新疆乌鲁木齐
14	吉林农业大学 [y]	吉林长春	31	银川能源学院（银川大学）	宁夏银川
15	金陵科技学院 [y]	江苏南京	32	云南农业大学 [y]	云南昆明
16	南京农业大学 [by]	江苏南京	33	中国农业大学 [abd]	北京
17	内蒙古农业大学 [c]	内蒙古呼和浩特			

注：a. "985 工程" 高校；b. "211 工程" 高校；c. "中西部高校基础能力建设工程" 高校；d. 授予工学学士学位的高校；y. 将设施农业科学与工程专业设在园艺学院的高校

从表3-2可以看出，全国开设设施农业科学与工程专业的高校分布在全国的23个省（直辖市、自治区），其中山东4所，江苏、新疆各3所，安徽、河北、云南各2所，西藏、天津、四川、陕西、山西、宁夏、内蒙古、辽宁、吉林、黑龙江、湖北、河南、海南、广东、甘肃、福建、北京各1所。其中4所授予工学学士学位，分别是河海大学、中国农业大学、安徽农业大学、山东农业工程学院，其他29所授予农学学士学位，比例为87.9%。该专业设在园艺学院的高校22所，所占比例66.7%。其中"985工程"院校2所，10所"211工程"院校，"中西部高校基础能力建设工程"院校7所。

我国设施农业正处于方兴未艾、蓬勃发展时期。但整个产业发展水平还较低，人才缺口也很大，综上可知，我国设施农业科学与工程专业的设置仅有11年（2003～2013年），已覆盖30多所高校，经统计2013年高校设施专业计划招生总人数仅为1650人。再加上发展设施农业已成为解决我国长期存在的人口问题、资源问题、生态环境问题的有效途径之一。以上这些因素的存在无疑都意味着设施农业科学与工程专业具有广阔的发展空间。

三、我国高校设施农业科学与工程专业人才培养方案中课程设置情况

项目组对开设设施农业科学与工程专业的30所高校（其余3所未在网上公开）网上公开的人才培养方案进行了收集整理和对比分析，各高校主干课程设置详见表3-3。

表3-3 国内30所高校设施专业主干课程设置情况汇总表

序号	学校名称	专业主干课程设置
1	安徽科技学院	园艺学概论、农业设施设计与建造技术、设施农业环境工程、设施园艺学
2	安徽农业大学	工程制图、设施农业工程学、设施农业环境学、无土栽培学、都市园艺
3	东北农业大学	蔬菜栽培学、果树栽培学、园艺植物育种学、设施园艺学、园艺设施工程学、无土栽培与植物工厂化、结构力学、建筑材料、农业园区规划与管理、计算机制图
4	福建农林大学	植物学、植物生理学、传感与测试技术、计算机基础、测量学、工厂化育苗原理与技术、设施农业设计基础、植物遗传育种、设施作物栽培学、设施农业工程学、设施农业环境学、食用菌栽培学
5	甘肃农业大学	植物学、植物生理学、大学物理学、测量学、工程材料学、工程力学、建筑制图学、温室设计与建造、园艺设施学、设施蔬菜栽培学、设施果树栽培学、温室花卉、设施植物保护学、设施环境调控、工厂化育苗、园艺植物组织培养、园艺植物栽培生理、无土栽培技术与原理、园艺产品采后处理与技术
6	海南大学	农业设施设计基础、农业设施学、农业建筑学、设施农业环境工程学、设施农业栽培学、设施作物遗传育种学、无土栽培原理与技术、工厂化育苗、CAD在设施农业工程中的应用、温室设计与建造、农业园区规划与管理、植物生理生化、设施作物病虫害
7	河北科技师范学院	植物学、高等数学、植物生理学、生物化学、遗传学、植物营养与肥料学、园艺植物试验设计与分析、设施工程制图、设施园艺植物栽培学、园艺设施学、园艺植物育种学、设施园艺植物病虫害防治学
8	河北农业大学	植物学、基础生物化学、植物生理学、气象学、遗传学、工程制图、园艺设施学、设施蔬菜栽培学、设施花卉栽培学、设施果树栽培学、园艺植物育种学、园艺植物病理学、园艺植物昆虫学、农业园区规划设计、自动化控制原理、工程概预算、计算机在设施农业中的应用、温室环境调控技术、设施农业工程概论
9	河海大学	材料力学、结构力学、水力学、土力学、环境生物学、作物栽培学、土壤学与肥料学、农业环境学、工程热力学与传热学、自动控制原理、设施农业工程、设施种植和养殖、设施农业环境控制、设施农业经营和管理

续表

序号	学校名称	专业主干课程设置
10	河南农业大学	工程制图、设施农业工程预概算、设施农业工程学、农业园区与规划、农业设施设计基础、设施农业环境控制、设施栽培原理与技术
11	红河学院	植物学、植物生理学、基础生物化学、微生物学、工程制图、工程力学、气象学、植物保护通论、农业设施环境控制、农业设施设计建造、无土栽培、设施栽培学原理与技术、自动化原理与控制、园艺植物组织培养
12	华南农业大学	植物学、植物生理生化、园艺植物栽培学、园艺植物育种学、设施园艺栽培学、园艺植物病虫害防治、无土栽培学、计算机辅助设计、设施园艺工程技术、工程制图、工程施工与预算、温室设计与建造、温室环境与自动控制、现代农业科技园区规划设计
13	华中农业大学	园艺设施学、设施栽培技术、设施作物育种学、设施环境与调控
14	吉林农业大学	植物学、基础生物化学、植物生理学、力学基础、气象学、建筑制图与CAD、园艺设施学、无土栽培、蔬菜栽培学、果树栽培学、食用菌栽培学、花卉学
15	金陵科技学院	植物生理学、生物化学、生物统计与田间试验、农业设施设计基础、园艺设施学、温室设计与建造、设施环境工程学、设施作物栽培学、农业工程物联网、设施作物生长模拟与决策管理、农业园区规划与管理、无土栽培学
16	内蒙古农业大学	植物学、植物生物化学、植物生理学、遗传学、农业气象学、土壤肥料学、设施植物昆虫学、设施植物病理学、设施植物育种学、设施栽培学、无土栽培与工厂化育苗技术、园艺设施与环境、设施园艺学进展
17	南京农业大学	植物学、植物生理学、工程力学（含材料力学）、农业设施基础、农业设施设计与建造、温室设计与建造、农业设施环境工程学、设施作物栽培学、无土栽培学、设施作物育种学、温室作物生长模型与专家系统、工厂化育苗原理与技术
18	青岛农业大学	园艺植物栽培原理、园艺设施学、设施环境工程学、设施园艺作物栽培学、温室设计与建造、园艺植物病理学
19	山东农业大学	农业设施工程学、设施果树学、设施蔬菜学、设施茶学、设施花卉学、设施园艺植物育种、设施环境与调控技术、园艺产品贮藏加工学、园艺产品商品学、设施建筑材料、设施工程施工与概预算、农业设施设计基础
20	山东农业工程学院	植物与植物生理学、生物化学、普通遗传学、田间试验与生物统计、基础微生物学、土壤肥料学通论、植物组织培养、专业英语、园艺学概论、设施园艺学、设施环境与调控技术、农业企业经营管理学、设施无土栽培、设施节水灌溉原理与技术、设施植物育种学、设施植物保护学、设施果树栽培学、设施花卉栽培学、设施蔬菜栽培学、工程制图、农业设施设计基础、现代温室设计与建造、设施工程施工与概预算、农业设施工程学、设施建筑材料
21	山西农业大学	农业设施设计基础、农业设施设计与建造、农业设施环境与调控、设施作物栽培技术、设施养殖技术、无土栽培学、工厂化育苗、农业园区规划与管理、企业管理
22	沈阳农业大学	普通化学、有机化学、基础生物化学、植物生理学、工程热力学及传热学、建筑制图、农业气象学、自动控制原理、建筑力学、设施农业环境与控制、设施作物栽培学基础、设施农业工程设计与建造、无土栽培学、设施农业专业实践
23	四川农业大学	普通遗传学、植物生理学、工程制图、设施农业环境工程学、设施农业工程概预算、农业设施设计与建造、无土栽培、工厂化育苗、设施果蔬栽培、设施花卉栽培
24	天津农学院	植物学、植物生物化学、植物生理学、工程制图、设施果树学、设施蔬菜学、设施花卉学、园艺植物育种学、设施病虫害防治、无土栽培、农业设施设计基础、农业园区规划与管理、工程概预算、设施农业工程概论
25	潍坊学院	生物化学、植物学、遗传学、土壤与肥料学、气象学、画法几何与制图、温室建筑力学基础、温室自动化控制、设施栽培技术、设施专用品种育种、设施养殖概论、农业标准化、农业园区经营管理

序号	学校名称	专业主干课程设置
26	西北农林科技大学	植物学、植物生理学、生物化学、遗传学、植物保护学、植物营养学、农业生态学、经济植物资源学、田间试验设计与生物统计、农业生物技术、基因工程、种子生物学、作物育种学、作物栽培学、耕作学、农业经济管理、农业推广学
27	新疆农业大学	植物学、土壤农化、普通生态学、设施园艺作物病虫害防治学、测量学、材料力学、设施果树栽培学、设施蔬菜栽培学、设施西甜瓜栽培学、设施花卉栽培学、设施园艺植物育种学、植物组织培养、园艺作物无土栽培、设施工程学、工程制图、设施农业环境学
28	银川能源学院（银川大学）	植物学、基础生物化学、植物生理学、遗传学、土壤与植物营养、建筑 CAD 制图、温室环境调控技术、设施环境工程学、设施果树栽培学、设施蔬菜栽培学、设施花卉栽培学、园艺植物保护、农业园区经营与管理、园艺植物组织培养
29	云南农业大学	植物学、基础生物化学、植物生理学、气象学、土壤与植物营养、农业设施设计基础、设施环境调控、设施农业环境工程学、设施蔬菜、花卉、果树和中草药栽培学、设施养殖概论、设施农业工程概预算、设施病虫害防治、无土栽培学、工厂化育苗、农业园区规划与管理
30	中国农业大学	植物学、基础生物化学、植物生理学、气象学、土壤与植物营养、测量学、工程制图、农业设施设计基础、园艺设施学、温室设计与建造、设施环境工程学、设施园艺栽培、农业园区规划与管理、园林艺术、景观设计

通过梳理各高校的培养方案发现，开设设施农业科学与工程专业的各高校的人才培养模式可以大体分成两类：一类是在专业课程体系的设置上充分体现了本科人才培养的"宽口径"原则，课程内容涵盖了设施设计与建造、设施植物栽培（包括设施蔬菜栽培、设施果树栽培、设施花卉栽培、食用菌栽培、中草药栽培），甚至设施养殖（如云南农业大学、山西农业大学），设施环境调控、设施病虫害防控等；另一类是在专业课程体系的设置上更多地体现了"专业化"要求，设有专业方向（如安徽科技学院、华中农业大学等），大体可分为侧重于设施工程类、设施栽培类、园区规划类三个方向，学生可以凭自己的兴趣爱好自由选择其中的某一个专业方向学习。

基于上述第一类情形进行的课程设置，体现了设施农业科学与工程这个专业的综合性和交叉性，但存在的问题是难以兼顾设施工程、设施栽培、农业园区、设施病虫害等不同方面对专业基础知识要求的不同。设施工程的专业基础侧重于工程制图、材料力学等，设施栽培的专业基础侧重于植物生理及生化、土壤、植物营养与肥料等，农业园区的专业基础侧重于测量学，设施病虫害的专业基础侧重于植物病理学、昆虫学。因此，由于缺乏相关专业基础知识做支撑，这样的课程设置对每种设施专业课程的讲解会存在内容深度方面的局限。基于第二类情形所开展的课程设置强调了专业的方向性，避免了第一类课程设置的不足，但其不足之处在于削弱了对学生设施农业综合知识的培养。

在表 3-3 的基础上，经过进一步的分类统计发现以下几点（表 3-4）。

表 3-4　各高校设施农业科学与工程专业开设专业课程汇总表

分类	亚类	专业课程	同课异名或相似内容课程
工程类	工程基础	测量学	普通测量学
		工程力学	结构力学、水力学、土力学、力学基础、建筑力学、温室建筑力学基础、材料力学
		工程制图	建筑制图学、画法几何与制图、建筑制图与 CAD、设施工程制图

续表

分类	亚类	专业课程	同课异名或相似内容课程
工程类	工程基础	工程概预算	设施农业工程概预算、设施工程施工与概预算、设施农业工程概预算、工程施工与预算
		建筑材料	工程材料学、设施建筑材料
		工程热力学及传热学	
	设施工程	园艺设施学	园艺设施工程学、设施工程学、设施园艺工程技术、设施农业工程概论、农业设施工程学、设施农业工程学、设施农业工程、农业建筑学、农业设施学、农业设施设计基础、设施农业设计基础、农业设施基础、设施农业工程综合实验
		园艺设施设计与建造	温室设计与建造、农业设施设计与建造、农业设施设计建造、设施农业工程设计与建造、农业设施设计与建造技术、现代温室设计与建造
	设施环境	气象学	农业气象学
		设施环境学	设施环境与调控、设施环境与调控技术、农业设施环境工程学、设施农业环境工程学、设施农业环境工程、设施环境调控、温室环境调控技术、设施环境工程学、园艺设施与环境、农业环境学、农业设施环境控制、农业设施环境与调控、设施农业环境与控制、设施农业环境控制、设施农业环境学
	计算机应用	自动化控制原理	温室环境与自动控制、温室环境调控技术自动控制原理、温室自动化控制、自动化原理与控制
		设施作物生长模拟与决策营销	温室作物生长模型与专家系统
		计算机辅助设计	CAD 在设施农业工程中的应用、建筑 CAD 制图、建筑 CAD、AutoCAD（设施工程）、计算机制图
		农业工程物联网	计算机在设施农业中的应用
农艺类	农业基础	遗传学	普通遗传学
		植物学	植物与植物生理学
		植物组织培养	园艺植物组织培养
		基础生物化学	生物化学、植物生物化学
		植物生理学	园艺植物栽培生理、植物生理生化
		微生物学	基础微生物学
		植物营养学	土壤肥料学通论、土壤学与肥料学、土壤与肥料学、土壤与植物营养、土壤农化、土壤肥料学、设施农业土壤改良、植物营养与肥料学
		生物技术	分子生物学概论、农业生物技术、基因工程
		生态学	普通生态学、农业生态学
		植物组织培养	园艺植物组织培养
农艺类	植物栽培	设施园艺植物栽培学	设施园艺植物栽培、设施作物栽培学基础、园艺植物栽培学、设施园艺栽培、设施栽培技术、设施园艺栽培学、园艺植物栽培原理、设施园艺作物栽培学、设施作物栽培学、设施栽培学、设施栽培技术、设施栽培学原理与技术、设施农业栽培学、设施农业栽培技术、设施园艺栽培、设施作物栽培技术、设施作物栽培、作物栽培学、设施栽培原理与技术、设施农业技术园艺学概论、设施园艺学进展、设施园艺学

续表

分类	亚类	专业课程	同课异名或相似内容课程
农艺类	植物栽培	设施蔬菜栽培学	设施蔬菜栽培、蔬菜栽培学、设施蔬菜学、设施蔬菜、设施蔬菜栽培技术、设施西甜瓜栽培学
		设施果树栽培学	设施果树栽培、果树栽培学、设施果树学、设施果树栽培技术
		园艺植物发育及调控技术	园艺植物营养及调控原理
		茶学	设施茶学、茶树栽培学
		花卉学	设施花卉学、设施花卉栽培学、温室花卉、设施花卉栽培技术
		药用植物学	中草药
		食用菌栽培学	设施食用菌栽培技术
		节水灌溉	设施节水灌溉、设施节水灌溉原理与技术、现代灌溉水肥营销原理与应用
	植物保护	植物保护学	设施植物保护学、园艺植物保护、设施植物保护学、植物保护通论
		设施植物病虫害防控	设施病虫害防治、设施园艺作物病虫害防治学、园艺植物病虫害防治、设施作物病虫害、设施园艺植物病虫害防治学
		园艺植物昆虫学	设施植物昆虫学
		园艺植物病理学	设施植物病理学
	遗传育种	遗传学	普通遗传学
		园艺植物遗传育种原理	植物遗传育种、设施作物遗传育种学
		园艺植物良种与繁育	种子生物学经济植物资源学
		园艺植物育种学	设施园艺植物育种、设施作物育种学、设施专用品种育种、作物育种学、设施植物育种学
	研究法	园艺植物研究法	设施园艺植物田间试验设计与统计分析、田间试验与生物统计、田间试验设计与生物统计、生物统计与田间试验、园艺植物试验设计与分析
园区类	规划设计	农业园区规划设计	农业园区规划与营销、现代农业科技园区规划设计、农业园区与规划、现代农业园区规划与营销、现代农业园区规划
		农业园区经营营销	农业园区经营与营销、现代农业园区营销综合实验
		园林艺术	
		景观设计	
	现代农业	无土栽培	无土栽培技术、设施无土栽培、园艺作物无土栽培、无土栽培技术与原理、无土栽培原理与技术、无土栽培学、无土栽培与植物工厂化
		工厂化育苗	工厂化育苗原理与技术、无土栽培与工厂化育苗技术、无土栽培技术与工厂化育苗
		都市农业	休闲农业、都市农业概论、都市园艺、农业标准化
		有机农业	有机园艺
采后与营销类	营销	园艺市场营销	园艺产品商品学
		农业企业经营营销学	设施农业经营和营销、农业经济营销、企业营销
		农业技术推广	农业推广学
	采后处理	园艺产品贮藏加工学	园艺产品贮藏与加工
		园艺产品采后处理	园艺产品采后处理与技术、农产品采后处理

续表

分类	亚类	专业课程	同课异名或相似内容课程
拓展类	养殖	设施养殖	设施养殖技术、设施种植和养殖、设施养殖概论、养殖概论
	其他	农业生态学	环境生物学
		专业英语	设施专业英语、园艺专业英语、专业外语
		专业技能训练	设施农业专业实践、设施农业技术综合实践
		耕作学	
		园艺机械	
		农田水利学	
		草坪学	
		传感与测试技术	
		生产设施研究进展	

首先，设施专业专业课程基本都包括工程类、栽培类、园区类等几类，由于设置设施农业科学与工程专业的高校有农业院校，也有工科院校，以农业院校为主，不同性质的高校对课程设置各有侧重，有的高校栽培类课程较多，有些高校工程类课程占很大比例。

其次，课程命名随意，名称混乱，缺乏统一标准，导致大量同课异名现象。例如，30 所高校中内容基本为"设施园艺植物栽培"的课程名称竟达到 25 个，内容重叠交叉、错综复杂。

再次，对"设施农业"的理解过于概念化，使课程范围过于广泛，出现了"设施养殖""草坪学"等更接近其他专业的课程。因此，对课程设置进行整理，对课程名称进行规范势在必行。

四、设施农业科学与工程专业主干课程的调查与分析

（一）调查问卷课程选择

分析我国开设设施农业科学与工程专业的 30 所高校的人才培养方案，对所列出的专业课程进行分类，共分工程、农艺、园区、营销、教育、其他 6 个门类，从 6 类专业课程中，选择开设率较高的 28 门专业课程（表 3-5）。设计调查问卷，要求被调查者从自身岗位角度，选出对设施专业最为重要的 8 门专业课程，并按重要程度进行排序。召开各单位的不同层次被调查者座谈会，说明调查目的与意义，现场发放试卷给各层次被调查者，并要求被调查者现场填写，以保证答卷的客观性和真实性。

表 3-5　设施农业科学与工程专业的 28 门备选专业课程

分类	专业课程名称
工程	设施设计与建造、设施环境与调控、设施自动化控制、设施园艺机械
农艺	设施蔬菜栽培、设施果树栽培、设施花卉栽培、作物病虫害防控、食用菌栽培、园艺植物育种、设施土壤与肥料、设施灌溉
园区	农业园区规划与管理、现代农业技术、无土栽培、工厂化育苗、休闲农业、有机果蔬生产
营销	设施农业经营、设施产品采后处理
教育	教育学、专业教学法、心理学、教师技能训练
其他	田间试验与统计、计算机应用、专业技能训练、科研技能训练

（二）数据统计方法

各层次人员对专业课程重要性的评价，按层次分别进行统计分析，对各层次的每位被调查者选出的8门课程按排序依次赋值，称为重要程度值，重要程度排序处于第1位的课程赋值为8，第2位课程赋值为7，依此类推，第8位课程赋值为1。未入选前8门重要课程的其他课程则赋值为0，以此突出重要课程的地位。然后计算每门课程的重要程度平均值。计算公式为

$$P_j = \sum P_i / T$$

式中，P_j为j调研层次（或群体）某课程重要程度值；P_i为调研层次（或群体）中，某被调查者对该课程重要程度的赋值，$i=1, 2, 3, \cdots, T$；T为该调研层次（或群体）中被调查总人数。

在预设4个层次的评价效力等同的条件下，对专业课程重要性的综合评价计算公式为

$$P = \sum P_j / S$$

式中，P为某课程重要程度平均值；P_j含义同上；$j=1, 2, \cdots, S$；S为调查层次（或群体）的数量。

（三）调查结果与分析

1. 本科院校教师对设施专业课程重要性的评价　我国21所本科院校设施专业相关教师对专业课程的重要程度评价如图3-1所示。

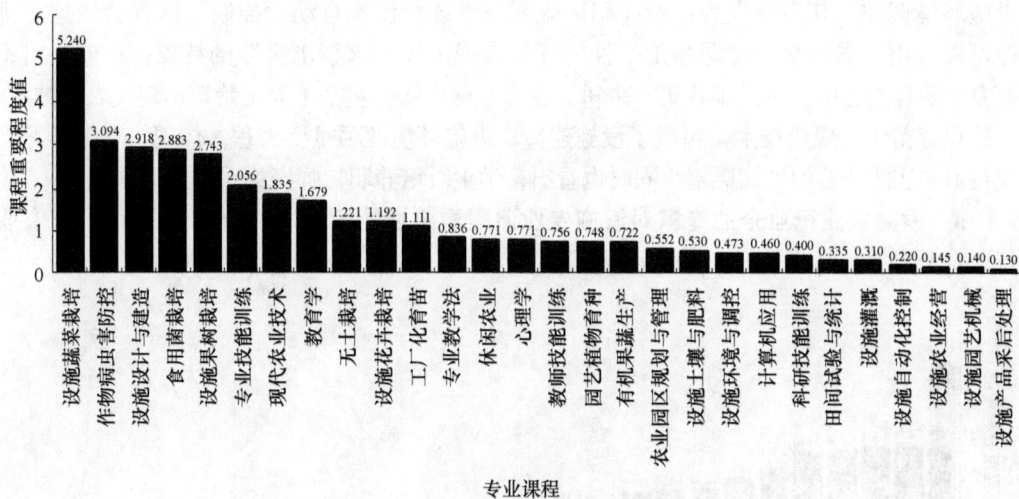

图3-1　本科院校教师对设施专业课程重要性的评价

由图3-1可以看出，重要程度值较高的前8门课程依次为：设施蔬菜栽培、作物病虫害防控、设施设计与建造、食用菌栽培、设施果树栽培、专业技能训练、现代农业技术、教育学。其中，设施蔬菜栽培的重要程度值远远高于其他课程。其后依次为：无土栽培、设施花卉栽培、工厂化育苗等课程。这一结果说明，高校专业教师对课程的评价具有"求稳胜过求新"的特点，更重视传播基础知识，培养学生基本技能的课程，对于一些伴随设施专业设立而出现的新型课程，如农业园区规划与管理、设施农业经营、设施园艺

机械等，并不认为其重要性高于传统课程。

2. 本科院校学生对设施专业课程重要性的评价　调查了 21 所本科院校的设施农业科学与工程专业的 864 名在校本科学生，结果如图 3-2 所示。

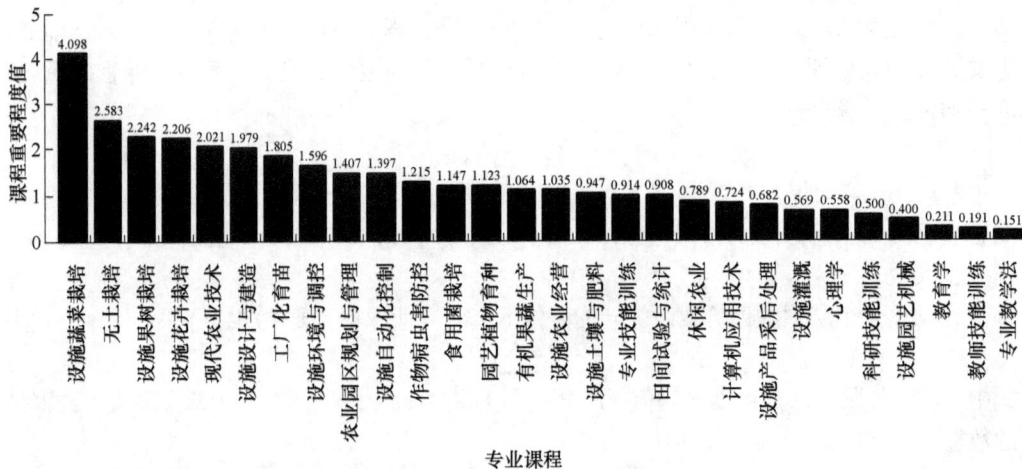

图 3-2　本科院校学生对设施专业课程重要性的评价

可见，本科院校学生评出的重要性排在前 8 位的课程依次是：设施蔬菜栽培、无土栽培、设施果树栽培、设施花卉栽培、现代农业技术、设施设计与建造、工厂化育苗、设施环境调控。其后依次为：农业园区规划与管理、设施自动化控制等课程。从这一排序可以看出，本科学生对课程重要性的评价表现出了"求新求全"的特点，在前 8 门重要专业课程内容中，包括了蔬菜、果树、花卉 3 种作物，包括了无土栽培、现代农业技术、工厂化育苗 3 种现代技术，包括了设施建造、设施环境两项重要工程。体现了学生学习现代技术和实践技能的迫切愿望。同时也看出，学生对培养职教师资的课程并不重视。

3. 设施农业行业企业专家对设施专业课程重要性的评价　调查了 31 位设施农业行业企业专家，结果如图 3-3 所示。

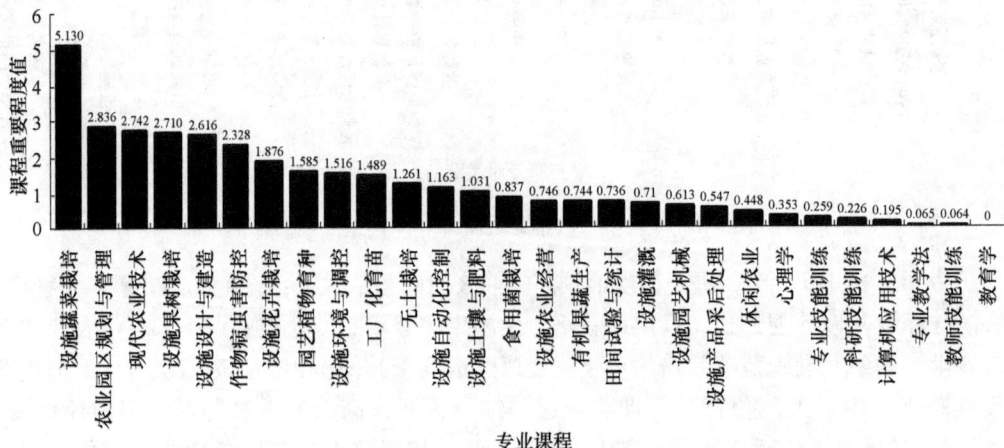

图 3-3　设施农业行业企业专家对设施专业课程重要性的评价

可见，对农业企业最为重要的前8门课程依次是：设施蔬菜栽培、农业园区规划与管理、现代农业技术、设施果树栽培、设施设计与建造、作物病虫害防控、设施花卉栽培、园艺植物育种。其后依次为：设施环境与调控、工厂化育苗、无土栽培、设施自动化控制、设施土壤与肥料、食用菌栽培、设施农业经营等。其中，设施蔬菜栽培的重要性远远高于其他课程，这可能是因为蔬菜在当前中国设施中栽培面积最大，经济效益最高。行业专家从工作岗位的角度出发，更注重设施蔬菜栽培、农业园区规划与管理这些以最终端技术为内容，且实用性强的课程，而不十分重视计算机应用技术、休闲农业这些以基础性、通用性知识和技能为内容的课程。

4. 中高职院校教师对设施专业课程重要性的评价　　对14所中高职院校的148名教师的调查结果如图3-4所示。

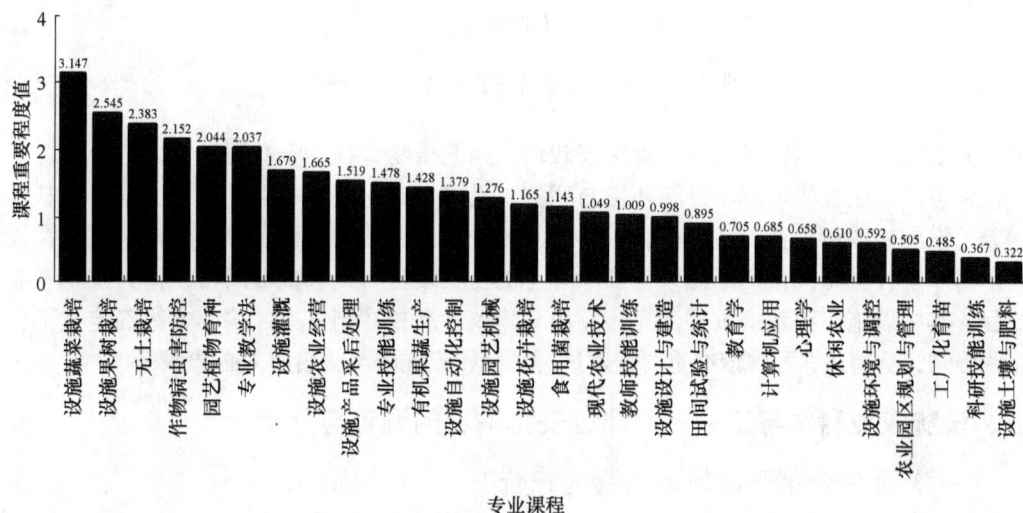

图3-4　中高职院校教师对设施专业课程重要性的评价

可见，中高职院校教师按重要程度排列的前8门专业课程依次为：设施蔬菜栽培、设施果树栽培、无土栽培、作物病虫害防控、园艺植物育种、专业教学法、设施灌溉、设施农业经营。排在其后的专业课程依次为：设施产品采后处理、专业技能训练、有机果蔬生产等。这一结果说明，中高职院校教师在选择时，更注重知识结构和技能的完整性，前8门重点课程中完整地涵盖了育种、栽培、植保、经营的整个园艺植物产业流程。而且，把专业教学法这一教育类课程放在了重要位置，充分体现了中高职院校教师这一就业方向对设施专业毕业生知识和技能要求的全面性。

5. 对设施专业课程重要性的总体评价　　综合本科院校教师、本科院校学生及设施农业行业企业专家、中高职院校教师4个层次人员对28门专业课程重要性的评价结果，得出对每门课程的总体评价。方法是按同等效力对待4个层次的评价，先求取4个层次每门课程的重要程度值之和，然后求取平均值，结果如图3-5所示。

可见，除设施蔬菜栽培重要性十分突出外，其后的课程重要程度值基本呈线性的逐渐降低趋势，依次为：设施果树栽培、作物病虫害防控、设施设计与建造、现代农业技

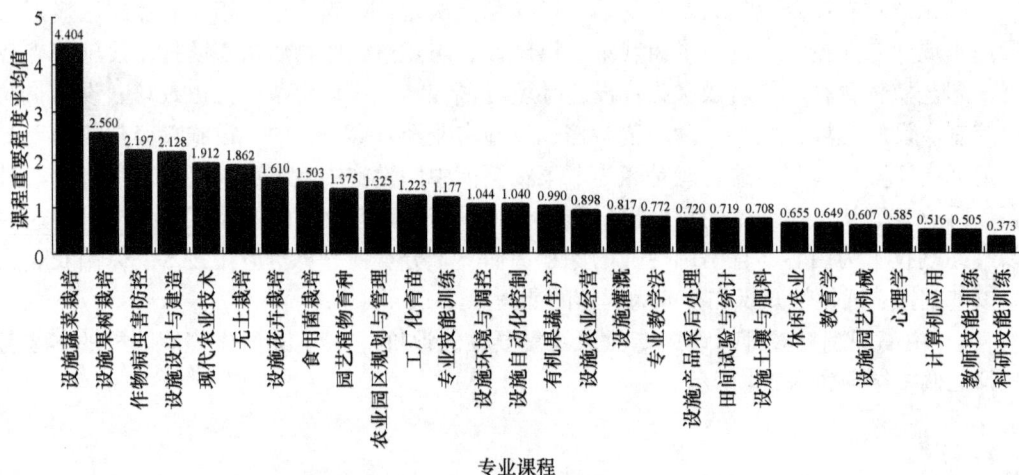

图 3-5　对设施专业课程重要性的总体评价

术、无土栽培、设施花卉栽培、食用菌栽培、园艺植物育种、农业园区规划与管理、工厂化育苗、专业技能训练、设施环境与调控、设施自动化控制等。排名在前的课程基本涵盖了设施专业所涉及的主要植物种类和技术类型。专业教学法、教育学排名靠后，说明中高职院校教师岗位仍不是该专业毕业生的主要就业方向。前 8 门可以作为主干专业课程，其中设施蔬菜栽培重要性尤为突出。建议各高校在制订人才培养方案确定主干专业课程时，从前述课程中依据重要程度进行选择，设施蔬菜栽培应为必选课程。

五、设施农业科学与工程专业课程安排情况的调查与分析

（一）设施专业开设的课程量的评价

1. 本科院校学生对设施专业开设课程量的评价　　调查了 21 所本科院校设施专业的 864 名在校本科学生，结果如表 3-6、图 3-6 所示。

表 3-6　本科院校学生对设施专业开设课程量的评价表（%）

选项	总课程量	理论性课程量	实践性课程量	课程面	课程的实用性	课程的前沿性	课程的吸引力	课程与企业需求相关性
很大	18.11	25.92	4.15	22.18	5.22	7.73	5.46	5.81
较大	41.66	52.43	12.81	40.09	27.76	26.87	18.88	19.69
一般	36.09	19.53	38.43	32.27	51.25	52.91	52.73	48.16
较小	3.79	2.01	36.77	4.86	11.86	9.39	17.22	20.64
很小	0.36	0.12	7.83	0.59	3.91	3.09	5.70	5.69
合计	100.00	100.00	100.00	100.00	100.00	100.00	100.00	100.00

由表 3-6、图 3-6 可见，在 864 名本科院校学生中，有 41.66% 的学生认为设施专业开设的课程总课程量较大；52.43% 的学生认为理论性课程量较大；44.60% 学生认为实践

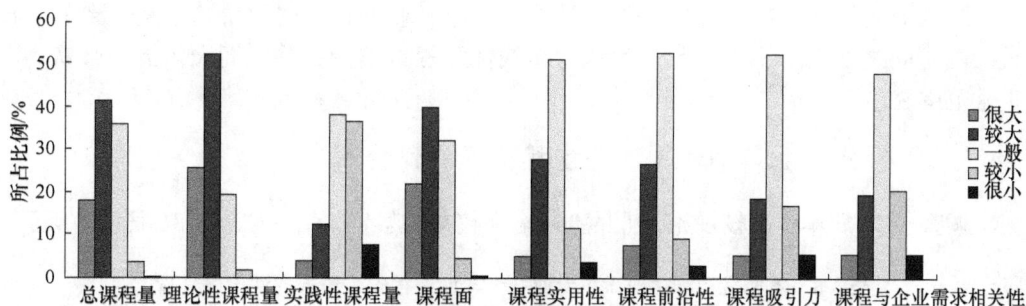

图 3-6　设施专业本科学生对课程量的评价

性课程开设较少甚至很少；40.09% 学生认为课程涉及面较广；51.25% 的学生认为课程的实用性一般；52.91% 的学生认为课程的前沿性一般；52.73% 的学生认为课程的吸引力一般；48.16% 的学生认为课程与企业需求相关性一般。

2. 本科院校教师对设施专业开设的课程量的评价　调查了 21 所本科院校设施专业的 197 名在职教师，结果如表 3-7、图 3-7 所示。

表 3-7　本科院校教师对设施专业开设的课程量的评价表（%）

选项	总课程量	理论性课程量	实践性课程量	课程面	课程的实用性	课程的前沿性	课程与企业需求相关性
很大	10.00	10.00	4.20	10.50	12.10	12.10	9.40
较大	56.80	67.90	16.20	54.70	39.50	36.30	26.70
一般	32.60	21.10	50.80	32.60	40.00	45.30	48.20
较小	0.00	0.50	27.20	2.10	7.90	5.80	14.10
很小	0.50	0.50	1.60	0.00	0.50	0.50	1.60
合计	100.00	100.00	100.00	100.00	100.00	100.00	100.00

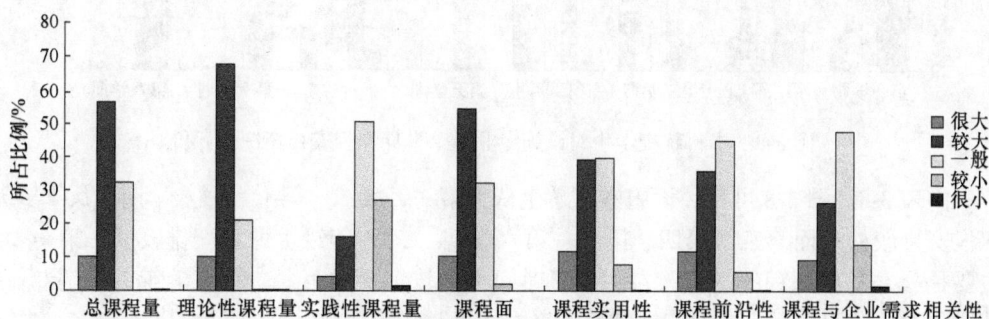

图 3-7　本科院校教师对课程量的评价

由表 3-7、图 3-7 可见，56.80% 的教师认为设施专业开设的课程总课程量较大；67.90% 的教师认为理论性课程量较大；50.80% 的教师认为实践性课程量一般；54.70% 的教师认为课程涉及面较广；79.50% 的教师认为课程的实用性较大或一般；81.60% 的教师认为课程的前沿性较大或是一般；74.90% 的教师认为课程与企业需求相关性较大或是一般。

综合上述结果，本科院校教师和学生对设施专业课程量的评价基本是一致的，比较大的不同之处在于，大多数学生认为实践性课程量偏少一些，而大多数教师认为在正常范围之内。

（二）设施专业各个学期课程安排情况的评价

调查了21所本科院校设施专业的864名在校本科学生，结果如表3-8、图3-8所示。

表 3-8　本科院校学生对设施专业各个学期课程安排情况的评价表（%）

学期	很松	较松	适中	较紧	很紧
第一学期	13.1	22.8	38.1	18.9	4.9
第二学期	6.7	19.8	39.5	25.5	5.1
第三学期	3.5	13.3	41.6	29.5	8.7
第四学期	2.2	10.3	39.8	29.5	9.7
第五学期	3.4	15.7	37.3	25.1	7.6
第六学期	2.9	15.6	33.2	17.5	6.6
第七学期	16.9	24.0	24.1	5.9	2.4
第八学期	23.3	20.6	19.9	5.0	1.2

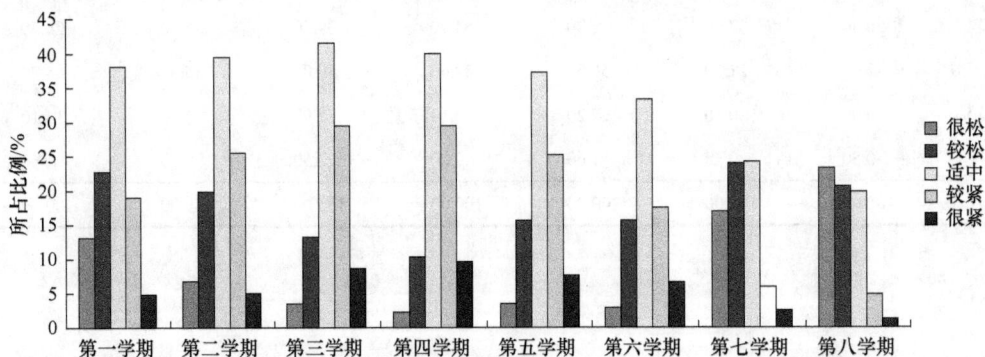

图 3-8　本科院校学生对设施专业各个学期课程安排情况的评价

由表3-8、图3-8可知，设施本科学生认为第一、第二、第七、第八学期（1、4年级）课程安排较松；而第三、第四、第五、第六学期（2、3年级）课程安排较紧。第一学年主要是公共基础课程的学习，自主学习时间相对较多，在第二、第三学年主要是专业基础课和专业课的学习，课程安排较满，自主学习时间较少。

（三）设施专业理论课与实践课教学学时适宜比例选择

针对理论课与实践课学时适宜比例问题，选择中高职院校教师、中高职院校管理者及本科院校教师和设施农业行业企业专家4个层次的代表分别进行了问卷调查，结果如图3-9~图3-12所示。

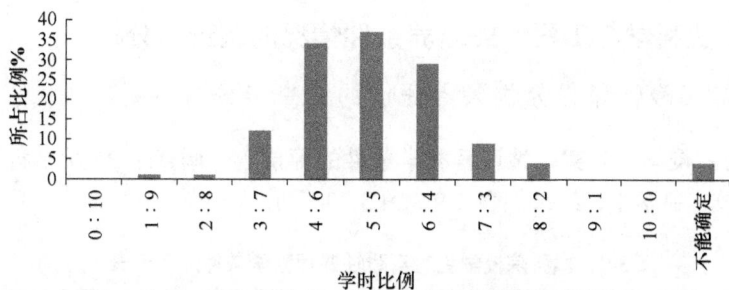

图 3-9　中高职院校教师对理论课与实践课教学学时适宜比例的建议

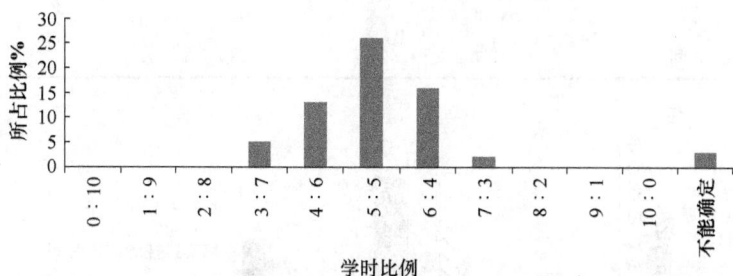

图 3-10　中高职院校管理者对理论课与实践课教学学时适宜比例的建议

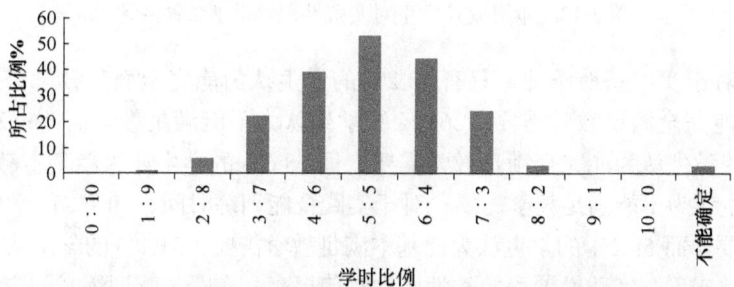

图 3-11　本科院校教师对理论课与实践课教学学时适宜比例的建议

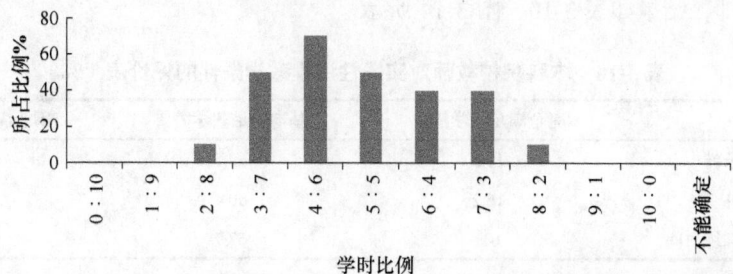

图 3-12　设施农业行业企业专家对理论课与实践课教学学时适宜比例的建议

可见，中高职院校教师、中高职院校管理者和本科院校教师均认为理论课与实践课教学学时适宜的比例应为 5 : 5，而行业企业专家建议的比例是 4 : 6，实践教学学时应多于理论课学时，所以设施农业行业企业专家希望更注重学生实践能力的培养。

六、设施农业科学与工程专业培养条件情况的调查与分析

（一）对实践性课程教学条件评价的调查与分析

1. 本科院校学生对实践性课程教学条件的评价　　调查了 21 所本科院校设施专业的 864 名在校本科学生，结果如表 3-9、图 3-13 所示。

表 3-9　本科院校学生对实践性课程教学条件的评价表（%）

项目	完全满足教学需要	基本满足教学需要	不能满足教学需要
实习基地条件	13.2	60.4	26.4
实验室条件	15.8	68.6	15.6
实践技能训练时间	10.7	58.2	31.1

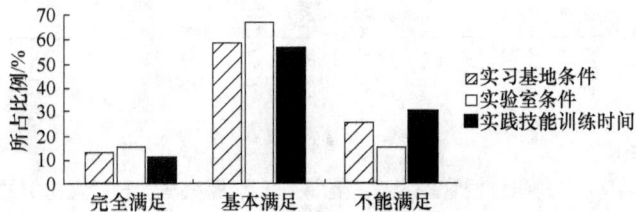

图 3-13　本科院校学生对实践性课程教学条件的评价

可见，对于实习基地条件，只有 13.2% 的学生认为能完全满足教学需要，而 60.4% 的学生认为能完全满足教学需要，26.4% 的学生认为不能满足教学需要；对于实验室条件，15.8% 的学生认为能完全满足教学需要，而 68.6% 的学生认为能基本满足教学需要，15.6% 的学生认为不能满足教学需要；对于实践技能训练时间，10.7% 的学生认为能完全满足教学需要，而 58.2% 的学生认为能基本满足教学需要，31.1% 的学生认为不能满足教学需要。整体来看，实践性课程的教学条件有待提高，实践技能训练时间应增加。

2. 本科院校教师对实践性课程教学条件的评价　　调查了 21 所本科院校设施专业的 197 名教师，结果如表 3-10、图 3-14 所示。

表 3-10　本科院校教师对实践性课程教学条件的评价表（%）

项目	完全满足教学需要	基本满足教学需要	不能满足教学需要
实习基地条件	11.5	61.5	27.0
实验室条件	16.2	60.4	23.4
实践技能训练时间	6.8	67.7	25.5

可见，对于实习基地条件，只有 11.5% 的教师认为能完全满足教学需要，而 61.5% 的教师认为能基本满足教学需要，27.0% 的教师认为不能满足教学需要，对于实习基地条件教师的评价比学生的评价更差；对于实验室条件，16.2% 的教师认为能完全满足教学需要，而 60.4% 的教师认为能基本满足教学需要，23.4% 的教师认为不能满足教学需要，对于实验室条件教师的评价比学生的评价更差；对于实践技能训练时间，6.8% 的教师认为

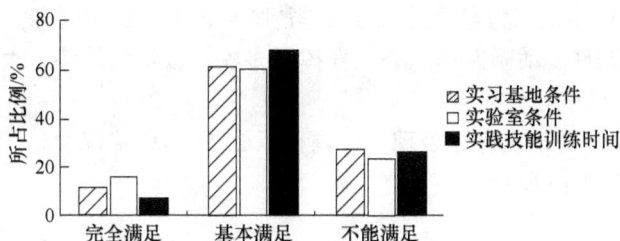

图 3-14　本科院校教师对实践性课程教学条件的评价

能完全满足教学需要，而 67.7% 的教师认为能基本满足教学需要，25.5% 的教师认为不能满足教学需要，对于实践技能训练时间教师的评价比学生的评价稍好一些。从整体来看，依然是实践性课程的教学条件有待提高，实践技能训练时间应增加。

（二）对教师教学表现评价的调查与分析

1．本科院校学生对专业课教师的总体评价　　调查了 21 所本科院校设施专业的 864 名在校本科学生，结果如表 3-11、图 3-15 所示。

表 3-11　对专业课教师教学表现的评价表

专业课教师的教学表现	勾选人数	百分比 /%
老师的教学方法极灵活，启发引导，学生学习积极性极高	208	24.07
老师非常注重实践教学	213	24.65
老师注重调动、鼓励学生积极主动发言，课堂气氛生动活泼	251	29.05
老师的板书、板画、板演极为规范	257	29.75
老师讲课普通话标准、流利	258	29.86
老师的教学课件、动画制作用心，发挥了多媒体教学的优势	472	54.63
老师讲课时条理清晰、逻辑性强、语言生动	523	60.53

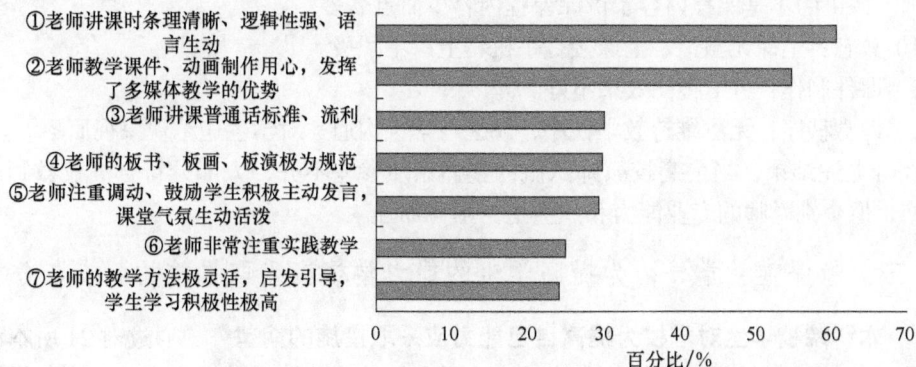

图 3-15　本科院校学生对专业课教师教学表现的评价

可见，60.53%的学生认为老师讲课时条理清晰、逻辑性强、语言生动；54.63%的学生认为老师的教学课件、动画制作用心，发挥了多媒体教学的优势。大多数学生对专业教师的教学持肯定的态度。

2. 本科院校教师的不良行为表现　　调查了21所本科院校设施专业的864名在校本科学生，结果如图3-16所示。

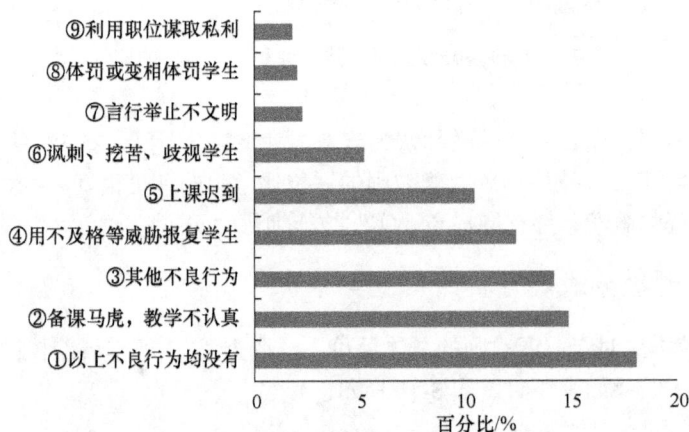

图 3-16　本科院校教师的不良行为表现评价

可见，14.87%学生认为教师有备课马虎，教学不认真的不良行为；12.43%的学生认为教师有用不及格等威胁报复学生的现象；10.45%学生反映教师上课迟到；5.23%的学生认为教师讽刺、挖苦、歧视学生；2.32%的学生认为教师言行举止不文明；2.09%的学生认为教师有体罚或变相体罚学生的行为；还有1.86%的学生认为教师有利用职位谋取私利的不良行为。

对于开放性选项"其他不良行为"课题组也进行了统计，结果涉及以下6个方面。

1）语言表达：教师普通话不标准、讲课听不清、听不懂。

2）讲课方式：照念PPT、教条、不吸引人、上课没有吸引力、太死板、照本宣科、上课运用PPT太多、与学生的沟通接触不够、只顾自己讲。

3）讲课内容：课堂有一半时间不在讲教学内容、课堂上谈论与教学无关的东西、有的老师上课讲的不是课程内容、讲课课程内容少而点名多。

4）教态：上课无激情、上课接打手机、上课不积极。

5）课件制作：PPT视图效果不好。

6）课堂秩序：无法维持教学秩序，缺乏与学生沟通、对学生违纪现象视而不见。

综合上述结果，当前高校教师队伍的整体素质参差不齐，大部分符合高校教师的任职资格，但个别教师的专业能力和职业道德亟待加强。

（三）除课堂教学外，为提高学生的能力学校应采取措施的调查与分析

1. 本科院校学生对学校为提高自己能力应采取措施的期望　　通过对21所本科院校设施专业的864名在校本科学生关于"除课堂教学外，希望学校还应采取哪些措施来提高学生的能力"这一问题的调查，结果如图3-17所示。

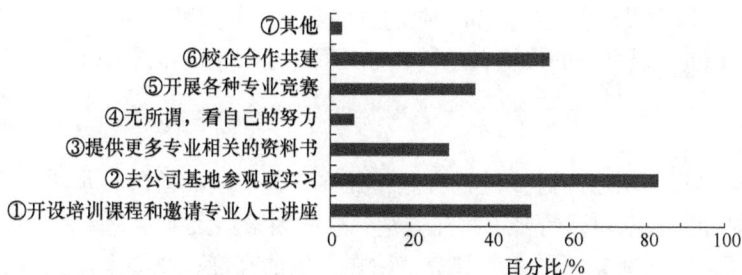

图 3-17　本科院校学生希望学校采取哪些措施来提高自身能力

由图 3-17 可见，83.1% 的学生首选的是去公司基地参观或实习；55.3% 的学生的期望是通过校企合作共建提升自己的能力；50.6% 的学生选择的是开设培训课程和邀请专业人士讲座；36.7% 的学生认为开展各种专业竞赛可以提高能力；30.0% 的学生认为是应该提供更多专业相关的资料书，认为目前的校园图书馆提供的资料还不充裕；6.3% 的学生认为提高能力关键看自己的努力。

2. 设施农业行业企业专家对学校为提高学生能力应采取措施的建议　　通过对全国7 个省（直辖市）31 家企业 131 名设施农业行业企业专家关于"除课堂教学外，希望学校还应采取哪些措施来提高学生的能力"这一问题的调查，选择结果如图 3-18 所示。

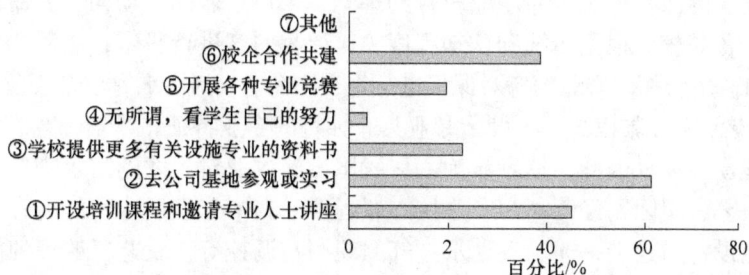

图 3-18　设施农业行业企业专家建议学校采取哪些措施来提高学生能力

由图 3-18 可见，61.3% 的专家首选的是去公司基地参观或实习，和学生的选择相同；45.2% 的专家建议开设培训课程和邀请专业人士讲座，这个选项排在了第二位；38.7% 的专家建议通过校企合作共建提升学生的能力；22.6% 的专家认为应该提供更多专业相关的资料书；19.4% 的专家建议开展各种专业竞赛可以提高能力；3.2% 的专家认为提高能力看学生自己的努力，这个比例低于学生自己的选择。所以专家认为对于专业课程的学习技能的提高，在校期间学生个人的努力远不如向专业人士请教的效果好。

七、完善我国设施农业科学与工程专业人才培养的建议

通过对我国设施农业科学与工程专业人才的培养现状及培养方案、课程设置等情况的调查、分析、梳理，可见从 2002 年教育部批准增设设施农业科学与工程专业至今，经过十几年的发展，我国已初步构建起了设施农业科学与工程专业人才培养体系。在各所高校所制订的设施农业科学与工程专业人才培养方案中，既有面向培养具备设施农业综合知识与能力人才的方案，又有侧重于培养系统和深入掌握某类设施农业专门知识人才的方案。不

同的培养模式可以为设施农业技术和产业的发展提供不同类型的专门人才。但同时也发现了诸多问题，因此，就我国的设施农业科学与工程专业人才培养提出以下建议。

（一）培养方案制订要考虑"专"与"宽"的平衡

设施种类多样、用途广泛，设施农业正处在高速发展的阶段，加之不同种类的设施植物、动物对专业基础知识的要求存在差别，这些因素加大了专业课程体系构建的难度。在"专"与"宽"之间如何平衡和取舍，站在全国的高度，统筹考虑南方、北方高校及当地经济的发展。在现有人才培养方案的基础上，开展广泛深入的探讨和研究，以便对人才培养方案进一步的完善及改进，使其更符合设施农业产业发展的需求，符合社会及人才市场的要求。

（二）专业课程设置应凸显创新意识

根据前述对我国各高校设施专业开设课程情况总结，当前农业企业对人才和知识的需求调查，充分考虑设施专业的可持续发展，以及对设施专业毕业生就业范围的前瞻性预测。笔者认为设施专业的课程设置可以遵循"以设施工程为基础，以环境调控为手段，以植物栽培为核心，以园区建设为形式"的原则，在此基础上，对设施专业课程设置建议如下。

1. 规范课程名称　建议除理论性很强的课程可以命名为"××学""××法"外，实践性较强的课程最好按照职业教育的理念，采用"名词＋动词"的命名方式，如"蔬菜栽培"。各高校应根据传统和认知程度，对课程内容进行界定，然后选用已经为大家基本接受的通用名称，避免随意对课程进行组合和命名，减少名称混乱现象。

2. 设置专业核心课程群　设施专业具有独特的专业特征，是与园艺、农学、园林不同的综合性新专业。因此，笔者认为，从我国设施农业对人才的需求来看，至少应该设置工程、农艺、园区、经营 4 个专业核心课程群。其中工程群课程的内容包括建筑基本原理，设施设计与建造，光、温、水、气的观测与调控等；农艺群课程的内容包括生物、土壤、肥料，以及蔬菜、花卉和果树等作物的栽培等；园区群课程内容为园区规划、设计、管理，园区内植物栽培管理等；经营群课程内容包括农业企业管理及农资销售等。

3. 设置核心专业课程　在每个课程群内设置多门核心专业课程（表 3-12）。

表 3-12　建议开设的设施农业科学与工程专业核心课程

课程群	核心专业课程
工程群	园艺设施设计与建造、设施环境调控、工程制图、工程概预算
农艺群	设施蔬菜栽培、设施果树栽培、食用菌栽培、园艺植物昆虫学、园艺植物病理学、设施植物病虫害防控、园艺植物育种学、园艺植物良种与繁育、园艺植物研究法、植物营养学
园区群	农业园区设计与管理、无土栽培、工厂化育苗
经营群	市场营销、农业企业经营管理、园艺产品采后处理

核心专业课程是设施专业特征的体现，是各高校设施专业都应该设置的课程。在培养方案中，应该以专业基础课程、专业课程（必修课程或专业方向限选课程）的形式体现。以此夯实学生的专业基础，使之具备扎实的基础理论和操作技能。建议不将设施养殖类课程作为核心课程，这是因为，虽然广义地讲，设施农业是利用农业工程措施，实

现部分人工控制环境的种植业和养殖业。但狭义的设施农业仅指设施种植业及植物设施栽培，通常所说的设施农业一般指狭义设施农业。同时，养殖类课程在界定上，更接近动物科学类专业范畴。

4. 设置专业拓展课程　在保障开设核心专业课程的条件下，各高校可根据地域特点、经济水平、师资力量、学生兴趣、就业方向等因素，开设拓展课程，在培养方案中，可以以专业选修课、专业任选课、公共选修课等形式出现，从而满足区域特色产业发展需要，建立理文渗透、农工结合、主辅修制的课程体系。

总之，专业课程的设置，是培养学生专业知识的重要环节，通过科学的课程设置，才能真正把学生培养成高素质的创新型设施专业人才。

（三）对专业课程安排要掌握"必需、够用、实用、合理"原则

对专业课程安排的调查表明，目前设施专业培养方案中课程总量偏大，实践性课程量偏小，理论和实践课程适宜的比例为5：5或是4：6，综合4年大学课程安排情况，2、3年级课程安排较多，学习压力较大。所以站在全国的高度开发制订培养方案，必须统筹兼顾，课程安排要掌握"必需、够用、实用、合理"（专业必需、理论够用、内容实用、安排合理）原则，考虑职教师资的职业能力要求，彰显职业教育特色，充分为专业目标服务。绝不是简单叠加、相互交叉。结合调研的结果建议，第一学年主要是公共基础课程的学习，可以适当地增加一些专业基础课程，提高学生利用在校时间的效率，同时也可以使学生尽快地进入专业学习的状态，为以后的专业学习奠定良好的基础，在第二、第三学年，适当地降低学生的学习压力，使学生有充足的时间参加各种社会实践和实习，为提高学生的实践能力提供有力的保证。

（四）专业培养条件进一步完善和提升，提高实践性课程的地位

对实践性课程的教学条件的调查结果说明，高校教师、高校学生多数认为，高校实验实训设备、实习基地及场地条件基本能满足教学需要，但仍有待于进一步完善；对教师教学表现评价的调查结果说明，大多数学生对专业教师的教学持肯定态度，但也暴露出了较严重的问题，比如上课一半时间是在说与教学内容无关的问题、照本宣科、忽略学生的存在等；对为提高学生的能力学校应采取措施的调查结果表明，学生、行业企业专家都希望实践教学能与实际生产有更紧密的结合。因此，有以下几点建议。

第一，增加实践性课程教学条件方面的资金投入，增大实践教学场地，加强实习基地建设，加强实验实训设备管理，提高利用率，更多地给学生提供去农业企业或公司实习参观的机会；第二，重视对学生实践能力的培养，可通过开设专门的技术培训、邀请专家学者到学校做专题报告或讲座、开展专业技能竞赛等方式；第三，配备国内外与本专业职教师资培养有关的专著、教材、期刊、电子数据库等资料，保证图书资料内容和形式的丰富性和一定的数量规模；第四，加强培训，提高师资队伍整体水平，明确实施本专业职教师资培养的教师队伍规模、结构、专业、学历等方面的要求，确保教师队伍结构合理，工作态度认真敬业、专业实践和教学能力突出；第五，在培养标准的开发制定过程中应进一步突出实践性课程的地位，可制定"边学边干，学思做研，理实一体，四年不断"的实践教学方针，注意与理论教学部分有机衔接。

第四部分　专业教师培养标准的开发

　　培养方案是高等学校人才培养工作的总体设计和实施方案，是全面提高教学质量的重要保证，是安排教学内容、组织教学活动及落实人才培养过程其他环节的基本依据，是指导学校组织教学工作、管理教学过程的主要依据和进行教育改革的基本文件。

　　职教师资专业培养方案是根据《中等职业学校教师专业标准》，具体规定该专业职教师资本科生的培养目标、培养规格、培养内容、实施方案，它是管理和评价职教师资生培养过程的基础。

一、开发依据

　　本标准依据《中华人民共和国教育法》《中华人民共和国职业教育法》《中华人民共和国劳动法》《中华人民共和国教师法》《教师资格条例》等法律法规，在《中等职业学校教师专业标准（试行）》和本项目前期研发成果"专业教师标准"的基础上，立足我国中等职业学校设施农业相关专业师资需求现状，遵循中等职业学校教育教学规律，着眼中等职业教育的发展，汲取和借鉴国内外相关研究成果，具体规定设施农业科学与工程专业职教师资本科生的培养目标、培养规格、培养内容、教学安排、培养条件、实施建议等，是制定专业课程大纲、编写主干课程教材的基本依据，是管理职教师资本科生培养过程、评价培养质量的基础。

　　这一整段文字，分三部分来说明。第一部分是依据，一是国家法律法规与政策；二是设施专业教师标准。第二部分是立足点和着眼点，一是设施农业行业企业和中等职业学校的实际；二是职教师资人才成长规律与教育教学规律；三是调研报告结论。第三部分是目的和意义。

二、开发理念

　　1）强调课程体系的整体性，充分体现"职业性、技术性和师范性"的有机融合。

　　2）贯彻职业行动能力导向的教育教学理念，强调理实一体化的培养思路，加强专业理论与实践、教育教学理论与实践的整合。

　　3）强化与中等职业学校、设施农业行业企业的合作，实现工学交替的多元化培养。

　　4）考虑学生可持续发展要求，既注重专业基础的宽与广，又突出专业重点方向。

　　5）注重教育类课程教学内容与教师资格证要求、专业课程教学内容与专业资格证书要求的互通性。

　　6）遵循教育教学规律，明晰不同课程模块之间的逻辑关系，形成完整、有机的课程体系。

三、开发原则

　　（1）科学性原则　　本标准基于我国中等职业学校设施农业相关专业师资需求现状，坚持实事求是，做到科学性、合理性、可操作性的有机结合。

　　（2）全面性原则　　本标准是对中等职业学校设施农业相关专业教师的全面要求，

包括职业道德与基本素养、职业教育知识与能力、专业知识与能力、专业教学能力。

（3）广泛性原则　　本标准考虑到了我国各地高等本科院校设施农业科学与工程专业的差异，具有广泛的适用性。

（4）稳定性原则　　本标准着眼于我国中等职业学校设施农业相关专业未来的发展趋势，具有一定的前瞻性，以保持相对较长时期的稳定。

（5）开放性原则　　随着社会发展和技术更新，对教师教学能力的要求也会随之变化，标准也应随之补充修订。

四、开发思路

人才培养方案是关于人才培养的蓝图，解决"培养什么人""如何培养"的问题，是教育教学的纲领性文件，是教学团队、校内外实训基地等教学条件建设的前提，是学校组织和管理教育教学过程、安排教学任务的基本依据，是对培养目标和人才定位的具体落实。

设施农业科学与工程专业的人才培养方案主要以就业职业类型为目标，以职业能力要求作为人才培养的导向，围绕人才的各项职业能力的培养来设置课程。针对设施农业科学与工程专业的培养对象目标是职教师资，所以在人才培养方面将更多地注意实践性教学的安排。而理论教学与实践教学的关系则是本着以培养职业实践能力的主要目标，将实践性教学作为设施农业科学与工程专业的主要教学目标开展教学活动，而理论教学主要是服务于实践性教学而开展的。所以理论教学不受学科体系的限制，同时职业能力的类型划分也不按学科体系的逻辑方法进行划分，而是从实际需要出发，直接针对生产实践进行能力划分。另外，也按照国家职业分类方法进行职业和职业能力的类型划分。为了更多地反映本专业所面向的就业方向需求，设施农业科学与工程专业的课程设置和教学实施将在实际操作技能和实践动手能力上体现特色，并确立以能力培养为中心的教学模式。具体工作流程见表3-13。

表 3-13　制定设施专业培养标准的工作流程

工作阶段	工作步骤
社会调查	1. 社会调研
	2. 调查结果汇总
专业研讨	3. 确定本专业的定位
	4. 职业能力分析
	5. 课程结构分析
	6. 设置课程
起草计划	7. 完成专业培养标准草案
	8. 征求意见
修改定稿	9. 反馈修改
	10. 计划定稿

五、标准特色

本培养标准坚持"以就业为导向、以职业能力培养为核心、全面兼顾、略有侧重、突出实践教学、重视技能培养"的教育理念，突出了"宽口径、厚基础、重个性、强能力、求创新"的人才培养目标。培养方案具有以下 4 个方面的特点。

（一）体现"三位一体"的先进教育理念

围绕经济社会发展对人才的需求，人才培养方案编制体现了高等教育、职业教育和师范教育"三位一体"的先进理念。全面落实科学发展观，与时俱进，凸显以人为本。

（二）践行"理实一体"的人才培养理念

优化人才培养方案课程体系，突出实践教学环节改革，创建"全程、全真、递进式"实践教学体系。

农业是一项季节性、地域性很强的学科，设施农业虽是应用设施改变季节和地域的限制，但设施农业技术也随环境、作物及季节变化而变化，只有在完全真实的生产性实习基地进行"全程-全真"式实践教学，才能培养出高素质高技能的应用型人才。"递进式"实践教学体系，即"纵向多层次，横向多模块，必修与选修相结合，课内与课外相结合"层层递进式、大学四年不断线的实践教学体系。

（三）以"产、学、研结合，校企合作，校校合作"作为人才培养的切入点

注重实际应用，以"产、学、研结合，校企合作，校校合作"作为人才培养的切入点，引导课程设置、教学内容和教学方法改革，是培养学生把理论知识转化为实践能力、科研能力，提高学生综合素质与创新素质的有效途径，是学生积累实践经验并形成职业能力的关键所在。教学方法与教学手段的改革是培养设施农业科学与工程专业实用型人才至关重要的问题。传统的教学方法，虽然理论知识较为全面，但动手能力较差，实践技能较低下，必须优化课程教学模式。

（四）因材施教，实施分级教学、分流教学

根据学生的能力和兴趣爱好不同、未来发展需要的不同，培养方案中给出了不同专业方向的课程组合建议，提倡分流教学；对于英语、数学、物理、化学、计算机等主要公共基础课，针对不同基础的学生提倡分级教学，实施因材施教。

六、基本结构

本标准包括培养目标、培养规格、培养方案（包含学制、学分和学位，课程结构和主干学科、专业主要课程，教学安排，实践环节）、培养条件（包含师资队伍、实验实训设备及场地、外部合作资源、图书资料）、实施建议 5 部分。

七、适用范围

1）本标准适用于我国职教师资本科设施农业科学与工程专业。

2）本标准可供其他同类院校的相同和相近专业参考。

第五部分 专业教师培养标准的解读

专业名称：设施农业科学与工程
专业代码：090106
学　　制：4 年
学　　位：农学学士学位或工学学士学位
学历层次：本科
招收对象：普通高中毕业生、职业高中毕业生
就业方向：中等职业学校师资

一、培养目标定位

要从总体上明确职教师资本科生的培养定位，指明未来面向的相关职业领域和层次。职教师资本科人才培养目标的特征应该具备以下几点。

（一）高等性

高等性是指职教师资本科教育属于高等教育，是高等教育的重要组成部分，高等性确定了培养目标的层次定位。联合国教育、科学及文化组织（简称联合国教科文组织）1997 年版《国际教育标准分类法》将大学教育（5 级）分为学术性为主的教育（5A）和技术性为主的教育（5B），并把技术性为主的教育描述为：课程内容是面向实际的，是分具体职业的，主要目的是让学生获得从事某个职业、行业和某类职业、行业所需的实际技能和知识，完成这一级学业的学生一般具备进入劳务市场所需的能力和资格。由此可以看出，我国目前正在进行的职教师资培养教育应属于 5B 类高等教育，它具有两层含义：一方面，高职教育是高中后的学历教育，要求学生必须具有一定的文化基础知识和基础理论知识；另一方面，相对于职业教育体系中的层次而言，高校职教师资教育是高层次的职业教育，它不同于职业培训，需要具备相当的理论基础和智力技能。

（二）职业性

职业性是指职教师资本科培养是以就业为目的，具有很强的职业定向性，职业性确定了职教师资本科生的类型定位。职教师资本科生教育的专业是在考虑学科背景、工程对象、技术领域的同时，按照职业岗位或岗位群来设置。人才培养目标和人才培养规格是以满足职业岗位或岗位群要求来确定的。培养方案的开发强调按岗位或岗位群所需的知识、能力、素质要求来设计课程、组织教学，课程内容要有具体岗位的针对性，技能和能力的培养要针对某一个岗位或岗位群进行，职业道德和职业能力的培养和提高是教学的重点。职教师资本科生教育是使学生具有就业的基本素质和能力，以便能很快适应岗位的要求，获取更多的就业机会。

（三）技术性

技术性是指职教师资本科人才是技术应用型人才，而不是工程型人才，也不是学术型人才，是对培养人才的类型定位。他们应具有一定的基础科学和技术科学理论基础，扎实的设施农业工程技术的知识和技能，能教会学生在生产第一线从事农业设施的规划、建造，设施园艺植物的栽培管理等技术工作，他们是生产技术的指导者，技术标准的教育者，技术措施的引领者，技术革新的推动者。

（四）师范性

师范性是指职教师资本科人才培养的是教师，所以师范性是其区别于其他教育的独有的特点。教育理论和教学技能的掌握是教师的基本要求。我国《教师法》规定："教师是履行教育教学职责的专业人员"，同时，"国家实行教师资格制度"。《〈教师资格条例〉实施办法》规定："中国公民在各级各类学校和其他教育机构中专门从事教育教学工作，应当具备教师资格。"同时，对申请认定教师资格者的教育教学能力提出了三点要求，其中第一条要求申请者具备承担教育教学工作所必需的基本素质和能力，主要通过"试讲"来考察申请者的教学设计、教学方法、教学技能和教学效果，这就是对"师范性"的要求。

曾任美国教育研究会主席的斯坦福大学舒尔曼（Shulman）教授提出，教师将自己掌握的学科知识转化为学生容易理解的知识，它具体表现为教师知道如何通过演示、举例、类比等来呈现学科内容，也知道学生的理解难点，是区分教师和学科专家的一种知识体系。对于设施农业科学与工程专业教师而言，学科教学知识显得尤为重要，教师不仅要熟悉设备的使用，还要根据不同农业设施、栽培管理的特点采用不同的教学方法。

所以在开发职教师资设施农业科学与工程专业人才具体培养目标时，必须满足上述我国高等教育人才培养目标内涵和特征的要求。职业性强调学科专业知识，解决的是"教什么"的问题；技术性强调应用能力，解决的是"如何做"的问题；而师范性则强调教育教学方法，解决的是"怎么教"的问题。根据设施专业的特点，按照必要的逻辑关系进行周密的组织，以简练而准确的方式来设计设施专业的具体培养目标。大体包括4个方面：基本素质方面的要求；专门人才的类型；掌握知识、培养能力方面的要求和程度；毕业后的主要服务面向和工作范围。具体表述为：本专业培养适应现代设施农业发展需要，德、智、体、能全面发展，秉持现代职业教育理念，具备农业设施设计与建造、设施环境调控、园艺植物生产与管理、农业园区规划与设计等方面的知识与技能，掌握中等职业学校教育教学规律，具有较强的实践能力和创新意识，能够从事中等职业学校设施农业生产技术专业及相关专业（表3-14）的教学与研究、开发与生产、示范与推广、经营与管理的"双师型"师资。

表3-14 职教师资设施农业科学与工程专业覆盖的中等职业学校专业和对应的职业和工种

覆盖的中等职业学校专业	010100 设施农业生产技术
	010200 现代农艺技术
	010300 观光农业经营
	010400 循环农业生产管理
	010700 果蔬花卉生产技术

续表

对应的职业和工种 **	职业	工种
	2-08-02-00 中等职业教育教师	
	2-03-02-00 农业技术指导人员	
	2-03-03-00 植物保护技术人员 L	
	2-03-04-00 园艺技术人员 L	
	2-03-09-00 农业工程技术人员	
	3-01-02-07 制图员	
	4-08-03-04 工程测量员	
	4-08-05-01 农产品食品检验员 L	农产品质量安全检测员
	5-01-01-02 种苗繁育员	蔬菜种苗工 花卉种苗工 果树育苗工
	5-01-02-02 园艺工	蔬菜栽培工 花卉栽培工 果树栽培工
	5-01-02-03 食用菌生产工	
	5-05-01-00 农业技术员	园艺生产技术员
	5-05-02-01 农作物植保员 L	病虫害防治工
	5-05-06-01 园艺产品加工工	果蔬分级整理工

　*自《中等职业学校专业目录（2010 修订）》（教职成〔2010〕4 号）；**自《中华人民共和国职业分类大典（2015版）》；L 表示"绿色农业"

二、培养规格

　　人才培养规格是对毕业生所规定的基本质量标准，人才培养规格的设计必须贯彻德、智、体全面发展的方针，遵循教学的基本规律，符合岗位或岗位群的要求，明确毕业生的知识、能力、素质的合格标准，使培养目标具体化，并作为制订培养方案的依据，以保证在规定的培养时间内构建起就业岗位或岗位群所需要的合理的知识、能力和素质结构，在德、智、体各方面都得到发展，设施农业科学与工程专业毕业生应具有以下知识、能力、素质。知识、能力、素质三者不是并列的，平行的，而是相互渗透，协调发展，形成一个有机的、互动发展的整体结构，全面反映了设施农业科学与工程专业人才培养规格的本质与特征。

（一）知识结构与要求

　　职教师资本科生必须具备的知识结构主要是指适应未来现代社会生活所必需的人文、

社会科学知识，适应职业岗位需要所必需的专业基础理论知识和专业技术知识、专业教学知识，与专业相关的设施农业技术知识，即文化基础知识、专业基础知识、职业教育知识、专业技术知识、专业教学知识。

1）具备高等院校本科学生必备的德育、数学、物理、化学、英语、现代信息技术等基础知识。

2）了解温室建筑识图制图等基本知识，熟悉塑料大棚、日光温室、现代大型温室等设施的采光设计、保温设计原理，建筑材料的性能，掌握设施环境的特点。

3）了解园艺植物的基本形态、结构及生长发育规律，熟悉设施栽培植物的生物学特性、适宜品种、对环境条件的要求，掌握主要病害的病原特征、发病条件、流行规律，主要害虫的生活史及发生、为害规律。

4）了解现代农业园区基本知识，掌握农业园区规划与设计原理，熟悉休闲农业的经营管理特点。

5）了解中等职业学校学生的身心发展及认知特点，熟悉中等职业学校教育教学管理的基本原则、方法和规律。

（二）能力结构与要求

能力是通过获取知识和技能来获得进行一定活动所具有的本领，这种使人们成功地完成某种活动所必需的"本领"就是能力。技能是从学习知识到形成能力的中介，技能的训练对技术应用型人才的培养尤为重要，能力是在学习知识掌握技能中逐步形成和发展的，技术应用型人才必须具备的能力结构包括基础能力、职业教育能力、专业技术能力、专业教学能力、专业拓展能力。

1）能根据不同地域条件和环境特点，设计和建造结构合理、坚固耐用、经济适用的塑料大棚、日光温室等设施，并正确管理、使用，合理进行环境调控，维护设施设备的正常运行。

2）能正确选用适宜设施栽培的新优品种，具备在设施内进行园艺植物育苗、定植、肥水管理、植株调整、保花保果、环境调控、无土栽培、病虫害防控等能力。

3）具备现代农业园区生产与管理能力、农产品营销能力、休闲农业经营能力。

4）能承担中等职业学校设施农业生产技术及相关专业的专业课教学，胜任与设施农业相关的研究、开发、生产、示范、推广、经营与管理等岗位的工作。

5）能够开展社会需求调查，并有针对性地进行教学分析，具备参与编写课程标准及制订、实施、评价教改方案的能力。

（三）素质结构与要求

素质是人在先天生理的基础上，受后天环境、教育的影响，通过个体自身的认识与社会实践，养成的比较稳定的身心发展的基本品质。素质的高低以学生的认知水平、能力表现、行为方式、思想品德、精神境界来衡量，它包括品格素质、身心素养、职业素养、人文素养，另外专门增加了设施专业相关的安全生态理念。

1）坚持四项基本原则，遵纪守法，具有爱国主义、集体主义观念，能够与时俱进，具有良好的思想政治素养。

2）热爱农业，具有强烈的社会责任感、明确的职业理想和良好的职业道德。

3）具有健康的体魄和良好的心理素质。

4）熟悉设施农业领域相关的政策、法规、标准和规范，具有一定的社会交往能力、较好的表达能力、继续学习能力和较强的社会适应能力。

5）秉持安全生态理念，具有环境保护意识、质量意识，注重安全、营养、优质农产品的生产，推动农业的可持续发展。

（四）毕业资格

本专业学生应达到以下标准方可毕业。

1）修完本专业培养方案中所有指定课程并至少达到成绩合格标准。

2）通过国家英语四级考试或达到学校合格标准。

3）获得大学生计算机等级考试一级证书。

4）获得以下职业技能证书的至少一项：①农产品质量安全检测员；②蔬菜种苗工；③花卉种苗工；④果树育苗工；⑤蔬菜栽培工；⑥花卉栽培工；⑦果树栽培工；⑧园艺生产技术员；⑨病虫害防治工；⑩果蔬分级整理工。

5）获得教师资格证书。

6）鼓励本专业毕业生取得以下证书：①国家创新资格证书；②普通话二级证书（二级乙等以上）；③蔬菜高级工证书；④果树高级工证书。

三、学制和学分要求

（一）学制

基本学制 4 年。学生可在 3～6 年内完成学业。

（二）学分

180 学分。

学分计算依据：7 学期 ×18 周 ×5 天 ×4 学时 /16＝157.5 学分，7 学期 ×18 周 ×5 天 ×5 学时 /16＝196.9 学分。

所以最终选定总学分数应为 157.5～196.9 学分，不要太少也不要太多。

（三）学位

农学学士学位或工学学士学位。

四、课程结构和主干学科、专业主要课程

（一）课程结构

课程结构是课程内容各要素之间合乎规律的组织形式，它们是按照一定的时间和空间排列组合起来的。这种排列组合根据不同的人才知识结构的要求而变化，并随着社会、

经济特别是科技发展的趋势而演进。

1. 以职业能力培养为核心构建课程体系 通过开展广泛的社会调研，进行人才需求与培养目标分析。通过调研大中型现代农业生产企业、农业示范园区、各级农业技术推广中心、用人单位，调研行业专家、企业技术人员、科研人员、中职院校领导者、中职教师和学生等方式，进行岗位职业能力分析，明确中职毕业生所从事的职业岗位群。以农业生产岗位需求为出发点，确定培养目标；以职业能力培养为核心，以农业生产过程为导向，结合作物生长周期特点进行课程开发；以设施种类、任务、项目、生产过程等为载体，选取课程内容，设计各学习领域课程的学习情境；以职业资格证书为依托，将园艺工、蔬菜工等职业资格标准融入课程教学内容。根据职业岗位的任职要求，确定学生所应具备的专业能力、方法能力和社会能力。职业岗位分析及学习领域构建如图 3-19 所示。

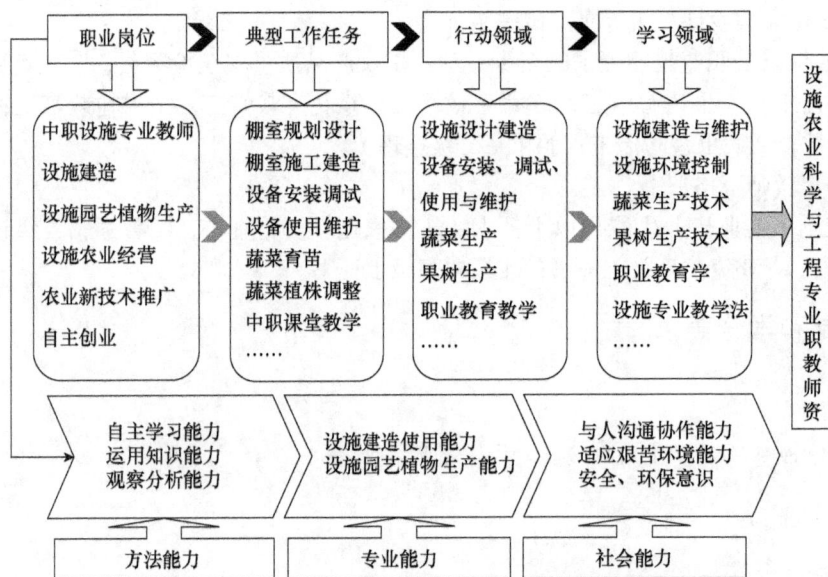

图 3-19 职业岗位分析及学习领域构建

2. 课程体系构建 遵循高等教育、职业教育、师范教育的教学规律和学生成长规律，基于设施农业科学与工程专业职教师资岗位职业能力分析，对应中等职业学校设施农业生产技术专业教师标准，构建以能力培养为主线，以实践教学为核心的"六三三课程体系"（图 3-20），即六类基本课程（公共基础课程、专业基础课程、专业教学课程、职业教育课程、专业核心课程、专业方向课程）逐步递进，三个专业方向（设施工程方向、设施栽培方向、农业园区方向）平行任选，三类拓展课程（选修课程、第二课堂、社会调研）贯穿始终。

设施农业科学与工程专业职教师资课程体系不仅要体现对大学本科生的共性要求，还应体现职教师资这类高等教育的个性特征。所以课程设置既要充分考虑职教师资的师范性、学术性和技能性，做到既重视专业基础理论教学，又充分考虑职业能力要求，加

		设施工程方向	设施栽培方向	农业园区方向	
专业方向课程	→	设施建筑材料、设施农业工程概预算、计算机辅助设计、设施工程综合实习实训等	设施果树栽培、设施花卉栽培、园艺植物组织培养、设施栽培综合实习实训等	农业园区管理、有机农产品生产、休闲农业、农业园区综合实习实训等	社会调研:职业拓展
专业核心课程	→	农业园区规划与设计、园艺设施设计与建造、园艺设施环境调控、工厂化育苗、设施蔬菜栽培、无土栽培、设施园艺植物病虫害防控、园艺产品与农资营销、专业实习实训、毕业论文(设计)等			
职业教育课程	→	设施专业职业科学导论、职业教育学、职业教育心理学、教育科研基本方法等			第二课堂:素质拓展
专业教学课程	→	普通话实训、设施农业生产技术专业教学法、教育技术与教学媒体开发、教育教学实训、职业学校教学实习等			
专业基础课程	→	生物化学、园艺植物生理学、农业气象学、园艺测量学、土壤与植物营养、设施植物育种学、园艺植物病理学、园艺昆虫学、工程制图基础、温室建筑力学基础、设施农业研究法等			选修课程:能力拓展
公共基础课程	→	思想道德修养与法律基础、马克思主义基本原理概论、中国近代史纲要、毛泽东思想和中国特色社会主义理论体系概论、大学英语、大学体育、大学计算机基础、军事理论、入学教育及军训、数学、物理、无机化学、有机化学、分析化学、植物学等			

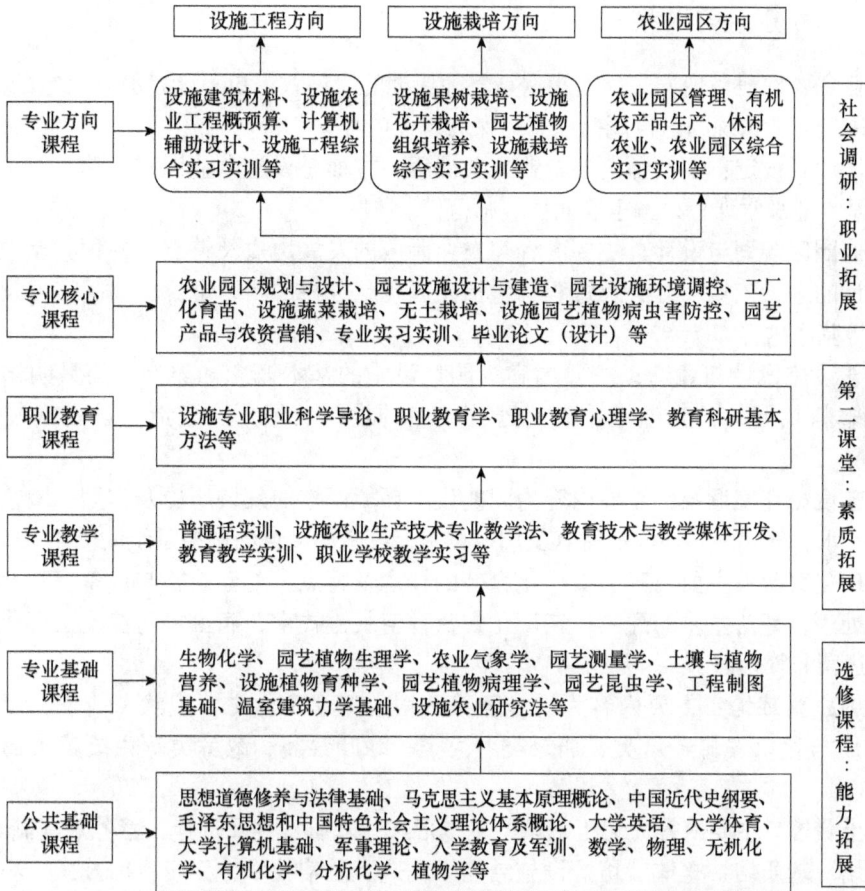

图 3-20 职教师资设施农业科学与工程专业人才培养"六三三课程体系"结构图

重实践教学比例,努力实现教师教育与专业教育的有效衔接。使学生的就业竞争力和职业岗位适应能力大幅提升。

3. 课程形式构成 第一类是必修课程。必修课程是指该专业的每一个学生都必须学习的课程。

第二类是限修课程。限修课程是指必须在某一专业方向或一组课程中选择,可谓是必修中的选修。

第三类是选修课程。选修课是相对于必修课而言的。这类课程可以是较专较深的理论课或与专业有关的现代科技专题,借以扩大和加深学生的科学理论或应用知识,发展学生的某一方面专长。也可以是与专业无直接关系的或外专业的课程,目的主要是扩大学生知识视野,培养学生在某些方面的兴趣爱好。

(二)主干学科

园艺学、农业工程、环境科学与工程、教育学。

（三）专业主要课程

专业主要课程呈现方式：不能重复教师标准的表格式，更不能是教学大纲的微缩版，所以选用最简洁精练的语言概括出每门课的讲授内容。

具体课程设定：职教师资的专业主要课程一方面是设施专业课程，偏重技术性；另一方面是专业教学课程，偏重职业性、师范性。

农业园区规划与设计：主要内容为农业园区的发展历史及特点，各种类型农业园区规划设计的理论依据、方法及过程，包括园区现状分析、园区定位、园区布局及园区基础设施等基本内容。

园艺设施设计与建造：主要内容为园艺设施的基本概念和类型，简易园艺设施的建造，塑料拱棚、日光温室、现代连栋温室的设计、规划、建造、设备安装及日常维护。

园艺设施环境调控：主要内容为园艺设施环境调控的发展历史及作用，园艺设施内光、热、水、气、土壤环境的特点及调控技术，设施环境自动调控系统的使用。

工厂化育苗：主要内容为工厂化育苗的概念及特点，配套设施与设备，育苗用种子检验与处理，育苗基质的配制，工厂化穴盘育苗关键技术，病虫害防控及工厂化育苗的企业化运营与管理。

设施蔬菜栽培：主要内容为设施蔬菜栽培的概念及历史、现状、前景，设施蔬菜栽培制度与茬口安排，瓜类、茄果类、豆类、绿叶菜类、葱蒜类等主要蔬菜的设施栽培技术。

无土栽培：主要内容为无土栽培的基本形式、基质特性及选择，营养液配制与管理，各种水培、基质培、立体栽培的设施结构、建造及栽培技术，无土育苗技术，小型化无土栽培装置制作及栽培技术。

设施园艺植物病虫害防控：主要内容为常见设施园艺植物病害的识别与诊断、害虫的识别与分类，病虫害的发生流行规律、预测预报、综合防控技术。

园艺产品与农资营销：主要内容为园艺产品与农资的分类方法、营销特点、营销理念，市场营销环境、消费心理与购买行为，市场定位方法、营销策略及选择、电子商务与网络营销、营销网络建设及物流管理、营销的管理与控制方法。

职业教育学：主要内容为职业教育学的发展历史、研究对象、理论架构，职业教育的本质、目标、体系，职业教育人才培养过程中的专业设置、教学、德育、职业指导和教师专业成长。

职业教育心理学：主要内容为职业院校的学生心理特点和学习规律，影响职业院校学生和教师心理问题的因素、维护策略，学生的学习动机、课堂管理与教学，职业态度的培养、职业素质测评与职业指导。

设施农业生产技术专业教学法：主要内容为专业教学法的基本概念及学习理论，设施农业生产技术专业教学特点、学习任务设计及各种教学方法在教学设计中的灵活运用。

设施农业科学与工程专业教育实践：主要内容为培养方案、课程标准、教学方案、考试制卷等教学文本的研制，以及授课实践等。

五、教学安排

教学安排是根据教育目的和培养目标制定的教学和教育工作的指导文件。它决定着教学内容总的方向和总的结构，并对有关学校的教学、教育活动，生产劳动、课外活动和校外活动等各方面做出全面安排，具体规定一定学校的学科设置、各门学科的教学顺序、教学时数及各种活动等。它与教学大纲和教材互相联系，共同反映教学内容。

在设施农业科学与工程专业教学安排中应注重以下特点。

1. 体现职教师资本科设施专业的培养目标　职教师资本科设施专业是为中等职业学校培养与设施农业相关的专业课教师，他们应同时具有专业性、师范性、技术性的特点。根据这一特点，他们的课程安排是区别于普通高师和普通高等农业院校的，要充分反映职教师资设施专业的性质，也要体现出基础知识较厚，专业面较宽，实践技能较好，适应能力较强，能承担两门以上专业课的教学工作。

2. 突出优化学生的智能结构　随着社会经济和职业技术教育的发展，以及科学技术的进步，职业技术教育对师资的智能结构有了新的要求，要求综合素质要高。即思想上有立志献身农村职业技术教育的精神；在专业基础上具有"必要、够用"的专业基础理论；在业务上有一套多能的专业生产知识；在教学上初步掌握了职教理论和教学方法；在实践中有较熟练地操作技能。

3. 力求做到理论紧密联系实际　首先基础课要紧密联系专业应用，但绝不是只强调"实用"，而是要更新学科体系，有针对性地利用必要的基础理论为专业服务，突出职教师资的职业性、技术性和应用性。同时又要考虑到培养的学生是本科学历层次，毕业后成为中等职业技术教育的专业课师资，知识面应"一专多能"，既要懂得"怎样做"，还要懂得"为什么这样做"，更要懂得"如何教会学生去做"。

4. 体现课程结构的统一性和具体执行的灵活性　此教学安排是针对全国考虑的，我国幅员辽阔，东西南北地理带和气候带有所不同，各地区的产业结构，生产门类均有差异。因此课程的安排除了应保证有一个统一性的原则外，在具体的执行中应体现灵活性。就总体而言，统一的主要方面有：课程设置的指导思想和原则应统一；主要学科和核心课程应统一；毕业生应获得的知识和能力应统一；各类必修课设置的学分和比例应统一。灵活性主要体现的方面有：公共选修课和专业选修课；专业分流方向及方向课程设置；个别课程排列的顺序；教学的运行等均应因地、因校制宜，灵活安排。

每学年教学时间40周（第一、第八学期为15周），周学时为28。实践教学按每周30小时安排。课程设置安排掌握"必需、够用、实用、合理"原则，课程群开设顺序及教学场地选择依据设施农业生产的真实流程，学分分配按照培养目标与培养规格要求，保障"六三三课程体系"的实施，切实做到理实一体。课程群开设顺序安排依据见图3-21，教学安排具体见表3-15，课程体系及学分比例见表3-16，各学期开设课程及学分数汇总见表3-17。

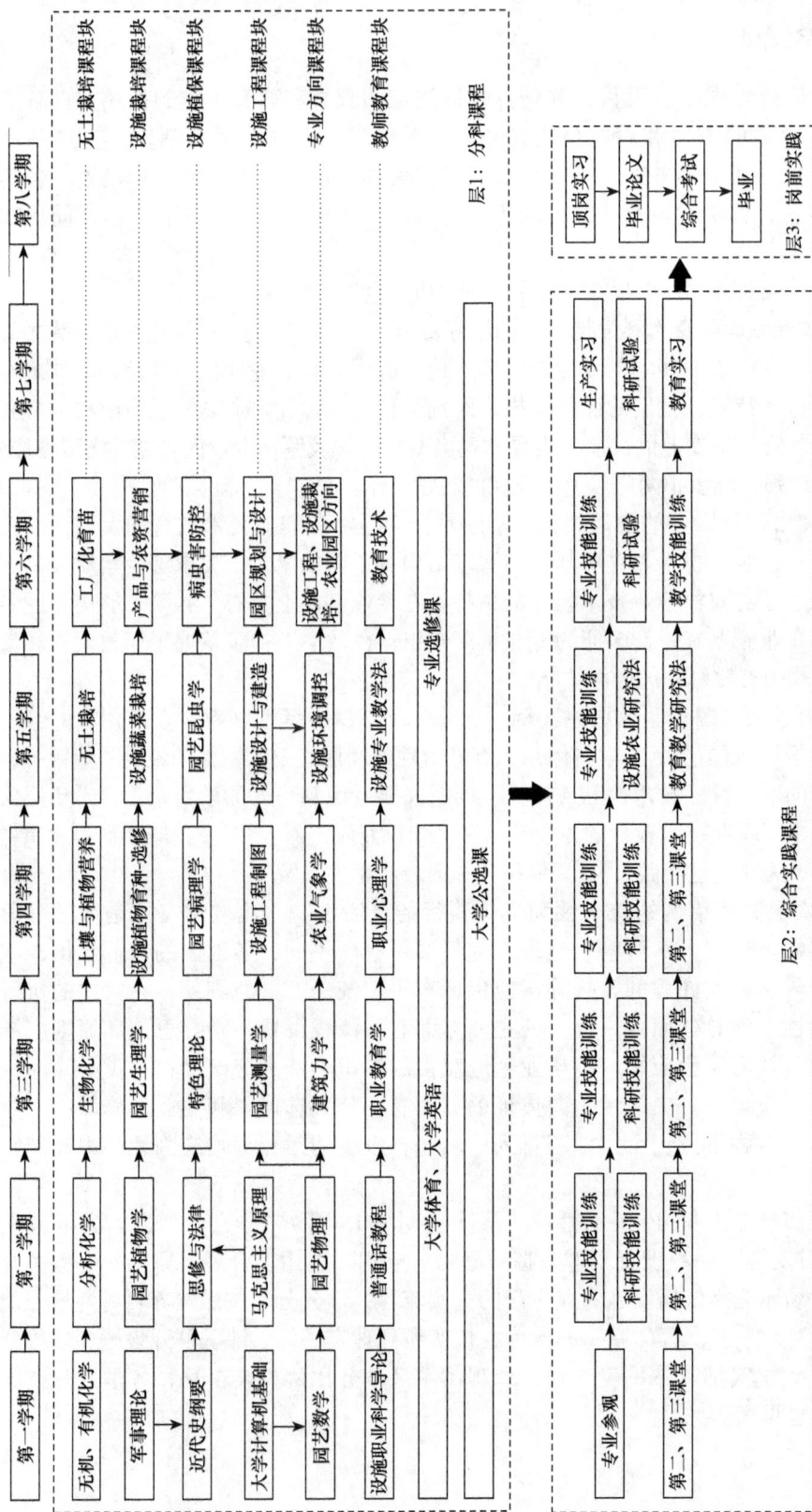

图 3-21 设施农业科学与工程专业课程结构拓扑图

表 3-15 设施农业科学与工程专业教学安排表

课程类别	课程名称	建议学分	建议开设学期	小计
公共基础课程	思想道德修养与法律基础	3	1	**55.5**
	马克思主义基本原理概论	3	1	
	中国近现代史纲要	2	2	
	毛泽东思想和中国特色社会主义理论体系概论	4	2	
	大学英语	14	1~4	
	大学体育	7	1~4	
	大学计算机基础	3	1	
	军事理论	1.5	1	
	入学教育及军训[2]	2	1	
	园艺数学	2	1	
	园艺物理	2	2	
	无机化学	3	1	
	有机化学	3	1	
	分析化学	3	2	
	园艺植物学	3	2	
专业基础课程	生物化学	3	3	**21**
	园艺植物生理学	3	3	
	农业气象学	2	3	
	园艺测量学	2	3	
	土壤与植物营养	2	4	
	园艺植物病理学	1.5	4	
	园艺昆虫学	1.5	5	
	工程制图基础	2	4	
	温室建筑力学基础	2	4	
	设施农业研究法	2	5	
专业核心课程	农业园区规划与设计	2	6	**54**
	园艺设施设计与建造	3	5	
	园艺设施环境调控	3	5	
	工厂化育苗	3	6	
	设施蔬菜栽培	3	5	
	无土栽培	3	5	
	设施植物病虫害防控	2	6	
	园艺产品与农资营销	2	6	
	专业实习实训[1][2]	24	1~7	
	毕业论文（设计）	10	8	

续表

课程类别		课程名称	建议学分	建议开设学期	小计
专业方向课程	设施工程方向	设施建筑材料	2	6	**10**
		设施农业工程概预算	2	6	
		计算机辅助设计	2	6	
		设施工程综合实习实训[2]	4	7	
	设施栽培方向	设施果树栽培	2	6	
		设施花卉栽培	2	6	
		园艺植物组织培养	2	6	
		设施栽培综合实习实训[2]	4	7	
	农业园区方向	农业园区管理	3	6	
		有机农产品生产	1	6	
		休闲农业	2	6	
		农业园区综合实习实训[2]	4	7	
职业教育课程		设施专业职业科学导论	2	1	**7.5**
		职业教育学	2	3	
		职业教育心理学	2	4	
		教育科研基本方法	1.5		
专业教学课程		普通话实训	1	2	**11**
		设施农业生产技术专业教学法	2	5	
		教育技术与教学媒体开发	2	6	
		设施农业科学与工程专业教育实践[2]	2	7	
		中等职业学校教育教学实习[2]	4	7	
选修课程[2]			17	3～8	**17**
第二课堂[2][3]			3	1～8	**3**
社会调研[2]			1	1～6	**1**
学分总计				180	

注：[1] 实践教学环节，每周计 1 学分，其中社会调研安排在假期进行，每 6 周计 1 学分（其他课程每 16 学时计 1 学分）。表 3-16 同。

[2] 专业实习实训，包含设施农业认知、专业技能训练、科研技能训练、企业实践、企业顶岗实习。

[3] 选修课程，包含公共选修课和专业选修课两类，为适应学生的个性发展及就业的需要而开设，供学生自由选择。

[4] 第二课堂，以学生的获奖作品、竞赛证书、发表文章等作为学分计算依据

表 3-16 设施农业科学与工程专业课程体系及学分比例

职业能力	课程体系	课程类别	课程性质	学分	所占比例 /%
公共基础课程	通识教育	职业道德与基本素养课程	必修	55.5	30.8
专业能力	专业教育	专业知识与能力课程	专业基础课 必修	21	11.7

续表

职业能力	课程体系	课程类别		课程性质	学分	所占比例/%
专业能力	专业教育	专业知识与能力课程	专业必修课	必修	44	24.4
			毕业论文（设计）	必修	10	5.6
			专业限修课	限选	10	5.6
	职业能力教育	职业教育知识与能力课程		必修	7.5	4.2
		专业教学能力课程		必修	11	6.1
拓展能力	综合教育	职业拓展课程	选修课程	选修	17	9.4
			第二课堂	选修	3	1.6
			社会调研	必修	1	0.6
	合计				180	100

表 3-17 设施农业科学与工程专业各学期开设课程及学分数汇总

学期	课程名称	各学期学分合计	所占比例/%
1	1.思想道德修养与法律基础 2.马克思主义基本原理概论 3.大学英语 4.大学体育 5.大学计算机基础 6.军事理论 7.入学教育及军训 8.园艺数学 9.无机化学 10.有机化学 11.职业科学导论	28	15.6
2	1.中国近现代史纲要 2.毛泽东思想和中国特色社会主义理论体系概论 3.大学英语 4.大学体育 5.园艺物理 6.分析化学 7.园艺植物学 8.普通话实训	23.5	13.1
3	1.生物化学 2.园艺植物生理学 3.农业气象学 4.园艺测量学 5.职业教育学 6.工程制图基础 7.大学英语 8.大学体育（可加选修）	19	10.6
4	1.土壤与植物营养 2.园艺植物病理学 3.温室建筑力学基础 4.职业教育心理学 5.大学英语 6.大学体育 7.教育科研基本方法	14.5	8.1
5	1.设施农业研究法 2.园艺设施设计与建造 3.园艺设施环境调控 4.设施蔬菜栽培 5.无土栽培技术 6.设施农业生产技术专业教学法	15	8.3
6	**设施工程方向：** 1.农业园区规划与设计 2.工厂化育苗 3.设施植物病虫害防控 4.园艺产品与农资营销 5.设施建筑材料 6.设施农业工程概预算 7.计算机辅助设计	15	8.3
	设施栽培方向： 1.农业园区规划与设计 2.工厂化育苗 3.设施植物病虫害防控 4.园艺产品与农资营销 5.设施果树栽培技术 6.设施花卉栽培 7.园艺植物组织培养		
	农业园区方向： 1.农业园区规划与设计 2.工厂化育苗 3.设施植物病虫害防控 4.园艺产品与农资营销 5.农业园区管理 6.有机农产品生产 7.休闲农业		
7	**设施工程方向：** 1.设施工程综合实习实训 2.设施农业科学与工程专业教育实践 3.中等职业学校教育教学实习	10	5.6
	设施栽培方向： 1.设施栽培综合实习实训 2.设施农业科学与工程专业教育实践 3.中等职业学校教育教学实习		
	农业园区方向： 1.农业园区综合实习实训 2.设施农业科学与工程专业教育实践 3.中等职业学校教育教学实习		
8	1.毕业论文（设计） 2.专业实习实训	34	18.9
3～8	选修课程	17	9.4

学期	课程名称	各学期学分合计	所占比例/%
假期	社会调研	1	0.6
	第二课堂	3	1.7
	合计	**180**	**100**

六、实践环节

实践环节的设置思路：以培养应用型人才为目标，从基础的实践实训到教学训练和综合实践再到最后的毕业顶岗实习、职业学校教学实习、毕业论文（设计），是一个相辅相成、四年不断、依次递进、不断提高的过程，实现对学生实践能力的综合锻炼。遵循工作过程和设施农业生产周期，按照三块场地（实验实训室、实践教学基地、社会与市场）、四类技能（专业技能、科研技能、教学技能、社会技能）、五个阶段（一年级、二年级、三年级、四年级上、四年级下）建立实践教学"四年不断，依次递进"的"三四五实践教学体系"（图 3-22），科学、合理地设置实践教学环节（表 3-18），采用项

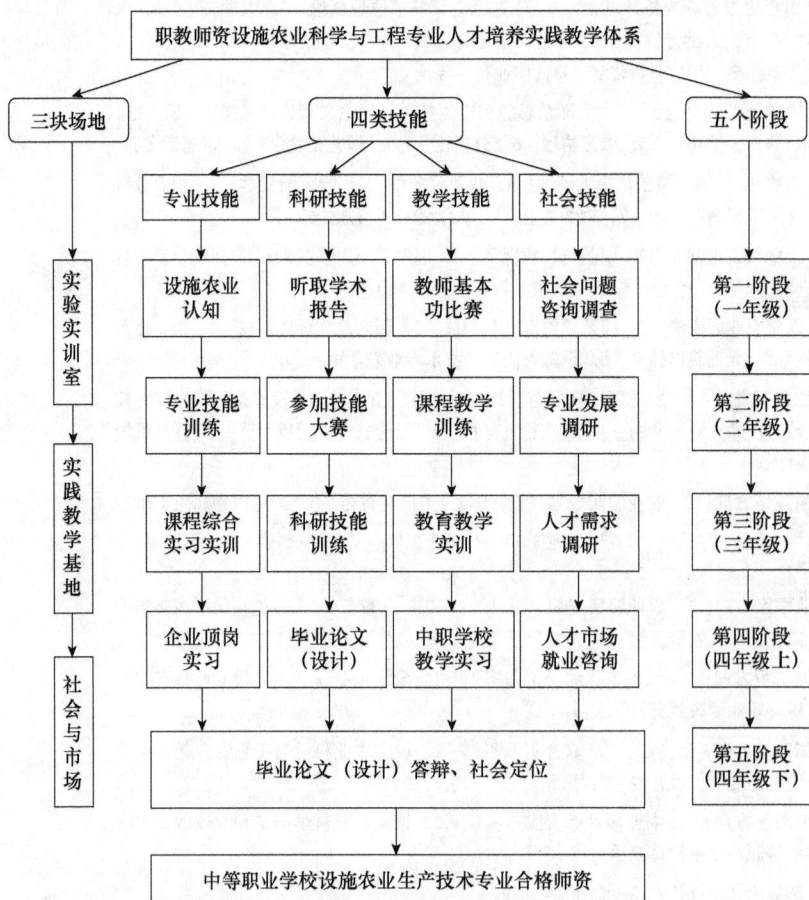

图 3-22 职教师资设施农业科学与工程专业人才培养"三四五实践教学体系"框架图

目引领、任务驱动教学法，实现课堂教学与现场教学有机结合，理论教学与实践教学有机结合，教学过程与生产过程有效对接（图 3-23）。

表 3-18　设施农业科学与工程专业主要实践教学环节

课程类型	课程名称	学分	时间/周	备注
实践教学环节	入学教育及军训	2	2	新生入学后第 1~2 周进行
	社会调研	1	6	第 1~6 学期，假期进行
	设施农业认知	2	2	第 1 学期，校内、外生产实习基地进行
	专业技能训练[1]	6	6	第 2~6 学期，校内、外生产实习基地进行
	科研技能训练	4	4	第 2~6 学期，校内、外生产实习基地进行
	设施工程综合实习实训	4	4	第 7 学期，各方向课程综合实习实训，在校内、外生产实习基地进行
	设施栽培综合实习实训			
	农业园区综合实习实训			
	企业实践	4	4	第 6~7 学期，校外生产实习基地进行
	企业顶岗实习	8	8	第 7 学期，校外生产实习基地进行
	设施农业科学与工程专业教育实践	2	2	第 7 学期，校内教学实训室进行
	中等职业学校教育教学实习	4	4	第 7 学期，校外教学基地进行
	毕业论文（设计）	10	10	第 8 学期，校内、外生产实习基地进行
	第二课堂	3	3	第 1~8 学期，校内、外进行
	合计	50	55	

注：[1] 专业技能训练，依据农时、生产环节及课程进度的不同，不同学期训练内容有所侧重

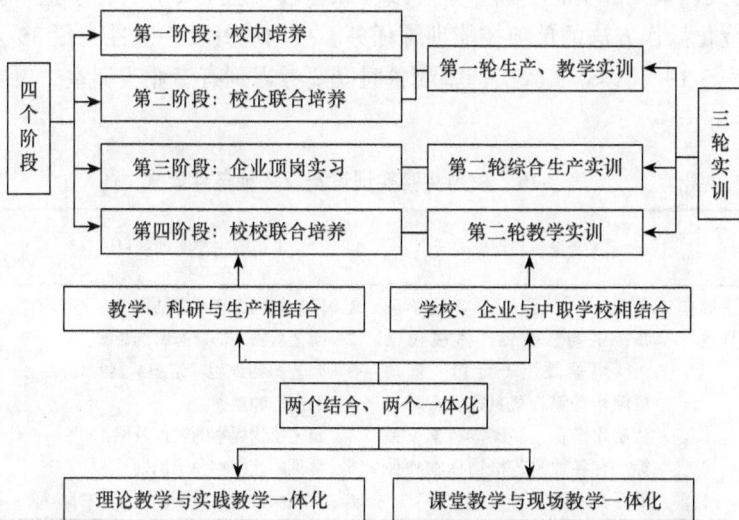

图 3-23　四个阶段、三轮实训、两个结合、两个一体化的教学模式

七、培养条件

（一）师资队伍

要想实现教育的可持续发展，必须在内涵发展上下功夫，而内涵发展首要的问题就是要高度重视师资队伍建设，必须建立一支高素质的教师队伍。只有一流的师资，才能培养一流的学生，才能创建一流的学校。所以在培养条件中将师资队伍建设放在了第一位。具体内容应该包含硬件、软件建设两方面。

1. 专业带头人　有专业带头人 1 名。带头人具有较高的教科研学术水平、教育教学水平和社会服务实践能力，为"双师型"教师，在设施农业行业及专业领域具有一定的知名度和影响力。能够主持专业建设、培养方案制订、课程组（群）设置、教学方案设计等工作；主持过省级以上科研项目，或主持过精品课程建设，或主编过省级、国家级规划教材；具有行业企业服务或经营管理经历。

2. 专业教师数量　教师数量应能够满足设施农业科学与工程专业教学及发展的需要，依据专业课程设置配备专业教师。每门专业课程均有对应的课程组，每个课程组专业教师的数量不少于 2 名，每名专业教师最多参加 3 个课程组。聘请 3 名以上设施农业行业企业技术专家做兼职教师，并配备相应数量的教育教学类教师。

3. 师资结构　专业课教师"双师"素质的比例达到 60%，高级职称教师比例达到30%，具有硕士及以上学位教师的比例达到 35%；注重师资队伍的学历结构、职称结构、年龄结构和学缘结构的合理性，配有辅导教师、实践教学教师、网络教学教师。

4. 制度建设　建立对专业教师教育教学工作的管理和质量监控体系。实施以业绩和能力为导向、以创新和发展为目标，有利于"双师"素质教师队伍建设，有利于优秀人才脱颖而出的评选考核制度。

（二）实验实训设备及场地

1. 实验实训室　实验实训室是实践性课程教学的主要场所，承担培养学生初步操作能力和规范化操作方法的单项技能训练任务。校内应具有一次性满足 35 人以上的实验实训条件（表 3-19）。具体实验实训室配备时既要考虑到有专业实训室，更要有教师教学能力实训室。

表 3-19　校内实验实训设备及场地条件要求

序号	名称	主要设备与设施要求	承担的主要实训项目	同时容纳学生人数	备注
1	园艺植物形态实验实训室	面积 90m² 以上，主要教学设备：生物显微镜、体视显微镜、电热鼓风干燥箱、自动恒温培养箱、塑封机、石蜡切片制作设备、多媒体教学设备等，有各种园艺植物标本和种子标本	1. 园艺植物内部形态结构观察 2. 园艺植物外部形态解剖观察 3. 园艺植物细胞、组织、器官切片的制作和观察 4. 园艺植物标本的制作及保存 5. 常见园艺植物种子识别 6. 常见园艺植物种类识别	35	

续表

序号	名称	主要设备与设施要求	承担的主要实训项目	同时容纳学生人数	备注
2	植物保护实验实训室	面积 90m² 以上，主要教学设备：超净工作台、人工气候箱、玻璃器皿烘干器、高压灭菌锅、生物显微镜、双目解剖镜、培养箱、电热恒温水浴锅、离心机、多媒体教学设备等，主要病原物切片，各种园艺植物病虫害标本，主要园艺植物病害、害虫形态的挂图或照片（含数码照片）	1. 园艺植物病虫害为害状识别 2. 园艺植物病害病原的分离、培养与鉴定 3. 植物害虫形态特征的观察 4. 常用农药性状观察与配制 5. 病虫害标本制作 6. 植物病虫害田间调查与统计	35	
3	设施环境实验实训室	面积 90m² 以上，主要教学设备：便携式自动气象站、温度测量仪、照度计、湿度测量仪、土壤水分测定仪、二氧化碳分析仪、多媒体教学设备等	1. 环境测量仪器使用方法 2. 设施土壤环境测试 3. 设施小气候测试	35	
4	园艺植物组织培养实训室	面积 90m² 以上，主要教学设备：电子分析天平、超纯水机、pH 计、生物显微镜、加热磁力搅拌器、超净接种工作台、恒温恒湿培养箱、人工气候箱、高压灭菌锅、培养基自动定量灌装机、温湿度记录仪、组培专用除湿机、组培洗瓶机、紫外灭菌灯、光照培养架、臭氧发生器、多媒体教学设备等	1. 园艺植物脱毒苗培养 2. 植物体快速繁殖 3. 种质资源保存 4. 新品种选育	35	
5	设施规划设计实训室	面积 180m² 以上，主要教学设备：智能温室模型、农业观光园区或科技示范园沙盘、各种设施建筑材料样品、图形工作站、大幅面扫描仪、激光打印机、水准仪、经纬仪、全站仪、激光测距仪、制作模型用的木工加工工具、各种建筑材料样品、设施模型等	1. 温室基本构造观察 2. 简易温室模型制作 3. 农业设施的规划设计 4. 建筑制图与识图 5. 园区规划设计 6. 园艺设施设计	35	
6	园艺机械机具实验实训室	面积 90m² 以上，主要教学设备：动力机械、作业机械（耕整地机械、种植机械、自动嫁接机、灌溉机械、弥雾机等）、加工贮藏设备及设施环境控制设备（二氧化碳发生器、卷帘机、热风炉、水帘降温系统、内外遮阳装置）、多媒体教学设备等	1. 设施机械运行原理与性能的理解 2. 机械机具的拆装 3. 机械机具的使用 4. 机械机具故障诊断与维修	35	

续表

序号	名称	主要设备与设施要求	承担的主要实训项目	同时容纳学生人数	备注
7	农产品检测实训室	面积90m²以上,主要教学设备:多通道农残毒速测仪、硝酸盐检测仪、农药残留检测试剂、波美比重计、电子天平、玻璃器皿干燥器、电热鼓风烘箱、高压灭菌锅、离心机、泰勒标准筛、紫外分光光度计、多媒体教学设备等	1. 制订农产品质量安全检测计划 2. 构建农产品质量安全检测体系 3. 农产品市场准入检验 4. 农产品质量安全评价鉴定检验 5. 农业投入品、农业环境检测	35	
8	土壤与植物营养实验实训室	面积90m²以上,主要教学设备:土壤养分测定仪、分光光度计、恒温水浴锅、往复式振荡器、离心机、pH计、电子天平、蒸馏水器、恒温干燥箱、电动土壤团粒结构分析仪、土壤坚实度计、恒温数显油浴锅、恒温组织培养箱、多媒体教学设备等	1. 土壤自然含水量的测定 2. 土壤容重及土壤孔隙度的测定 3. 土壤团聚体含量分析 4. 土壤最大吸湿量的测定和萎蔫系数的计算 5. 土壤质地分析 6. 土壤田间持水量的测定 7. 土壤主要矿质元素含量测定 8. 蔬菜中硝态氮的测定 9. 无机肥料识别与鉴定	35	
9	教师教学能力训练室	1. 主控室1间,微格教室6间(每间可容纳12人),录播教室1间(可容纳65人) 2. 主控室安装有主控制台、控制主机、服务器、监视器、视音频信号处理器、电视监视墙等设备 3. 每个小微格教室分别安装有1部电话机、1个云台、1个摄像头、1台监视器、1台计算机、12座桌椅、1个黑板、1个白板 4. 录播教室安装有1个电子白板、1台投影仪、1台计算机、多个摄像头、1套音响设备、65座桌椅等设备	1. 教师职业技能训练工作 2. 实习前课堂教学模拟训练 3. 实习后课堂教学反思评价 4. 多媒体教室教学媒体综合应用实践 5. 教师教学技能的提高训练 6. 继续教育培训任务 7. 优秀教师观摩课 8. 精品课的录制工作	65	

2. 校内生产实习基地 生产实习基地为设施农业认知、专业技能训练、科研技能训练、课程综合实习实训等实践环节提供室外场所,包括露地及塑料大棚、日光温室、现代连栋温室等设施,种植蔬菜、果树、花卉等园艺植物。其中,日光温室、现代连栋温室是最基本的实习设施。校内生产实习基地的规模应能够同时满足65人以上教学需要(表3-20)。

表 3-20　校内生产实习基地条件要求

基地名称	主要设备与设施要求	承担的主要实训项目	同时容纳学生人数	备注
校内生产实习基地	现代化大型连栋温室（900m² 以上，3 连栋以上）1 座，钢架塑料大棚（500m² 以上）3 栋，高效节能日光温室（300m² 以上）3 栋，露地栽培区 6000m² 以上	1. 设施结构测量、使用与维护 2. 设施环境观测与调控 3. 设施及露地的蔬菜、果树、花卉生产技术 4. 农业园区管理 5. 园艺产品营销	65	

（三）外部合作资源

1. 校外生产实习基地　校外生产实习基地主要类型包括科技示范园区、农业观光园区、农业种植企业、家庭农场等。选择和建立校外生产实习基地时应注重基地的先进性、规范性、安全性，要求基地能充分体现现代设施农业的发展特点、水平（表 3-21）。

表 3-21　校外生产实习基地条件要求

序号	基地名称	主要设备与设施要求	承担的主要实训项目	同时容纳学生人数	备注
1	××农业科学院	拥有生物实验中心、化验室、组培实训中心。主要设施有大型连栋温室、高效节能温室、大棚等	设施环境调控实训，设施蔬菜（果树、花卉）栽培实训，种子、种苗经营实训，生物技术实训，植物组织培养实训等	10	
2	××农业示范园	种植区域齐全，规划合理，建有塑料大棚和日光温室，设施结构合理，环境调控自动化程度高。所种植蔬菜、果树、花卉等种类丰富，品种齐全，示范性强	设施蔬菜（果树、花卉）栽培实训，农业园区规划与设计实训，农业园区管理实训等	35	
3	××农业观光园	布局合理，经济效益好，在当地有一定知名度和影响力。拥有现代化连栋温室，采用多种无土栽培形式，日光温室、塑料大棚等设施齐全，农业景观资源有特色，所种植蔬菜（果树、花卉）等种类丰富	设施蔬菜（果树、花卉）栽培实训，农业园区规划与设计实训，农业园区管理实训等	35	
4	×××农场	拥有智能温室、节能日光温室、大棚。生产作物有蔬菜、果树、花卉、食用菌等	设施蔬菜（果树、花卉）栽培实训，有机农产品生产实训，食用菌生产实训，农业园区规划与设计实训，农业园区管理实训等	35	
5	××工厂化育苗公司	拥有现代化连栋温室、日光温室，拥有移动苗床、环境自动调控设备、嫁接机、穴盘播种设备。能进行多种蔬菜（果树、花卉）等的工厂化育苗	工厂化育苗实训，蔬菜苗期病虫害防控实训，种苗营销实训等	20	
6	××蔬菜专业合作社	拥有日光温室、塑料大棚等。能够自行进行蔬菜工厂化育苗，能生产设施果菜类蔬菜，有专业的植物保护、农药经营、产品营销、设施建设队伍	设施蔬菜栽培实训，设施蔬菜育苗实训，设施蔬菜病虫害防治实训，园艺设施设计与建造实训，蔬菜产品与农资营销实训等	20	

续表

序号	基地名称	主要设备与设施要求	承担的主要实训项目	同时容纳学生人数	备注
7	××果树专业合作社	有一定面积的露地果树和设施果树，能自行进行苗木繁育，有专业的植物保护、农药经营、产品营销、设施建设队伍	设施果树栽培实训，果树苗木繁育实训，设施果树病虫害防治实训，园艺设施设计与建造实训，果树产品与农资营销实训等	20	

2. 校外教育教学实习基地 校外教育教学实习基地主要是指中等职业学校、农业职业中学、农业中等专业学校等，主要满足学生的教育教学实习，基地学校应开设设施农业生产技术或相关专业，且招生规模相对稳定。

3. 校外社会实践基地 满足学生社会实践、社会调查需求，选择对象为设施农业行业企业及示范村（乡、镇、县、区）。

（四）图书资料

主要从教材和图书及数字化资源两个角度考虑，而图书及数字化的要求主要针对与设施专业有关的各类图书资料数量应达到要求，满足教育教学需求。

1. 教材 选用教育部、财政部"《设施农业科学与工程》专业职教师资培养标准、培养方案、核心课程和特色教材开发"项目统编教材，或国家、行业规划教材，或地方特色教材，所用教材需符合培养标准及教学大纲要求。

2. 图书及数字化资源 图书资源应满足学生对职业教育教学、专业学习和课余自主学习的需求，并能及时补充反映现代设施农业行业发展的国内外新图书资料。

在学校图书馆藏书中，与设施农业科学与工程专业职教师资培养相关书籍（农业基础科学、农业工程、植物保护、园艺、职业技术教育、教育学等），其总量不少于4000种，生均60册以上，专业期刊15种以上；职业教育类期刊9种以上；年补充新书生均2册以上。

注重课程网络学习平台的建设，建有电子阅览室并开通互联网，配有电子图书资料及相关数据库，拥有设施农业科学与工程专业数字化教学资源库，保证师生能够查阅设施农业科学与工程专业相关的期刊论文等电子资料，通过设施农业科学与工程专业相关网站、教学资源库参与互动学习。

八、实施建议

考虑设施专业的特点，社会需要和本地区、本校及学生的实际情况，专业的建设与发展、设施农业行业企业及中职学校等有关单位、部门的要求，提出相应的实施建议。

1）本标准是设施农业科学与工程专业职教师资培养的引领性文件。设施农业科学与工程专业是园艺学、农业工程、环境科学与工程等多学科有机结合与统一形成的交叉学科，且我国南北方地理环境、气候条件、栽培形式及消费习惯差异较大，设施农业生产方式、栽培植物种类不同，各地在实施本标准时，应因地制宜，制订细化方案，突出地方特色。

2）本标准是职教师资培养基地实现设施农业科学与工程专业人才培养目标的基本

依据。各培养基地要根据社会需要和本地区、本校及学生的实际情况，科学合理地拟订课程教学大纲、编写教材、制订教学计划、组织教学，进行教育教学质量检查和评估；在教学设计上要留出时间和空间，鼓励学生并创造条件，促进学生自我管理、自我教育、自我学习、自我发展，以及构建适合自己特点的知识结构、能力结构和素质结构，成为中等职业学校合格师资。

3）本标准是设施农业科学与工程专业建设与发展的基本要求。校内、外实习实训基地的建设应与课程体系配套，能够支撑教学内容与方法改革；依据设施农业生产真实流程，明确实习实训项目和进程；教学环节突出开放性、实践性和职业性；加强师范生理论与实践教学技能的培养与训练，为学生提供深入设施农业企业、中等职业学校实践的机会，提高培养质量和效果。

4）设施农业行业企业及中职学校等有关单位、部门要充分认识国家实施"职业院校教师素质提高计划"的重要意义和基本原则，积极主动与职教师资培养基地合作，充分发挥行业企业、中职学校物质条件和技术优势，接收设施农业科学与工程专业学生实习实训，为培养合格的职教师资提供便利条件。

第四章

培养质量评价方案

"设施农业科学与工程专业中等职业学校师资培养质量评价方案"是"《设施农业科学与工程》专业职教师资培养标准、培养方案、核心课程和特色教材开发"项目（VTNE058）中第六个子项目，在逻辑关系上，以第一、第二个子项目"中等职业学校设施农业生产技术专业教师标准""设施农业科学与工程专业中等职业学校师资培养标准"为基本依据。在研究价值上，通过培养质量评价，鉴定设施农业科学与工程专业中等职业学校师资培养目标、培养条件、培养过程及培养结果的质量水平，诊断本专业存在的问题，引导专业建设方向，激励专业改革与发展，保障专业人才培养质量的持续提升。

第一部分 培养质量评价方案的研发设计

一、研发目标

1）研发"设施农业科学与工程专业中等职业学校师资培养质量评价方案"文本。
2）为中等职业学校师资培养基地设施农业科学与工程专业培养质量评价提供借鉴。

二、研发内容

1）设施农业科学与工程专业中等职业学校师资培养质量评价文献研究。
2）设施农业科学与工程专业中等职业学校师资培养质量评价原理研究。
3）设施农业科学与工程专业中等职业学校师资培养质量评价依据研究。
4）设施农业科学与工程专业中等职业学校师资培养质量评价指标体系研究。
5）设施农业科学与工程专业中等职业学校师资培养质量评价标准研究。
6）设施农业科学与工程专业中等职业学校师资培养质量评价实施研究。

三、研发依据

（一）政策依据

主要以《国务院关于加快发展现代职业教育的决定》（国发〔2014〕19号）、教育部等六部门《现代职业教育体系建设规划（2014—2020）》（教发〔2014〕6号）、教育部《普通高等学校本科专业设置管理规定》（教高〔2012〕9号）、教育部《中等职业学校教师专业标准（试行）》（教师〔2013〕12号）等为政策依据。

（二）文献依据

主要以《普通高等学校本科教学工作水平评估方案（试行）》（教高厅〔2004〕21号）、教育部《普通高等学校辅导员队伍建设规定》（教育部令第24号），华中师范大学、西南科技大学、广州大学等30余所本科高校专业评估方案，以及相关专著、论文等为文献依据。

（三）理论依据

主要以可测性理论、标准化测验与模糊综合评价法等为理论依据。

（1）可测性理论　　1904 年美国心理学家桑代克发表《心理与社会测量导论》，提出"凡是存在的东西都有数量，凡是有数量的东西都可测量"的论断。通过行为变化测量教育效果是行为主义心理学在教育测量上的基本应用。

（2）标准化测验　　基于泰勒原理与福特主义生产方式，"标准化"引入教育测量领域。认为"学校教育评价的目的是衡量学校教育活动达到目标的程度，包括教育目标所规定的掌握知识的程度、预期学生应该达到的价值观、心理状态、知识应用、能力水平等方面的程度，而教育测量只是教育评价的手段，这种手段因为评价的主体不同而不同"。

（3）模糊综合评价法　　一种基于模糊数学的综合评标方法。该综合评价法根据模糊数学的隶属度理论把定性评价转化为定量评价，即用模糊数学对受到多种因素制约的事物或对象做出一个总体评价。它具有结果清晰、系统性强的特点，能较好地解决模糊的、难以量化的问题，适合各种非确定性问题的解决。模糊评价法奠基于模糊数学。模糊数学诞生于 1965 年，创始人即美国自动控制专家 L. A. Zadeh。

四、研发思路

按照中等职业学校师资培养的总体要求，以项目指南、项目组会议精神和相关评价理论为指导，科学运用文献法、社会调查法，尤其是专家咨询等研究方法，合理吸收教育部关于本科与高职学校评估方案中的有益元素，依据各子项目之间的逻辑关系，开发出与设施农业科学与工程专业相宜的培养质量评价方案。

五、研发方法

（一）文献法

收集、整理与设施农业科学与工程专业培养质量评价相关的中外典型文献，包括教育部本科专业评估方案及各学校校本方案。重点吸收评估原理、指标体系、评价标准等方面的有益成分。

（二）调查法

在中等职业学校师资培养基地院校、"985 工程"院校、省重点及普通本科三个层面，选取有设施农业科学与工程专业的学校进行调研，统计分析培养目标、培养条件、培养过程与培养结果方面的现存数据，为本研究提供借鉴。

（三）专家咨询法

聘请教育评价领域的专家，对在调研基础上形成的指标体系、评价标准进行修正，并对最终形成的指标赋予权重。

六、重点难点

（一）重点

设施农业科学与工程专业中等职业学校师资培养质量评价指标体系。

（二）难点

设施农业科学与工程专业中等职业学校师资培养质量评价标准。

七、文献综述

（一）评价类型研究

基于不同的维度，教育评估有多种类型：①按照历史发展顺序分为 4 个阶段评估历程，即描述阶段、测量阶段、判断阶段和建构阶段，其中，第四阶段评价为众多学者所关注；②按照评估方法划分种类繁多，其中，常用职业教育评估方法即指标控制法，具体方法则包括教师间相互听课、学生反馈意见、课堂作业、校际互评法、上级视察检查、征求满意度、标准化测试（TIMSS 和 PISA）等；③按照评估主体对象划分为学生、教师、行政人员评价等。另有职业能力本位评价、真实性评价和发展性评价等。

（二）评价理论研究

1904 年，美国心理学家桑代克提出"凡是存在的东西都有数量，凡是有数量的东西都可测量"的论断。费利克斯·劳耐尔、赵志群和吉利提出"基于 KOMET 的职业能力测评"理论；杨彩菊、周志刚发表的《第四代评价理论对高等职业教育评价的启迪与思考》介绍了第四代评价理论"回应"、注重"协商""共同建构"的理念，提出评价学生旨在"人格的完善和身心的全面发展"。还有一些关于职业教育评估方法理念比较新颖、方法先进或实用性较强等。例如，徐国庆在《实践导向职业教育课程研究：技术学范式》一书中，提出"真实性评价"；钦梅在《中等职业学校专业能力发展性评价研究》一文中提出发展性评价。

（三）评价方法研究

赵志群的《职业教育工学结合一体化课程开发指南》一书，针对工学结合一体化课程的质量监控与评价，使用的测评方法主要为指标控制法和学习任务自我评价法。还有引进国外的 SWOT（strengths weaknesses opportunities threats）分析法等。

（四）评价体系研究

杨永星、袁方的《论高等职业教育评估体系的建立》，梁文鹏的《职业教育教学质量评价体系》，沈建国的《高职教学评价体系改革的实践》和陈胜权、董仁忠的《深入推进高等职业教育评估改革——从人才培养工作水平评估效果谈起》分别从评价原则、评价主体、评价对策等层面展开研究。肖飞的《旅游高等职业教育评价体系建设初探》从专业课角度出发结合旅游业的行业特性，提出在"评价形式、专业设置、知识结构等方面尽快建立个性化评价体系"的建议。

（五）评价历史研究

西方学校教育评价的发展大体分为三个时期。①萌芽时期（19世纪中叶到20世纪30年代）：这一时期内，学校教育评价主要是围绕学生学力测量客观化、标准化问题进行。例如，1845年，美国教育家梅恩首先在马萨诸塞州波士顿文法学校引入书面考试、统一试卷。②形成时期（20世纪30~50年代）：以教育目标为依据的"泰勒评价模式"出现，标志着比较完整的学校评价体系开始形成。③发展时期（20世纪50年代至今）：这一时期，泰勒教育评价理论受到质疑，各种新的教育评价模式开始涌现，如布鲁姆提出的教育目标分类理论、斯塔弗尔比姆提出以决策为中心的CIPP评价模式等。

（六）评价国别研究

澳大利亚TAFE学院评价的核心即收集证据并判断学生是否掌握了从事某一工作所需具备的能力；英国职业教育质量评价体系是由统一的评价框架、外部评价、学校自我评价构成的开放式和发展式的评价体系；日本大学在自我评价过程中已形成一套相对稳定的自我评价模式；美国则是第三方中介机构主导型；荷兰属于学校自身主导型等。

第二部分　培养质量评价方案的研发过程

一、分工与进度

课题分工与进度见表4-1。

表4-1　课题分工与进度安排

工作内容	提交成果	完成时间	负责人	主要参与人		
研究准备阶段	研究计划 研究团队	2013年6月	路宝利	宁永红 赵宝柱 范　博	贺桂欣 王久兴 厉凌云	马爱林 聂庭彬
文献搜集整理	文献综述	2013年9月	路宝利	范　博	厉凌云	
学校调研1	调研提纲 调研计划 调研报告	2014年6月	路宝利	范　博	厉凌云	
专家咨询阶段	专家咨询	2014年12月	路宝利	刘桂智	王久兴	
学校调研2	调研提纲 调研计划 调研报告	2015年8月	路宝利	宋士清	吉志新	
评价方案完成	方案文本	2015年9月	路宝利	宋士清		
研究报告撰写	研究报告	2015年10月	路宝利	翟陆陆	董慧超	
研究成果汇总	调研报告 阶段论文 评价方案 研究报告	2015年10月	路宝利	李双玥	吴佳露	孙　宁

二、主要工作"清单"

自 2013 年项目研究开始之后，第六子项目组主要完成的工作如下。

（一）会议研讨方面

全体或部分同志召开研讨会议 60 余次，制订详细研究计划、调研计划及项目分工安排，认真领会、讨论总项目组与教育部专家组会议精神，不断深入解读项目、研究工作中出现的问题并及时解疑，及时反馈项目组每位同志的研究进度，从而统一思想、统一部署，既发挥团体优势又激励个人的积极性与创造性。

（二）文献整理方面

搜集关于教育评价的专著 50 余本，学术论文 300 余篇，教育部与各高校本科专业水平评估方案 30 余个，搜集教育部等关于职业教育的文件 10 余个，并对以上文献进行了认真学习、研讨、领会，为研究奠定了坚实的理论基础。

（三）调查分析方面

先后完成了北京、陕西、甘肃等区域中高职院校、本科院校关于"学生质量评价"的第一次调研，完成了西北农林大学、河北农业大学、沈阳农业大学等 7 所设有设施农业科学与工程专业，或同时为教育部中职教师培养培训基地学校关于该专业培养目标、培养条件、培养过程及培养结果的第二次调研，完成了 2 个调研报告。

（四）研究破题方面

项目组成员先后聘请厦门大学教育学院副院长、博士生导师别敦荣教授；河北大学教育学院教科所所长、博士生导师吴洪成教授；中国职业技术教育学会副会长、华东师范大学终身教授、博士生导师石伟平教授；北京师范大学教育学部副院长洪成文教授；天津大学职业技术教育研究所所长、博士生导师肖凤翔教授；首都师范大学教授、博士生导师徐玉珍教授；华东师范大学徐国庆教授等 7 名专家来校做专题讲座，并就本项目进行详细咨询，从而明晰了研究思路。

（五）方案形成方面

在专家咨询、文献总结、学校调研基础之上，项目组形成了《设施农业科学与工程专业中等职业学校师资培养质量评价方案（初稿）》，2015 年 4 月 18 日，运用专家咨询法，从行业、企业、学校等聘请了 7 名专家对于初稿进行了分析、诊断，后经过不断修改、研究，最终以第 8 稿供教育部专家组审定。

需要说明的是，在开发指标体系时，运用了专家咨询法与调查法，但是教育部评估文件、不同类型本科院校现有评估文件与专家咨询会议意见不完全一致，研究结果是：基于中等职业学校教师成长的规律，在考虑中等职业学校师资水平发展基础之上，综合专家会议与现有文本的数据，形成最终的培养质量评价方案。

（六）项目总结方面

在完成《设施农业科学与工程专业中等职业学校师资培养质量评价方案》基础之上，项目组整理了工作报告、研究报告、学术成果、文献资料及经费使用情况，并初步探讨了项目组后续工作。

三、主要问题与破解

在项目研究中，项目组成员在"破题"时，起初认为《设施农业科学与工程专业中等职业学校师资培养质量评价方案》主要是评价学生培养质量，应着眼于结果，应与《设施农业科学与工程专业水平评估方案》有所区别。

（一）质疑理由

认为将二者混淆是一种误读。理由如下。

第一，二者显然是包含关系。专业评估包括专业目标、专业资源、专业培养质量、专业特色等诸多部分，而培养质量评价属于其中一个组成部分。因此，将二者等同视之，是主观把"专业培养质量评价"扩大化了，专业评估是项目之外、专业之外第三方的任务。

第二，将"设施农业科学与工程专业培养质量评价"视为"设施农业科学与工程专业评估"，则消解了培养质量评价本身研究的"焦点"地位，而培养质量评价恰恰是当前的研究难点。

第三，由专业教师标准、专业教师培养标准、专业课程大纲、主干课程教材等环节之间的内在逻辑关系可知，培养质量评价对象是学生，重点是职业能力。将培养质量评价视为师资、设施等专业资源评价，甚至是整个专业评价，则混淆了子项目之间的逻辑关系，这在方法论上是错误的，严重时会导致对于整个项目的错误解读。

（二）第一阶段思路

基于以上理解，在研究第一阶段提出了对于设施农业科学与工程专业培养质量评价的基本模式——"项目考核"＋"辅助考核"。项目考核本身体现的独立性、设计性、完整性、真实性，使之成为学生职业能力评价最适宜的方法。

（1）完整性　　项目考核的完整性包括两层含义：①项目本身即生产中的一个典型工作任务，包括目标、计划、决策、实施、检查、评价等完整的环节，因此，项目考核是对于学生综合职业能力的评价；②在考核内容上，项目承载知识、技能，即项目考核不但涵盖了知识与技能维度的考核，而且使知识、技能结构化。

（2）独立性　　项目，在横向上融合了知识与技能，在纵向上涵盖了从计划到评价等所有环节。并且，在横向、纵向两个维度上的所有环节皆是学生独立完成。如果一个环节出现问题，即会影响下一个环节工作，甚至影响整个项目的质量。知识与单项技能考核虽然也是要求学生独立完成，但是对于独立工作的能力水平要求显然有所差别。

（3）设计性　　项目完成的好坏，贵在设计。一个优质的项目设计方案，在生产上是获得优质产品或劳务的前提条件，尤为重要的是，在职业教育上，贵在训练学生的

"职业设计能力"，而不仅是"职业执行能力"。"职业设计能力"本应成为考核的重点，但是事实上，点钞、上轮胎等单项技能考核却成了必考的能力领域，这在本科职业教育层面是需要扭转的。

（4）真实性　项目基本特征之一即"具体性"。"具体性"与"抽象性"相对，一般而言，实际生产中所发生的都是具体的，而不是抽象的。例如，建造温室一定有规格、型号等具体要求，设施栽培一定是具体菜种中品种的栽培技术问题，所以，项目考核更加接近"真实性"评价，从而利于学生的职业能力迁移。比较而言，传统理论与技能考核，往往限于归纳的"抽象性"考核。例如，请概括出温室设计的基本原则，这样的考核就漏掉了项目考核的"真实性"。

就职业能力评价而言，项目考核可以取代专门知识与单项技能考核，诚如一次高考即可评价出学生学业成绩一样。但是，为了及时进行教学反馈，有必要增加"辅助考核"部分，包括专门知识考核与单项技能考核两个部分，与作为"终结性考核"的项目考核比较，该部分属于"形成性考核"，只是基于职业能力培养总体目标，应开发出与传统理论知识、单项技能考核不同的变革模式。

并且，在"项目考核"＋"辅助考核"体系之中，"项目考核"属于终结性考核，"辅助考核"属于形成性考核，将"项目考核"居前，旨在理念上凸显"项目考核"的主体地位，以及专门理论知识与单项技能考核的"辅助"地位。操作上则专门理论知识与单项技能考核居前，"项目考核"居后。

（三）长沙会议后思路转向

2015年长沙会议之后，第六子项目在领会会议精神的基础上，在总项目主持人的引导下，与其他子项目进行了激烈的讨论、争辩，最终项目组统一了思想，即将培养质量理解为培养条件质量、培养过程质量与培养结果质量的综合评价。确保本项目得以顺利完成。

第三部分　第一阶段调研与分析

为了加强职教师资培养体系建设，提高中等职教师资培养质量，2013年财政部支持开发了"职教师资本科专业培养标准、培养方案、核心课程和特色教材开发"专业项目88个，设施农业科学与工程专业为其中之一。作为职教师资培养体系的组成部分，第六个子项目"培养质量评价"成为该项目的重要课题。按照总项目的整体部署，根据子项目的研究目标与研究内容，通过调研，形成该报告。

一、基本情况

（一）调研目的

本次调研主要目的：了解我国目前设施农业科学与工程专业及其相关专业的培养质量评价现状和问题，以及关于能力评价的参考意见，从而为建立科学合理的培养质量评价体系提供基本参考依据。

（二）调研对象及方法

本次调研对象主要涉及 16 个省、3 个直辖市、2 个自治区中设置设施农业及相关专业的本科、中高职院校共计 35 所。其中，本科院校 21 所，中高职院校 14 所。调研对象分为本科院校教师、本科院校学生、中高职院校教师、中高职院校学生、中高职院校管理者 5 个层次，调研人数分别为 197 人、864 人、148 人、474 人、70 人，共计 1753 人（表 4-2）。调研主要采用调查问卷、访谈等形式。

表 4-2　调研对象基本情况

调研对象	本科院校教师	本科院校学生	中高职院校教师	中高职院校学生	中高职院校管理者
调研人数	197	864	148	474	70

（三）调研问卷的发放与回收

本次调研涉及全国范围内设有设施农业科学与工程及相关专业的 34 所院校，其中，本科院校 21 所，收回教师有效问卷 197 份，学生 864 份；中高职院校 14 所，收回教师有效问卷 148 份，学生 474 份，管理者 70 份。

二、结果与分析

（一）专业课程考核方式，以"试卷考核＋实践考核"为主

在所列举的考核方式中（表 4-3），不同层次的调研对象选择"试卷考核＋实践考核"的比例最大。在中高职院校教师、中高职院校管理者、本科院校教师和本科院校学生的问卷中，分别占 86.6%、95.6%、79.3%、63.2%，明显高于"仅试卷考核"和"仅实践考核"的比例。在本科院校学生问卷中，选择"试卷考核＋实践考核"方式的人数最多，占 63.2%；其次是"仅试卷考核"，占 31.1%。由此可以看出，该专业的考核方式已经突破了传统以单纯理论考核为主的桎梏。但是通过访谈深入了解到，理论与实践相结合的考核方式中理论考试占比值较大，说明这种内部结构仍然突出强调考查学生理论知识掌握的程度。

表 4-3　专业课程考核方式统计结果

调研对象	调研人数	仅试卷考核 /%	仅实践考核 /%	试卷考核＋实践考核 /%	其他考核方式 /%
中高职院校教师	148	9.9	2.1	86.6	1.4
中高职院校管理者	70	1.5	2.9	95.6	0.0
本科院校教师	197	13.7	5.3	79.3	1.7
本科院校学生	864	31.1	4.6	63.2	1.1

（二）专业实践课程考核主体，以"任课教师"为主

关于专业实践课程考核主体选择（表 4-4），按照比例从高到低排列，其中，中高职院校教师的选择排序为"任课教师""学生互评""行业专家""其他"；中高职院校

管理者的选择排序为"任课教师""学生互评""行业专家""其他";本科院校教师的选择排序为"任课教师""学生互评""行业专家""其他"。显然,"任课教师"项的比例最大,在中高职院校教师、中高职院校管理者、本科院校教师 3 个调研对象中,分别占 88.5%、91.4%、86.8%,明显高于"行业专家"和"学生互评"的比例。另外,在"行业专家"和"学生互评"选项中,中高职院校管理者的比值明显高于中高职院校教师和本科院校教师,说明中高职院校管理者对"行业专家"和"学生互评"作为考核主体较关注、认同,而中高职院校教师和本科院校教师层面还存在一定程度的本位主义。

表 4-4　专业实践课程的考核主体（考核的主持人）统计结果（多选题）

调研对象	调研人数	行业专家 /%	任课教师 /%	学生互评 /%	其他 /%
中高职院校教师	148	15.5	88.5	28.4	4.7
中高职院校管理者	70	40.0	91.4	41.4	5.7
本科院校教师	197	9.6	86.8	23.9	2.0

（三）对大学生进行能力测试的考核主体,以"行业专家"为主

对大学生进行能力测试的评价主体问卷中,本科院校学生选择能力测试考核主体按照比例从高到低依次为:"行业专家""学生互评""任课教师""其他"。其中,选择"行业专家"的比例较大,占 77.8%,明显高于"任课教师"和"学生互评"的比例。说明,"行业专家"作为能力测评的主体,已经得到学生的认同（表 4-5）。

表 4-5　对大学生进行能力测试的考核主体（考核的主持人）统计结果（多选题）

调研对象	调研人数	行业专家	任课教师	学生互评	其他
本科院校学生	864	77.8%	5.9%	18.6%	2.3%

（四）专业课考核结果的主要表现方式,以"分数"呈现为主体

专业理论课程考核结果的主要表现方式的问卷中,无论是中高职院校教师,还是本科院校教师,绝大部分选择"分数"项,比例分别占 90.5% 和 89.3%,与此相比,选择"等级"项分别仅占 16.9% 和 17.8%,由此看出,传统的"分数"考核方式依然在观念中占有主导对位。比较而言,同样的调研对象,对于专业实践课考核结果的表现方式差异很大,选择"分数"项的比例明显降低,选择"等级"项的比值明显增多,接近于 1∶1。看来,对于专业实践考核的特殊性,或是与职业资格的紧密关系逐步为人所接受。选择"描述"表示方式,中高职院校教师比本科院校教师所占比例稍高,说明中高职院校教师考核观念趋向具体化（描述比例大,概括比例小）,本科院校教师倾向于抽象化（描述比例较小,概括比例多）。综合可知,专业课考核结果的主要表现方式,以"分数"呈现为主体（表 4-6,表 4-7）。

表 4-6　专业理论课程考核结果主要表现方式统计结果（多选题）

调研对象	调研人数	分数 /%	等级 /%	描述 /%	其他 /%
中高职院校教师	148	90.5	16.9	4.1	0.7
本科院校教师	197	89.3	17.8	1.5	0.5

表 4-7 专业实践课程考核结果主要表现方式统计结果（多选题）

调研对象	调研人数	分数 /%	等级 /%	描述 /%	其他 /%
中高职院校教师	148	56.1	47.3	12.2	2.7
本科院校教师	197	50.3	47.2	11.7	0.5

（五）专业实践课程和技能考核地点，以"校内实训基地"为主

关于专业实践课程的考核地点选择（表 4-8），按照比例从高到低排列，选择"校内实训基地"项的比例较大，在中高职院校教师、中高职院校管理者和本科院校教师 3 个调研对象中分别占 65.5%、88.6%、64.5%。说明，伴随"一体化"实训室的推广，当前中高职院校、本科院校"校内实训基地"基本满足专业实践课程考核的要求。

表 4-8 专业实践课程的考核地点统计结果（多选题）

调研对象	调研人数	校内实训基地 /%	校外实训基地 /%	实验室 /%	教室 /%	其他 /%
中高职院校教师	148	65.5	30.4	37.2%	42.6	3.4
中高职院校管理者	70	88.6	51.4	60.0%	35.7	4.3
本科院校教师	197	64.5	40.1	44.7%	21.8	0.5

与表 4-8 类似，关于技能考核的地点选择（表 4-9），本科院校学生选择专业技能考核地点按照比例从高到低依次为："校内实训基地""教室""企业实训基地""公共实训中心"。说明，本科院校学生对于选择"校内实训基地"进行专业技能考核比较满意。

表 4-9 专业技能考核的地点统计结果（多选题）

调研对象	调研人数	校内实训基地 /%	企业实训基地 /%	公共实训中心 /%	教室 /%
本科院校学生	864	59.0%	11.1%	3.6%	27.1%

（六）专业课程考核标准来源，以"课程标准"为主

关于专业课程考核标准的问卷中，中高职院校教师、中高职院校管理者和本科院校教师选择"课程标准"的比例较大（表 4-10），分别占 73.6%、77.1% 和 77.7%。选择"行业标准"选项中，中高职院校管理者的比例较大，占 50.0%，其次是中高职院校教师，占 24.3%，而本科院校教师所占比例均低于中高职院校管理者和中高职院校教师，仅占 14.7%，说明中高职院校比本科院校注重参照行业标准，与行业联系更加密切，本科院校应加强与行业联系。

表 4-10 专业课程考核标准来源统计结果（多选题）

调研对象	调研人数	课程标准（教学大纲）/%	行业标准 /%	教师主观标准 /%	学校或教研组确定的标准 /%	其他 /%
中高职院校教师	148	73.6	24.3	14.9	39.2	1.4
中高职院校管理者	70	77.1	50.0	4.3	51.4	4.3
本科院校教师	197	77.7	14.7	18.3	37.1	0.5

（七）学生能力测评结果表现方式中，以"考试成绩"为主

对于本科学生在校能力测评结果表现方式中，选择"考试成绩""作品""考证""其他"方式的学生人数分别占比例 82.9%、7.2%、8.8%、5.8%，可以看出，选择用"考试成绩"表现方式的人数最多，其次是"考证""作品"。说明"考试成绩"在学生能力测评中依然占据主导地位（表 4-11）。

表 4-11 学生能力测评结果体现方式统计结果（多选题）

调研对象	调研人数	考试成绩	作品	考证	其他
本科院校学生	864	82.9%	7.2%	8.8%	5.8%

三、结论及建议

通过对设施农业科学与工程及相关专业进行了全方位、深层次的问卷调研，分析了该专业的现状、特点，由此提出如下建议。

（一）明确培养质量评价的内涵

作为第六个子项目，依据专业标准、培养方案、课程标准、教材等开发逻辑，培养质量评价应围绕学生职业能力展开。偏离学生，评价对象转向资源、师资等条件进行评价，是与课程评价、本科专业评估等相关概念混淆的表现。

（二）培养质量评价内容需全面，结构需合理

设施农业科学与工程专业作为本科层次的应用型专业，不只是要突出学生理论知识的掌握程度，更要注重学生能力的培养，素质的提高。传统本科学生存在重理论轻实践的倾向，但是实践证明这种倾向不利于学生能力的培养和水平的提高，纯理论型的学生不适应当前经济和社会的发展需求，需进一步调整理论与实践的比例，加强本科学生动手实践能力的培养。评价的内容除了知识与能力外，还应该突出综合职业能力的培养和职业态度与价值观等内容的考核评价。培养质量评价应以学生的全面发展为目标，突出综合职业能力培养，包括认知、能力、情感、态度等各个方面。

（三）培养质量评价主体多元化

培养质量主体的多元化表现在与培养对象相关的各种主体，均有对其进行评价的话语权，需要关注不同方面的声音，而不仅仅是教师。设施农业科学与工程专业培养质量的评价主体应当由行业相关专家、相同或相近专业专任教师及专业学生组成，依据行业企业与学校制定的评价标准对学校的培养质量进行评价。培养质量评价主体除学校任课教师外，还应包括接受培养的学生，和学生就业密切相关的行业企业，应该将学生、任课教师和企业三方有机整合，构建学生为主体，教师为主导，行业企业共同参与的模式，共同全方位、多方面的收集资料，及时有效地利用反馈信息保障和提高学生的培养质量。

（四）培养质量评价方式多样化

培养质量评价的多样化主要表现在量化和质性评价相结合。传统本科评价将复杂的教育现象通过考试测验的形式简化为数量，由成绩评价学生推测学生培养质量，量化评价因其简便高效在课程评价中较为常见，但是这种评价方式偏重于学术性的学习结果，很少顾及学生的实际工作能力。西方许多学者研究了学术性测验与岗位成就预测之间的关系，研究普遍表明，学术教育的成功与工作岗位上的成功之间的相关极低。所以单纯的量化知识考试已经不能适应新形势下社会对本科人才的多规格、多样化要求。质性评价力图通过自然调查，全面充分描述评价对象的各种属性，以彰显其意义，促进理解，其弥补了量化评价的不足，将两者相结合，保障评价的信度和效度，通过综合性、整体性的评价，改进完善课程，调动教师和学生的积极主动性。

（五）总结性评价和形成性评价相结合的综合性评价

评价应贯彻于学生培养的全过程，应当兼顾形成性评价和总结性评价。在培养早期和培养过程中，通过形成性评价提供翔实的、具体的反馈信息，在全面实施中，通过对培养实际质量进行阶段性评价，为判断和决策提供翔实的证据，持续不断地保障和改进学校的培养质量。建立全程观念，评价应该贯穿在课程开发过程中的每一个环节，将总结性评价与形成性评价相结合，重视评价的导、学、促、教的功能，避免课程终结性评价的弊端。对待专业理论课和专业实践课应各有侧重，评价学生理论知识的掌握程度，以总结性评价为主；评价学生职业能力方面，应侧重过程性评价，注重学生操作技能水平的循序渐进，将两者现结合，通过评价促进课程开发、学生能力的特高、教师专业的发展。课程评价方式众多，功能多样，但是评价的功能不只是鉴别和选拔，更重要的是利用评价反馈的信息去发现问题和不足，不断改进，提高学生学习质量。

第四部分 第二阶段调研与分析

根据项目需求，第六子项目组在第一次调研基础上，于 2015 年 9 月完成了对东北农业大学、南京农业大学、西北农林科技大学等 3 所"211 工程"高校和安徽农业大学、河北农业大学、金陵科技学院、沈阳农业大学 4 所普通高校的第二次调研，这 7 所高校都设有设施农业科学与工程专业，或同为教育部中职教师培养培训基地，报告主要内容如下。

一、基本情况

（一）调研目的

本次调研主要目的：了解不同影响力具有设施农业科学与工程专业的本科院校在该专业培养目标、培养条件、培养过程及培养结果等方面的数据，从而为建立科学合理的培养质量评价体系提供基本参考依据。

（二）调研对象及方法

本次调研对象主要涉及 7 所设置了设施农业科学与工程及其相关专业的本科院校，

调查内容主要包括生源、师资构成、师资荣誉及成果、教学条件与保障、培养质量等。

调研主要采用调查问卷、访谈等形式。

二、结果与分析

（一）设施农业科学与工程专业生源情况

由表 4-12 可知，目前 7 所学校录取最低分超过本批次分数线仅 24.25 分，在本科各专业成绩排名中处于其他 32 个专业之后，第一志愿录取率也不太高，所以该专业并没有把最优的生源吸引至此。

表 4-12　7 所高校设施农业科学与工程专业（2011～2014 年）生源情况调查表

项目	录取情况			综合素质
	最低分超出本批次分数线 / 分	在贵校各专业排名	第一志愿录取率 /%	录取学生中为党员或获得市级以上各种奖励的人数 / 人
7 所高校 4 年平均值	24.25	33	61.57	1.64
2017 年预测平均值	42.00	27	73.29	2.46

（二）设施农业科学与工程专业师资构成

在所调研的院校中，主要针对本专业教师的学位、职称、年龄、专兼职、资格证书 5 方面进行调研，其中，7 所院校教师中拥有博士学位的占 60.45%，明显高于拥有其他学位的教师；在职称中，则拥有中级职称的教师最多，达 42.16%；教师年龄多在 36～55 岁，这一比例为 61.37%；专职教师达到 100%，均无兼职教师；其中"双师型"教师比例达到 28.57%。见表 4-13。

表 4-13　7 所高校设施农业科学与工程专业 2014 年底师资构成情况调查表（%）

项目	学位			职称				年龄			专兼		资格证书	
	博士	硕士	其他	正高	副高	中级	初级	≤35 岁	36～55 岁	≥56 岁	专职	兼职	双师	其他
3 所	79.90	13.40	6.70	20.94	34.06	45.00	0	30.44	52.12	17.44	100	0	0	0
4 所	45.87	49.71	4.42	27.60	31.33	40.03	1.04	30.66	68.30	1.04	100	0	50.00	50.00
7 所	60.45	34.15	5.40	24.75	32.50	42.16	0.59	30.57	61.37	8.06	100	0	28.57	71.43
3 所预测	81.13	13.00	5.87	31.37	39.71	28.92	0	21.32	65.69	12.99	100	0	0	0
4 所预测	52.38	43.75	3.87	30.36	37.90	31.74	0	25.78	74.22	0	100	0	33.33	66.67
7 所预测	65.00	30.27	4.73	30.79	38.68	30.53	0	23.87	70.56	5.57	100	0	61.90	38.10

注："3 所"指前文所述的 3 所"211 工程"高校；"4 所"指 4 所普通高校；表中预测值是指到 2017 年底的预测值。表 4-14～表 4-16 同

（三）设施农业科学与工程专业师资荣誉及成果情况

7所学校师资队伍中获国家级荣誉和奖励的人数明显低于获省级与校级荣誉和奖励的人数，其中7所学校在教学竞赛、教学成果、科研奖励和技术推广奖励的国家级奖项中获得奖励人数均为0。7所学校对教学项目的重视程度明显不如科研项目，其教学建设方面较为薄弱。见表4-14。

表4-14 7所高校设施农业科学与工程专业2014年底师资荣誉及成果调查表（%）

项目	荣誉及专家称号			教学获奖						课题立项		科研奖励		技术推广奖励	
				教学竞赛			教学成果奖								
	国家级	省级	教学优秀	国家级	省级	校级	国家级	省级	校级	国家级	省级	国家级	省级	国家级	省级
3所	0.08	0.42	0	0	0	0	0	0.25	0.08	2.80	3.83	0	0.67	0	0.25
4所	0.06	0.88	0.69	0	0	0.38	0	0.13	0.50	0.88	2.38	0	1.19	0	0.81
7所	0.07	0.68	0.39	0	0	0.21	0	0.18	0.32	1.71	3.00	0	0.96	0	0.57
3所预测	0	0	0	0	0	0	0	1.00	0.50	3.00	5.00	0	1.00	0	0
4所预测	1.00	1.00	0	1.00	1.00	4.00	0	0	3.00	2.00	6.00	1.00	10.00	0	5.00
7所预测	0.57	0.57	0	0.57	0.57	2.29	0	0.43	1.93	2.43	5.57	0.57	6.14	0	2.86

（四）设施农业科学与工程专业教学条件与保障

对7所院校的设施农业科学与工程专业教学条件与保障的调查中，分别对教学经费、专业实验室、校内实习场站和校外基地4方面进行调查。在教学经费中，学校财政投入占学费比例达4.64%，几乎无本专业申请的外来经费投入；而专业实验室、校内实习场站和校外基地的总面积分别为1552.57m²、6579.29m²、60 217.86m²，专业实验室的设备总值188.24万元等，基本满足教学要求，但不同学校差异较大，见表4-15。

表4-15 7所高校设施农业科学与工程专业2014年底教学条件与保障调查表（平均数）

项目	教学经费		专业实验室			校内实习场站			校外基地		
	学校财政投入占学费比例/%	本专业申请的外来经费投入/万元	总面积/m²	设备总值/万元	10万元以上设备值/万元	总面积/m²	各种设施总面积/m²	大型温室面积/m²	数量/个	总面积/m²	大型温室面积/m²
3所	0	0	103.67	270.83	229.17	4 250.00	2 100.00	36.67	2.00	40 000.00	11 666.67
4所	8.13	0	2 639.25	126.29	99.56	8 326.25	6 846.05	2 975.01	4.00	102 381.25	12 113.13
7所	4.64	0	1 552.57	188.24	155.11	6 579.29	4 812.03	1 715.72	3.14	60 217.86	11 921.79
3所预测	0	10.00	500.00	1 500.00	800.00	1 500.00	8 000.00	0	10.00	150 000.00	30 000.00

续表

项目	教学经费		专业实验室			校内实习场站			校外基地		
	学校财政投入占学费比例 /%	本专业申请的外来经费投入 /万元	总面积 /m²	设备总值 /万元	10万元以上设备值 /万元	总面积 /m²	各种设施总面积 /m²	大型温室面积 /m²	数量 /个	总面积 /m²	大型温室面积 /m²
4所预测	6.67	36.67	3 453.33	304.67	210.00	11 200.00	8 266.67	3 633.35	8.67	313 000.00	28 000.00
7所预测	3.81	25.24	2 187.62	816.95	462.86	7 042.86	8 152.38	2 076.20	9.24	243 142.86	28 857.14

（五）设施农业科学与工程专业学生培养质量

本调查通过对 7 所学校培养的学生在校期间获得奖励情况、毕业情况、考研率、资格证书获取率、初次就业率和到中职学校就业人数 6 个指标的分析来反映该学校培养学生的质量情况。其中国家级奖励获得人数平均为 1.36 人，省级奖励获得人数平均为 1.08 人；毕业率和学位获取率均在 99% 以上；在考研率方面达到 21.00% 以上。但是，南京农业大学等 3 所学校资格证书获得人数及到中职学校就业人数均为 0，说明高水平大学不重视职业资格证书的获取，并且，中职学校未能吸引这类高校毕业生就业，见表 4-16。

表 4-16　7 所高校设施农业科学与工程专业 2014 年底学生培养质量调查表

项目	在校期间获得各种奖励情况 / 人次		毕业情况		考研率 /%	职业资格证书获取率 /%	初次就业率 /%	到中职学校就业的人数 / 人
	国家级	省级	毕业率 /%	学位获取率 /%				
3 所	2.50	0.42	100.00	100.00	22.58	0	70.34	0
4 所	0.50	1.58	99.71	99.23	21.28	43.83	89.33	0.83
7 所	1.36	1.08	99.83	99.56	21.84	25.05	81.09	0.47
3 所预测	0	2.00	100.00	100.00	35.00	0	100.00	0
4 所预测	1.00	3.33	100.00	100.00	26.67	53.00	94.00	2.33
7 所预测	0.57	2.76	100.00	100.00	30.24	30.29	96.57	1.33

三、结论及建议

通过对设施农业科学与工程专业及相关专业进行全方位、深层次的问卷调研，分析了该专业的现状、特点，由此提出如下建议。

（一）完善"双师型"教师的结构

"双师型"教师结构不合理，理论型教师偏多，兼职教师偏少。学校要从生产第一线引进高素质的专业人员，要引进相关企事业单位中具有丰富实践经验和教学能力的工程技术人员来做兼职教师，他们可以给学校带来生产、科研第一线的新技术、新工艺及社会对从业人员素质的新要求。

（二）摒弃重课题轻教学的观念

通过教师的教学和科研活动来培养高质量的学生，不仅可以树立学校品牌，同时也为今后国家经济建设、科技进步和社会发展输送有用人才，也符合科学发展观的理念。但"教学"是教师活动的中心，应在做好教学的同时重视科研。尤其在引导教师教学成果方面多做努力，完善教学激励机制。另外，学校也应该在现有平台基础上鼓励教师的科研活动，尤其要鼓励教师参与国家级、省市级教育课题和科研项目，真正作为主体参与到教育教学改革中来。

（三）加大实习、实训场地和设施经费引进和投入

学科专业建设是高等院校发展的一项长期战略任务，是高等学校建设的核心，是提高教学质量和科研水平的关键，关系到学校的办学特色和整体竞争能力。进行学科和专业建设一定要紧跟市场，以行业和企业科技发展的先进水平为标准，以学院发展的规划目标、所设专业的教学和科研开发的实际需求为依据，进行实习实训基地建设，加大设备、设施资金投入。由于财政拨款不足，外来资金缺乏等情况造成经费投入的严重不足，建议学校制定相关的鼓励社会参与政策，适时进行校企联合共建、资源共享等方面的探索。

（四）创新人才培养模式

由于经济的发展及市场化水平的不断提高，学校的职业导向性也越来越明显。职业资格证书的获取途径也成为学校竞争力的一种特色，既能加强学生在职业方面的竞争力，同时也是学生个性展现的一种方式。"职业资格证书"制度的建立是学校创新人才培养模式的一种途径，建议学校重视对学生职业技能的培养，增加学生获取职业资格证书的途径，这是一种培养模式的创新，也是对学生前途的负责。

第五部分　核心观点及创新点

一、核心观点

（一）全面理解"培养质量评价"

全面理解"培养质量评价"是方案研制的前提。从内容来看，包括培养条件质量、培养过程质量与培养结果质量；从评价原则来看，要做到过程评价与结果评价相结合、定性评价与定量评价相结合、单向评价与整体评价相结合；从评价主体看，自评与他评相结合。并且，将该思想融合至评价方案之中。

（二）全面体现"三性"合一

在指标体系与评价标准中，全面体现学术性、职业性与师范性"三性"合一原则，其中，学术性体现本科标准，以设计、研究维度来表达；职业性体现行业企业需求，以

专业技能维度来表达；师范性体现教师岗位需求，以教育教学理论与实践来表达。尤其在培养方案、课程标准、课程实施等二级指标或观测点中充分体现。

（三）全面体现职业教育特征

在指标体系与评价标准设置中，在取向上，从学科本位转向能力本位，全面体现职业教育特征，如"校企合作"办学模式，"理实一体化"课程设置，"双师型"教师队伍，行动导向教学法，综合职业能力评价等表述都体现该特征。

（四）全面体现专业特征

项目研究超越了目前本科专业评估的"普适性"文本，改变以往"一般性"评价指标体系，与设施农业科学与工程专业紧密结合，如培养条件方面有"日光温室达标面积"、培养结果方面有"设施设计与建造能力"等观测点。

二、创新与不足

（一）创新

项目主要创新之处即凸显"全面、辩证"的特征，在指导思想上，体现普通教育与职业教育相结合；在指标体系与评价标准方面，体现学术性、职业性与师范性"三性"合一，以及职业特征与专业特征结合特征；在评价主体方面，体现自评、他评相结合；在评价原则方面，体现过程性与结果性，定性与定量相结合；在指标形成过程中，体现专家意见与调研情况、研究者思想相结合等。

（二）不足

由于时间关系，《设施农业科学与工程专业中等职业学校师资培养质量评价方案》未能在多所学校进行试验分析，因此，指标与评价标准难免有疏漏之处。

三、后续研究

将《设施农业科学与工程专业中等职业学校师资培养质量评价方案》在中职教师培养单位进行试验，分析、吸收反馈意见，进一步修正完善本方案。

以试验与文本研制为基础，开展本科专业培养质量评价理论研究，以期为后期方案修正提供理论支撑。

第五章 专业课程大纲

第一部分　专业课程大纲研发的背景和意义

一、研发背景

2010 年 7 月，中共中央、国务院颁布的《国家中长期教育改革和发展规划纲要（2010—2020 年）》明确提出，"以'双师型'教师为重点，加强职业院校教师队伍建设，加大职业院校教师培养培训力度"。"双师型"作为我国职教师资人才培养模式的目标定位已经成为普遍共识。教育部、财政部决定 2011～2015 年实施职业院校教师素质提高计划。教育部大力加强职业教育"双师型"教师队伍建设，在《关于进一步完善职业教育教师培养培训制度的意见》（教职成〔2011〕16 号）中明确提出"建设高素质专业化教师队伍是推动职业教育科学发展的根本保证。完善培养培训制度是加强职业教育教师队伍建设的紧迫任务"，要"改革职业教育师范生培养制度，强化实践实习环节，优化培养过程；建立系统培养制度，提升教师培养层次，提高教师专业化水平"。

2012 年由教育部、财政部批准了 88 个"职教师资本科专业的培养标准、培养方案、核心课程和特色教材开发"项目，项目的开展有助于打破一直以来影响培养质量和规范性的一系列瓶颈，系统提升中等职业学校教师培养水平，推动教师增量问题的解决，也能够有效引导中等职业学校教师培训工作，推进教师存量问题的缓解。设施农业科学与工程专业培养包是 88 个开发项目之一，委托河北科技师范学院牵头完成。项目以加强"双师型"职教师资培养为目标，遵循职教师资培养的规律和特点，突出职业学校对专业师资的能力要求，开发覆盖职教师资培养过程的系列成果，促进职教师资培养工作的科学化、规范化，提升职教师资培养的整体水平。专业课程大纲的开发是课程资源开发的重要组成部分，是人才培养方案的具体体现，也是主干课程教材开发的根本依据。

二、研发现状

（一）国内外职教师资培养模式

无论是国外职业教育发达国家还是我国，始终重视职教师资的培养，特别是在职教师资职业能力职前培养方面，积累了一定的理论研究成果和丰富的实践经验。国外职业教育发达国家在职教师资培养过程中，共同的特点是要求职教师资掌握精深的专业知识和教学技能、实践教学知识和教学技能、教育理论知识和教学技能，具备较强的专业教学能力、实践教学能力和教育教学能力。我国职教师资培养属于封闭式、定向型的人才培养模式，是指由独立设置的师范院校对学生进行普通文化科目、专业科目和教育科目、教育实践的混合训练，以达到特定的培养目标，学生毕业后被分配或推荐到职业学校从事教师工作。

（二）设施农业科学与工程专业的发展及对"双师型"人才的需求

"设施农业"一词是由"设施园艺"发展而来。设施农业是一个由生物、环境、工程学等多学科交叉形成的新型学科。教育部《普通高等学校本科专业目录（1998年颁布）》增设了目录外"设施农业科学与工程"本科专业，专业代码090109W。教育部《普通高等学校本科专业目录（2012）》修订为"设施农业科学与工程（注：可授农学或工学学士学位）"，专业代码090106。目前我国开设该专业的高校有30多所，其中除河海大学、安徽农业大学等少数几所大学授予工学学士学位外，其他均授予农学学士学位。

随着我国市场经济的发展和市场经济体系的不断完善，社会对设施农业人才的需求较大。解决此需求一方面可以直接培养创新型设施农业科学与工程专业高级人才，另一方面可以为全国中等职业学校培养设施农业科学与工程专业的师资力量，再通过中职学校培养该方面的职业人才。过去由于政府的投入不足及社会认同性差，中职学校师资人才流失严重，加之改革开放近40年来知识日新月异，社会飞速进步，原有教师的知识已出现部分陈旧过时。因此如何更新及补充师资以适应技能型人才培育高峰的到来，显得尤为重要。

（三）课程大纲的概念界定

《教育大百科全书·课程教育技术》：教学大纲是课程内容的组织者，无疑也是正规教育最古老的教学工具。通过教学大纲这种媒介，计划学习内容的组织和结构在教师与学习者之间、教师与教师之间及教育制度的权威与教师和学生之间得以交流传递。

《中国教育百科全书》：根据教学计划以纲要的形式编写的有关学科教学内容的指导性文件。它根据学生的特点、知识水平及发展学生智力的需要，具体规定学科知识的范围、目的、任务、深度、体系和结构、教学时间及教学法上的具体要求。

《教育大辞典》：教师为讲授某一门学程编写的教材纲目。多用于高等学校，又称"学程纲要"。国家教育行政部门规定学校各门学科的目的任务、教材纲目和教学实施的指导文件。以纲要形式，规定各学科的知识、技能、技巧的范围和结构，体现国家对各科教材与教学的基本要求。一般由说明与本文两部分组成。

《实用教育词典》：反映教学内容的文件之一，是根据教学计划中规定的各门学科，以纲要的形式具体规定各门学科的目的和任务、内容和范围、深度、体系、各章节的教学时数、教学参考书等。教学计划中规定的学科都有相应的教学大纲。它是国家对各门学科的教学所提出的统一要求和具体规格，是国家检查学校教学工作、衡量学校教学质量的主要尺度，也是教师进行教学工作和学生学习各门学科的基本依据。

《高等教育学》：教学大纲是以系统和连贯的形式，按章节、课题和条目叙述该学科主要内容的教学指导文件。它根据教学计划，规定每个学生必须掌握的理论知识、实际技能和基本技能，也规定了教学进度和教学方法的基本要求。

江山野主编译的《简明国际教育百科全书》：教学大纲使有目的的学习组织与结构能在教师之间与师生之间进行交流。

（四）我国职教师资课程大纲编写的问题及现状

职教师资本科专业的教学大纲具有双重性，即同时满足师范类和专业技术类两种属性。在现有的教学大纲体系中，这种合二为一的方式鲜有研究报道，目前职教师资培训基地高校及其他院校已经逐步开展该方面的研究。

我国课程教学大纲的编写与执行工作处于起步阶段，目前仍存在一些问题：第一，课程教学大纲的编写和执行在许多学校仅流于形式，并未引起有关各方真正重视；第二，正式的课程教学大纲编写不够认真，因为管理者（教务处）不是大纲的直接获益者或执行者，而且仅将大纲视作任课教师按规定每学期初必须上交的一份文件；第三，即使上交教务处存档的课程教学大纲编写尽善尽美，执行起来也会有阻力。而国外教育发达国家如美国、加拿大等国高校将教学大纲视为学生与教师就课程预期及政策达成的合同，其教学大纲有以下特点：第一，大纲当事人明确而直接，明确规定教学大纲涉及该课程任课教师和研修这门课程的学生；第二，大纲内容详尽且有针对性，大纲的常规性、规定性内容，如教学目标、教学要求、教学内容（包括重点、难点、疑点、上课方式、教学进度、考核方式、评分标准、课堂纪律、课后阅读材料等）更是教师编写大纲时的重点，也是学生学习过程中经常用以参考的重点；第三，大纲具有法律约束力，一旦课程大纲发到学生手中且学生无疑义时，该大纲就对师生具有了法律上的约束力，须严格遵守所规定的内容。

　　至于职业教育教学大纲的编撰工作，德国职业教育的研究始终走在世界前列，特别是在课程论领域，德国集中了大批专家、教授，对职业教育课程理论进行了系统深入的研究与探索，取得了许多具有国际影响力的科学成果。"学习领域"课程方案的制订和相关理论的研究成为德国职业教育研究的前沿地带，对世界职业教育改革与发展也产生了广泛而深刻的影响。我国一直以来是由地方教育部门主持，各职业学校根据地区经济和人才市场需求情况承担大纲编写任务，自行设计和制定各专业教学大纲和课程标准。但由于各学校限于研究水平的不足和研究力量的匮乏，制定的教学大纲五花八门，培养出的学生能力水平差别很大。针对这种情况，2000年教育部就规范中等职业学校课程标准颁发了一系列专业基础课教学大纲，在实施过程中取得了较好的成效，但也反映出一些问题。

　　职教师资课程大纲的编写，首先要考虑赋予教学大纲新的内涵，改变传统的编制理念导向；其次，要构建教学大纲编制的理论体系。编写大纲要注意以下几方面：第一，控制理论教学的教学深度和难度，强化各知识相互间的联系和应用。基础理论以应用为目的，以基本够用为前提，强化综合分析，解决关联生产、生活实际问题的能力。第二，适度削弱教材难度，便于学生有更多的时间和精力，进行教师素质培养及实践技能练习。第三，精选有较强实践经验的综合应用性教材，包括全国名牌职教院校编写或使用的优秀教材，使学生今后工作有较强针对性和适应性。第四，充分发挥"双师型"教师的优势，以实现理论教学与实践综合应用的有机讲解。讲解中注意形象生动，为未来的职教教师树立教学样板。第五，实践性教学大纲编制，注意满足技能考证的阶段性要求（技能水平宜定位在中高级水平），同时适度加大蹲点实践与外聘专家讲课的有机组合。

三、研发基础

　　河北科技师范学院从1985年开展高等职业技术师范教育，有30多年培养职业教育师资的历史，具有良好的发展氛围和科研底蕴。1999年，被教育部确定为首批"全国职教师资培养培训重点建设基地"。至今已为职教培养师资37 113人、培训师资11 461人。培养农科类职教师资2000多名，他们已成为河北省中等职业学校专业教师的骨干，调查数据显示，河北省某职业学校35%的教师是河北科技师范学院毕业的。2006年起至今，承担中等职业学校种植、现代农艺技术、果蔬花卉生产技术、设施农业技术等专业骨干教师、专业带头人国家级培训 14 期，培训学员来自全国各地，培训效果良好。2007 年招收职业技术教育学硕士研究生。河北科技师范学院设施农业科学与工程专业于 2005 年设立，并于当年开始招收本科学生。目前，本专业在校生 235 人，毕业生 223 人。

园艺学科具有 34 人的师资队伍，其中教授 21 人；硕士学位以上人员所占比例 100%，其中博士 18 名，占 53%。设施农业科学与工程专业有河北省有突出贡献中青年专家 3 名，河北省中青年骨干教师 3 名，河北省"三三三人才工程"人选 3 名。拥有校内实践教学基地 3 个，校外实践教学基地 15 个，教育教学实习基地 8 个。教学方面获得国家教学成果二等奖 1 项，河北省教学成果二等奖 2 项，国家级精品课程 1 项。

四、研发意义

（一）理论意义

本研究针对当前我国职教师资本科课程教学大纲刚起步的基本状况，在调查和文献分析的基础上，赋予了课程大纲新的内涵，改变了传统的编制理念导向。探索了以职教师资能力培养为导向，以工作任务为引领设计课程总体思路及课程内容，采用多种不同的教学方式进行教学，从而对我国职教师资本科课程大纲的编写工作的开展提供一定的理论参考。

（二）实践意义

本项目结合我国职业教育课程设计和教学的现状，以工作过程为导向对职业教育教学大纲和课程的制订及教学设计进行了理论和实践两方面的讨论和分析，期望能给予职教师资教学大纲和课程方案的制订及教学实践中职业学校教师的教学工作一定的理论指导，使教学大纲和课程设置更符合知识型社会对应用型人才能力培养的要求，以期使设施农业科学与工程专业职教师资的培养更加规范化、科学化，满足职业教育对教师队伍技术性、学术性及师范性结合方面的特殊要求。

第二部分　专业课程大纲研发的方法和内容

一、主要方法

（一）文献研究法

从各种已有的期刊及文献资料中查找最新的研究成果，并借鉴已有的研究成果，运用概念范畴体系，通过分析与综合、归纳与演绎等具体思维方法，以各种逻辑的和非逻辑的方式进行加工处理，从而为本研究奠定理论基础。

（二）比较法

通过对国外职业教育和国内高等院校及职业学校课程大纲的比较分析，在此基础上归纳总结，以期能够提出一些对我国职教师资课程大纲编写和教学活动开展现实可行的建议。

（三）问卷调查法

根据研究内容及需要设计调查问卷，确定调查对象，以问题的形式系统地进行深层次、全方位调查，了解目前我国设施农业科学与工程专业及相关专业的课程教学大纲编写现状、存在的问题及各层次调查者对于编写职教师资本科教学大纲的建议和意见。从教学大纲编写人员和审核人员，大纲编写体例，大纲所包括的课程性质、课程目标、课程内容及考核评价等多方面得到有价值的调研结果，从而为下一步设施专业职教师资本科课程教学大纲的编写提供参考。

二、主要步骤

（一）研究的技术路线

本研究的技术路线如图5-1所示。

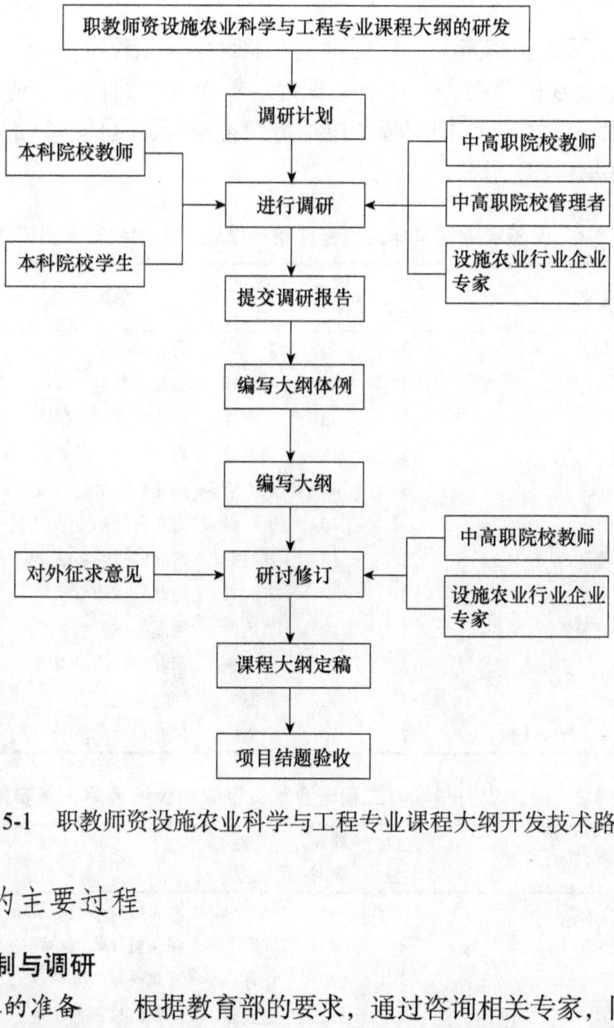

图5-1 职教师资设施农业科学与工程专业课程大纲开发技术路线

（二）研究的主要过程

1. 问卷的研制与调研

（1）调研问卷的准备　根据教育部的要求，通过咨询相关专家，同时项目组成员集体研究，按中高职院校教师（问卷编号WⅠ）、中高职院校管理者（问卷编号WⅡ）、中高职院校学生（问卷编号 WⅢ）、本科院校教师（问卷编号 WⅣ）、本科院校学生（问卷编号 WⅤ）和设施农业行业企业专家（问卷编号 WⅥ）6 个层次研制了 6 套问卷。

（2）调研单位及群体的确定　　由于本项目为国家教育部项目，必须考虑地域及地方特色。因此项目组人员分为东北及华北组、西北组、西南及华南组、华中组 4 组，分别对不同区域具有本专业代表性的典型本科院校、中高职院校及设施农业行业企业进行了调研。

（3）调研问卷的发放与收回　　通过现场调研和函调两种途径，共调研本科院校 21 所，收回教师有效问卷 197 份，学生 864 份；中高职院校 14 所，收回教师有效问卷 146 份，学生 474 份，管理者 70 份；设施农业行业企业 31 家，收回有效问卷 131 份。

2．项目研究团队的组建　　于 2014 年 3 月组建项目研究团队，团队成员主要由设施农业行业生产技术专家、高校有经验的教师和学科专家、中高职优秀现任教师组成。研究团队的职责主要是负责课程大纲编写人员的确定，课程大纲编写指南、编写格式及各课程大纲编写主要内容的确定，课程大纲的审核。团队定期召开主题会议商讨和推进课程大纲编写工作。

3．课程大纲编写人员确定　　依据设施农业科学与工程专业培养标准的要求，本项目共开发了包括专业基础课程、专业核心课程、专业方向课程、职业教育课程、教师教育课程等五大类课程，共计 32 门课程大纲，分两批编写，具体编写的课程大纲名称及编写人员如表 5-1 和表 5-2 所示。

表 5-1　设施农业科学与工程专业第一批课程大纲编写人员安排表

序号	课程名称	建议学分	建议学时	编写人员	单位	课程性质
1	农业园区规划与设计	2	32	王子华	河北科技师范学院	专业核心课程
2	园艺设施设计与建造	2	32	胡晓辉	西北农林科技大学	专业核心课程
3	园艺设施环境调控	3	48	武春成	河北科技师范学院	专业核心课程
4	工厂化育苗	3	48	武春成	河北科技师范学院	专业核心课程
5	设施蔬菜栽培	3	48	宋士清	河北科技师范学院	专业核心课程
6	无土栽培	3	48	王久兴	河北科技师范学院	专业核心课程
7	设施植物病虫害防控	2	32	齐慧霞	河北科技师范学院	专业核心课程
8	园艺产品与农资营销	2	32	王久兴	河北科技师范学院	专业核心课程
9	设施农业工程概预算	2	32	李政	河北科技师范学院	设施工程方向专业课程
10	设施果树栽培	2	32	边卫东	河北科技师范学院	设施栽培方向专业课程
11	设施花卉栽培	2	32	曹霞	河北科技师范学院	设施栽培方向专业课程
12	设施农业科学与工程专业教学法	2	32	宁永红	河北科技师范学院	专业教学课程

表 5-2　设施农业科学与工程专业第二批课程大纲编写人员安排表

序号	课程名称	建议学分	建议学时	编写人员	单位	课程性质
1	生物化学	3	48	耿立英	河北科技师范学院	专业基础课程
2	园艺植物生理学	3	48	杨晴	河北科技师范学院	专业基础课程
3	农业气象学	2	32	李育华	河北科技师范学院	专业基础课程
4	园艺测量学	2	32	赵会芝	河北科技师范学院	专业基础课程

续表

序号	课程名称	建议学分	建议学时	编写人员	单位	课程性质
5	土壤与植物营养	2	32	吴素霞	河北科技师范学院	专业基础课程
6	园艺植物病理学	1.5	32	齐慧霞	河北科技师范学院	专业基础课程
7	园艺昆虫学	1.5	24	余金咏	河北科技师范学院	专业基础课程
8	工程制图基础	2	32	李琛	河北科技师范学院	专业基础课程
9	温室建筑力学基础	2	32	李琛	河北科技师范学院	专业基础课程
10	设施农业研究法	2	32	朱京涛	河北科技师范学院	专业基础课程
11	设施建筑材料	2	32	李政	河北科技师范学院	设施工程方向专业课程
12	计算机辅助设计	2	32	汪洋	河北科技师范学院	设施工程方向专业课程
13	设施工程综合实习实训	4	64	胡晓辉	河北科技师范学院	设施工程方向专业课程
14	园艺植物组织培养	2	32	张吉军	河北科技师范学院	设施栽培方向专业课程
15	设施栽培综合实习实训	4	64	宋士清	河北科技师范学院	设施栽培方向专业课程
16	农业园区管理	3	48	王子华	河北科技师范学院	农业园区方向专业课程
17	有机农产品生产	1	16	毛秀杰	河北科技师范学院	农业园区方向专业课程
18	休闲农业	2	32	王久兴	河北科技师范学院	农业园区方向专业课程
19	农业园区综合实习实训	4	64	王子华	河北科技师范学院	农业园区方向专业课程
20	教育教学实训	2	32	路宝利	河北科技师范学院	职业教育课程

4. 研究的时间节点及主要任务

1）2014年2~4月，对调研有效问卷进行了详细的整理与统计，针对调研结果，召开课程大纲团队会议，完成《设施农业科学与工程专业课程大纲制订指南》《设施农业科学与工程专业课程大纲编写格式要求》《设施农业科学与工程专业课程大纲编写模板》3个文本材料。

2）2014年5~7月，召开设施农业科学与工程专业课程大纲制订研讨会，布置并完成第一批12门专业课程大纲编写任务初稿。

3）2014年8~10月，召开设施农业科学与工程专业课程大纲制订研讨会，布置并完成第二批（剩余课程）课程大纲编写初稿；对第一批12门课程课程大纲初稿研讨和修改。

4）2014年11~12月，召开设施农业科学与工程专业课程大纲制订研讨会，对第二批专业课程大纲初稿进行研讨和修改，第一批课程大纲完成定稿。

5）2015年1月，召开设施农业科学与工程专业课程大纲制订研讨会，对第二批课程大纲定稿。

6）2015年3月，召开专家论证会，对第一批和第二批全部课程大纲进行论证完善。

7）2015年4~5月，对课程大纲进行最后的文字修改、格式修改、排版定稿。

5. 组织领导及资金保证　　专业课程大纲编写是课程资源开发的一部分，必须与专业教师标准和专业教师培养标准相一致，是以上两个标准的集中体现，是教材编写、教学评价的依据。本子项目必须在设施农业科学与工程专业总项目的领导和统一下完成，并且要与其他5个子项目相互沟通和贯穿。项目资金的分配及使用统一由总项目负责人管理。

三、主要内容

（一）初步探明了职教师资本科专业课程大纲的开发路径

职教师资本科专业具有师范类和专业技术类双重特性，而目前高等院校所使用的课程大纲多数只关注理论或技术性，不太适合职教师资培养，通过本项目研究初步探明了职教师资本科专业课程大纲的开发路径（图 5-1）。

（二）开发了职教师资本科专业课程大纲的主要内容及特色撰写要求

本项目专业课程大纲的开发是在调研、文献分析、比较、专家论证等研究方法的基础上，根据设施农业科学与工程专业培养目标，以各课程专业实践为主线，以项目为载体，以职业能力分析为依据，确定课程目标，设计课程内容，从工作项目（即课程单元）、知识要求与技能要求 3 个维度对课程内容进行规划与设计。将实际工作过程的情景在教学过程中真实呈现，将知识和技能融入实践操作，实行理论与实践一体化。课程大纲的主要内容包括课程性质、设计思路、学习目标、课程基本内容与学时分配、教学实施、说明等六大部分，其中教学实施包括教材与参考书、教学要求与教学设计、教学资源、课程考核与评价 4 部分。特色撰写要求如下。

1. 课程性质

> 撰写说明：
> （一）撰写内容
> 1）课程地位：课程所属专业、课程地位（属于哪一类的课程可根据本项目前期研发成果"专业教师培养标准"中的教学安排表填写）。
> 2）课程功能：课程所涵盖的基本知识、职业能力及面向的主要岗位。
> 3）与其他课程关系：本专业课程体系中与之相关的前置课程与后置课程，根据本项目前期研发成果"专业教师培养标准"中的教学安排表，各写出 2～3 门即可。
> （二）注意事项
> 1）课程定位需主旨准确、条理清晰、简洁扼要。
> 2）课程功能要明确对应的岗位或工种，写出 2～4 个即可，根据本项目前期研发成果"专业教师培养标准"中的中职业范围表挑选。

2. 设计思路

> 撰写说明：
> （一）撰写内容
> 1）课程总体设计思路：课程总体设计的主线。
> 2）课程设置的依据：课程设置的必要性、合理性与重要性分析。
> 3）课程内容确定的依据：课程内容确定的必要性、原则与路径分析。
> 4）学时与学分安排：体现理实一体的学时安排。
> （二）注意事项
> 1）设计思路：在体现项目课程原理的基础上，结合具体课程特点予以整体谋划，

需按照课程目标的"应然"状态撰写，要体现撰写者独特的课程理念。

2）课程设置的依据：必须从满足社会经济发展需求及行业企业特点出发，分析该课程设置的必要性，从而引出课程。

3）课程内容确定的依据：必须依据当前该课程专业领域的发展及岗位需求，选择和编排课程内容，设计学习情境。

4）课程建议学时数根据本项目前期研发成果"专业教师培养标准"中的教学安排表填写。

3. 学习目标

撰写说明：

（一）撰写内容

课程学习后，学生在知识、技能、态度方面能达到的要求，是学生学习与教师教学的方向。

（二）注意事项

1）选择最核心的目标，条目3～5条，内容明确，切忌罗列，但应概括课程的全部内容。

2）按照能力"输出"的范式撰写，句式包括三个要素：什么条件、什么行为、什么结果。

3）能力表述依据具体任务可采用递进式、并列式等适宜的方式。

4. 课程基本内容与学时分配

撰写说明：

（一）撰写内容

1）课程单元。

2）课程内容的知识要求。

3）课程内容的技能要求。

4）建议学时。

（二）注意事项

1）课程单元的命名，请用"名词＋动词"的形式，一定是一个动作，不得仅用名词表达。例如，本课程第2单元，写作"2园艺设施光环境调控"，不得写为"2园艺设施光环境"。

2）课程内容旨在明确教授什么——需分析出该课程"新"的内容。

3）课程内容以表的形式呈现，撰写要准确详细，要求A4纸2～3页（本文写作格式下，5号字，1.25倍行距），不宜过少或过多。

4）知识要求是完成技能需要的理论支撑；按照"识记""陈述""描述""说明"句式撰写，请勿使用"了解""理解""熟悉""掌握"等词语表述。

5）知识部分需进行知识联想，一般达至：知识总量≥技能要素的理论需求。

6）技能要求由职业能力分解得出；按照"能做什么，结果是什么"的句式撰写。

7）如果该课程单元无技能要求，可只写知识要求。

5. 教学实施

（1）教材与参考书

撰写说明：

（一）撰写内容

1）教材编写与选用。

2）参考书目。

3）数字资源。

（二）注意事项

1）教材编写与选用：可根据模板内容撰写，但要充分体现课程特色。

2）参考书目要求列出 3～5 本 2005 年以后出版的教材，用最新版；可以选用经典权威的工具书或类似工具书或重点培养基地、重点院校规划教材及重点出版社出版教材。注意撰写格式。

3）数字资源要求列出 3～5 个国内外知名、著名的网站或国家精品课网站，或国家、省（直辖市、自治区）政府部门支撑的行业网站。注意撰写格式，网站中文名称要用全称。

（2）教学要求与教学设计

撰写说明：

（一）撰写内容

1）课程重点与难点。

2）解决方法。

3）教学方法与手段。

4）教学发展。

（二）注意事项

1）各课程要根据本课程的特色与要求进行撰写，提出课程的重点与难点及解决方法。

2）要以职教师资能力素质培养为导向，充分体现"教学做"一体化。

（3）教学资源

撰写说明：

（一）撰写内容

1）教学资料。

2）校内实验实习场地与设备、仪器。

3）校外实习基地。

（二）注意事项

各课程要根据本课程的特色与要求进行撰写，提出满足教学要求的基本资源。

（4）课程考核与评价

> 撰写说明：
> （一）撰写内容
> 1）课程考核与评价的总体思想与要求。
> 2）本课程的具体考核与评价要求。
> （二）注意事项
> 各课程要根据本课程的特色与要求进行撰写，多采用真实性情境或生产项目进行考核，注重学生的自评与互评。

6. 说明

> 撰写说明：
> 1）课程大纲的地位，从学校、教材、教师、学生等4个方面叙述。
> 2）课程大纲的使用参考专业及应用建议。

（三）开发了32门专业课程大纲

依据设施农业科学与工程专业培养方案的要求，本项目共开发了包括专业基础课程、专业核心课程、专业方向课程、职业教育课程、教师教育课程等五大类课程，共计32门课程大纲。

四、成果应用

本研究成果是在目前我国多所高校设施农业科学与工程专业教学开展的基础上研发的，在研发过程中《设施蔬菜栽培》《园艺设施环境调控》《无土栽培》《工厂化育苗》等课程大纲已经逐步在河北科技师范学院2012级设施农业科学与工程专业中开始试用，在教师和学生中均得到了很好的评价。他们一致认为新的课程大纲与原来基于学科体系编写的传统大纲相比具有明显的特色，教师教学的目标更加明确，课程设计和课程内容安排更加合理，可操作性强，教学方法更有利于教学效果的提升，最重要的是学生普遍反映学到的知识可以很好地融入实践当中，自己的实践动手能力及团队合作和语言表达能力得到了显著提高。在后续的应用中，应该更加紧密地结合本地区及本学校的特色与优势，通过几轮课程教学，努力将该成果的适用性和科学性进一步提高。

本成果能够使设施农业科学与工程专业职教师资的培养更加规范化、科学化，满足职业教育对教师队伍学术性、师范性和专业性结合方面的特殊要求，对于本科职教师资培养具有重要的理论及现实指导意义。成果同时可供职教师资园艺、农学、植物科学与技术等专业参考使用，各学校及相关专业在应用本大纲时，应因地制宜，突出地方特色。本成果具有一定的科学性和可行性，但还需要在真实的教学实践中去检验，逐步完善提高。

第三部分　调研与分析

一、调研背景

　　课程教学大纲是指导课程教学的纲领性文件，对学校教学质量乃至人才培养质量的提高有着至关重要的作用。课程教学大纲是根据课程在人才培养方案中的地位和作用，以及课程性质、目的和任务而规定的课程内容、体系、范围和教学要求的基本纲要。它是实施教育思想和教学计划的基本保证，是进行课程教学、教材建设和教学质量检查的重要依据，是课程建设和课程评估的重要内容，也是指导学生学习、制订考核说明和评分标准的指导性文件。

　　因此，为了更好地开发适合于职教师资教育的设施农业科学与工程专业课程大纲，促使职教师资的培养更加规范化、科学化，满足职业教育对教师队伍技术性、实践性及其与学术性结合方面的特殊要求，开展了本次问卷调研工作。

二、调研目的

　　本次调研是项目组整体的一次大型调研活动，调研目的主要是了解目前我国设施农业科学与工程专业及相关专业的课程教学大纲编写现状、存在的问题及各层次调查者对于编写职教师资本科教学大纲的建议和意见，从课程大纲编写人员和审核人员，大纲编写体例，大纲所包括的课程性质、课程目标、课程内容及考核评价等多方面得到有价值的调研结果，从而为下一步设施专业职教师资本科课程教学大纲的编写提供参考。

三、调研方法

　　本次调研主要采用的是问卷调研的方法，进行了深层次、全方位的调研。

四、调研过程

（一）调研问卷的准备

　　根据教育部的要求，通过咨询相关专家及项目组成员集体研究，按中高职院校教师（问卷编号 W Ⅰ）、中高职院校管理者（问卷编号 W Ⅱ）、中高职院校学生（问卷编号 W Ⅲ）、本科院校教师（问卷编号 W Ⅳ）、本科院校学生（问卷编号 W Ⅴ）和设施农业行业企业专家（问卷编号 W Ⅵ）6 个层次制作了 6 套问卷。

（二）调研单位及群体的确定

　　由于本项目为国家教育部项目，必须考虑地域及地方特色，因此项目组人员分为东北及华北组、西北组、西南及华南组、华中组 4 组，分别对不同区域具有本专业代表性的典型培养基地本科院校、中高职院校及设施农业行业企业进行了调研。

（三）调研问卷的发放与收回

　　通过现场调研和函调两种途径，共调研本科院校 21 所，包括安徽科技学院、安徽农业大学、东北农业大学、甘肃农业大学、河北科技师范学院、河北农业大学、河南农业大学、华中农业大学、吉林农业大学、南京农业大学、内蒙古农业大学、青岛农业大学、山东农业大学、山西农业大学、沈阳农业大学、四川农业大学、天津农学院、西北农林科技大学、云南大学、云南农业大学、中国农业大学，收回教师有效问卷 198 份，学生 864 份；中高职院校 14 所，包括北京农业职业学院、海南省农业学校、黑龙江农业工程职业学院、辽宁农业职业技术学院、卢龙县职业技术教育中心、迁安市职业技术教育中心、青县职业技术教育中心、云南省曲靖农业学校、日照市农业学校、武威职业学院、邢台现代职业学校、玉林职业学院、玉田县职业技术教育中心、肇庆市农业学校，收回教师有效问卷 148 份，学生 474 份，管理者 70 份；设施农业行业企业 31 家，包括北京天安农业发展有限公司特菜大观园、昌黎县德茂种植专业合作社联合社、昌黎县恒丰果蔬种植专业合作社、昌黎县嘉城蔬菜种植专业合作社、昌黎县民联信诚大棚蔬菜种植专业合作社、昌黎县农林畜牧水产局、昌黎县勇正蔬菜专业合作社、抚宁区农牧水产局、乐亭丞起现代农业发展有限公司、乐亭万事达生态农业发展有限公司、乐亭县金畅果蔬专业合作社、乐亭县绿野果蔬专业合作社、乐亭县农牧局、辽宁农业职业技术学院实践教学基地、卢龙县德惠种植专业合作社、卢龙县福临瑞果蔬种植专业合作社、卢龙县农牧局、农业部设施蔬菜规模化种植基地昌黎项目区、秦皇岛丰禾农业开发有限公司、秦皇岛丰硕蔬菜种植专业合作社、秦皇岛市金农农业科技有限公司、秦皇岛市润果生态农业开发有限公司、秦皇岛市蔬菜管理中心、瑞克斯旺（中国）种子有限公司、上海马陆葡萄公园有限公司、唐山市农业科学研究院、天津市丽都农业科技有限公司、吐鲁番市胜金乡人民政府林业站、吐鲁番市鑫农种苗有限责任公司、潍坊万通食品有限公司蔬菜种植基地、张家口市蔚县科技局，收回有效问卷 131 份。

五、结果与分析

对本次调研的有效问卷进行详细整理与统计，参照第二编第三部分问卷调研数据统计方法，结果分析如下。

（一）设施农业生产的主要工作任务及重要程度排序

根据设施农业生产的实际，提出了 20 个工作任务，共涉及 WⅠ、WⅣ、WⅤ和 WⅥ 4 类问卷，统计结果如表 5-3～表 5-6 所示。

表 5-3 中高职院校教师（WⅠ）对工作任务重要程度排序（%）

重要程度	1	2	3	4	5	6	7	8	9	10	11	12	13	14	15	16	17	18	19	20
1	0.7	1.4	0.7	0.0	0.0	0.0	1.4	0.0	0.0	0.0	0.0	2.8		0.0	0.0	1.4	1.4	2.9	5.7	5.2
2	3.5	6.3	4.3	3.6	3.6	8.0	1.4	1.4	3.5	4.2	3.5	12.7	10.9	12.7	11.4	12.1	14.1	10.7	13.5	12.6
3	19.4	17.5	18.0	23.0	21.6	26.1	24.3	15.6	18.3	19.7	14.1	26.1	28.3	24.6	20.7	32.6	25.4	33.6	35.5	31.9
4	22.2	34.3	42.4	38.8	31.9	31.9	32.9	28.4	14.1		40.1	39.4	34.1	26.1	31.4	34.5	34.5	32.1	28.4	32.6
5	54.2	40.6	34.5	34.5	49.3	34.1	40.0	54.6	64.1	39.4	42.3	19.0	26.1	35.9	36.4	16.3	24.6	20.7	17.0	17.8

注：表中纵排数字表示工作任务重要程度，其中 5 为最重要，4 为较重要，3 为中等，2 为较不重要，1 为最不重要。横排数字表示对应的工作任务：1. 园区规划与棚室设计；2. 设施建造；3. 设施配套设备安装、维护与使用；4. 设施环境观测与调控；5. 设施栽培新技术引进、集成与示范；6. 设施植物专用品种选育；7. 设施作物工厂化育苗；8. 设施作物栽培管理；9. 设施作物病虫害诊断与防控；10. 土壤肥力及其检测；11. 设施作物无公害生产；12. 设施作物无土栽培；13. 设施名、优、特、稀作物栽培；14. 产品的采收、包装、贮运、营销；15. 农产品品质分析、农药残留检验；16. 设施农业生产资料营销；17. 设施农业企业管理；18. 设施综合利用；19. 设施试验设计；20. 设施动物养殖。表 5-4～表 5-6 同

由表 5-3 可知，中高职院校教师认为 20 个工作任务中，重要程度排在前 5 位的有：9 设施作物病虫害诊断与防控，8 设施作物栽培管理，5 设施栽培新技术引进、集成与示范，1 园区规划与棚室设计，11 设施作物无公害生产。不重要程度排在前 5 位的有：19 设施试验设计，20 设施动物养殖，16 设施农业生产资料营销，18 设施综合利用，12 设施作物无土栽培。

表 5-4　本科院校教师（WⅣ）对工作任务重要程度排序（%）

重要程度	1	2	3	4	5	6	7	8	9	10	11	12	13	14	15	16	17	18	19	20
1	1.0	0.5	0.0	0.0	0.0	2.6	0.0	0.0	0.0	2.1	1.0	2.1	1.6	1.5	2.1	1.6	0.0	2.1	1.0	9.4
2	1.6	2.6	2.1	1.0	1.6	5.2	2.6	2.6	6.2	9.3	9.4	6.2	8.8	13.5	8.8	6.7	11.3	19.9
3	9.8	14.4	14.9	16.7	10.5	19.6	15.5	15.5	13.0	28.5	18.0	22.7	22.4	28.4	26.8	31.3	25.4	32.6	28.4	27.7
4	22.8	31.4	35.1	28.1	40.8	40.7	36.3	34.2	36.8	42.0	37.1	36.6	37.5	39.7	33.0	34.4	36.3	31.6	34.5	29.8
5	64.8	51.0	47.9	54.2	47.1	32.0	45.6	49.2	47.7	21.2	39.2	29.4	29.2	24.2	29.4	19.3	28.5	26.9	24.7	13.1

由表 5-4 可知，本科院校教师认为 20 个工作任务中，重要程度排在前 5 位的有：1 园区规划与棚室设计，4 设施环境观测与调控，5 设施栽培新技术引进、集成与示范，8 设施作物栽培管理，2 设施建造。不重要程度排在前 5 位的有：20 设施动物养殖，16 设施农业生产资料营销，19 设施试验设计，10 土壤肥力及其检测，14 产品的采收、包装、储运、营销。

表 5-5　培养基地本科院校学生（WⅤ）对工作任务重要程度排序（%）

重要程度	1	2	3	4	5	6	7	8	9	10	11	12	13	14	15	16	17	18	19	20
1	1.2	1.5	1.1	1.1	1.8	1.8	1.8	1.5	1.2	1.8	1.4	2.8	3.5	3.1	2.5	2.6	1.8	1.8	3.2	8.7
2	1.1	2.6	4.8	3.2	5.5	5.4	2.9	2.4	3.9	6.6	5.4	5.3	9.0	7.7	7.0	11.1	6.9	6.6	8.0	13.9
3	13.5	15.4	20.7	14.8	20.2	18.9	18.9	12.4	15.5	27.7	20.6	22.0	23.9	21.6	22.5	26.8	24.1	22.6	26.7	28.9
4	31.3	35.5	34.4	35.7	30.8	33.0	34.6	33.9	31.7	35.8	33.4	35.1	30.7	34.3	36	30.5	32.9	32.7	33.3	28.2
5	53.0	44.9	39.0	45.3	41.6	40.9	41.8	49.8	47.7	28.1	39.2	34.7	32.9	33.3	34.4	29.0	34.3	36.4	28.7	20.2

由表 5-5 可知，本科院校学生认为 20 个工作任务中，重要程度排在前 5 位的有：1 园区规划与棚室设计，8 设施作物栽培管理，4 设施环境观测与调控，9 设施作物病虫害诊断与防控，2 设施建造。不重要程度排在前 5 位的有：20 设施动物养殖，16 设施农业生产资料营销，19 设施试验设计，13 设施名、优、特、稀作物栽培，10 土壤肥力及其检测。

表 5-6　设施农业行业企业专家（WⅥ）对工作任务重要程度排序（%）

重要程度	1	2	3	4	5	6	7	8	9	10	11	12	13	14	15	16	17	18	19	20
1	0.0	0.0	0.0	0.0	0.0	6.9	0.0	0.0	0.0	0.0	0.0	6.9	6.7	3.4	3.3	3.3	3.3	0.0	3.4	16.7
2	0.0	7.1	3.6	3.4	3.3	0.0	13.3	3.3	3.4	3.2	0.0	3.4	13.3	24.1	13.3	20.0	6.7	0.0	0.0	20.0

重要程度	1	2	3	4	5	6	7	8	9	10	11	12	13	14	15	16	17	18	19	20
3	14.3	7.1	21.4	13.8	30.0	24.1	13.3	13.3	17.2	19.4	29.0	31.0	20.0	13.8	23.3	23.3	23.3	16.7	27.6	16.7
4	17.9	35.7	28.6	20.7	16.7	24.1	26.7	20.0	20.7	41.9	29.0	41.4	33.3	20.7	10.0	26.7	20.0	36.7	31.0	10.0
5	67.9	50.0	46.4	62.1	50.0	44.8	43.3	63.3	58.6	35.5	41.9	17.2	26.7	37.9	50.0	26.7	46.7	46.7	37.9	36.7

由表 5-6 可知,设施农业行业企业专家认为 20 个工作任务中,重要程度排在前 5 位的有:1 园区规划与棚室设计,8 设施作物栽培管理,4 设施环境观测与调控,9 设施作物病害诊断与防控,2 设施建造。不重要程度排在前 5 位的有:20 设施动物养殖,16 设施农业生产资料营销,12 设施作物无土栽培,13 设施名、优、特、稀作物栽培,14 产品的采收、包装、贮运、营销。

综上可知,不同被调查群体根据自己的工作及学习情况对 20 个工作任务重要程度给出了不同的结果,对 4 个群体统计结果总体分析认为,相对最重要的工作任务有:园区规划与棚室设计,设施作物栽培管理,设施环境观测与调控,设施作物病害诊断与防控,设施建造,设施栽培新技术引进、集成与示范。相对最不重要的工作任务有:设施动物养殖,设施农业生产资料营销,设施试验设计,设施作物无土栽培,设施名、优、特、稀作物栽培,土壤肥力及其检测。对于重要的工作任务,在课程设置、教学大纲编写时应给予充分的考虑。

(二)本科阶段所学专业类和教师教育类课程重要性排序

根据设施农业科学与工程本科阶段的课程设置情况,提出了 28 门专业或专业基础课程,共涉及 WⅠ、WⅣ、WⅤ和 WⅥ 4 类问卷,统计结果如表 5-7~表 5-10 所示。

表 5-7　中高职院校教师(WⅠ)对本科阶段所学专业类和教师教育类课程重要性排序(%)

课程编号	最有帮助的 8 门课程								帮助最小的 3 门课程		
	(1)	(2)	(3)	(4)	(5)	(6)	(7)	(8)	①	②	③
1	24.6	7.7	2.8	5.1	1.5	2.2	2.2	4.7	3.7	0.0	0.0
2	4.9	18.9	5.6	4.3	3.6	1.5	3.7	1.6	0.7	1.5	0.8
3	5.6	2.1	15.5	5.1	2.2	6.7	2.2	1.6	1.5	0.0	1.5
4	0.7	4.2	1.4	10.9	1.5	2.2	2.2	1.6	1.5	2.3	2.3
5	0.7	6.3	7.0	2.2	6.6	3.7	3.0	1.6	5.2	3.0	1.5
6	1.4	2.1	2.1	6.5	2.9	5.2	2.2	2.3	3.0	6.0	3.0
7	0.7	1.4	4.2	2.2	5.8	6.7	2.2	1.6	0.7	3.8	0.0
8	5.6	2.8	5.6	8.0	8.0	4.4	7.5	5.5		0.0	2.3
9	1.4	2.1	0.0	3.6	3.6	1.5	0.7	1.6	1.5	3.8	7.6
10	6.3	9.1	4.9	3.6	9.5	7.4	7.5	1.6	0.7	0.0	1.5
11	0.0	0.7	0.7	0.7	1.5	3.0	1.5	0.0	3.7	1.5	2.3

课程编号	最有帮助的8门课程								帮助最小的3门课程		
	（1）	（2）	（3）	（4）	（5）	（6）	（7）	（8）	①	②	③
12	0.7	0.7	2.1	2.9	3.6	2.2	3.0	3.9	4.4	6.8	9.1
13	1.4	0.7	2.1	3.6	2.9	1.5	1.5	4.7	7.4	1.5	1.5
14	4.2	2.8	2.8	1.4	2.2	2.2	9.0	3.9	1.5	3.8	2.3
15	1.4	2.8	2.8	2.9	3.6	3.0	5.2	3.9	1.5	1.5	1.5
16	0.0	0.7	2.1	0.7	0.7	3.0	6.7	2.3	2.2	6.0	3.8
17	3.5	2.1	4.2	5.1	5.1	5.9	4.5	2.3	1.5	1.5	0.8
18	0.7	0.0	2.1	0.7	3.6	5.2	2.2	3.1	7.4	6.0	6.8
19	0.0	0.7	1.4	1.4	1.5	2.2	1.5	0.8	3.0	7.5	8.3
20	1.4	0.7	1.4	0.7	1.5	2.2	2.2	5.5	3.0	6.0	3.8
21	2.1	0.0	1.4	3.6	1.5	0.7	3.7	2.3	11.9	3.8	4.5
22	9.2	4.9	4.9	3.6	4.4	4.4	3.7	10.9	0.0	1.5	0.0
23	0.7	4.9	1.4	3.6	1.5	3.7	1.5	3.1	3.0	8.3	7.6
24	4.2	4.9	7.0	2.2	5.8	5.2	5.2	2.3	3.0	1.5	0.8
25	4.2	4.9	4.2	4.3	5.1	5.2	5.2	5.5	5.2	3.0	3.8
26	2.8	2.8	2.8	5.8	7.3	4.4	0.7	6.3	5.9	3.0	8.3
27	6.3	3.5	3.5	1.4	1.5	2.2	3.7	4.7	8.1	9.8	4.5
28	4.9	5.6	3.5	3.6	1.5	3.7	5.2	7.0	5.9	6.0	9.8

注：表中横向标题数字表示排序，（1）～（8）表示按帮助由大到小的8门课程排序，①～③表示按帮助由小到大的3门课程排序；纵向标题数字表示课程代号，1.设施蔬菜栽培；2.设施果树栽培；3.设施花卉栽培；4.食用菌栽培；5.无土栽培；6.工厂化育苗；7.有机果蔬生产；8.现代农业技术；9.园艺植物育种；10.作物病虫害防控；11.设施产品采后处理；12.休闲农业；13.农业园区规划与管理；14.设施设计与建造；15.设施环境与调控；16.设施自动化控制；17.设施土壤与肥料；18.设施灌溉；19.设施园艺机械；20.设施农业经营；21.田间试验与统计；22.专业技能训练；23.科研技能训练；24.教师技能训练；25.专业教学法；26.计算机应用技术；27.教育学；28.心理学。表5-8～表5-10同

由表5-7可知，中高职院校教师对本科阶段所学专业类和教师教育类课程重要性进行排序，重要的课程有：1设施蔬菜栽培，2设施果树栽培，10作物病虫害防控，3设施花卉栽培，22专业技能训练，8现代农业技术，24教师技能训练，25专业教学法。不重要的课程有：27教育学，21田间试验与统计，28心理学。

表5-8　本科院校教师（WⅣ）对本科阶段所学专业类和教师教育类课程重要性排序（%）

课程编号	最有帮助的8门课程								帮助最小的3门课程		
	（1）	（2）	（3）	（4）	（5）	（6）	（7）	（8）	①	②	③
1	40.6	9.6	9.6	6.6	6.6	3.0	2.5	1.0	0.5	0.0	0.5
2	0.5	24.4	4.6	5.6	4.6	5.1	4.1	2.0	0.5	0.0	0.5
3	4.1	7.6	25.4	5.1	5.6	4.1	3.6	3.6	0.5	0.0	0.0
4	1.0	1.0	3.0	12.2	1.0	3.0	4.6	3.0	2.5	2.0	0.5

续表

课程编号	最有帮助的 8 门课程								帮助最小的 3 门课程		
	（1）	（2）	（3）	（4）	（5）	（6）	（7）	（8）	①	②	③
5	2.0	4.1	7.1	8.6	12.7	4.6	4.6	1.5	0.0	0.5	0.0
6	3.6	4.1	1.5	9.1	8.6	10.2	2.0	2.5	0.5	0.0	1.0
7	0.5	1.0	2.5	2.5	4.6	2.5	4.1	3.0	2.5	1.5	1.5
8	3.0	1.5	1.5	2.0	2.5	3.0	3.0	5.1	0.5	1.5	1.5
9	1.5	3.0	1.0	0.5	4.1	2.5	4.6	2.5	0.5	2.0	3.0
10	1.0	0.5	4.6	2.5	5.6	8.6	7.6	7.1	1.0	1.0	0.5
11	1.0	0.0	1.0	2.5	1.5	3.6	3.6	2.5	1.0	1.0	0.5
12	1.0	1.0	1.0	2.5	1.0	1.5	0.5	3.0	5.6	7.6	7.6
13	5.6	6.1	3.0	4.1	5.1	4.1	3.6	2.0	1.5	0.5	1.5
14	16.2	8.1	5.6	5.1	3.6	6.6	3.6	1.5	1.0	0.5	1.0
15	6.6	16.2	9.1	3.6	5.6	5.6	4.6	4.6	1.0	0.5	0.5
16	1.5	3.0	5.6	4.1	1.0	3.6	4.1	1.0	0.0	1.5	0.5
17	1.0	0.5	1.0	3.6	3.6	2.0	5.6	5.1	1.5	1.0	1.0
18	0.5	1.0	0.0	2.0	1.5	3.0	3.6	4.1	2.0	2.0	3.0
19	0.0	1.0	1.0	1.5	1.0	2.5	2.5	3.0	2.5	2.5	2.5
20	0.0	0.0	0.5	2.5	4.1	2.0	5.1	7.1	2.5	4.1	3.0
21	3.0	1.0	2.0	2.0	3.0	2.0	0.5	5.1	3.0	2.0	4.1
22	1.5	0.5	2.0	2.5	2.0	5.6	4.1	0.0	1.0	0.0	1.5
23	0.0	0.5	1.5	0.0	2.5	1.5	2.5	1.5	4.1	5.1	2.0
24	0.5	0.5	1.0	1.5	0.0	1.5	1.5	2.5	1.0	3.6	7.1
25	0.5	0.5	0.0	0.5	0.0	1.0	0.5	0.5	16.8	5.6	17.8
26	0.5	0.0	1.0	0.5	0.5	1.5	1.0	1.0	6.1	5.6	4.1
27	0.5	0.5	0.0	0.5	0.0	0.0	0.5	3.0	22.3	23.9	6.6
28	0.0	0.5	0.5	0.0	0.5	0.0	0.0	3.0	16.2	21.3	18.3

由表 5-8 可知，本科院校教师对本科阶段所学专业类和教师教育类课程重要性进行排序，重要的课程有：1 设施蔬菜栽培，3 设施花卉栽培，15 设施环境与调控，14 设施设计与建造，2 设施果树栽培，5 无土栽培，6 工厂化育苗，13 农业园区规划与管理。不重要的课程有：27 教育学，28 心理学，25 专业教学法。

表 5-9 本科院校学生（WV）对本科阶段所学专业类和教师教育类课程重要性排序（%）

课程编号	最有帮助的 8 门课程								帮助最小的 3 门课程		
	（1）	（2）	（3）	（4）	（5）	（6）	（7）	（8）	①	②	③
1	35.1	8.0	4.4	3.6	3.5	2.9	2.1	1.7	2.9	0.7	0.2
2	4.2	16.7	5.6	2.8	3.4	1.9	2.9	1.0	3.1	2.3	1.0
3	3.7	7.6	15.0	3.8	2.5	3.9	2.4	2.3	0.9	1.9	2.8
4	1.3	3.4	3.5	2.4	2.5	1.7	1.7	3.5	4.2	2.5	3.5
5	5.7	8.7	7.5	10.2	9.4	3.4	2.4	3.2	1.2	1.3	1.6
6	1.6	6.1	5.7	5.8	7.5	7.1	3.5	3.5	1.9	1.9	2.1
7	1.5	2.4	2.8	4.9	4.4	3.1	3.9	1.6	1.2	1.4	0.9

课程编号	最有帮助的8门课程								帮助最小的3门课程		
	(1)	(2)	(3)	(4)	(5)	(6)	(7)	(8)	①	②	③
8	6.4	4.6	6.4	5.7	5.6	5.3	4.3	4.9	1.0	1.0	2.0
9	2.8	2.3	3.8	3.6	3.4	3.5	3.4	2.1	0.5	1.6	1.6
10	1.0	1.7	3.5	4.7	5.6	6.3	6.1	3.6	1.2	0.6	0.9
11	0.5	0.9	1.9	2.1	4.1	2.9	3.4	4.1	0.7	1.0	1.2
12	1.0	1.6	3.1	2.4	3.1	3.1	2.1	3.2	5.2	5.1	5.0
13	5.1	3.2	2.5	4.5	3.7	4.6	3.8	3.8	1.0	1.3	1.3
14	6.7	5.9	5.1	5.0	5.0	5.2	4.5	2.8	1.0	0.3	0.7
15	3.9	5.0	3.9	4.6	4.6	4.4	5.9	3.6	0.2	0.8	1.5
16	2.0	3.9	5.3	4.5	4.3	4.3	3.7	4.6	0.6	0.7	1.5
17	1.0	1.6	2.4	2.7	4.4	5.8	4.1	4.4	1.0	1.0	0.9
18	0.1	0.7	1.9	1.7	2.0	3.7	3.9	4.4	1.0	2.0	1.9
19	0.2	0.3	1.2	1.5	1.6	2.1	2.9	3.1	1.7	2.2	3.1
20	2.0	2.4	2.7	2.9	3.8	3.7	4.3	5.1	1.5	1.4	2.0
21	1.9	1.7	2.3	3.0	2.7	4.3	3.7	3.8	3.0	1.5	2.8
22	2.7	2.5	1.6	2.4	1.7	3.4	4.9	3.9	1.0	1.3	3.0
23	0.9	1.2	1.3	1.3	1.9	1.7	2.3	2.8	2.1	3.2	1.9
24	0.9	0.3	0.5	0.3	0.7	0.1	0.5	1.2	5.0	9.1	12.8
25	0.2	0.3	0.3	0.5	0.2	1.2	0.9	0.9	8.3	7.9	15.5
26	2.0	1.6	1.3	1.9	1.3	2.7	4.3	6.0	2.1	3.4	6.5
27	0.2	1.2	0.1	0.7	0.6	0.2	1.6	0.8	23.3	20.3	6.9
28	2.8	0.8	1.0	0.6	1.5	1.3	2.5	3.9	18.9	17.1	8.3

由表 5-9 可知,本科院校学生对本科阶段所学专业类和教师教育类课程重要性进行排序,重要的课程有:1 设施蔬菜栽培,5 无土栽培,2 设施果树栽培,3 设施花卉栽培,8 现代农业技术,14 设施设计与建造,6 工厂化育苗,15 设施环境与调控。不重要的课程有:27 教育学,28 心理学,25 专业教学法。

表 5-10　设施农业行业企业专家(WⅥ)对本科阶段所学专业类和教师教育类课程重要性排序(%)

课程编号	最有帮助的8门课程								帮助最小的3门课程		
	(1)	(2)	(3)	(4)	(5)	(6)	(7)	(8)	①	②	③
1	48.4	12.9	0.0	0.0	0.0	9.7	3.2	0.0	0.0	0.0	0.0
2	0.0	29.0	6.5	3.2	0.0	0.0	6.5	0.0	0.0	0.0	0.0
3	6.5	0.0	22.6	0.0	0.0	0.0	0.0	0.0	0.0	0.0	0.0
4	0.0	0.0	3.2	12.9	0.0	0.0	0.0	0.0	3.2	3.2	6.5
5	3.2	6.5	6.5	3.2	0.0	0.0	0.0	0.0	0.0	3.2	0.0
6	0.0	9.7	6.5	0.0	9.7	0.0	0.0	3.2	3.2	0.0	0.0
7	0.0	0.0	0.0	6.5	3.2	9.7	0.0	0.0	3.2	0.0	0.0

课程编号	最有帮助的8门课程								帮助最小的3门课程		
	（1）	（2）	（3）	（4）	（5）	（6）	（7）	（8）	①	②	③
8	12.9	12.9	3.2	6.5	0.0	3.2	9.7	0.0	3.2	0.0	0.0
9	0.0	0.0	12.9	6.5	6.5	3.2	6.5	0.0	3.2	0.0	3.2
10	0.0	3.2	6.5	22.6	6.5	6.5	3.2	6.5	0.0	0.0	0.0
11	0.0	3.2	0.0	0.0	3.2	0.0	6.5	6.5	3.2	0.0	3.2
12	3.2	0.0	3.2	0.0	0.0	0.0	0.0	0.0	19.4	16.1	6.5
13	16.1	3.2	3.2	6.5	12.9	9.7	0.0	0.0	3.2	0.0	0.0
14	0.0	9.7	9.7	3.2	22.6	9.7	0.0	0.0	0.0	0.0	0.0
15	0.0	0.0	9.7	3.2	3.2	12.9	9.7	6.5	0.0	0.0	0.0
16	0.0	3.2	0.0	6.5	3.2	9.7	6.5	6.5	0.0	3.2	0.0
17	0.0	0.0	0.0	3.2	12.9	3.2	9.7	6.5	0.0	0.0	0.0
18	0.0	0.0	0.0	0.0	3.2	12.9	6.5	6.5	0.0	0.0	0.0
19	0.0	0.0	3.2	6.5	0.0	0.0	3.2	3.2	3.2	0.0	6.5
20	0.0	0.0	0.0	6.5	6.5	0.0	3.2	9.7	0.0	3.2	6.5
21	3.2	3.2	0.0	0.0	3.2	3.2	0.0	3.2	0.0	0.0	0.0
22	0.0	0.0	0.0	0.0	0.0	0.0	6.5	12.9	0.0	0.0	0.0
23	0.0	0.0	0.0	0.0	0.0	3.2	6.5	0.0	0.0	0.0	6.5
24	0.0	0.0	0.0	0.0	0.0	0.0	3.2	0.0	9.7	9.7	6.5
25	0.0	0.0	0.0	0.0	0.0	0.0	0.0	6.5	3.2	9.7	16.1
26	0.0	0.0	0.0	0.0	0.0	0.0	6.5	6.5	9.7	6.5	0.0
27	0.0	0.0	0.0	0.0	0.0	0.0	0.0	0.0	12.9	32.3	12.9
28	3.2	0.0	0.0	0.0	0.0	0.0	0.0	9.7	16.1	9.7	22.6

由表 5-10 可知，设施农业行业企业专家对本科阶段所学专业类和教师教育类课程重要性进行排序，重要的课程有：1 设施蔬菜栽培，13 农业园区规划与管理，8 现代农业技术，2 设施果树栽培，14 设施设计与建造，10 作物病虫害防控，3 设施花卉栽培，9 园艺植物育种。不重要的课程有：27 教育学，12 休闲农业，28 心理学。

综上可知，不同被调查群体根据自己所从事的工作或学习性质不同，统计结果存在差异性，如教师主要侧重学科和应用，而行业企业专家则更多地侧重于工作岗位及实际应用。对 4 个群体统计结果总体分析认为，相对最重要的工作任务有：设施蔬菜栽培，设施果树栽培，设施花卉栽培，设施设计与建造，无土栽培，农业园区规划与管理，作物病虫害防控，工厂化育苗。相对最不重要的工作任务有：教育学，心理学，专业教学法。对于重要的课程，在课程设置、教学大纲编写时应给予充分的考虑。

（三）设施本科专业理论课与实践课教学学时适宜的比例

该题干主要涉及 WⅠ、WⅡ、WⅣ和 WⅥ 4 个问卷，对其统计分析结果如图 5-2 所示，问卷 WⅥ行业企业专家主要注重的是实践能力，所以实践课程所占比例较大，3:7 的占59%，2:8 的占 37%，而其他比例则没有；其他 3 个问卷统计结果则相对分散，但均认为学时比例为 5:5 最合适，统计结果所占比例均为最高。

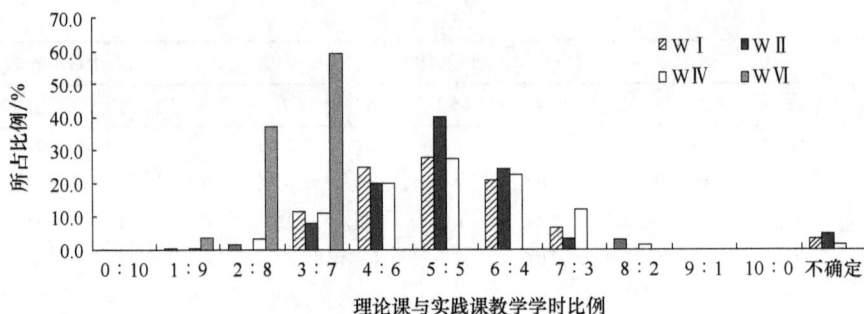

图 5-2 理论课与实践课教学学时比例分配统计结果

（四）设施本科专业的课程设置模式

该题干主要涉及 WⅠ、WⅣ和 WⅤ 3 类问卷，对其统计分析结果如图 5-3 所示，3 个问卷的统计结果均为课程理实一体化（5）所占比例为最高，其次为现有的学科课程体系（3）。

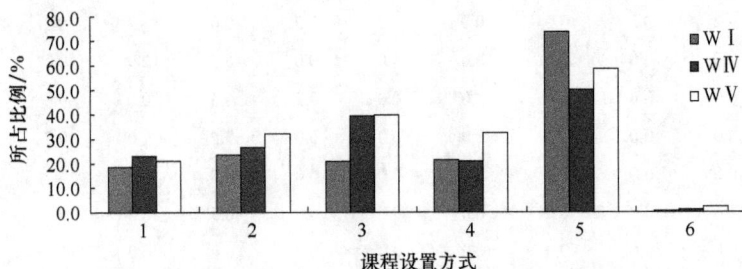

图 5-3 设施本科专业课程设置统计结果

1. 课程小型化（增加课程数量，减少单个课程学时）；2. 课程大型化（相近、相关课程合并，增加课程学时数）；3. 现有的学科课程体系（以理论课程为主，穿插辅以实验、实习课程）；4. 课程实践化（全部改为实践性课程，理论课程尽量不开设）；5. 课程理实一体化（以实践性课程为主，辅以理论课程）；6. 其他

（五）农业设施主要用途

该题干主要涉及 WⅠ、WⅣ和 WⅤ 3 类问卷，对其统计分析结果如图 5-4 所示，3

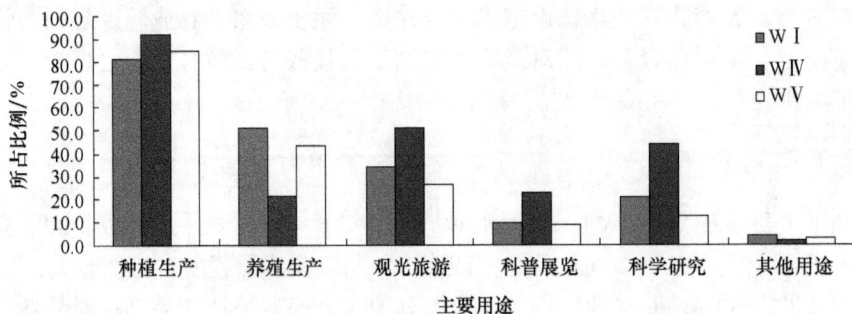

图 5-4 农业设施主要用途统计结果

类问卷中主要用途为种植生产，所占比例最高，均达 80% 以上，其次为观光农业和养殖生产；群体中本科高校教师由于其科研特性，因此选择科学研究的所占比例较多，而养殖生产则较少。

（六）其他方面

1．实践教学方式　该题干主要涉及 WⅤ 和 WⅥ两类问卷，对其统计分析结果如图 5-5 所示，两类问卷中以到企业顶岗实习（2）为最高，所占比例达 55% 以上，其他（4）选项中大多数人认为先在学校有教师带队实习一段时间，后在企业顶岗实习。

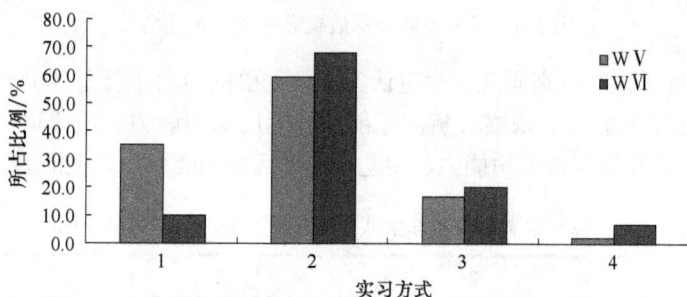

图 5-5　实践教学实习方式统计结果

1．有老师带队，在校内实习基地实习；2．到企业顶岗实习；
3．自己找实习单位实习；4．其他

2．专业课程大纲编写牵头人　问题：您认为设施本科专业课程教学大纲应该由谁牵头编写比较合适？可多选，并请排序（WⅦ）。

由表 5-11 可以看出，在设施专业教学大纲应该由谁来牵头编写统计中，排序前三位的是设施农业领域行业专家、设施农业领域知名教师、课程主讲教师，所占比例均达 25% 以上。

表 5-11　设施专业教学大纲编写人员及排序统计结果（%）

项目	1	2	3	4	5
课程主讲教师	20.0	7.1	25.7	2.9	0.0
设施农业领域知名教师	24.3	32.9	5.7	0.0	0.0
设施农业领域行业专家	32.9	21.4	22.9	1.4	0.0
学校教学工作委员会	4.3	4.3	2.9	14.3	1.4
其他	2.9	0.0	0.0	0.0	0.0

注：表中横排标题行数字表示排序顺位

3．专业教师最缺乏的能力　问题：根据贵校情况，您认为目前专业教师最缺乏的是哪些能力（最多选三项）（WⅦ）？

从图 5-6 可知，目前专业教师最缺乏的三种能力是实践操作能力、开拓创新能力和团队协作能力。

4．重要的能力　问题：你认为下面的哪些能力对你更重要？请首先选择比较重要的，个数不限；再按重要程度排序，填写下表，最重要的排在前面（WⅧ）。

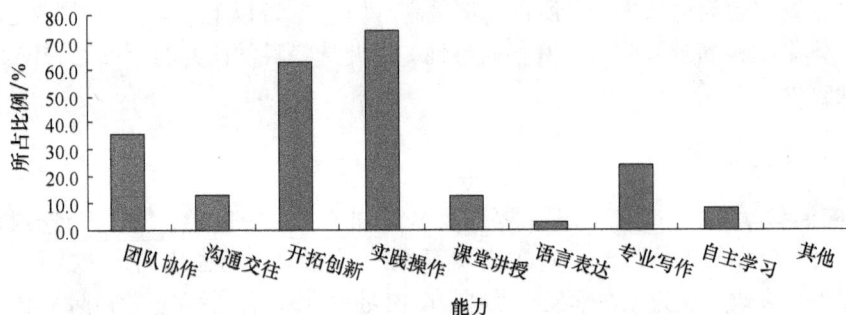

图 5-6　目前专业教师最缺乏的能力统计结果

如表 5-12 所示，对中高职院校学生认为比较重要的能力进行总体分析，排序为与人沟通能力、自主学习能力、观察分析问题能力、运用知识能力、适应艰苦环境能力、园艺作物生产能力、设施建造使用能力、园艺作物贮运加工能力、其他能力。

表 5-12　中高职院校学生认为比较重要的能力统计表（%）

项目	1	2	3	4	5	6	7	8	9
自主学习能力	29.5	13.7	16.7	9.1	8.4	6.1	4.0	4.4	0.4
运用知识能力	7.4	18.8	17.1	20.9	11.6	6.3	4.2	3.6	0.4
观察分析问题能力	8.2	17.7	21.5	17.1	15.2	5.3	4.2	2.3	0.6
设施建造使用能力	2.1	3.2	7.2	9.9	11.2	22.6	12.2	9.9	1.3
园艺作物生产能力	3.8	4.6	4.6	11.2	13.1	14.3	20.0	7.0	0.6
园艺作物贮运加工能力	1.3	1.7	2.1	3.0	5.7	14.8	15.6	28.5	2.5
与人沟通能力	35.2	17.7	11.4	10.1	8.6	3.4	3.6	3.2	0.6
适应艰苦环境的能力	8.0	17.3	13.5	11.0	12.7	5.9	8.9	9.5	1.3
其他能力	0.8	0.4	0.6	0.8	0.4	1.1	1.1	3.0	33.5

注：表中横排标题行数字表示重要程度排序，由 1 至 9 依次递减

5. 实习指导课的任课教师　　问题：你学校实习指导课的任课教师一般是以下哪类人员（WⅢ）？

如图 5-7 所示，在中高职院校指导学生实习的教师中主要是校内理论课教师，占47.1%，其次为专门指导实习的教师，占41.3%。

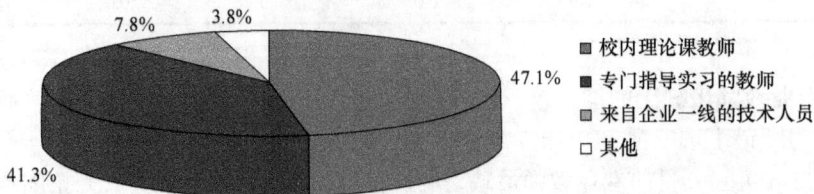

图 5-7　实习指导教师统计图

6. 对教学大纲的认识　　针对本科院校学生关于教学大纲方面的一些问题调查问卷统计结果（WⅤ）。

1）你认为在学习某门课程之前，研读该课程的教学大纲重要吗？

其中认为非常重要的占 18.5%，重要的占 55.9%，一般的占 22.2%，不重要的占 2.2%，无所谓的占 1.2%。

2）你阅读过所开设课程的教学大纲吗？

其中认真仔细阅读过的占 13.5%，看到过但没有认真阅读的占 61.1%，没看到过的占 25.4%。

3）你学习的课程，在开课之初，任课教师是否介绍了教学大纲的相关内容？

其中所有课程都介绍的占 19.4%，大部分课程（50%以上）介绍的占 55.6%，只有少部分课程（50%以下）介绍的占 21.2%，所有课程都不介绍的占 3.9%。

4）你认为由哪些人来审核教学大纲比较合适（可多选）？

其中认为学科专家的占 45.5%，有经验的教师的占 55.4%，生产岗位技术专家的占 67.0%，本专业学生的占 14.6%，教学管理者的占 11.0%。

对上述 4 个题目统计结果进行综合分析可知，目前学生对于课程教学大纲的重要性还没有完全认识到，而大部分主讲教师对大纲的重要性给予了足够的重视。在分析教学大纲审核时，学生认为主要由生产技术专家、有经验的教师和学科专家进行审核比较合适，所占比例均达 45%以上。

5）请谈谈你理想的教学大纲或自己对教学大纲的期望？请对学校开设的课程或教学大纲提出自己的建议或意见？

汇总调查问卷的结果，主要包括以下方面：①内容简洁，重点突出，思路清晰，内容相互联系，学时分配合理；②增加实践教学学时、加强实践教学环节，理论联系实际，多提供在企业实习的机会；③明确教学目标、明确课程在工作岗位上的作用和意义，激发学生学习兴趣。

7. 关于课程考核　你认为课程考核与评分应该包括哪些内容，考核的结果才更真实（可多选）（WV）？

统计结果显示选择日常考核的占 60.3%，操作考核的占 82.4%，卷面考核的占 49.9%，提交实验报告的占 36.9%，其他的占 4.6%。由此可知，学生认为课程应该进行综合性考核，将日常考核、操作考核和卷面考核结合起来，尤其是操作考核所占比例应该大些，这样的考核结果才更真实。

六、结论

选取设施农业科学与工程专业或相关专业在全国不同区域具有代表性的本科高校、中高职院校及设施农业相关行业企业作为调研单位，对中高职院校教师、中高职院校管理者、中高职院校学生、本科院校教师、本科院校学生和设施农业行业企业专家 6 个不同群体分别进行了全方位、深层次的问卷调研，进而对问卷调研结果进行了详细而科学的统计和结果分析，概括为如下结论。

1. 设施农业生产中的重要工作任务　目前我国农业设施的主要用途为进行植物生产，少部分为休闲旅游，在设施农业生产中的重要工作任务为园区规划与棚室设计，设施建造，设施配套设备安装、维护与使用，设施环境观测与调控，设施栽培新技术引进、集成与示范，设施植物专用品种选育，设施作物工厂化育苗，设施作物栽培管理，设施作物病虫害诊断与防控，设施作物无公害生产，农产品品质分析；相对重要的为农药残留检验，设施作物无土栽培，设施名、优、特、稀作物栽培，产品的采收、包装、贮运、营销，设施农业生产资料营销，设施农业企业管理，设施综合利用，设施试验设计，土壤肥力及其检测，设施动物养殖。

2. 设施专业开设的重要课程　　目前设施专业相关课程中认为比较重要的8门课程为设施蔬菜栽培、设施果树栽培、设施花卉栽培、设施设计与建造、无土栽培、作物病虫害防控、设施环境与调控、工厂化育苗；认为帮助较小的3门课程为心理学、计算机应用技术、休闲农业。分析原因可能是目前我国将设施专业作为师范类专业的院校较少，故心理学这一师范类必修课程被认为帮助较小，而其他两门课程可能是对其不太了解。

3. 职教师资应具备的能力　　目前设施专业课教师最缺乏的是实践操作能力、开拓创新能力和团队协作能力，而中高职院校学生认为其必须具备的能力为与人沟通能力、自主学习能力、运用知识能力、观察分析能力等，这就要求在培养本科职教师资时，必须重点培养这些能力。

4. 对教学大纲的认识及编写　　在教学大纲认识方面，目前绝大多数学生对其重要性认识不够，而任课教师对教学大纲认识较深刻，但应注意与学生沟通。在教学大纲编写方面，比较适合组织编写和审核的应该是设施农业行业生产技术专家、有经验的教师和学科专家。在大纲编写时要注意明确教学目标、明确课程在工作岗位上的作用和意义，激发学生学习兴趣；大纲内容要简洁、重点突出，思路清晰，内容相互联系；增加实践教学学时、加强实践教学环节，理论联系实际，多提供在企业顶岗实习的机会。

5. 课程学时分配及考核　　在课程学时分配时，应增加实践教学学时，提高学生实践操作能力。在课程考核方面建议采用综合评定法，包括平时考核、技能操作、卷面考核等，从而更真实地体现学生对知识的掌握程度。

第四部分　专业课程大纲的研发

　　"《设施农业科学与工程》专业职教师资培养标准、培养方案、核心课程和特色教材开发"项目是教育部、财政部"职业院校教师素质提高计划"框架内的一部分，项目中专业课程大纲的编写是课程资源开发的一部分，专业课程大纲是根据专业培养目标，具体规定课程的性质、目标、主要内容、实施建议及评价建议。它是管理和评价课程的基础，是教材编写、教学实施、教学评价的依据。

一、设施农业科学与工程专业课程大纲制订指南

　　课程大纲是实施专业人才培养方案、实现人才培养目标的指导性教学文件，它既是教材选编、教学运行、教学检查、质量评价、课程考核的主要依据，也是保证人才培养质量的重要环节。为了适应设施农业科学与工程专业职教师资人才培养需要，规范课程大纲的编写，特制订本课程大纲的编写指南。

（一）课程大纲制订的指导思想

制订课程大纲必须坚持以马克思列宁主义、毛泽东思想、邓小平理论和"三个代表"重要思想为指导，必须坚持科学发展观，坚持党和国家的教育方针，坚持着眼于社会经济发展需要和人才的全面发展需要，遵循教育教学规律。

制订课程大纲必须以《国家中长期教育改革和发展规划纲要（2010—2020 年）》明确提出的"以'双师型'教师为重点，加强职业院校教师队伍建设的精神"为指导，紧扣设施农业科学与工程职教师资人才培养方案和目标要求，坚持以学生发展为本的教育理念，充分体现专业发展和教学改革的新成果、新思想，突出学生能力培养和综合素质的提高。

（二）课程大纲制订的基本原则

1. **坚持先进性与应用性**　基于现代职业教育理念、教育方法、现代技术与经济产业的发展，同时具备可行性。

2. **坚持专业性与综合性**　体现职教师资培养专业化特征；与生产实际相结合，以工作过程为导向，并融合师范性。

3. **坚持控制理论教学的教学深度和难度，强化各知识相互间的联系和应用**　基础理论以应用为目的，以基本面足够为前提，强化综合分析，解决关联生产、生活实际问题的能力。

4. **坚持基础理论与能力培养相统一**　制订的课程大纲应合理设计课程的教学目的、内容，分配实践教学与理论教学、课内教学与课外教学的比例，把学生能力的培养落到实处。

5. **坚持科学性与系统性**　课程大纲中所列的材料和论点必须符合客观规律，在科学上经过检验证明是正确的内容；吸收学科发展的新成果，及时更新课程教学内容，保证教学内容的科学性和时效性。

（三）课程大纲制订的基本内容与具体要求

具体参见编写模板和编写格式。主要包括以下 6 部分内容。

1. **课程性质**　明确该门课程的地位、功能及与其他课程的关系。

2. **设计思路**　明确课程设计的总体思路、该门课程设置的依据、课程内容确定的依据。

3. **学习目标**　指明本专业职教师资生在该课程学习中教学目标、基本要求，学习该门课程后应达到的预期结果。

4. **课程基本内容和学时分配**　根据课程内容进行学时分配，填写学时分配表。根据课程目标和涵盖的工作任务要求，确定课程内容和要求，要遵循职教师资职业能力培养的基本规律，科学设计学习性工作任务，实践教学环节设计合理。

根据具体的教学内容，以"课程单元"为单位说明本项目的主要内容；"课程内容与要求"是指该课程内容在完成过程中学生要掌握的知识和技能及相关要求，"知识要求"

是完成技能需要的理论支撑；按照"识记""陈述""描述"说明"句式撰写，请勿使用"了解""理解""熟悉""掌握"等词语表述。技能要求由职业能力分解得出，按照"能做什么，结果是什么"的句式撰写。"建议学时"是完成该"课程单元"所需的学时数。知识部分需进行知识联想，一般达至：知识总量≥技能要素的理论需求。如果该课程单元无技能要求，可只写知识要求。

5. 教学实施　　包括教材与参考书、教学要求与教学设计、教学资源、课程考核与评价4部分。

（1）**教材与参考书**　　包括教材编写与选用、参考书目和数字资源。列出本课程使用的参考教材、参考书目及学习网站，包括相关教辅材料、实训指导手册、数字化资源库等。

"教材编写与选用"要充分体现课程特色；"参考书目"要求列出3~5本2005年以后出版的教材，用最新版，可以选用经典权威的工具书或类似工具书或重点培养基地、重点院校规划教材及重点出版社出版教材；"数字资源"要求列出3~5个国内外知名、著名的网站或国家精品课网站，或国家、省（直辖市、自治区）、市政府部门支撑的行业网站。

（2）**教学要求与教学设计**　　指明课程的重点、难点与解决办法；常用的教学方法与教学手段，以职教师资能力素质培养为导向，采用有针对性的授课方式和训练方式，施行启发式、探究式、讨论式、参与式、反思型教学方式，采取各种类型作业和综合性项目、实验的训练方式。

（3）**教学资源**　　教学资源是为教学的有效开展提供的素材等各种可被利用的条件，包括课程教学对教室环境、信息化教学资源、校内外实验实习基地、设施设备配置等方面的要求，要结合现有教学条件，也要考虑发展因素。

（4）**课程的考核与评价**　　课程的评价应采取阶段性评价与最终评价相结合、理论评价与实践评价相结合，突出过程评价，注重发展性评价和学生的自我评价，鼓励多样化的考核方式，体现各课程在评价上的特殊性。

6. 说明　　写明课程大纲的地位，从学校、教材、教师、学生等4个方面叙述，课程大纲的使用参考专业及应用建议。

（四）几点要求

1）在编写课程大纲时，要注重人才培养标准和课程性质。

2）课程大纲要有熟悉课程教学内容、责任感强、具有丰富教学经验的教师牵头编写，可组织相关研讨活动，必要时可邀请外单位有关专家参加。

3）课程大纲应力求文字严谨、简明扼要，名词术语规范。课程名称等基本信息要与人才培养标准完全相符。

4）科学设计学习性工作任务，要高度重视实践教学，做到理论联系实际，理实一体化，力争在教学内容及教学环节优化设计上取得新的突破。

二、设施农业科学与工程专业课程大纲撰写格式要求

总体要求如下。

《 　　　 》课程大纲

（黑体，三号加粗，居中，段前段后 0.5 行）

一、课程性质（黑体，小四号字，前空 2 格，段前段后 0.5 行）

×××××（正文为宋体，小四号字，前空 2 格）

二、课程设计思路（黑体，小四号字，前空 2 格，段前段后 0.5 行）

×××××（正文为宋体，小四号字，前空 2 格）

三、学习目标（黑体，小四号字，前空 2 格，段前段后 0.5 行）

×××××（正文为宋体，小四号字，前空 2 格）

四、课程基本内容与学时分配（黑体，小四号字，前空 2 格，段前段后 0.5 行）

课程单元	课程内容与要求	建议学时

表中内容为宋体，5 号字。

五、教学实施（黑体，小四号字，前空 2 格，段前段后 0.5 行）

（一）教材与参考书（宋体加粗，小四号字，前空 2 格，段前段后 0.5 行）

1. 教材编写与选用（宋体加粗，小四号字，前空 2 格，段前段后 0.5 行）

×××××（正文为宋体，小四号字，前空 2 格）

2. 参考书目（宋体加粗，小四号字，前空 2 格，段前段后 0.5 行）

×××××（正文为宋体，小四号字，前空 2 格）

3. 数字资源（宋体加粗，小四号字，前空 2 格，段前段后 0.5 行）

×××××（正文为宋体，小四号字，段前空 2 格）

（二）**教学要求与教学设计**（宋体加粗，小四号字，前空 2 格，段前段后 0.5 行）

×××××（正文为宋体，小四号字，前空 2 格）

（三）**教学资源**（宋体加粗，小四号字，前空 2 格，段前段后 0.5 行）

×××××（正文为宋体，小四号字，前空 2 格）

（四）**课程考核与评价**（宋体加粗，小四号字，前空 2 格，段前段后 0.5 行）

×××××（正文为宋体，小四号字，前空 2 格）

六、说明（黑体，小四号字，前空 2 格，段前段后 0.5 行）

×××××（正文为宋体，小四号字，前空 2 格）

（其他要求：页面设置为默认设置；上下边距为 2.54cm；左右边距为 3.17cm；装订线在左，0cm；纸张大小为 A4；行距为多倍行距 1.25；字间距为默认值。）

三、设施农业科学与工程专业课程大纲撰写模板

以《园艺设施环境调控》课程大纲为例，提出编写模板如下。

《园艺设施环境调控》课程大纲

一、课程性质

"园艺设施环境调控"是设施农业科学与工程专业的专业核心课程，其功能是在学习"园艺植物生理学""农业气象学""园艺设施设计与建造"等课程的基础上，培养学生掌握各类设施的光照、温度、水分、气体、土壤环境的主要特征及调控技术，具备分析和解决生产中环境调控问题的能力，满足种苗繁育员、农业技术员及园艺工等对岗位对知识和技能的要求，并为后续"工厂化育苗""设施蔬菜栽培""设施果树栽培""设施花卉栽培"等课程的学习做好准备。

二、设计思路

本课程的总体设计思路是以园艺设施不同环境条件调控的实践为主线，以项目为载体，以职业能力分析为依据，确定课程目标，设计课程内

容，将环境调控中的新知识、新设备、新技术作为重点，贯穿于课程教学全过程，注重培养学生的职业能力。

园艺设施环境调控是设施农业生产的关键环节，通过设施内环境因子的调控为作物生育提供适宜的条件，防控病害发生，促进作物优质高产。本课程在设施农业科学与工程专业课程中起到承上启下的作用，为以后学习专业方向课程打下基础。

本课程依据当前设施环境调控设备及技术发展需求，针对现有课程在实践环节中的不足，基于设施环境"光、热、水、气、土"五大环境因子在设施生产中的重要性确定和编排课程内容，形成7个课程单元。从工作项目（即课程单元）、知识要求与技能要求3个维度对课程内容进行规划与设计。教学过程可在园艺设施内真实情境中进行，将环境调控的基本知识与原理融入实践操作，实行理论与实践一体化教学。

本课程建议学时数为48学时。

三、学习目标

1. 能利用环境监测设备对设施内光照、温度、水分、气体、土壤环境条件进行观测，分析总结出各环境因子的基本特征与变化规律。

2. 能根据设施类型及作物栽培要求，利用设备、材料等进行设施内光照、温度、水分、气体环境调控，为作物生育提供适宜环境条件。

3. 能采用物理、化学、生物等方法对设施连作土壤进行消毒，降低连作障碍对作物的危害，提高产量。

4. 能利用大型现代化温室的计算机控制系统对设施内环境进行自动化综合调控。

四、课程基本内容与学时分配

课程单元	课程内容与要求	建议学时
1. 园艺设施环境认知	知识要求： • 描述园艺设施的主要类型 • 说明园艺设施环境因子的构成及重要性 • 描述本课程对应的职业岗位及学习目标	2
2. 园艺设施光环境调控	知识要求： • 识记园艺设施内光环境（光照强度、光照时数、光质、光分布）特点及变化规律	10

续表

课程单元	课程内容与要求	建议学时
2. 园艺设施光环境调控	• 陈述影响园艺设施光环境的主要因素 • 识记园艺设施透明覆盖材料的种类、性能及特点 • 陈述蔬菜、果树、花卉等园艺作物对光环境的要求 技能要求： • 能使用光照记录仪等仪器对园艺设施内光照进行监测 • 能利用设备或材料对园艺设施内进行增光和遮光调控 • 能选择和利用人工光源对园艺设施内进行补光 • 能根据设施类型及栽培需要进行光环境综合调控	10
3. 园艺设施热环境调控	知识要求： • 识记园艺设施内温度的特点及变化规律 • 说明园艺设施内热量收支途径 • 陈述蔬菜、果树、花卉等园艺作物对温度的要求 技能要求： • 能使用温度记录仪等仪器对园艺设施内温度进行监测 • 能利用设备或材料对园艺设施内进行保温和降温调控 • 能选择和利用加温设备对园艺设施内进行加温 • 能根据设施类型及栽培需要进行热环境综合调控	10
4. 园艺设施水环境调控	知识要求： • 识记园艺设施内水环境特点及变化规律 • 说明园艺设施内水分收支途径 • 陈述园艺设施内蔬菜、果树、花卉等园艺作物的需水规律 技能要求： • 能使用空气湿度记录仪等仪器对园艺设施内空气湿度进行监测 • 能利用设备或材料对园艺设施内空气湿度进行加湿和除湿调控 • 能安装和使用滴灌、渗灌等灌溉设备对园艺作物进行科学灌溉	8
5. 园艺设施气体环境调控	知识要求： • 识记园艺设施内主要有毒有害气体的种类及对园艺作物危害的症状 • 说明园艺设施内主要有毒有害气体产生的原因及途径 • 识记园艺设施内二氧化碳浓度变化规律 技能要求： • 能根据园艺作物受害症状准确识别有毒有害气体危害，并采取有效措施防控 • 能使用二氧化碳记录仪对园艺设施内二氧化碳浓度进行监测 • 能根据作物生长周期及环境条件，使用设备或气肥在园艺设施内增施二氧化碳	6

续表

课程单元	课程内容与要求	建议学时
6. 园艺设施土壤环境调控	知识要求： • 识记园艺设施内土壤有机质及氮磷钾等养分含量特征 • 说明园艺设施内土壤连作障碍产生的原因及危害 • 陈述蔬菜、果树、花卉作物对土壤养分条件、酸碱环境的要求 技能要求： • 能使用 pH 计测定土壤酸碱度，使用电导率仪测定土壤盐分含量，分析土壤健康状况 • 能根据园艺设施具体条件，采用物理、化学、生物等措施对连作土壤进行消毒 • 能根据园艺设施内土壤状况，采用增施有机物料、生物炭，合理轮作套作，嫁接换根等措施，防止或延缓土壤连作障碍的发生	8
7. 园艺设施环境自动调控系统使用	知识要求： • 识记自动控制的一般概念、基本原理和方式 • 描述园艺设施环境常用控制器的使用方法 技能要求： • 能通过计算机控制系统对园艺设施环境进行综合调控	4

五、教学实施

（一）教材与参考资料

1. 教材编写与选用

（1）必须依据本课程大纲编写和选用教材。

（2）教材应符合设施农业科学与工程专业本科学生不同生源的认知特点，提高学生学习兴趣，注重学生知识、能力和素质的培养。

（3）教材应充分体现现代职业教育特点，体现任务引领、实践导向的课程设计思想，以工作任务为主线设计教材结构。

（4）教材在内容上简洁实用，文字表述要简明扼要，内容展现应图文并茂，应将园艺设施环境调控领域的发展趋势及实际业务操作中的新知识、新技术和新方法融入教材，顺应岗位需要。

2. 参考书目

《设施农业环境工程学》，邹志荣主编，中国农业出版社，2008

《设施园艺学》第二版，张福墁主编，中国农业大学出版社，2010

《设施园艺学》第二版，李式军，邹志荣主编，中国农业出版社，2011

3．数字资源

"设施蔬菜栽培学"国家精品课网站。

中国温室网。

现代农业设施网。

中国设施园艺信息网。

（二）教学要求与教学设计

1．本课程的重点是园艺设施内光、热、水、气、土五大环境因子的特征及调控，难点是园艺设施环境常用控制器的使用及综合调控策略的形成。

2．在教学过程中注重"教"与"学"的互动。通过选用典型活动项目，组织学生进行分组活动，让学生在不断的练习中逐步掌握园艺设施环境调控设备的使用方法及有效调控措施。

3．在教学过程中，应积极开展理论和实践相结合的教学模式，立足于坚持学生实际操作能力的培养，并将学生职业道德和职业意识的培养融入其中。在教学过程中可采用案例分析法、实物直观法、演示法、情景教学法、项目教学法、翻转课堂等教学方式进行授课，提高学生学习兴趣。

4．在教学过程中要关注本专业领域的发展趋势，更贴近园艺设施环境调控发展趋势要求。

（三）教学资源

1．利用现代信息技术开发慕课、微课、多媒体课件，收集整理与本课程相关的案例，建立专门的数字化资源库，包括园艺设施类型、园艺设施环境调控的设备、各设备具体操作照片或场景影像。

2．建立环境调控实验室，配备温湿度自动检测仪、光照度仪、二氧化碳浓度测定仪、土壤水分测定仪等各类环境监测仪器及设备；校内建有高标准日光温室和塑料大棚，具备实验实训、现场教学、教学与实训合一的功能。

3．建立校外设施生产实习基地，基地必须建有大型现代化温室、日光温室及塑料大棚，能满足学生参观、实训和毕业实习的需要。

（四）课程考核与评价

1．课程考核与评价坚持过程评价与结果评价相结合，考评过程中注重发展性评价和学生的自我评价，不仅关注学生对知识的理解、技能的掌握和能力的提高，还要重视规范操作、节约能源、保护环境等职业素质的养成。

2．本课程考评的重点在于对园艺设施内光、热、水、气、土的调控，应突出过程评价与阶段评价，多采用真实性生产项目进行考核，注重学生分析问题、解决问题的能力，结合活动小组自评、组间互评等方式，使考核与评价有利于激发学生的学习热情，促进学生的发展。

六、说明

1．本大纲是学校进行"园艺设施环境调控"课程建设的基本规范，是教材编写和选用的基本准则，是对教师组织专业教学活动的基本要求，是对学生学习效果进行考核与评价的重要依据。

2．本大纲也可供职教师资园艺、农学、植物科学与技术等专业参考使用，各学校及相关专业在应用本大纲时，应因地制宜，突出地方特色。

第六章　主干课程教材

第一部分　主干课程教材开发的意义和内容

一、背景及意义

2010 年 7 月，中共中央、国务院颁布的《国家中长期教育改革和发展规划纲要（2010—2020 年）》明确提出："以'双师型'教师为重点，加强职业院校教师队伍建设。加大职业院校教师培养培训力度"。"双师型"作为我国职教师资人才培养模式的目标定位已经成为共识。为大力加强职业教育"双师型"教师队伍建设，教育部、财政部决定于 2011～2015 年实施职业院校教师素质提高计划。

（一）国内外职教师资培养现状

国外，以美国、德国的职业教育最具代表性。美国是世界上职业技术教育最发达的国家之一，美国在长期发展职业技术教育的过程中形成的经验主要表现在：美国联邦政府注重运用立法和拨款相结合的手段干预各州职业技术教育的发展；积极主动地学习先进国家发展职业技术教育的经验，并与美国的实际情况相结合；注意以公立学校和高等院校为依托，大力发展各州的职业技术教育；各级职业教育机构能够根据经济建设和社会发展的要求自主办学。但美国在发展职业技术教育的过程中也存在一些弊端，这主要表现在：美国联邦政府对各州职业技术教育的宏观调控乏力；联邦政府和各州政府对职业技术教育的拨款增长缓慢；各州职业技术教育发展不平衡。

我国在发展职业技术教育的过程中，注意借鉴美国等发达国家发展职业技术教育的成功经验，完善了我国的职业教育立法。目前我国职业技术教育发展需要重点解决好的是经费和师资问题，从而使我国的职业教育机构能根据经济建设和社会发展的变化自主办学，为我国的经济建设和社会发展提供强有力的人才支持和智力保障。

（二）职教师资教材与普通高等教育教材不同

毋庸置疑的是，教材最能体现本科水平职教师资特色。在这一点上大多数职教师资教育工作者是有同感的。但也有一些学者，特别是刚刚接触职教师资培养的综合大学的学者，对此不以为然。他们认为，教科书特别是高校的教科书应是对该学科科技水平和知识体系最科学、最系统、最完整的介绍，这方面的教材业已成熟。而职业类教科书，无论如何也超不出经典教材的深度和广度。于是产生了有没有必要开发职教师资教材的疑问。这种观点其实是错误的。

具有鲜明特色的职教师资教材是体现特色的手段，无法用普通高等教育的教材代替。本科职教师资教材之所以独具特色，根本的原因在于职业教育与普通高等教育分属两种不同的教育类型，不可相互替代。联合国教育、科学及文化组织把这两类教育归类为 5A 和 5B，并以教学侧重的不同区别对待。我国的教学实践中也充分印证了这一观点。

职教师资教材的内容侧重点与普通高等教育教材不同。依职教师资的特点，职教师资教材应侧重于生产、技术、管理中的应用性内容，特别是现场工作应用性内容。强调介绍实际工作中最直接、最可行、最实用的内容，使学生易懂、易记、易用。

职教师资教材的开发应以职业岗位需要为导向。职教师资教材不一定要求对相应学科进行全面系统的介绍，有时甚至是相对不完整的，但重要的是必须反映当今生产、管理的实际内容，有产业界的参与，有对当今职业岗位需要的科学系统的分析作为基础。当然，这并不是说职教师资的教材等同于现场培训手册，它也应有一定的前瞻性，但这种前瞻性是以生产实际和岗位标准的发展为导向，以培养学生岗位创造力为目的，而不是以学术发现为导向，以理论研究为目的。

职教师资教材具有直观性、现场性特点。相对学科性教育抽象化的特点，职教师资教材更侧重于模拟现场情景，更有利于学生的学习和应用。可以预计，随着多媒体和虚拟现实技术的不断发展，职教师资教材的这一特点将进一步显现出来。职教师资自身特点决定了其教材应区别于普通高等教育教材，不能用普通高等教育教材进行替代。从学科体系的角度看，职教师资教材在系统性、深度上均无法与普通高等教育教材相比，但其鲜明的针对性和突出的实用性则正符合用人单位对职教师资的最迫切要求。

（三）本项目研究的意义

设施农业科学与工程专业本科职教师资的培养核心和抓手是教材。因为教材是知识传授活动中的主要信息媒介，是企业需求的表现，是教师和学生沟通的桥梁，是学生了解知识的主要窗口。教材是教学内容和课程标准的进一步展开与具体化，它在一定程度上体现了教育理念和方法。对教师而言，教材是教学的主要依据；对学生而言，教材是学生得以系统地获取知识、提高能力的重要工具。因此，教材的质量将直接影响教学质量甚至职业教育的发展。

综上所述，本项目编写的教材，必须根据教育部、财政部的指导思想，在对职教师资培养基地教师、行业专家、在校学生、企业进行调查、分析的基础上，考虑学生的具体情况，充分利用社会课程资源，通过自行研讨、设计，由专业研究人员或其他力量编制，满足职教师资培养最迫切的需要。

二、目标与内容

1. 开发目标　　以现代职业教育理念为指导，以培养具备较强的专业教学能力、实践教学能力和教育教学能力的"双师型"职教师资为目标，开发设施农业科学与工程本科专业课程教材。

2. 开发内容　　开发8种设施农业科学与工程专业本科职教师资专业教材：《无土栽培》《设施蔬菜栽培》《园艺设施设计与建造》《工厂化育苗》《中等职业学校设施农业生产技术专业教学法》《中职教师教育理论与实践：设施农业科学与工程专业》《设施果树栽培》《农业园区规划与设计》。项目验收时，至少完成5种。

三、技术路线

本项目技术路线见图6-1。

```
        ┌─────────────────────────────────────────┐
        │  职教师资设施农业科学与工程专业课程教材的开发  │
        └─────────────────────────────────────────┘
                          │
                    ┌──────────┐
                    │  调研计划  │
                    └──────────┘
                          │
┌────────────┐      ┌──────────┐      ┌──────────────┐
│ 本科院校教师 │──┐   │  进行调研  │──┐  │  中高职院校教师 │
└────────────┘  ├─→└──────────┘  ├─┤  中高职院校学生 │
┌────────────┐  │                 │  ├──────────────┤
│ 本科院校学生 │──┘                 └─┤ 设施农业行业企业专家│
└────────────┘                       └──────────────┘
                          │
                   ┌────────────┐
                   │  提交调研报告 │
                   └────────────┘
                          │
                   ┌────────────┐
                   │  确定专业教材 │
                   └────────────┘
                          │
                   ┌────────────┐
                   │  编写大纲样例 │
                   └────────────┘
                          │
┌────────────┐    ┌──────────┐    ┌──────────────┐
│ 本科院校教师 │──→│   写作    │←──│ 设施农业行业企业专家│
└────────────┘    └──────────┘    ├──────────────┤
                                   │  中高职院校教师 │
                                   └──────────────┘
                          │
                   ┌────────────────┐
                   │  定稿、提交出版    │
                   └────────────────┘
                          │
                   ┌────────────┐
                   │  项目结题验收 │
                   └────────────┘
```

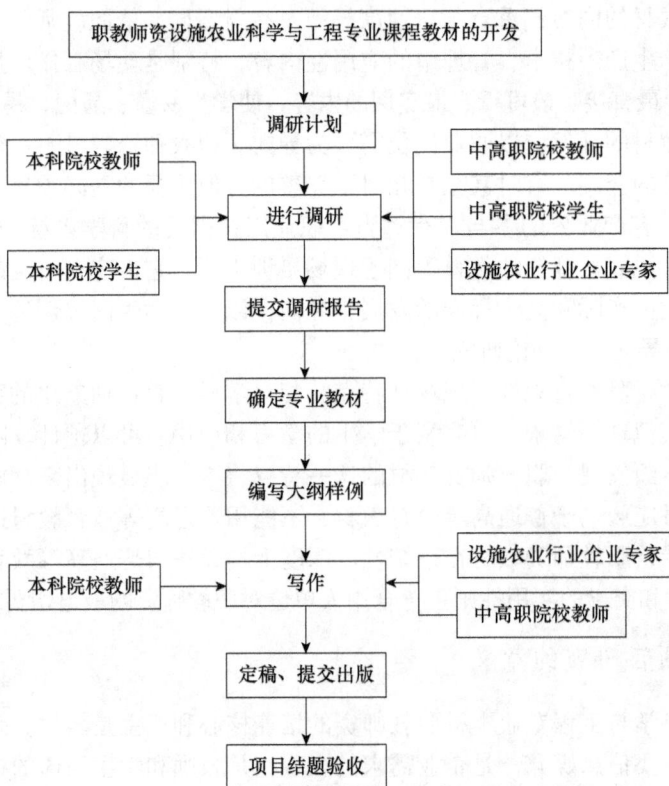

图 6-1　主干课程教材研发技术路线图

第二部分　调研与分析

　　我国的设施农业具有科技含量高、生产集约化、经济效益好等诸多优点，符合现代农业的发展趋势，从而成为中国农业中可持续发展的朝阳产业。但与荷兰、日本、以色列等发达国家相比，仍存在设施标准化程度低、环境调控能力差、栽培及植保粗放等问题，而且，整个产业缺少同时具备工程和农艺技能的复合型人才。为此，2002 年教育部批准设置设施农业科学与工程专业。自设置之时到目前，从培养效果看，该专业毕业生普遍存在理论知识强，实践能力弱的问题。为此，2013 年，为加强职教师资培养体系建设，提高职教师资培养质量，"十二五"期间，中央财政支持全国重点建设职教师资培养培训基地，开发职教师资本科专业的培养标准、培养方案、核心课程和特色教材。这一项目旨在以加强"双师型"职教师资培养为目标，遵循职业教育师资的培养特点和规律，重点突出职业学校对专业教师的能力要求，开发职教师资培养过程的系列成果，促进培养工作的规范化、科学化，提高职教师资培养水平。教材建设是这一项目的重要内容，是规范教学程序，提高教学质量，培养既懂专业又懂职教的"双师型"、复合型人才，实现教育部素质提高计划意图的关键。

一、调研目的

为充分认识可客观评估适宜的专业课程教材对培养设施农业科学与工程中专业学生的重要性，了解现行专业课程教材存在的问题，从而从设施专业培养目标出发，确定新编教材的编写体例，对多个层次的人员进行了问卷调查，以便为设施农业科学与工程专业的教材编写提供科学的参考。

二、调研方法

（一）调研对象

调查与设施农业科学与工程专业相关的 4 个层次人员。

1. 本科院校教师　共调查了开设设施农业科学与工程专业的云南农业大学、华中农业大学等高校共 21 所，全国开设设施专业高校共计 33 所，调研比例为 63.6%（表 6-1）。每所高校调查设施专业授课的一线专业教师 4～18 人，共计 197 人。

表 6-1　被调查的开设设施农业科学与工程专业高校

序号	学校名称	所在地区	序号	学校名称	所在地区
1	安徽科技学院	安徽蚌埠	12	青岛农业大学	山东青岛
2	安徽农业大学	安徽合肥	13	山东农业大学	山东济南
3	东北农业大学	黑龙江哈尔滨	14	山西农业大学	山西太原
4	甘肃农业大学	甘肃兰州	15	沈阳农业大学	辽宁沈阳
5	河北科技师范学院	河北秦皇岛	16	四川农业大学	四川雅安
6	河北农业大学	河北保定	17	天津农学院	天津
7	河南农业大学	河南郑州	18	西北农林科技大学	陕西咸阳
8	华中农业大学	湖北武汉	19	云南大学	云南昆明
9	吉林农业大学	吉林长春	20	云南农业大学	云南昆明
10	南京农业大学	江苏南京	21	中国农业大学	北京
11	内蒙古农业大学	内蒙古呼和浩特			

2. 本科院校学生　调查了表 6-1 所列 21 所开设设施农业科学与工程专业的高校不同年级的在校本科学生，调查人数为 864 人，平均每所高校被调查学生人数为 41.1 人。

3. 中高职院校教师　中高职院校专业教师岗位也是部分设施专业毕业生的重要就业方向，为此，选择了北京农业职业学院、海南农业学校、黑龙江农业工程职业学院、辽宁农业职业技术学院、卢龙县职业技术教育中心、迁安市职业技术教育中心、青县职业技术教育中心、云南省曲靖农业学校、日照市农业学校、武威职业学院、邢台现代职业学校、玉林职业学院、玉田县职业技术教育中心、肇庆市农业学校 14 所中高职院校，对各学校与设施专业相关的专业教师进行调查，共计 148 人，每所学校参与调查教师人数为 4～20 人。

（二）调研内容与方法

设计调查问卷，召开各单位的不同层次被调查者座谈会，说明调查目的与意义，现场发放试卷给各层次被调查者，并要求被调查者从自身岗位角度出发现场填写，以保证答卷的客观性和真实性。

（三）数据统计方法

分项、分层次对各项预设问题进行统计分析。

三、调研结果与分析

（一）关于影响教学质量主要因素的调查结果与分析

为评估专业教材在影响教学质量的各个因素中所处的地位，通过座谈和查阅资料，选择影响教学质量的 12 个主要因素，设计问卷，问卷中 12 个因素为随机排序。对 14 所中高职院校的 148 名专业教师和 21 所开设设施农业科学与工程专业的本科院校的 197 专业教师进行了问卷调查。要求被调查者选择认为属于重要因素的项目（多项选择）。统计每个因素被选中的百分率，结果如表 6-2 所示。可见，本科院校设施专业教师，将教材的科学性与先进性排在影响教学质量因素的第一位；中高院校职专业教师将其排在第三位，这表明，教材是影响教学质量的极其重要因素，编写适宜的专业课程教材，在设施专业建设和人才培养中发挥着至关重要的作用。

表 6-2 影响教学质量主要因素的调查结果

影响教学质量因素	按重要程度入选比率及排序			
	中高职院校教师 /%	排序	本科院校教师 /%	排序
学生的学习基础及学习能力	50.70	6	43.50	8
课程的性质、任务、目标是否明确	61.40	2	50.00	4
课时安排的科学性、合理性	61.50	1	55.20	2
教材的科学性、先进性	56.60	3	58.90	1
教师的基本素质和能力	28.80	12	33.70	12
教师的教学改革动力	50.00	7	49.70	5
教师对教学研究的重视程度	51.40	5	48.90	7
教师的教学理念	45.60	9	43.20	10
教师参加培训的次数及培训质量	48.30	8	49.70	5
学校领导的重视程度	42.10	11	40.50	11
教学考核、评价的观念及方式	53.80	4	51.60	3
仪器、设备、基地等教学条件	42.80	10	43.50	8

（二）关于当前教材内容上存在主要问题的调查结果与分析

为发现当前教材在内容上存在的问题，以便在编写出版新的教材时，对当前教材进行完善或改革，对 14 所中高职院校的 148 名专业教师，21 所开设设施农业科学与工程专业的本科院校的不同年级的 864 名在校本科学生进行了问卷调查。调查题目为："目前所用的设施专业课教材的内容，存在的主要问题是什么？"设计 5 个选项（可多选）：选项 1，知识陈旧，反映最新生产实践和科研成果较少；选项 2，理论性强，实践性相对偏弱；选项 3，课本内容与生产实践脱节；选项 4，课本内部不够全面；选项 5，其他，调查结果如图 6-2 和图 6-3 所示。

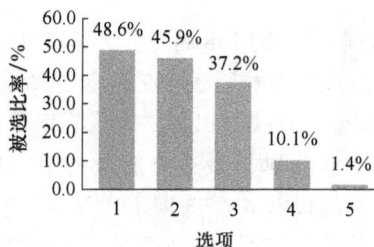

图 6-2　对中高职院校教师关于教材内容的调查结果

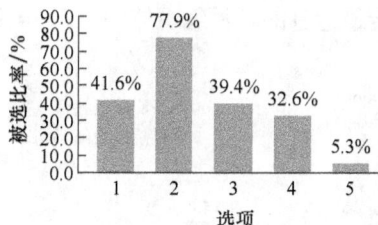

图 6-3　对本科院校学生关于教材内容的调查结果

可见，中高职院校教师认为，当前教材存在最大的问题是知识陈旧，反映最新生产实践和科研成果较少。与这一选项被选率十分近似选项是理论性强，实践性相对偏弱。而本科院校学生则认为，现行教材最大问题是理论性强，实践性相对偏弱。对这两个层次人员的调查结果说明，在未来教材编写中，要重点强调实践性，减少当前理论内容的比例，做到理实一体，同时要注意加入新成果、新技术、新知识。

（三）关于当前教材表现形式上存在问题的调查结果与分析

为发现当前教材在表现形式上存在的问题，对 14 所中高职院校的 148 名专业教师，以及 21 所本科院校的 864 名在校学生进行问卷调查。调查题目为："目前所用的专业课教材在表现形式上存在的问题是什么？"设 5 个选项（可多选），选项 1，印刷不够精美；选项 2，排版设计不够新颖，选项 3，图片或插图较少；选项 4，课本太厚，内容太多；选项 5，其他。调查结果如图 6-4 和图 6-5 所示。

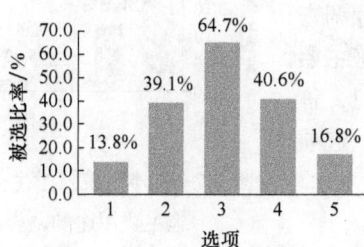

图 6-4　对本科院校学生关于教材表现形式的调查结果

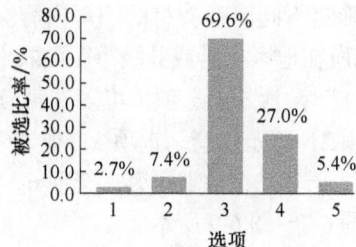

图 6-5　对中高职院校教师关于教材表现形式的调查结果

可见，本科院校学生和中高职院校教师对当前教材编写形式存在问题的反应在趋势上是一致的，都认为"图片或插图较少"是表现形式上的最大问题。其次是认为课本太厚，内容太多。再次是认为版面设计不够新颖。总体来讲，本科院校学生比中高职院校教师对教材表现形式的不满意率更高。

对此，在未来教材编写时，应注意增加大量图形、照片、表格等对文字内容给予充分的说明，增强教材的可读性。要压缩教材篇幅，对内容进行提炼，删除除基本理论、基本知识、基本技能之外的冗杂内容，背景性知识建议单独列出或由学生课外自学。

（四）关于教材编写体例的调查结果与分析

为确定最适宜的教材编写体例，对14所中高职院校的148名专业教师和21所开设设施专业的本科院校197名专业教师进行问卷调查。调查题目为："您认为培养设施专业的职教教师，最适宜的教材编写体例是什么？"设计4个选项（单选）：选项1，按行动体系编写，按项目分章节，划分工作任务，根据需要穿插理论知识和专业技能；选项2，按传统学科体系编写，先总论后各论，先理论后实践；选项3，以传统学科体系为框架，提炼知识点、技能点，理论与实践并重；选项4，其他。调查结果如图6-6所示。

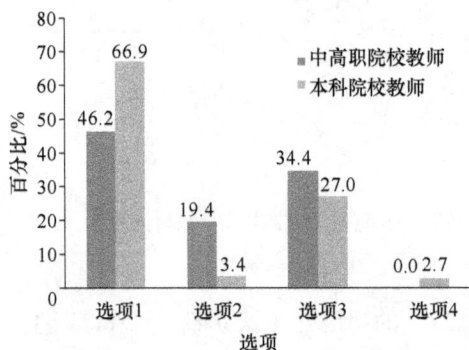

图6-6　关于教材编写体例的调查结果分布

可见，本科院校教师、中高职院校教师的选择结果分布在趋势上具有一致性，按分布多少排序，依次是选择1、选项3、选项2、选项4。说明，这两个层次的专业教师更倾向于按行动体系的模式编写教材，因此，建议在教材编写中，采用按项目分单元，划分工作任务，根据需要穿插理论知识和专业技能的方式，应该不失为一种有益的探索。

（五）关于急需专业教材的调查与结果分析

为确定需要首先编写当前设施专业最急需的教材，利用中高职院校教师、本科院校学生、本科院校教师所属地域遍布全国、农村城市均有的特点，对各地农业设施的用途进行调查，以期根据行业需求，确定不同课程教材的编写内容。设计调查题目为："您所在地区（县或县级市）的农业设施主要用途是什么？"设计6个选项（可多选）：选项1，种植生产；选项2，养殖生产；选项3，观光旅游；选项4，科普展览；选项5，科学研究；选项6，其他用途。调查结果如图6-7～图6-9所示。

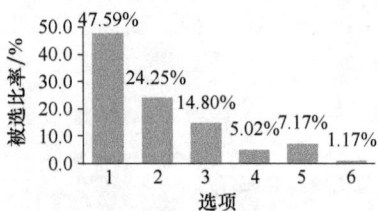

图6-7　对本科院校学生关于农业设施主要用途的调查结果

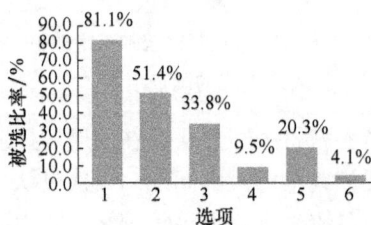

图6-8　对中高职院校教师关于农业设施主要用途的调查结果

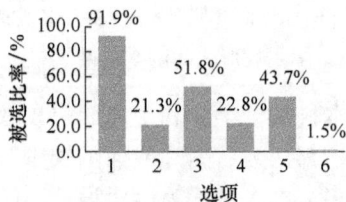

图6-9　对本科院校专业教师关于农业设施主要用途的调查结果

可见，本科院校学生生源地的农业设施主要用于种植生产，其次为养殖生产和旅游观光；中高职院校教师所在地设施的用途也有相同的趋势；本科院校教师所在地多为中型以上城市，除在种植生产上使用大量设施外，观光旅游和科学研究这两项用途也大量被选。这一结果说明，当前设施主要用于种植生产，其次为养殖生产、观光旅游和科学研究。

因此，应把编写设施种植类教材作为首选，设施工程类教材，主要内容应为种植设施，同时兼顾用于观光旅游的农业设施及农业科研设施。另外，养殖生产虽然大量用到农业设施，但如果按照狭义的设施农业概念进行界定，仍不应把养殖生产所涉及的技术与设施作为设施专业教材的主要内容。

（六）结论与建议

教材是影响教学质量的重要因素。当前教材内容存在的最大问题是知识陈旧，反映最新生产实践和科研成果较少，理论性强实践性偏弱。表现形式上的主要问题是图片或插图较少。建议按行动体系编写，按项目分章节，划分工作任务，根据需要穿插理论知识和专业技能。首先和重点需要编写的是与设施种植相关的教材。

第三部分　主干课程教材开发的理论研究

一、对教材编写的基本要求

（一）专业课程教材

应分析本专业职业领域中劳动、技术和职业教育三者的关系的基本问题。内容必须随着技术的进步和发展而变化，特别需要考虑已经应用于生产实践中的新技术。要研究劳动与教育的关系，如劳动组织和形式、对工人的能力要求等。通过对教材的学习，使职业院校的学生具备胜任该专业典型职业活动的工作能力。职教师资应该能够胜任这样的培养目标。教材应在科学定向的基础上确定内容。

（二）教育教学类课程教材

教育教学类公共课程教材由公共项目负责开发，本项目开发的课程教材应该与相应的专业结合，从专业（职业）的特殊视野出发研究教学的各要素，如专业教学论、职业科学导论。

二、两种教材体系的比较及体系的选择

（一）专业教材体系的选择

正如我国著名职教专家姜大源先生所说，从教育学的观点来看，当某课程教材内容的选择及所选内容的序化都符合职业教育的特色和要求时，职业教育课程的教材才能成功。成功与否有两个决定性的因素，一个是教材内容的选择，一个是教材内容的序化（图 6-10）。也就是说，编写具有职教特色的专业核心教材的指导方针，实质概括来讲就

是"对传统意义上的学科体系的解构，和对现代意义上的行动体系的重构。"

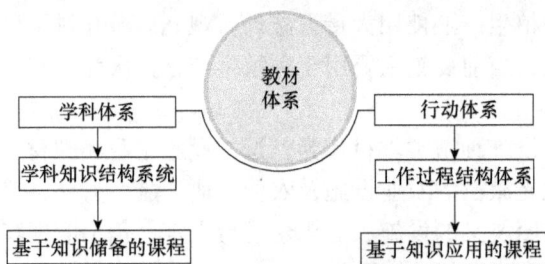

图 6-10　两种教材体系的比较

　　课程内容，也是教材内容，涉及两大类知识，欲理解"对传统意义上的学科体系的解构，和对现代意义上的行动体系的重构"这句话，需要从源头理解学科体系、行动体系及系统化理念的意义。

（二）对学科体系教材的分析

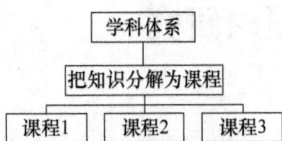

图 6-11　学科体系的结构

　　1. 学科体系教材　　由专业学科构成的以结构逻辑为中心的学科体系教材，传授的是实际存在的显性知识——陈述性知识，即理论性知识，主要解决"是什么"（事实、概念等）和"为什么"（原理、规律等）的问题，是培养科学型人才的一条主要途径（图 6-11）。

　　2. 学科体系课程的特点　　学科体系课程的特点是以教师为中心，以知识的逻辑结构为主线，侧重理论基础知识学习，实践课作为理论课的延伸和补充，自成系统。

　　3. 学科体系教材在培养应用型人才中的不足　　学科体系是由专业学科构成的以结构逻辑为中心的体系，教材的顶层设计重点放在理论方面，强调知识体系的完整性，应用是其次。因此学科体系教材只能是理论教材，如果有应用性教材，也只会是辅助性的实验指导书，用以验证理论的正确。知识是无穷无尽的，不能讲"完整"，因此，学科体系的教材只能越编越厚，理实分家，且互相拷贝，缺乏特色和创新，不能适应应用型人才培养的需要。其教学内容就是按照课程教学大纲要求，使学生掌握各门课程的相关知识，结果导致学生上课记笔记、下课背笔记、考试抄笔记。由于各门课程自成体系、相互独立，缺乏关联，即使学生能够掌握各门课的相关知识，在实际工作中，仍难以将分块的知识灵活应用，有机融合，解决综合问题的能力差、缺乏岗位适应能力和职业素养，难以被社会接纳。

（三）对行动体系教材的分析

　　1. 行动体系教材　　由实践情境构成的以过程逻辑为中心的行动体系教材，强调的是获取自我建构的隐性知识即过程性知识，一般指经验，并可进一步发展为策略，即以尽可能小的代价获取尽可能大的效益的知识，主要解决"怎么做"（经验）和"怎么做更好"（策略）的问题。这是培养职业型人才的一条主要途径。

2. 行动体系课程的特点　　行动体系是以学生为中心，以职业活动为主线序化教学内容，强调理实一体。强调职业教育要立足于职业行动体系，要更多地关注过程性的知识。职业教育的所谓适度够用，就是要以"怎样做"和"怎样做更好"的知识为主，"是什么"可以讲一些，"为什么"，特别是理论上的"为什么"，就应不讲或少讲。这是由职业教育的目标定位所决定的。但值得注意的是，职业行动体系按照工作过程来序化知识，这就意味着适度够用的陈述性知识的总量没有变化，而是将理论知识与实践知识按工作过程重新进行了整合，排序方式发生了变化（图6-12）。

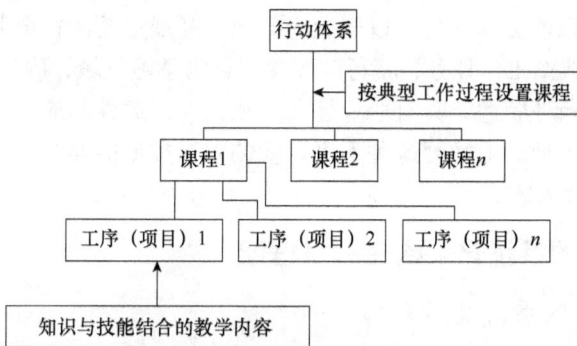

图6-12　行动体系的结构

培养职教师资的过程中，教师不能只做知识的"搬运工"，不要老是企图把图书馆里书架上的知识搬到学生的脑子里来，当然也不能只是让学生掌握那些企业让你做什么就学什么的技能。而是必须将可以传递、可以习得、可以复制的显性的知识，通过系统化的职业活动设计，使学生从基于实际工作过程的学习过程之中，逐渐地习得和掌握那些可以写得出来的知识和技能，并转化为个性化的经验和策略。即熟能生巧，"熟"就是经验，"巧"就是策略。

3. 行动体系对教材的要求　　由实践情境构成的以工作过程逻辑为中心的职业行动体系，最重要的是要行动，要培养行动能力。主张在行动中思考、学习、总结，上升为经验（理论）。也就是说，主张边实践边理论，或理实一体化。因此职业行动体系的教材顶层设计重点放在职业能力上，属于应用性教材，应该是基于工作过程，通过校企合作共同开发实施。这种行动体系的教材能够让学生学习工作、学会工作和理解工作。从而能在实际工作中具备较强的岗位适应能力和迁移能力。比如，自1996年起，德国职业教育就一直在积极探索一种全新的教学模式——工作过程系统化。工作过程系统化以学生在完成工作任务过程中形成直接经验的形式来掌握融合于各项实践行动中的知识、技能和技巧，这样学生在完成工作任务的同时学习到知识，提高了自主学习的能力，强化了独立分析问题解决问题的能力。这种方法在实际教学过程中取得了良好的效果。

对职业行动体系教材的要求：按工作过程解构和重构学科体系下的知识，融入工作过程性知识（理论实践均有）；具有职业性、实践性、开放性；以学生为主体，方便学生自主学习，体现真正意义上的"学材"属性；体现校企合作、工学结合；其构成要体现多样性，可含多媒体课件、工作页、数字化教材、网络课程等。

（四）不同教材体系对应不同的培养目标

目前，我国高等院校主要培养两种类型的人才：一类是科研型人才，侧重学术研究探讨，培养方式采用学科体系，这是目前大多数本科院校的培养类型；另一类是应用型人才，侧重实际操作技能，培养方式采用职业行动导向。高职院校从事职业教育，毫无疑问培养的是应用型人才。

行动体系与学科体系的人才培养目标不同，课程的关注点和组织方式也不一样，进而作为课程组成部分的教材也大不相同。培养本科水平职教师资，必须准确地把握职业教育的培养目标，以能力为本位，以职业为导向，开展广泛的社会调研、召开实践专家座谈会，分析提炼典型工作任务，将行动领域转化为学习领域，确定好学习情境和载体，编写出体现地域和行业特色，具有职业性、实践性、开放性的应用教材，为职业教育的人才培养奠定基础，使职业教育这种不可取代的教育类型能够为社会经济发展培养更多更好的高素质技能型人才。

三、通过对知识的系统化来构建教材框架

（一）教材内容系统化的根据

课程所选取的内容，由于既涉及过程性知识，又涉及陈述性知识，这两类知识在课程里的呈现决不能是简单的"代数和"，而应该是集成的"矢量和"。因此，寻求这两类知识的有机融合，需要一个能将其进行排列组合的参照系，以便能以此为基础对知识实施"系统化"。

这是因为，知识只有在被系统化的情况下才能被提供，而系统化意味着确立知识组织的框架和顺序。从教育哲学的意义看，系统化的概念建立在反思的基础上，序化建立了事物间的关系并指明了其内在的结构。教材的开发就是对所选择知识内容实施系统化的过程，是个重建内容结构的过程。

（二）教材内容系统化的方法

学科体系的教材结构常会导致陈述性知识与过程性知识的分离，理论知识与实践知识的分离，知识排序方式与知识习得方式的分离。这不但与职业教育的培养目标相悖，而且与职业教育追求的整体性学习教学目标相悖。

1. 按工作过程系统化教材知识内容 按照行动体系对教材所选择的知识内容系统化，教材内容的编排则呈现一种串行结构的形式。学习过程中学生认知的心理顺序，与专业所对应的典型职业工作顺序，或是对实际的多个职业工作过程经过归纳抽象整合后的职业工作顺序，即行动顺序，都是串行的。这样，针对行动顺序的每一个工作过程环节来传授相关的课程内容，实现实践技能与理论知识的整合，将收到事半功倍的效果。

鉴于每一行动顺序都是一种自然形成的过程序列，而学生认知的心理顺序也是循序渐进自然形成的过程序列，表明认知的心理顺序与工作过程顺序都是自然形成的，因此，有"人体"对知识的构建，与"人体"在工作过程中的行动实现了融合。

2. 知识的总量未变但知识排序方式变化　按照工作过程来系统化知识，即以工作过程为参照系，将陈述性知识与过程性知识整合、理论知识与实践知识整合，意味着"适度够用"的陈述性知识在总量上没有变化，但在课程中的排序方式发生了变化。课程不再关注建筑在静态学科体系之上的显性理论知识的复制与再现，而是更多地着眼于蕴含在动态行动体系之中的隐性实践知识的生成与构建。

知识的总量未变，知识排序的方式发生变化，正是对这一全新的职业教育课程开发方案中所蕴含的革命性变化的本质概括（图6-13）。

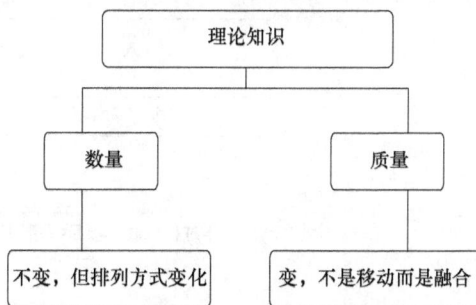

图 6-13　本科水平职教师资行动体系教材的特色示意图

3. 教材知识内容的解构与重构　适合的教材结构，实际上是一个伴随学科体系的解构而凸显行动体系的重构过程。用"工作过程导向的系统化"代替传统的学科体系教材，拓展了传统的课程视野，寻求现代的知识关联与分离的路线，确立全新的内容定位，从而凸显课程的职业教育特色。

学科体系的解构并不意味着学科体系的"肢解"，而是依据职业情境对知识实施行动性重构，进而实现新的体系——行动体系的构建过程。学科体系解构之后，在工作过程基础上的系统化和结构化的产物——行动体系就"立在其中"了。

学习的参照系是情境，应促进学习主体了解和熟悉典型的职业行动情境，为今后的职业行动打好基础。这意味着，教学目标应该注重"为了行动而学习"。

学习的逻辑起点是行动应尽可能促进学习主体自己行动并能通过思考再现行动，要树立"行动即学习"的理念。这意味着，教学原则应该注重"通过行动来学习"。

学习的总体要求体现为行动过程的完整性，应尽可能促进学习主体独立实现包含"咨询、计划、决策、实施、检查和评价"的行动过程。这意味着教材内容应该注重"行动过程的完整"。

学习的策略要素体现为行动反思的重要性，应尽可能促进学习主体已有的经验与学习行动的集成，并重视对主体的学习效果进行反思。

四、对学科体系教材内容的解构及按行动体系重构示例

以设施农业科学与工程专业的主干核心课程教材《设施蔬菜栽培》为例加以阐述。

（一）从课程内容出发理解行动系统教材的含义

行动体系的基本单元，即一个工序，一个过程，一个任务，一个项目（图6-14）。

（二）知识解构与重构的维度分析

设施蔬菜栽培，其关键词，即主语，是"蔬菜"，而"设施"是修饰"蔬菜"的，是"设施"内的"蔬菜"，而不是其他蔬菜。"栽培"是指工作过程。因此，以"蔬菜"为纬度解构。所以，教材的合理结构是从"蔬菜"，分级为"瓜类蔬菜""茄果类蔬菜"……

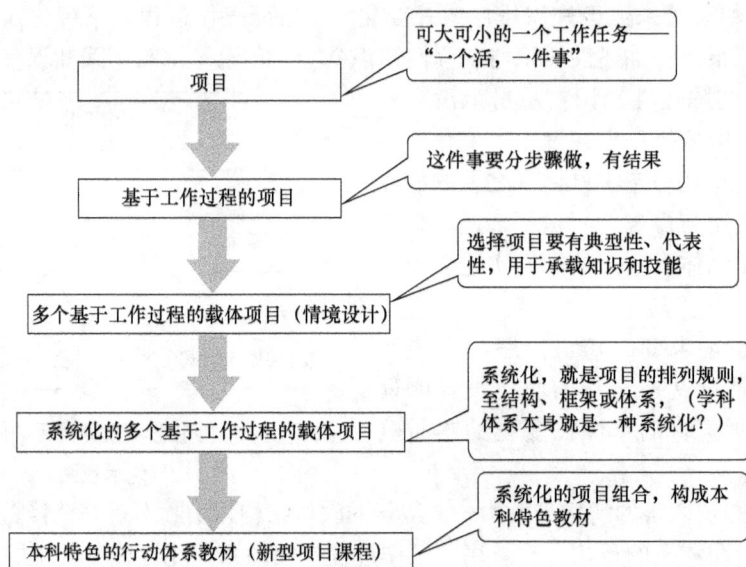

图 6-14 行动体系的基本单元

然后再细分，比如"瓜类蔬菜"分为"黄瓜""甜瓜"等。

（三）工作过程的确定

按"栽培"这个工作过程进行重构。每种蔬菜，选择几个典型工作过程，这个工作过程，是从播种到采收的整个栽培流程。而所谓的典型性，指的是按"设施"（地点）和"茬次"（时间）的组合选择工作过程。当然，也可以按其他方式选择。

（四）按维度对工作过程进行系统化

按"蔬菜"这个维度，对工作过程进行系统化，就形成了教材的框架。其最底层，是一个完整的工作流程，可以按"××（蔬菜）×× 茬 ××（设施）栽培"来命名（图 6-15）。

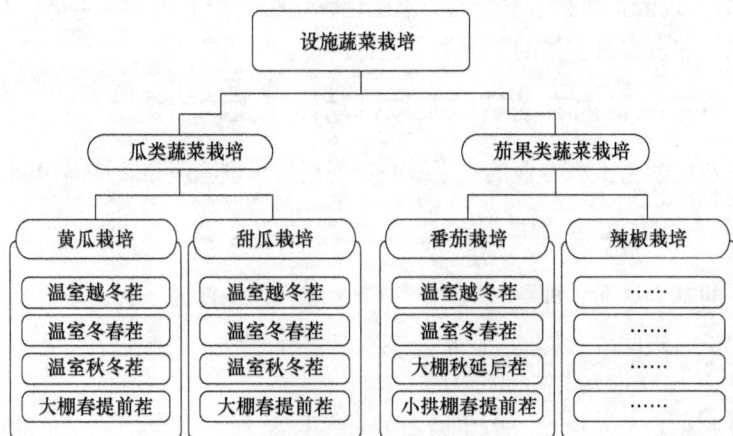

图 6-15 《设施蔬菜栽培》教材的行动体系结构图

此外，尚有些具有普遍性又很具体的问题。其一，总论部分可以保留，但要压缩、选择、组合，强调基础知识与基本概念的掌握，即保留不能放入各论的知识。其二，理实一体，不设置实验课。其三，课堂不一定在教室。其四，本科基础课必须有。

（五）教材中"重复"的设置

为熟练掌握某一技能，要在教材中采用重复的方法，这种重复并不是完全相同的简单重复，而是根据内容需要进行科学设置，以达到从具体到抽象的效果（图6-16）。

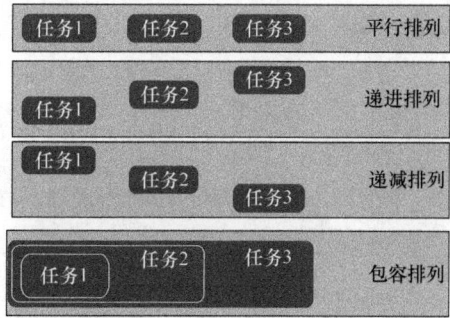

图 6-16　重复内容的排列方式

例如，在《设施蔬菜栽培》教材中，为让学生掌握设施黄瓜栽培的技术，根据设施、茬次的不同，组合成多种黄瓜栽培方式，选择有代表性的4种，即日光温室越冬茬黄瓜栽培、日光温室冬春茬黄瓜栽培、塑料大棚春提前茬黄瓜栽培和防雨棚越夏黄瓜栽培。这些栽培方式的共同特点是，都重复育苗、定植、管理、采收等步骤，但针对不同的方式，这4个步骤又有所差别。学生通过重复这些步骤，能逐渐认知并领会黄瓜栽培的核心技术（图6-17）。

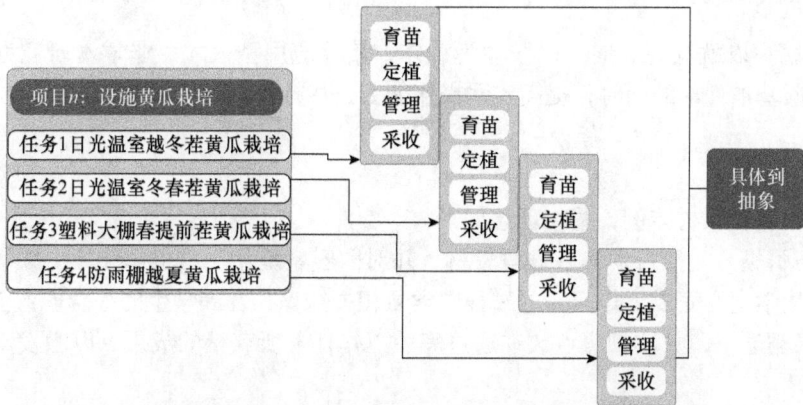

图 6-17　《设施蔬菜栽培》教材内容的重复性的体现方式

需要注意的是，编写教材时，各任务相似内容不要照搬照抄，要注意结构框架一致，但内容不应重复。比如，在日光温室冬春茬黄瓜栽培部分，阐述了种子处理的方法，在大棚秋延后黄瓜部分，同样有种子处理的步骤，而这个步骤的操作方法又与前者完全相同，就可以省略不写（表6-3）。

表 6-3　《设施蔬菜栽培》教材重复性内容处理方法示例

茬次	育苗	定植	管理	采收
日光温室黄瓜冬春茬栽培	1. 品种选择 2. 种子处理（消毒浸种催芽） 3. 播种（电热温床、营养土营养钵准备、播种覆土方法） 4. 嫁接前幼苗管理（温度、湿度、光照等环境，水肥） 5. 幼苗嫁接（靠接法、插接法） 6. 嫁接后幼苗管理	—	—	—

茬次	育苗	定植	管理	采收
大棚黄瓜秋延后茬栽培	1. 品种选择（本茬口专用品种要求） 2. 种子处理（参见前述） 3. 播种（参见前述） 4. 嫁接前幼苗管理（本茬温湿度指标及特有注意事项） 5. 幼苗嫁接（针对性嫁接方式，具体参见前述） 6. 嫁接后幼苗管理（本茬特定指标，与前述不同）	—	—	—
小棚黄瓜秋延后茬栽培	……	—	—	—

也就是说，行动体系教材是对学科知识的解构，是对原学科体系教材内容的筛选。数量上，理论知识数量没有变化，但排列方式变了；质量上，理论知识质量发生变化，不是物理移位而是融合。

第四部分　主干课程教材开发的基本思路

一、基本原则与理念

（一）基本原则

教材的编写以就业为导向，以职业为载体，培养应用型人才（非学术研究型人才）。让学生在掌握基本理论的同时，提高实践操作能力，尽量做到理实一体。

（二）开发理念

采用项目课程教材体例，基本理念如下。

1. 任务引领　　按行动体系编写教材，并对内容系统化。以工作任务引领知识、技能和态度，让学生在完成工作任务的过程中学习相关知识，发展学生的综合职业能力。

2. 结果驱动　　关注的焦点放在通过完成工作任务所获得的成果，以激发学生的成就动机。

3. 突出能力　　课程定位与目标、课程内容与要求、教学过程与评价等都要突出职业能力的培养，体现职业教育课程的本质特征。

4. 内容实用　　围绕工作任务完成的需要来选择课程内容，不强调知识的系统性，而注重内容的实用性和针对性。

5. 理实一体　　打破理论与实践二元分离的局面，以工作任务为中心实现理论与实践的一体化教学。让学生在掌握基本理论的同时，提高实践操作能力。要体现本科水平，理实并重。

二、教材的表现形式

（一）书名

书名采用"名词＋动词"模式，力求简洁，比如"设施蔬菜栽培""设施果树栽培"。

（二）框架

按照任务体系确定课本内容的基本框架，分单元、项目（可选）、任务（可有子任务）2~4级。各级名称尽量采用"名词＋动词"模式，基本层次如下。

（1）单元　　借鉴项目教学理念命名，相当于学科体系的"章"一级。

（2）项目　　相当于"节"，采用"名词＋动词"方式命名，根据教材内容，决定是否有必要保留此级。如设置项目一级，要求项目之间具有独立性，项目内部各任务前后具有连续性。

（3）任务　　此一级必须设置。相当于节以下的"一、二……"。

（4）子任务　　相当于"（一）、（二）……"根据内容需要，决定是否有此级。

（三）表现方法

对每个任务或任务中的每个步骤，要先理论，后实践。

对理论的阐述要简明准确，采用学术上无争议的理论及用词。

注意技术的可操作性。在对技术的阐述中，要注意以下要素：对该项技术形成产品的描述，所用材料的用量与规格，操作的步骤，每个步骤的操作方法和要达到的指标，技术的关键点等。

（四）写作要求

1. 篇幅　　每本20万~30万字（字符数，不计空格），不可超过30万字，图片按面积折合成文字计算。

2. 图片　　根据内容需要，尽量多使用图形、表格、照片。提交书稿时，另附图形、图片的电子文件。

3. 排版　　提交的书稿正文为5号字，宋体，单倍行距。图文混排，图片在正文中的版式设置为：设置图片格式—版式—高级—文字绕排—嵌入式（word2007）。

三、科学性与创新性

1. 编写人员涵盖不同领域和层次　　与以往的高校教材人员构成不同，本次写作，为与前述指导思想或编写思路相适应，在人员选择上，注重从不同岗位和层次选择，每本教材都包括本科院校专业教师、中高职院校教师、行业企业专家、行业管理者等多个层次。为避免不同人员知识背景、教育程度不同，导致写作风格的差异，在书稿汇总时，注意将不同作者所负责的内容进行有机整合。

2. 体现本科水平　　过去的高校教材，一般采用学科体系编写，本项目的教材改为行动体系。当前，行动体系的教材都应用于高等职业、高等专业、中等专业学校之中，国内尚没有合适的、采用行动体系编写的设施农业科学与工程专业的主干教材供借鉴，在编写教材时，很容易将本科教材编写成高职教材。为此，本项目教材注重体现本科水平。主要表现为，采用行动体系后，理论水平没有降低；学习内容没有减少；对技能的训练有所增加。

3. 理实一体、理实并重　　在编写行动体系教材时，人们经常强调的是理实一体，但为了体现本科水平，强调对学生思维、思想的训练，本项目在体现理实一体理念的同时，强调不能忽视理论，要理实并重。

4. 按行动体系对原有的学科体系内容系统化　　对学科知识进行解构，按照工作过程来对其重新系统化，将陈述性知识与过程性知识整合，理论知识与实践知识整合。知识在总量上没有变化，但在课程中的排序方式发生了变化，更多的是着眼于蕴含在动态行动体系之中的隐性实践知识的生成与构建。

5. 教材呈现方式的改进　　为让学生更直观地掌握知识，在教材表现形式上进行了改进，增加了大量图片进行辅助说明；文字内容，也注重对基本原理、基本概念的阐述，以及对操作动作的描述，注重对标准、参数的严格量化把握。

第五部分　主干课程教材编写方案

一、编写体例

（一）题序

全书标题分为单元、项目、任务、子任务（可选），具体如下。

单元一　　××
（题名前空两格，居中，三号黑体。用"名词+动词"的形式）

教学目标（黑体，五号）
　1. 了解······。（楷体，5号）
　2. 掌握······。
　3. 掌握······。
重点难点（黑体，五号）
　1.······。（楷体，5号）
　2.······。

项目一　　××××××
（题名前空两格，居中，三号黑体。用"名词+动词"的形式）

　　××××××××······（简单介绍，单独成一段文字，200~300字，总论中包括作用、意义、现状、前景、趋势等，各论中包括拉丁学名、分科、历史、原产地、营养价值等）

任务一　　××××
（题名前空两格，居中，小四号黑体。用"名词+动词"或"动词+名词"的形式）

子任务　　××××

（可选，题名前空两格，居中，小四号黑体。用"名词+动词"或"动词+名词"的形式）

知识目标（黑体，五号）

  1. 掌握·····的原理。（体现知识）（楷体，五号）

  2. 掌握·····的标准。

技能目标（黑体，五号）

  1. 能·······。（体现技能）（楷体，五号）

  2. 能·······。

  3. 能········。

  4. 能·······。

（以下正文内容部分暂用五号宋体，待校对后统一排版）

一、××××××

（题号后加顿号，接写题名，居中，内容另起段）

（一）××××××（标题为词组。首行缩进两格，题号用小括号，不加其他标点，接写题名，内容另起段）

  1. ×××　×××××（标题为简洁的词组。首行缩进两格，题号后加圆点，接写题名，空两格接写内容）

（1）×××　××××××（标题为简洁的词组。首行缩进两格，题号加小括号，不加其他标点，接写题名，空两格接写内容）

①×××　××××××（标题为简洁的词组。首行缩进两格，题号加圆圈，不加其他标点，接写题名，空两格接写内容）

××××：××××××（再下一级题号，不编号，首行缩进两格，写题名，加冒号，接写内容）

（二）×××××

……

背景知识（题名用黑体，五号。此项可选，数量不限，阐述与此任务或子任务有关的，无法放置到任务中的背景性、拓展性的知识内容，如发展历史、法律法规、国内外进展、新成果新产品、市场应用等，凡不适宜在任务进程中融入的知识，都可以列在此处。正文用宋体，五号）

知识点（黑体，五号。用名词，3个以上）

××，×××，××××。（宋体，五号）

技能点（黑体，五号。用短句，"名词＋动词"或"动词＋名词"，3个以上）

××××，××××××，×××××××××。（宋体，五号）

技能训练（题名用黑体，五号。此项可选，未必每个任务或子任务都有。全书共10个左右，字数自定。相当于实验指导，标题顶格。以下为示例）

利用泡沫塑料箱栽培蔬菜

（标题居中，此部分内容用仿宋体）

  1. 材料　泡沫塑料箱1个，穴盘1个，打孔器1个，已经育成的叶用莴苣或苦苣等叶菜类蔬菜幼苗若干。

2．步骤

（1）打孔　　用打孔器在泡沫塑料箱盖上打直径2～3cm定植孔，根据箱盖大小确定定植孔个数，孔间距离10～15cm。

（2）加注营养液　　将配制好的浓缩液稀释为栽培液，加注到泡沫箱中，液面距离箱盖1～2cm。

（3）定植　　将幼苗带根挖出，在清水中将根系上基质洗去。在根系上贴附一根无纺布条，然后用无纺布条将幼苗的根茎包裹一圈至数圈，再将幼苗插入定植孔，利用海绵的弹性将幼苗卡在定植孔上，根系和无纺布的下部要伸到营养液中。

3．考核

（1）打开圆整，分布均匀。（20分）

（2）无纺布、聚氨酯位置正确，松紧适度。（30分）

（3）定植几天后蔬菜长出新根成活。（50分）

情境模拟（题名用黑体，五号。此项可选，每本书选5个任务或子任务，设置此项即可。此项为一段文字，假设一个生产中可能发生的问题或事故，分析原因，让学生模拟工作状态，以便将来就业时缩短适应期）

复习思考（黑体，五号）

1．如何……？（问句，相当于课后思考题）

2．怎样……？

子任务二（或任务二）

……

（二）标题

各级标题用词组表达，名词+动词，不用句子，字数不宜过多。

同级标题要有可排比性、对称性。

（三）计量单位

全书使用英文单位：s、min、h、d、mol、m、m^2、L、g、kg，需要用亩时写为$667m^2$。

不使用已经废除的单位：公斤、两、尺、寸、ppm、卡、亩，以及mmHg、M、N、bar、磅、加仑、马力、英寸、当量浓度、转每分等。

（四）图表

1．黑白线条图　　如图下标注"图1-5"（前为单元序号，后为图序号）。电子版图片插入书稿供审阅。提交书稿电子文档时，将图像文件（tif格式，黑白两色，扫描图，600dpi）放入文件夹一并提交。如在图中需要标注，可用1、2、3标注，并在图下注释相应数字代表的意义。图表借用他人时应在图注或表注中标明出处（含作者、书名或杂志名、页码等信息）。图表要具有自明性。图题不要以图片格式出现，应在文本相应位置编排为可修改格式。

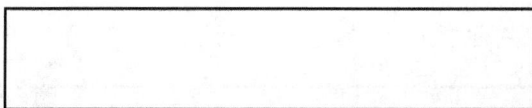

1×××　2×××　3×××　4×××

图 1-5　××××××××××××

（自李式军主编《设施园艺学》，××××年，第×页）

2. 表　　一律用三线表，具有自明性，表题等居中，举例如下。

表 1-5　××××××××××××

（自焦自高主编《设施蔬菜栽培技术》，××××年，第×页）

3. 照片　　要求彩色数码照片，分辨率一般应该达到 1024×768 以上。清晰度要高。要求自拍照片或有版权照片，引用请注明出处，不要从网上搜索无出处照片，以免引发版权纠纷。

（五）参考文献

参考文献按统一格式放在书后，在文中不作标注，格式如下。

1. 期刊文章　　［序号］作者（全部）. 文献题名［J］. 刊名，年份，卷（期）：起止页码.

2. 著作　　［序号］作者（主编）. 书名［M］. 出版地：出版者，出版年.

二、结构设计示例

以主干课程教材《无土栽培》为例说明如下。

（一）第一种方法示例——单元、任务

单元一　无土栽培基本知识认知
　　任务一　无土栽培基本概念认知
　　任务二　无土栽培的特点及应用范围认知
　　任务三　无土栽培研究与应用进展认知
单元二　营养液配制与管理
　　任务一　水源选择
　　任务二　营养液浓度计算
　　任务三　肥料及其特性认知
　　任务四　营养液配制
　　任务五　营养液管理
　　……

（二）第二种方法示例——单元、项目、任务、子任务

单元四　水培
　项目一　营养液膜水培设施建造与蔬菜栽培
　　任务一　大株蔬菜营养液膜设施建造与栽培
　　　子任务一　大株蔬菜营养液膜水培设施结构的认知与建造
　　　子任务二　大株蔬菜营养液膜栽培
　　任务二　小株蔬菜营养液膜设施建造与栽培
　　　子任务一
　　　子任务二
　项目二　深液流水培设施建造与蔬菜栽培
　　任务一
　　　子任务一
　　　子任务二
　　任务二
　　　子任务一
　　　子任务二
　项目三　动态浮根水培设施建造与蔬菜栽培
　　任务一
　　　子任务一
　　　子任务二
　　任务二
　……

三、编写大纲示例

以主干课程教材《无土栽培》为例说明如下。

单元一　无土栽培背景知识认知
　任务一　无土栽培的概念与分类认知
　任务二　无土栽培特点及应用范围认知
　任务三　无土栽培历史与现状认知
单元二　营养液
　任务一　配制营养液的水源选择
　任务二　营养液浓度表示方法认知
　任务三　营养液配方组成原理认知
　任务四　配制营养液的原料及其特性认知
　任务五　营养液配制
　任务六　营养液管理

单元三　基质

　　任务一　基质的理化性质认知

　　任务二　基质种类和特性认知

　　任务三　基质的利用

单元四　无土育苗

　　任务一　穴盘育苗

　　任务二　平底盘育苗

　　任务三　岩棉育苗

　　任务四　营养钵育苗

　　任务五　其他育苗方式

　　任务六　工厂化育苗

单元五　水培

　项目一　营养液膜水培

　　任务一　营养液膜水培设施的结构及建造

　　任务二　蔬菜营养液膜水培

　项目二　深液流水培

　　任务一　泡沫塑料栽培槽深液流水培

　　　子任务一　泡沫塑料栽培槽深液流水培设施的结构认知与建造

　　　子任务二　蔬菜泡沫塑料栽培槽深液流水培

　　任务二　砖混结构栽培槽深液流水培

　　　子任务一　砖混结构栽培槽深液流水培设施的结构认知与建造

　　　子任务二　蔬菜砖混结构栽培槽深液流水培

　项目三　浮板水培

　　任务一　深池浮板水培

　　　子任务一　深池浮板水培设施结构认知与建造

　　　子任务二　蔬菜深池浮板水培

　　任务二　浅池浮板水培

　　　子任务一　浅池浮板水培设施的结构认知与建造

　　　子任务二　蔬菜浅池浮板水培

　项目四　管道水培

　　任务一　管道水培设施结构认知与建造

　　任务二　蔬菜管道水培

　项目五　鲁 SC 型无土栽培

　　任务一　鲁 SC 型无土栽培设施结构认知与建造

　　任务二　蔬菜鲁 SC 型无土栽培

　项目六　立管悬杯静止水培

　　任务一　立管悬杯静止水培设施的结构认知与建造

　　任务二　蔬菜立管悬杯静止水培

单元六　基质培

项目一　砾培

任务一　砾培设施的结构认知与建造

任务二　蔬菜砾培

项目二　沙培

任务一　沙培设施结构认知与建造

任务二　蔬菜沙培

项目三　岩棉培

任务一　开放式岩棉培

子任务一　开放式岩棉培设施结构认知与建造

子任务二　蔬菜开放式岩棉培

任务二　循环式岩棉培

子任务一　循环式岩棉培设施结构与认知

子任务二　蔬菜循环式岩棉培

项目四　复合基质培

任务一　复合基质槽培

子任务一　复合基质槽培的设施结构认知与建造

子任务二　蔬菜复合基质槽培

任务二　复合基质袋培

任务三　复合基质箱培

单元七　立体栽培

项目一　叠盆式立柱栽培

任务一　基质培型叠盆式立柱栽培

任务二　水培型叠盆式立柱栽培

项目二　复合基质插管式泡沫塑料立柱栽培

任务一　复合基质插管式泡沫塑料立柱栽培设施结构认知与建造

任务二　蔬菜复合基质插管式泡沫塑料立柱栽培

单元八　小型化无土栽培

项目一　小型水培

任务一　小型管道水培

任务二　小型灯芯深水培

任务三　小型悬杯深水培

任务四　小型浮板水培

项目二　小型基质培

任务一　小型复合基质箱培

任务二　小型珍珠岩培

项目三　小型立体栽培

任务一　小型水培型叠盆式立柱栽培

任务二　小型基质培型叠盆式立柱栽培

四、编写样章示例与说明

以主干课程教材《无土栽培》中单元七为例，说明如下（以下内容为教材原始文件，故与出版后教材有些许不同，主要目的是说明编写教材的思路与理念）。

单元七　小型化无土栽培

教学目标
1. 了解各种小型化无土栽培装置的运行原理。
2. 掌握各种小型化无土栽培装置的制作方法。
3. 掌握利用各种小型化无土栽培装置进行蔬菜栽培的基本技术。

重点难点
1. 小型化深水培装置的制作方法。
2. 利用小型化深水培装置进行叶菜类蔬菜栽培。

项目一　小型化气泵增氧水培

小型化气泵增氧深水培是指用各种栽培箱、小型栽培槽等作为容器，营养液深度10~20cm，通过暴气方式增加营养液溶解氧含量，植物根系下部浸泡在营养液中的一种小型化无土栽培方式。主要特点是通过小型气泵，向营养液暴气，提供营养液溶解氧含量，满足根系呼吸的需要。

任务一　小型化气泵增氧装置制作

知识目标
1. 掌握气泵增氧水培的运行原理。
2. 掌握栽培容器的选择标准。

技能目标
1. 能够利用打孔器对定植板打孔。
2. 能够按正确的方式进行增氧装置组装。

一、栽培箱选择

一般选用聚苯乙烯泡沫塑料箱作栽培容器，聚苯乙烯泡沫塑料材料具有良好的隔热性能，在炎热的夏季可维持营养液温度的稳定，避免液温随气温的升高而剧烈变化，影响蔬菜生长（图7.1）。通常要求栽培箱深度10cm以上，太浅，所盛装的营养液量少，蔬菜根系伸展不开，营养空间小，妨碍蔬菜生长；太深，需要的营养液太多，利用率低。如果栽培箱过深，可在底部铺垫一些填充物（图7.2）。

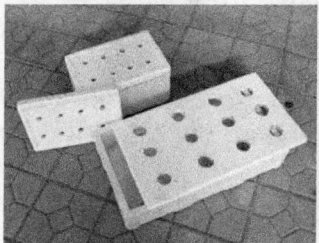

图7.1　打好定植孔的泡沫箱　　图7.2　底部填充泡沫块

此外，也可选用其他容器，如塑料周转箱、花盆等。如果容器材质透明的或半透明，可在其外表壁涂黑色油漆。否则，营养液会因见光而滋生绿藻，而绿藻会消耗营养液中的营养、氧气，并分泌毒素，阻碍蔬菜生长。

批注[1]: 定义
批注[2]: 每个项目标题后，有一段文字（开场白），内容为该项目的相关背景知识，如定义、介绍、背景、原理、特点等，此段示例为"定义"
批注[3]: "特点"。
批注[4]: 这一级标题要具有自明性，字数可以多些，一般用"修饰语+名词+动词"，如：小型化气泵增氧+装置+制作。
批注[5]: 知识目标3个左右
批注[6]: 用"掌握""了解"开头，针对知识性内容
批注[7]: 技能目标3个左右
批注[8]: 以"能"开头，内容为各种实践性、操作性技能。
批注[9]: 标题尽量采用"名词+动词"方式，也可采用"动词+名词"方式。
批注[10]: 这句话概况材料，特性，原理
批注[11]: 按单元标号
批注[12]: 这句话概括材料的指标
批注[13]: 这句话概括异常情况的处理方法

二、泡沫塑料栽培槽制作

（一）材料要求

在较大的栽培空间，可自制栽培槽做容器。一般选用高密度（大于 20kg/m³）聚苯乙烯泡沫塑料板自行制作栽培槽。

（二）板材切割

先将最初的规格为 100cm×50cm×200cm 的泡沫塑料块，在出厂前切割成 2cm×100cm×200cm 的泡沫板。制作时，取一半板材，切割成宽度分别 11cm、11cm 和 78cm 的三种板，长度都是 200cm，厚度都是 2cm；另一半切割成宽度分别 13cm、13cm 和 74cm 的三种板，长度也都是 200cm，厚度都是 2cm。用窄板作槽壁，用宽板作槽底和定植板（图7.3）。制作时，再按规格要求进一步切割。用锋利的裁纸刀作切割工具，先在泡沫板上画线，然后沿线放置直板，将裁纸刀的刀刃贴在直板上，按线切割（图7.4）。

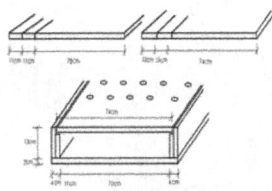

图 7.3　板材规格及其组装　　　　图 7.4　切割方法

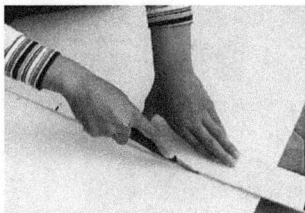

（三）板材黏合

在相接位置涂抹聚苯专用胶，将板材放置好，注意边缘要整齐，稍加按压，黏合成栽培槽（图7.5，图7.6）。

（四）槽底铺设

黏合后的栽培槽留有缝隙，容易渗漏，因此，要在内侧铺设薄膜防渗。通常选用 0.1～0.15mm 厚黑色或黑白双色聚乙烯塑料薄膜。铺设时，注意薄膜与槽底和内壁贴紧，不能留有空隙或气泡。

图 7.5　黏槽　　　　图 7.6　泡沫栽培槽及未打孔的定植板

三、定植板打孔

定植板为栽培容器上部用于定植蔬菜幼苗的泡沫塑料盖板。如果泡沫箱不带同材质箱盖，可用 2cm 厚的泡沫塑料板制作定植板，其面积以能盖在栽培箱而不陷落为宜。对于栽培槽，也用 2cm 厚泡沫板制作定植板，切割为适宜尺寸。

（一）定位

定植板上用于定植蔬菜的圆孔称为定植孔，一般需要根据所栽培蔬菜株行距自行制作。先按预定株行距笔在板材的表面标出定植孔的位置，叶菜类蔬菜的株距为 10～20cm，果菜类蔬菜株距 30～50cm。定植孔直径为 2.5～5cm。

（二）烫孔

用一截铁管制作打孔器，铁管的一端插上一截木棒绝缘，用电炉将铁管的另一端烧热（图7.7）。然后将其垂直戳在泡沫板预定的打孔位置上，即可烫出一个圆整的定植孔（图7.8）。操作时要注意安全，防止打孔器铁管一端烫手；加热时避免用手直接触及铁管和电炉，地面要干燥，同时应穿绝缘鞋，防止发生触电事故。

（三）旋孔

还有另一种打孔方法，先制作打孔器，取一个直径较小的铁皮易拉罐，用型材切割机将其从中间截断，并将圆形截口处的铁皮磨锋利。打孔时，将其扣在定植板预定打孔位置，用手握住打孔器向下旋转、摁压，打孔器的锋利圆口即可在泡沫板上旋出一个圆孔。用此法在箱盖上打的定植孔直径较大，可用于安放定植杯。

批注 [14]: 多分小标题，按流程、步骤认真思考，同级标题尽量用字数相同的词组。可以名词+动词，也可动词+名词。

批注 [15]: 这段话，阐述所用材料是什么

批注 [16]: 这段话，阐述规格是什么

批注 [17]: 这段话，阐述操作的步骤

批注 [18]: 图片尽量两两一组，这样排版整齐

批注 [19]: 用照片对文字进行注解

批注 [20]: 定义

批注 [21]: 定义

批注 [22]: 操作步骤1，以句号结束，不再分（1）

批注 [23]: 该步骤的要求或要达到的指标

批注 [24]: 操作步骤2

批注 [25]: 操作方法配图

批注 [26]: 操作步骤3

批注 [27]: 操作步骤3的结果或指标

批注 [28]: 注意强调操作安全

四、气泵与定时器准备

安装气泵的目的是提高营养液的溶解氧含量。安装定时器是为了控制气泵的工作时间和频率。

批注 [29]: 原理

增氧用的小气泵实际上是一台小型的空气压缩机，功率一般为 2～4W。每个栽培箱底部放置 1～2 个砂质喷头作为出气口。砂纸喷头是用树胶将粗砂粒粘在一起形成的布满孔隙的小圆柱状物体，通气时，砂质喷头的孔隙里会均匀地喷出大量气泡。每个气泵连接约 10 个喷头。喷头与气泵之间用塑料输气管和三通连接，将气泵的气按树状分支输送到每个栽培箱。

批注 [30]: 对器材性能说明

批注 [31]: 对器材性能说明

气泵的启动和关闭可由定时器控制。

五、装置组装

根据栽培面积大小，将栽培箱整齐地摆放好（图 7.7）。按栽培箱之间的距离截断塑料输气管，用三通、旁通、接头连接各级输气管及砂质喷头（图 7.8）。加注营养液后，将砂质喷头通过定植孔塞入栽培箱，启动气泵，检查喷头是否喷气。使用多次喷头，砂粒之间的空隙可能被营养液中的沉淀物质堵塞，影响出气，遇到这种情况，可将其拆下，用稀盐酸或稀硫酸浸泡几小时后再使用。

槽外壁用 8 号铅丝箍住，以防加注营养液后涨开。

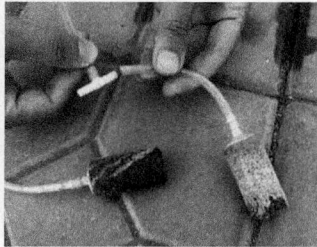

图 7.7　摆放定植箱　　　　图 7.8　连接输气管与喷头

背景知识

1.小型无土栽培技术的应用　　小型无土栽培就是利用小型装置进行无土栽培的一种蔬菜生产方式，其栽培目的主要是观赏、教学、研究，其次才是食用。其功能和应用范围主要体现在以下几方面。

（1）家庭园艺　　通过选择适宜的蔬菜种类或品种，采用适宜的栽培方式，再加上独具匠心的摆放，就能使无土栽培蔬菜具有观赏价值，发挥美化环境的作用。小型无土栽培蔬菜会使那些整日忙碌于城市喧嚣之中、远离乡村宁静的人们重新体会到田园牧歌式的生活内涵。与栽培花卉不同的是，栽培蔬菜集观赏与食用于一体，从而使栽培者更能体会到劳动的乐趣。

（2）教育科研　　小型无土栽培设施建造成本低，但含盖了无土栽培的基本原理，有中、小学生的家庭，利用阳台或庭院种植无土栽培蔬菜，可以培育孩子的观察、理解、分析、操作等能力。很多城市都有中小学生校外教学基地，供孩子们体验科学历程，了解自然奥秘，锻炼动手能力，小型无土栽培装置就是很好的教具。大专院校、科研院所利用小型无土栽培装置进行科学研究的情况更是极其普遍，无需累述。

（3）食用"放心菜"　　有人认为，只有自己种的蔬菜，才能心中有数，放心食用。城市居民不可能像农民那样，拥有自己的小菜园，但巧妙地利用自家阳台、庭院进行小型无土栽培，就能够吃到自己生产的洁净的"放心菜"。

2.小型无土栽培商品化　　在国内，家庭用无土栽培已经成为一个产业，市场上有各种各样的小型无土栽培装置出售，小型水培装置是十分重要的一类。这里介绍一种较为先进的装置。整个装置由储液箱、定植板、水培杯、分水器、供液管、循环泵、温度探测器及电脑程序控制器组成（图 7.9）。箱体尺寸：54cm×39cm×30cm，可以栽培 6 组蔬菜、花卉，或者6 株较大的植物，如各种瓜果、番茄、茄子等（图 7.10）。

图 7.9　家庭箱式水培装置组件　　　　图 7.10　栽培效果

知识点

气泵增氧深水培，打孔器，聚苯乙烯泡沫塑料，栽培箱。

技能点

泡沫板切割，栽培槽制作，定植板打孔。

复习思考

1.如何确定定植孔的直径？

2.栽培箱中的喷头数量是越多越好吗？

批注 [32]: 相当于思考题，无答案

任务二　小型化气泵增氧蔬菜栽培

批注 [33]: 做定语，界定用

批注 [34]: 名词+动词

知识目标

1.理解无纺布对蔬菜根系吸水的作用。

2.掌握蔬菜定植时各材料与根系的相对位置。

技能目标

1.能利用多种育苗容器培育适龄幼苗。

2.能按正确的方法定植蔬菜。

一、蔬菜育苗

（一）育苗准备

1.容器准备　　叶菜类蔬菜育苗选用 128 孔或 256 孔穴盘作育苗容器，也可用平底育苗盘作育苗容器。以穴盘最为适宜，这是因为受穴孔的限制，每一株幼苗的根系都不会和其他幼苗的根系缠绕在一起，这样定植时可减少伤根。

2.基质准备　　用蛭石、沙作基质最好，因为在定植时，幼苗根际的蛭石、沙很容易被清洗掉。

（二）播种

1.平底盘播种

（1）铺基质　　先清洗苗盘，然后在平底盘中铺好基质，用板刮平。再用手持式喷壶喷透水，掌握的标准是有多余的水从苗盘底孔流出。而后，用泡沫板摁压基质，使之平整而紧实。

（2）播种　　按 2～3cm 的间距播种。播种后再覆盖一层蛭石，用手抹平或用板刮平，厚度为 0.5～1cm。覆盖基质之后不再浇水。

2.穴盘播种

（1）铺基质　　往蛭石上喷水，倒堆，使蛭石湿润，但不能成团。然后用锹铲入苗盘，用板刮平，使每个孔都铺满蛭石。

（2）播种　　在铺好蛭石的苗盘上叠放一个相同规格的空穴盘，用两手手掌按压，使下面苗盘中的基质下陷。也可用棍棒类物品戳压每一个穴，使蛭石表面下陷，以供播种之用。然后用小喷壶浇透水。不可用出水量较大的大水壶，因为蛭石较轻，容易被水流冲起来。而后穴播种，每穴播种 1～3 粒。播种后覆盖蛭石，用板刮平。

（三）播后管理

1.摆放　　将播种后的苗盘摆放整齐，其上覆盖塑料薄膜，有幼苗出十后，将薄膜揭去。

2.营养液管理　　由于蛭石中所含养分十分有限又很不均衡，因此育苗期间必须浇灌营养液。出"脱肥"症状时，再开始喷营养液。另外，由于草炭具有较强的缓冲能力，且微量元素不会在短期内被消耗完毕，为降低栽培成本，也可喷浓度为 0.1%～0.2% 农用复合肥水溶液，以此代替常规营养液。与蛭石相比，用复合基质所育的苗在定植前清洗根系时较困难，不易清洗干净。

二、定植

（一）清洗根系

对于叶菜类蔬菜，播种后 20～30d，幼苗高 10cm 左右，相互拥挤时即可定植。先将幼苗带根挖出，在清水中将根系上附带的蛭石或复合基质洗去，清洗的动作要轻，不能将根系碰断（图 7.11）。

（二）包裹无纺布

无纺布是一种不经编织而形成的布状材料。折叠无纺布，包裹根系一侧，让根能从另一侧及下部伸出。无纺布能利用毛细管作用，像"灯芯"一样将营养液吸上去，浸润蔬菜上部暴露在空气中的根系。也可将无纺布贴附在根系一侧，根系大部分直接暴露在空气中。

（三）聚氨酯固定幼苗

用聚氨酯固定植株，能简化栽培步骤，节省材料。将聚氨酯裁切成 2cm×2cm×5 cm 的小条，缠绕幼苗根茎一圈，再将幼苗插入定植孔，利用海绵的弹性将幼苗卡在定植孔上。插

好后注意观察，要求根系舒展，根系和无纺布的下部要伸到营养液中。也可在贴附好无纺布后，将幼苗插入定植孔，在幼苗一侧与定植孔壁之间塞入一小块海绵，将幼苗卡住（图7.12）。

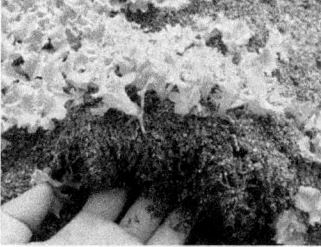

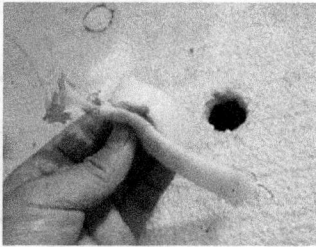

图7.11　取苗　　　　　　　　　　图7.12　用聚氨酯固定幼苗

三、营养液管理

（一）营养液增氧

定植之后，接通电源，完成定时器设置，由定时器控制增氧泵启闭。增氧泵无需终日工作，每天启动1～3次，每次通气10min。

（二）液位调整

定植后，部分根系伸入营养液中，液面应与定植板保持3～4cm距离，通过无纺布的吸水作用使暴露在空气中的部分根系保持湿润。随着根系生长，液面适当降低，并逐渐稳定地维持在某一水平。营养液的液位稳定以后，不再升高，否则气生根会因营养液的浸泡而死亡（图7.13，图7.14）。

图7.13　生长中的生菜根系　　　　图7.14　达到采收标准的生菜

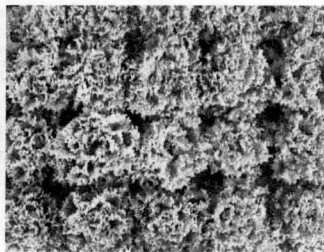

（三）营养液补充

由于根系的吸收和营养液自身的蒸发，营养液会逐渐被消耗掉，需要及时补充，维持距离定植板5cm左右的深度。

（四）营养液更换

是否需要彻底更换营养液要视具体情况而定，如果栽培叶菜类蔬菜，由于其生长期较短，无需彻底更换营养液；如果栽培的是生长期较长的果菜类蔬菜，如黄瓜、番茄等，可每过1～2个月彻底更换1次营养液，即将栽培箱中剩余的营养液全部倒掉，然后加入新配制的营养液。倒掉的营养液虽然营养成分不均衡，酸碱度也不一定适宜，但仍然有用，可用其浇花或基质培蔬菜。

四、栽培装置清洗与消毒

收获后，将定植板和栽培箱内的残根拣出，用水冲洗，必要时还可用漂白粉、洗涤剂等消毒药液浸泡1d，增氧泵或小水泵的管道也要消毒。砂质喷头的缝隙很可能被营养液中的沉淀堵塞，此时可用稀酸溶液浸泡，将沉淀溶解后在此使用。稀酸溶液可选用10%的硝酸或硫酸浸泡。

知识点

聚氨酯，无纺布，育苗基质，穴盘育苗，平底盘育苗，增氧，毛细管作用。

技能点

根系清洗，蔬菜定植，营养液补液，液位调控，营养液更换，栽培装置清洗，栽培装置消毒。

以下为可选内容

技能训练

利用小型气泵增氧装置栽培蔬菜

1.材料　泡沫塑料箱1个，穴盘1个，打孔器1个。已经育成的叶用莴苣或苦苣等叶菜类蔬菜幼苗若干。

2.步骤

（1）打孔　用打孔器在泡沫塑料箱盖上打直径 2~3cm 定植孔，根据箱盖大小确定定植孔个数，孔间距离 10~15cm。

（2）安装增氧泵　将塑料管剪成适宜长度，一端连接喷头。用三通、四通等组件将多个连有喷头的塑料管连接主管，将主管连接到气泵上。

（3）加注营养液　将配制好的浓缩液稀释为栽培液，加注到泡沫箱中，中面距离箱盖 1~2cm。

（4）定植　将幼苗带根挖出，在清水中将根系上基质洗去。在根系上贴附一根无纺布条，然后用条将幼苗的根茎包裹一圈至数圈，再将幼苗插入定植孔，利用海绵的弹性将幼苗卡在定植孔上，根系和无纺布的下部要伸到营养液中。

3.考核

（1）打开圆整，分布均匀。（25分）

（2）增氧泵、气管、喷头连接正确。（25分）

（3）无纺布、聚氨酯位置正确，松紧适度。（25分）

（4）定植几天后蔬菜长出新根成活。（25分）

情境模拟

某农业观光园用小型气泵增氧装置栽培的叶用莴苣出现了生长异常现象，表现为：植株高度低于正常植株，叶色偏黄，茎基部变褐，根系颜色浅灰色至暗黄色，个别褐色坏死。请作为技术员的你分析原因并采取相应措施。

1.诊断　根据现有症状，可以认为营养液环境不良，营养吸收受阻。最可能的原因是营养液溶解氧含量过低，导致根系不能正常呼吸，出现根系生长不良症状，同时影响了根系对营养物质的吸收，导致叶片生长受阻，叶绿素合成偏少，叶色变淡。其他原因可能是没有对营养液进行及时补充或更换，导致浓度剧烈变化，酸碱度异常。初步分析原因后，检查气泵是否运行正常，并用仪器测定营养液电导度、酸碱度和溶解氧含量，得出真正原因。

2.措施　如果营养液溶解氧含量过低，可以延长气泵增氧时间。如果营养液浓度过高，可以加水稀释；浓度过低，可以补充浓缩液。如果营养液使用时间超过 100d，可以更换营养液。如果营养液酸碱度异常，可以加 10%稀硫酸或 10%氢氧化钠调整。

复习思考

1.如何确定定植蔬菜时，无纺布、聚氨酯的位置？

2.定植时，营养液的液位为什么应该高些？

五、教材编写安排

（一）教材清单及负责人

教材清单及负责人安排见表6-4。

表6-4　教材清单及负责人安排

序号	教材名称	负责人	暂定主编
1	设施蔬菜栽培	宋士清	宋士清，河北科技师范学院 王久兴，河北科技师范学院
2	设施果树栽培	边卫东	边卫东，河北科技师范学院
3	无土栽培	王久兴	王久兴，河北科技师范学院 宋士清，河北科技师范学院

续表

序号	教材名称	负责人	暂定主编
4	园艺设施设计与建造	胡晓辉	胡晓辉，西北农林科技大学
5	工厂化育苗	武春成	李天来，沈阳农业大学 武春成，河北科技师范学院
6	农业园区规划与设计	王子华	王子华，河北科技师范学院
7	设施农业生产技术专业教学法	宁永红	宁永红，河北科技师范学院 贺桂欣，河北科技师范学院
8	设施农业科学与工程专业教育教学实践	路宝利	路宝利，河北科技师范学院

（二）注意事项

1. 教材编写进程

1）春节之前，消化吸收《主干课程教材》《专业课程大纲》编写方案和思路。

2）在 2014 年 2 月 27 日之前，教材主编提交《主干课程教材编写大纲》和《主干课程教材编写方案》，大纲负责人提交《专业课程大纲初稿》。

3）开学第一周 3 月 8 日，召开教材、大纲编写研讨会。

4）一个月后 4 月 5 日，召开教材编写研讨会。

5）暑假前 7 月 12 日，召开教材编写研讨会。

6）国庆节前 9 月 20 日，召开教材编写研讨会。

7）2015 年元旦前提交教材初稿。

2. 编写人员

1）要求所选各级作者均为知名设施农业企业、本科高校、省农林科学院及所属研究所、市研究院、市级以上相关事业单位或相关部门人员。

2）中高职学校教师及工作人员、县级事业单位政府部门人员，不能以主编、副主编、参编等作者身份参加编写工作。

3）每本教材设置主编不超过 2 人，并要求具有副高（副教授、副研究员等）及以上职称及硕士以上学位。副主编不超过 3 人。参编人数不限。

4）第二主编、副主编、参编人员由教材负责人根据实际需要、贡献大小进行安排，以项目组、教育部最终确认为准。

3. 质量要求

1）编写时要注意先进性，不可照搬照抄老教材，不写已经废弃不用的技术和产品。

2）注意实用性和可操作性，选择内容应以实践为基础，不可杜撰。

3）文字图表等符合教材编写规范。

（三）其他问题

如果您同时编写本教材对应课程的教学大纲，会由武春成老师与您联系，并提供大纲体例。在您编写教材时，请注意教学大纲与教材内容要保持一致。

六、教材成果示例

以主干课程教材《无土栽培》部分章节为例说明如下（以下内容为教材原始文件，故与出版后教材有些许不同，主要目的是说明编写教材的思路与理念）。

项目二　复合基质插管式泡沫塑料立柱栽培

任务一　复合基质插管式泡沫塑料立柱栽培设施结构认知与建造

知识目标
1.掌握复合基质插管式泡沫塑料立柱栽培的概念。
2.理解复合基质插管式泡沫塑料立柱的基本结构参数和运行原理。
技能目标
1.能够按栽培需求指导施工者建造贮液池。
2.能够正确进行泡沫塑料侧壁板打孔操作。
3.能够进行聚苯乙烯泡沫塑料立柱的组装。

一、贮液池

贮液池建在地下，每座300m²的温室的贮液池容积至少应为20m³，条件许可，最好将贮液池建得稍大一些。地下贮液池池底用10～15cm混凝土加入钢筋浇筑而成，也可用石子掺入沙、水泥浇筑。池壁用砖砌筑，厚度24cm。每砌1～2层砖，要向贮液池外壁与土壁之间的空隙浇灌水泥沙浆，以防出现空隙导致漏液。砌好池壁后，采用五层作业法抹面，水泥中掺入防水液。也可贴铺卷材进行防水处理。池沿要比地面高出10～20cm，贮液池表面或池口加盖。

二、栽培槽与回流槽

（一）栽培槽

栽培柱安插于栽培槽中。可以利用栽培槽进行深液流水培或浮板水培。聚苯乙烯泡沫塑料栽培槽、砖混结构栽培槽的建造方法参见深液流水培部分。

（二）回流槽

还可以建造砖混结构营养液回流槽，不栽培蔬菜，只用于营养液回流。槽内侧宽度超过20cm，能安插立柱即可。

建造时，先把将地面夯实，防止沉降（图7.21）。再铺1层砂灰，然后用砖砌筑（图7.22）。之后用水泥砂浆填充槽底缝隙，其上铺电焊网加固，在铺水泥砂浆（图7.23）。最后用水泥砂浆抹面。完工后在槽中注清水养护7d（图7.24）。

图 7.21 夯实地面

图 7.22 砌砖

图 7.23 铺铁网加固

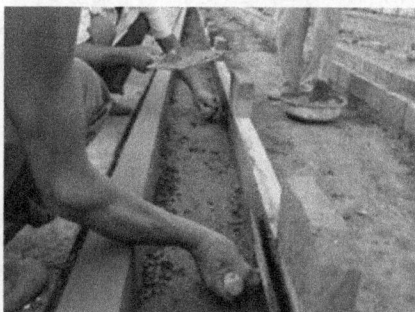
图 7.24 抹槽面

三、插管式泡沫塑料立柱

（一）中心柱切割

栽培柱的中心是一根实心的聚苯乙烯泡沫塑料方柱，规格为200cm×12.5cm×12.5cm，起支撑作用。栽培柱所有泡沫塑料构件的密度都应在20kg/m³以上。取最初为200cm×100cm×50cm的长方体状聚苯乙烯泡沫塑料产品，制订计划，要求厂家按图切割，尽量减少废料。图7.25画出了制作128个栽培柱及平面栽培槽所需泡沫塑料的切割方法，切割面为100cm×50cm面，切割后所有材料的长度均为200cm。此切割方式包含了栽培柱下方的深液流水培槽用料，如果下方不设水培槽可调整切割方案。

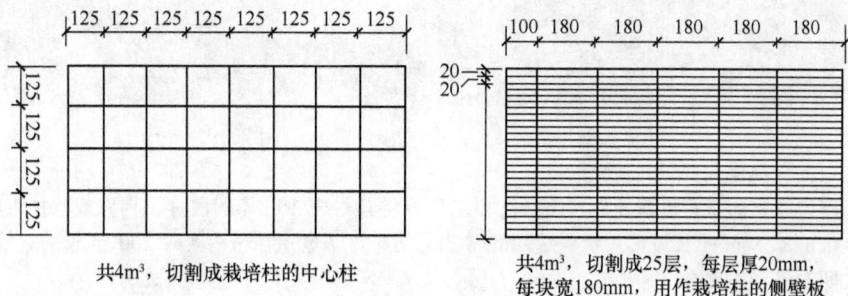
共4m³，切割成栽培柱的中心柱

共4m³，切割成25层，每层厚20mm，每块宽180mm，用作栽培柱的侧壁板

图 7.25 成形聚苯乙烯泡沫塑料块的切割方案（单位：mm）

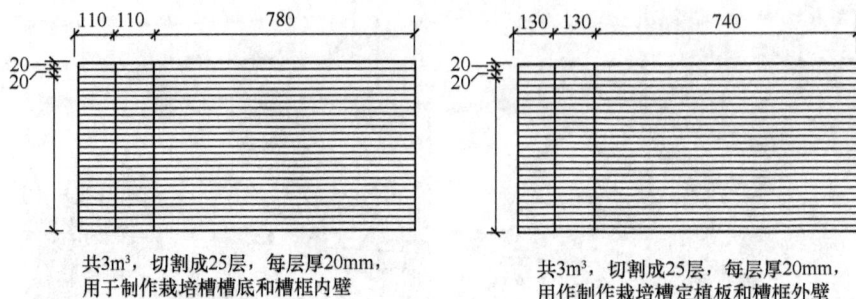

共3m³，切割成25层，每层厚20mm，用于制作栽培槽槽底和槽框内壁

共3m³，切割成25层，每层厚20mm，用作制作栽培槽定植板和槽框外壁

图 7.25　成形聚苯乙烯泡沫塑料块的切割方案（单位：mm）（续）

（二）侧壁板制作

每个立柱有 4 片聚苯乙烯泡沫塑料侧壁板，规格均为 200cm×18cm×2cm。每片侧壁板上打 2 列定植孔，同一列定植孔相邻两孔间距为 25cm。两列定植孔交错排列，从而能使蔬菜受光均匀。

自制打孔器（图 7.26，图 7.27）。打孔器前端呈马蹄形，后部有手柄。制作时先用型材切割机将一小段直径 50mm 的钢管截成 37° 的马蹄形，而后用车床切削刃口，后部焊接长 50cm、直径 20mm 的铁管作手柄，手柄上套绝缘塑料管。

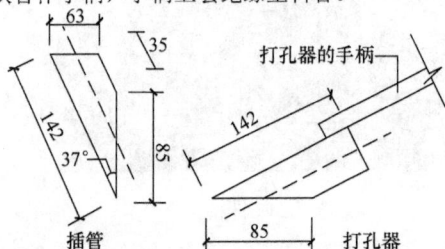

图 7.26　依据插管规格设计的打孔器

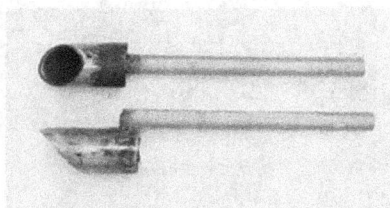

图 7.27　打孔器实物

打孔时先在电炉上加热后，握住手柄，将打孔器首部摁在侧壁板上，向下压的同时向前推，即可在侧壁板上烫出一个斜的定植孔（图 7.28，图 7.29）。操作时要注意安全，防止触电或烫伤。

图 7.28　打孔器加热方法

图 7.29　烫孔

（三）聚氨酯与无妨布裁剪

选用大孔隙的低密度聚氨酯，出厂时要求厂方将其裁成 2cm 厚的薄片，制作栽培柱时，再将其裁成 200cm×58cm 的长方形片状。选用较薄的无纺布，幅宽 100cm，裁成 200cm 长的方片。

（四）铁丝箍制作

将直径 3.5mm 的 10 号铁丝截成 85～90cm 的小段，而后用钢筋扳手或自制扳手将其折成边长 20cm 的正方形，搭接处焊牢，形成 1 个正方形铁丝箍（图 7.30，图 7.31）。

图7.30　自制扳手

图7.31　将铁丝折成方环

（五）插管切割

插管，又称"管杯"，是立柱上盛装基质的容器。用直径50mm的PVC排水管为原料，用安装有自制卡具的型材切割机经两次切割制成。插管粗度与立柱侧壁板上的定植孔一致，安装后插管的管口水平，定植后使蔬菜呈直立状态生长（图7.32，图7.33）。

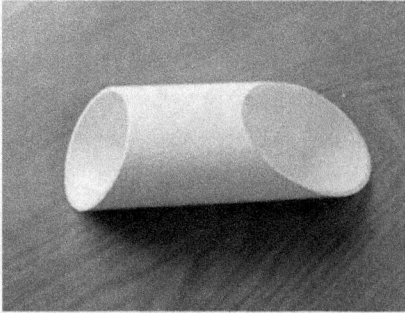

图7.32　PVC塑料插管

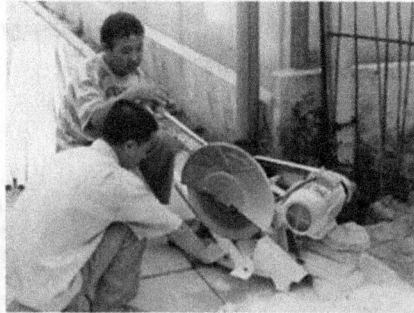

图7.33　用型材切割机制作插管

（六）栽培柱组装

先把用于组装立柱的材料，如中心柱、侧壁板、聚氨酯、无纺布、铁丝箍准备好，按图7.34、图7.35所示的结构组装。

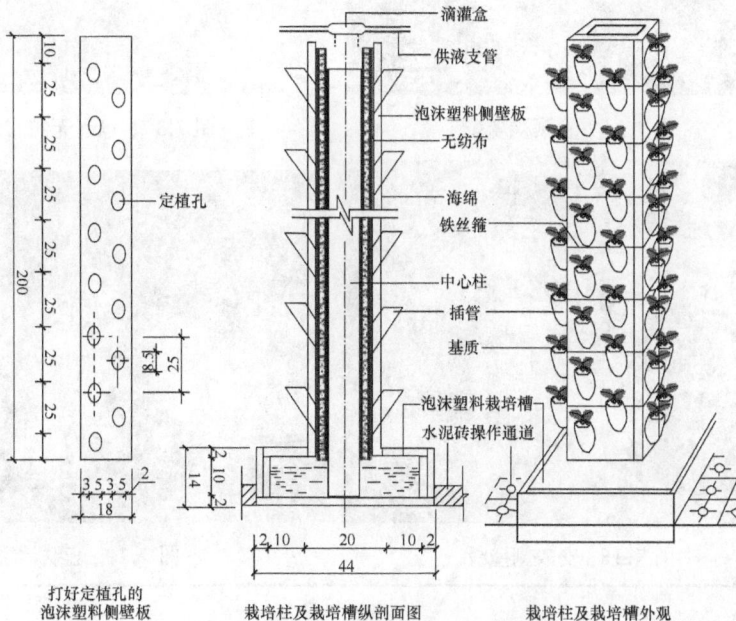

打好定植孔的泡沫塑料侧壁板　　栽培柱及栽培槽纵剖面图　　栽培柱及栽培槽外观

图7.34　泡沫立柱结构示意图（单位：cm）

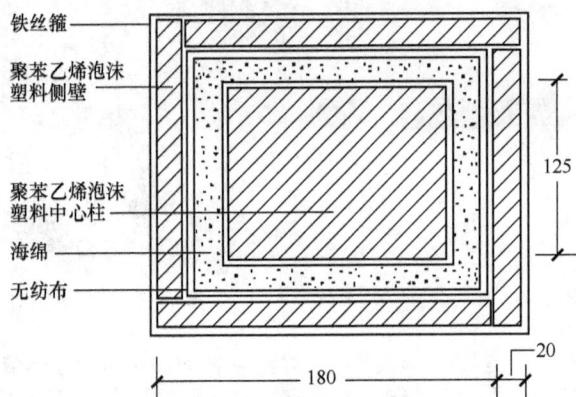

铁丝箍
聚苯乙烯泡沫塑料侧壁
聚苯乙烯泡沫塑料中心柱
海绵
无纺布
125
180
20

图 7.35　栽培柱横截面图（单位：mm）

先用经裁切的聚氨酯包裹中心柱，并用胶带临时固定（图 7.36）。而后在外面包裹无纺布，再用胶带固定（图 7.37）。然后安放 4 块侧壁板，注意侧壁板内外面及上下方向不可颠倒。在栽培柱的顶端，中心柱要比聚氨酯、无纺布、侧壁板低 5～10cm，以防供液时营养液外溢。4 块侧壁板边缘依次叠压，保证栽培柱的每个面都是 20cm 宽（图 7.37）。操作时一人用手扶住侧壁板，另一人从柱的一端套入铁丝箍，每隔 2 个定植孔套 1 道，每个柱有 9 道铁丝箍（图 7.38）。

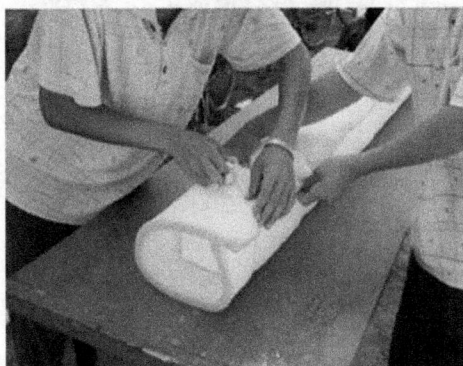

图 7.36　包裹聚氨酯

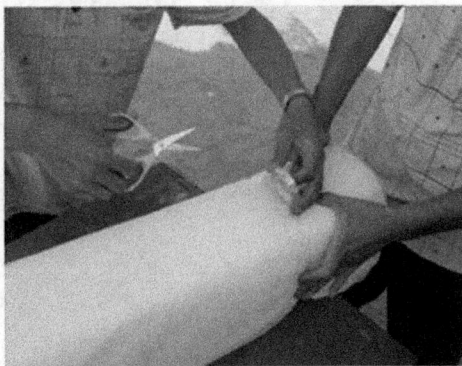

图 7.37　包裹无纺布

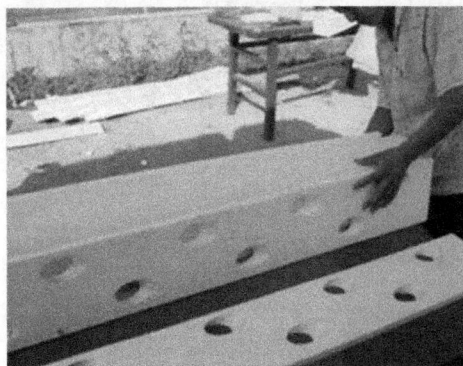

图 7.38　安放侧壁板

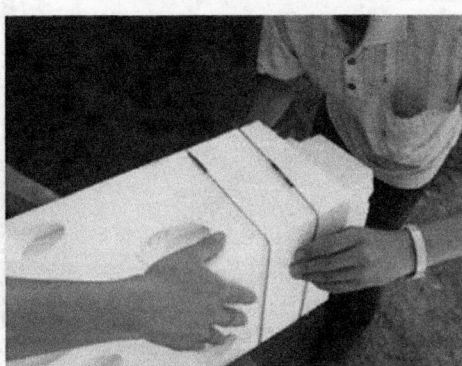

图 7.39　套铁丝箍

（七）立柱安放

以采用砖混结构回流槽为例，如果回流槽没有经过防水处理，在栽培蔬菜前，要在回流槽内铺厚度大于0.01mm的塑料薄膜防渗（图7.40）。安插立柱后，在槽上要覆盖泡沫板防止营养液见光（图7.41）。

图7.40 槽内铺薄膜防渗　　　　图7.41 槽上覆盖泡沫板

四、营养液循环系统

（一）供液管道

采用PVC硬质塑料管或PE塑料管制作供液管道，其中支管道多采用PE软管。尽量不使用镀锌钢管或其他金属管。主管道与水泵相连，直径32～50mm。每排立柱上设1条支管道，直径16～32mm，一端与主管道相连，一端用堵头封堵。

对于每个栽培柱来讲，可有多种供液方式。

其一是采用滴液盒供液，供液支管为直径16mm的黑色滴灌管，每个柱上方安放1个滴液盒，盒的底部四周有4个出水孔供液。相邻两个滴灌盒之间为90cm长的滴灌管。

其二是使用水阻管供液，用直径16mm无孔硬质滴灌管作供液支管，在每根立柱上方用打孔器打2个孔，插入长约30cm、内径2～3mm的水阻管，水阻管另一端削尖，穿过泡沫侧壁加以固定（图7.42）。

其三是用直径25mm的PVC塑料管作支管，在每个立柱上安装1个塑料水龙头，此法可任意调节流量，但要注意防止管道内滋生绿藻导致堵塞（图7.43）。

图7.42 水阻管供液末端　　　　图7.43 用水龙头为立柱供液

（二）回流管道

回流管道埋于地下，在栽培槽或回流槽的中部或一端的底部垂直埋入一截直径50mm或75mm的PVC排水管并与水平埋设的回流支管相连，回流支管与通向贮液池的回流主管相连。回流管道在建设时要预先埋入地下，然后再建栽培槽或回流槽。排液口要平，以利及时排液。回流管道的口径要足够大，以便迅速排液，如口径小，往往会导致栽培槽中营养液积存过多甚至会溢到槽外。回流管道选用 PVC 排水管，主管的口径应为 110mm 或 160mm，支管口径应大于 50mm。

（三）水泵及定时器

一般 1000～2000m² 的温室选用 1 台口径为 25～50mm、扬程 30～50 m、功率为 1.5kW 的自吸泵即可；而在单栋面积为 300m² 的温室，选用功率 550W 的水泵。安装定时器，尽量选用可存储记忆的电子定时器，也可用机械触点式的定时器。

知识点

复合基质插管式泡沫塑料立柱，中心柱，侧壁板，插管，无纺布，聚氨酯，供液管道，回流管道，回流槽，贮液池。

技能点

回流槽建造，侧壁板烫孔，无纺布及聚氨酯裁剪，栽培柱组装，立柱安放。

复习思考

1.插管式泡沫速塑料立柱制作的基本流程包括哪几步？

2.立柱中聚氨酯层的作用是什么？

第七章

数字化教学资源

第一部分　数字化教学资源研发的背景和现状

一、研发的背景

近年来，随着全球信息化、数字技术的迅猛发展，计算机技术、多媒体技术及网络技术相互融合，产生了以数字形式发布、存取和利用的信息资源集合，即数字资源。它的表现形式多样，商业化的数据库机构，个人建立的数据库，以及各种网络免费或收费的资源都属于其范畴。数字资源以其方便快捷、共享性好、更新快、检索功能强等优势，被越来越多的互联网用户所接受，处于飞速发展的进程中。随着网络技术的发展，在国家政策的积极引导下，以及高等教育资源共建共享发展的需求和 21 世纪终身学习教育观念的影响下学习者自我提高的需要，高等教育优质数字资源的建设越来越受到专家学者的关注，对学习者的学习也将产生越来越重要的影响。

2012 年，为进一步加强职教师资培养体系建设，提高职教师资培养质量，财政部、教育部设立了"职教师资本科专业培养标准、培养方案、核心课程和特色教材开发"项目。经严格遴选、评审，确定 43 个全国重点建设职教师资培养培训基地作为项目牵头单位，开发 100 个职教师资本科专业的培养标准、培养方案、核心课程和特色教材。其中"《设施农业科学与工程》专业职教师资培养标准、培养方案、核心课程和特色教材开发"（VTNE058）项目即其中之一。项目中的课程资源，主要包括专业课程大纲、主干课程教材及数字化教学资源。数字化教学资源包括教学大纲、授课计划、教案或演示文稿、教学录像、教辅材料、实践教学资料等。本子研究项目是为"《设施农业科学与工程》专业职教师资培养标准、培养方案、核心课程和特色教材开发"总项目开发配套的数字化教学资源库。在研发过程中力图体现现代教育思想和职业教育教学规律，展示教师先进教学理念和方法，具有共享开放性，能够为学习者自主学习服务。

二、研发的现状

数字化教学资源建设一直是教育信息化的关键环节，近年来，无论是国内还是国外都非常重视数字化教学资源的建设，并取得了很多成果，但也存在一些问题。

（一）国内数字化教学资源建设发展现状

目前我国数字化教学资源建设势头总体良好，国家已经颁布了一系列相关文件对数字化教学资源建设进行规划和指导，如 2010 年颁布的《国家中长期教育改革和发展规划纲要（2010—2020 年）》《教育信息化十年发展规划（2011—2020 年）》等提出了"加强优质教育资源的开发与利用""缩小基础教育资源鸿沟"等要求，表明我国的教育资源建设已经受到国家层面的关注和重视。近年来，国家层面实施的一些具体举措，标志着以上政策文件的逐步落实，其中就包括国家精品开放课程项目的实施。国家计划在"十二五"期间，建设 5000 门国家级精品资源共享课，这代表了我国数字化教学资源建设呈现一种积极的发展趋势，也给教育资源建设的发展带来了新的希望。

虽然国家相关政策的颁布从整体层面上给数字化教学资源的建设发展提供了便利，但是，这些政策并没有对数字化教学资源的建设发展细节进行要求和规定。因此我国数字化教学资源建设还存在一些问题，主要表现在以下几方面。

（1）各级各类资源网众多，水平参差不齐　　目前，从国家到地方，再到学校，各级教育资源网都在如火如荼地建设着。除此之外，一些以企业为主体运营的教育资源网受营利驱使也加入教育资源建设中来。尽管国内充斥着大量资源网站，但是总体来看，水平参差不齐。政府牵头建设的各级资源网中资源重复率过高，资源海量但是质量问题堪忧，而企业运营的资源又无法得到专业的审核和质量保证。尽管这些问题已经被提了很多年，但是现状依然不容乐观。

（2）资源本身数量丰富，问题仍较多，对资源的内涵认识不足　　海量的资源使使用者很容易在资源寻找中迷航，无法找到适合的资源。而资源本身存在的问题也很多，许多学者已经针对这个问题提出了很多想法，如资源内容陈旧、形式单一、类型不丰富、表现形式单调等。另外，从资源内涵上来说也存在着认识上的误区。很多人认为，资源就是像教案、课件这样的教学和学习材料，实际上并非如此。在美国教育传播与技术协会关于资源的定义中明确指出，资源不仅是一些帮助学习者学习而设计的材料，同时还包括技术、工具、环境、人力等。目前我国资源建设中提供的大量资源都局限于教学和学习材料方面，缺少对学习工具、环境等资源的重视。

（3）我国数字化教学资源建设标准的制定和推广工作较为滞后　　2001 年，我国启动了中国教育技术标准制定工作，成立了教育信息技术标准委员会，负责制定我国教育技术标准，即 CELTS 标准。该标准体系的制定主要参考 IEEE1484 标准，是国际标准的本地化。近年来我国教育信息技术标准化步伐正在逐渐加快，然而，该标准的应用，并没有具体实施措施。在国内也没有太多支持该标准的企业或者教育机构，缺少成熟的、标准化的产品。这种情况已经开始限制信息技术教育的发展。

（二）国外数字化教学资源建设发展现状

国外数字化教学资源建设起步较早，发展也较快。近年来，国外教育资源建设也逐渐出现了一些新的发展，其中的一些经验可供我们借鉴和参考，主要有以下两方面。

（1）注重资源的可获得性　　教师和学生能否更快捷和方便地获取到想要的优质资源，是国外数字化教学资源建设一直关注的重点问题，如美国的 Gateway 教育门户网站、密苏里大学主题资源网站 eThemes 等，都是以教育资源的搜索和获取为重点进行开发和维护的。而我国目前仍然没有着重于教育资源搜索的网站，大多还只是资源的简单堆积，很少关注到资源能否更容易地被学习者获取和使用。

（2）资源评价机制完善　　资源评价仍然是国外资源建设十分重视的关键环节。对资源进行评价有利于保证资源的质量，同时也可以增加用户对资源建设的参与程度，也是资源"存活"和"再生"的指标，可以促进资源不断健康发展。

三、研发的内容

（一）信息技术对学习方式的影响研究

现代信息技术的飞速发展有力推进了当今世界各国教育信息化的进程，教育信息化已成为各国教育改革与发展的基本趋势。现代信息技术的发展及其在教育中的应用，为教育现代化提供了有力的支持，为我国教育实现跨越式发展提供了可靠的保障。信息技术可以创设以学生为中心、教师为主导的课堂教学环境，促进教学内容呈现方式、学生学习方式、教师教学方式和师生互动方式的变革，为学生的多样化学习创造有利条件，使信息技术真正成为学生认知、探究和解决问题的工具，提高学生学习的层次和效率。

1. 传统的学习方式存在一定的局限性　传统的学习方式以课堂教学为主，学习的内容、方式和渠道单一。这种单一、被动和陈旧的学习方式，把学习建立在人的客体性、被动性和依赖性的基础之上，忽略了人的主动性、能动性和独立性。其局限性主要表现在：①课堂教学以教师讲授为主，学生处于被动接受知识的状态。在教学过程中，整个课堂由教师主宰，忽略了学生的主体作用。学生整天处于被动应付、机械训练、死记硬背和简单重复中，对于所学的内容总是生吞活剥、一知半解、似懂非懂。一提起"学习"，许多学生就会想到"读书""练习""做习题"和"考试"。学生缺少自主探索、合作学习、独立获取知识的机会。这种学习方式往往使学生感到枯燥、乏味。②传统课堂教学在一定程度上存在着"以课堂为中心、以教师为中心和以课本为中心"的情况，学生在学习的过程中仅是一个接受知识的容器，很少能通过自己的活动与实践来获得知识，得到发展，很少能对书本内容提出质疑，并根据自己的理解发表看法与意见，忽视了对学生作为一个完整的人而应发挥的潜力，忽视了学生创新能力和实践能力的培养，导致学生创新意识不足，解决实际问题的能力低下，学习活动从目标到教学再到评价的循环是在低层次中完成的。③传统的教学过程基本由教师、学生、教材和普通的教具（以黑板、粉笔为主）4个要素构成，在教学过程中，教材内容单一，教具简单，形式呆板，难以调动学生学习的积极性。

2. 现代信息技术背景下学习方式的内涵　现代信息技术的发展带来了教育自身的革命性变革，它对教育资源的整合、教学内容的优化、教育方式的更新、师生关系的改善及教育功能的转变等所带来的变化前所未有。怎样构建信息平台进而形成一种环境，使教育教学的现代化和信息化体现到学生整体素质的提高上，应该是运用信息技术的出发点。现代教育改革强调教师的主导作用和学生的主体作用，注重教学中的双边活动，学校教育根本价值和与基本任务应该表现为按照社会的需要，尽可能地为每个学生的发展需求创造与之相适应的环境，提供适应其潜能和个性发展的教育条件和机会。因此，现代信息技术背景下教育教学和学习方式转变的内涵，应是传统教育方式和教育理念的突破，即在先进的教育思想、理论的指导下，把以计算机及网络为核心的信息技术作为促进学生学习的认识工具与情感激励工具，丰富教学环境的创设工具，并将这些工具全面应用到各科教学过程中，使各种教育资源、各种教学要素和教学环节经整理、组合，相互融合，在整体优化的基础上产生聚焦效应，从而促进传统教学结构与教学模式的根本变革，也就是促进以教师为中心的教学结构与教学模式的变革，从而达到培养学生的创新精神和实践能力的目标。

3. 现代信息技术背景下学习方式的基本特征　　学习方式不仅包括灵活多样的学习方法，还涉及学习习惯、学习意识、学习态度、学习品质等心理因素。在传统的学习观念中，学习的意义通常是指狭隘的、阶段性的学校教育，而且教育对象也往往仅限于青少年。学习通过课堂、实验室等特定的教学环境，运用语言、姿势、表情、文字向学生传授知识，完成教学任务。现代信息技术的发展，突破了传统的教育方式和教育理念，为教育资源的整合、教学内容的优化和教育方式的更新创造了有利条件，赋予学习方式新的基本特征。具体表现在以下几方面。

（1）学习情境的生动化　　教学多媒体化为学生创设了生动的、越来越多的教材和工具书。它们不仅包含文字和图形，还能显现声音、动画、录像及模拟的三维景象，将文本（text）、图形（graphic）、图像（image）、动画（animation）和声音（sound）等形式的信息有机结合在一起，通过计算机进行综合处理和控制，完成一系列交互式操作，同时作用于人的多种感官。多媒体、超媒体技术的运用，使教学内容和方式更为生动和形象，能为学生提供丰富的背景资料，激发学习兴趣，提高学习效率。教师在教学过程中通过情景的创设，给学生提供一种直观、形象、具体、丰富的学习情景，诱发学生学习的积极性，调动学生原有的知识、经验、策略、模式，引发其丰富的联想，促进学生积极参与知识的获得过程、问题的解决过程，使其产生内在的学习动机，并主动参与学习活动。

（2）学习方式的自主化　　信息时代，知识更新速度加快。信息技术的发展，使全球的教育资源连成一个信息海洋，信息可以更方便、快捷地获得和使用，使自主化的学习方式成为一种现实的必然选择。网络教育资源如电子书刊、虚拟图书馆、教育网络、虚拟软件库等，为学生学习提供了大量的信息资源和导师资源，学生利用现代信息技术所提供的特色学习环境，通过收集、鉴别、筛选而获得有用信息。学生还可以利用人工智能技术的智能导师系统，自由地选择导师，及时得到个性化的帮助，从而实现全新的E-Learning 学习方式。在互联网时代，人类应该扮演的新角色是从消极被动的接受者变为独立自主的创造者，从适应未来的智者变为驾驭未来的先导者，从而赋予教育和学习新的时代特征。因而，现代信息技术背景下的学习，是一种主动的学习，一种以多媒体为主要手段的学习，一种建立在互联网之上的学习。学习方式的自主化，可以激发学生的学习热情与学习兴趣，让学生在互联网时代获得更加全面、自由的发展。

（3）学习交往的平等化　　信息时代是一个普遍交往、平等交往的时代。信息技术的发展，改变了传统信息交流媒体单向的、被动的传播信息的局限，实现了人对信息的主动选择和控制，使人能够对信息进行多通道的获取、存储、组织与合成，从而使人与人之间的学习交往模式发生深刻的变化，使交往方式由单向式向交互式转变。一方面，师生之间的交往日趋普遍化、平等化。在师生教学交往中，教师从传统教学的"传道、授业、解惑"即信息直接提供者的位置上退下来，教师和学生以各自的知识、经验、情感、个性投入教育和学习活动中，相互影响、相互交融、相互促进，交往关系更趋平等、宽容与和谐。教师不再是至高的权威，而是以自己的学识、能力和人格魅力去感染学生、影响学生，与学生建立起民主、平等、普遍交往的关系。另一方面，学生可通过网络合作学习（如电子邮件、QQ 群和微信等），实现与老师、同学的交流讨论，完成作业的批改和答疑，上传自己在学习过程中遇到的问题并请求帮助，也可以对其他同学的问题进行解答，或者与其他同学合作解决某个问题等。这种完全平等的网上合作与交流，有利于实现学习方式向以"学生为中心的教学方式"的转变。

（4）学习环境的虚拟化　　虚拟化的学习环境包括虚拟教室、虚拟校园、虚拟学校、虚拟图书馆等。学习环境虚拟化，意味着学生的学习活动可以在很大程度上脱离物理空间与时间的限制，可以实现虚拟学习与课堂学习结合，校内学习和校外学习贯通，为学生的学习提供了更加广阔的空间。

（二）数字化教学资源研究

1. 什么是数字资源　　数字化是将模拟信号转换为表示同样信息的数字信号的过程。包括把声、光、电、磁等信号利用计算机处理技术转换成数字信号和把语音、文字、图像等转化为数字方式的编码，用于传输与处理的过程。资源则是能为人们利用的，一切物质化的客观存在的总和。随着时代的发展，资源的内涵不断丰富和扩大，资源被认为是那些能满足人们需要和利益的物品和非物品。受传统思维的影响，资源被局限在有形的、自然界客观存在的物品上，实际上无形资源在信息社会中有着非常重要的作用，无形资源的价值毫不逊色于有形资源，它可以存在于任何行业和产业中，并被反复的使用。

2. 什么是数字化教学资源　　依据上述数字资源基本定义及教育教学基本规律，我们不难得出：数字化教学资源应当包括数字化硬件教育资源和数字化软件教育资源两部分。数字化硬件教育资源是指教育教学中所使用的计算机、数码摄像机、数码照相机、投影仪、视频展台、音箱、功放、DVD 等数字化设备。数字化软件教育资源是指教育中所使用的课件、网络课程、数字化期刊数据库，以及数字化的文本、图片、动画、视频、音频等素材资源。在计算机技术及网络通信技术高速发展的今天数字资源因其不受时间地点限制等优势已越来越受人们重视。本研究项目"《设施农业科学与工程》专业职教师资培养标准、培养方案、核心课程和特色教材开发"数字化教学资源库即属于数字化软件教育资源范畴。

3. 数字化软件教育资源建设的基本准则　　数字化软件教育资源是指遵循课程建设标准，利用现代通信技术，以数字形式制作、发布、使用的，以促进教学为最终目的的信息资源的总和。数字化软件教育资源建设应遵循以下三点。

（1）以课程建设标准为指导　　数字化软件教育资源的建设是要以一定的科学理论为指导的。教育资源的建设应当遵循理论联系实际，融知识传授、能力培养、素质教育于一体的原则。课程建设标准的提出为我国教育教学工作提供了科学理论的指导，这种指导通过教育实践也得到了充分的证明。此外，教育资源共享的最终目标是促进学生的学习，应及时把教改科研成果或学科最新发展成果引入教学，因此数字资源建设必须以课程建设标准为指导。

（2）以现代通信技术为媒介　　数字资源是将资源的模拟信号转换为表示同样信息的数字信号的过程，即应用计算机处理技术把语言、文字、图形图像等媒体信息转换为二进制编码形式，用于传输与处理。简言之，数字资源的数字化进程势必要求资源以现代通信技术为媒介进行传播，离开了现代通信技术，所谓的数字资源也无非是一堆二进制代码而已。

（3）以高效教学效率为目标　　教育资源则是为教学服务的，资源的建设过程中应当培养学生的创新思维能力和独立分析问题、解决问题的能力，以促进学生学习、提高教学效率为最终目标。

4. 以网络课程为表现形式的高校数字化教学资源建设　　综上所述，数字化教学资源包含硬件和软件两方面内涵，而数字化软件教育资源又包括数字图书、数字期刊、数字化的二次文献、网络课程、专家讲座及其他与教育相关的数字化资源。本课题主要是为"《设施农业科学与工程》专业职教师资培养标准、培养方案、核心课程和特色教材开发"项目中核心课程开发数字化教学资源库，主要表现形式为网络课程，因此主要研究以网络课程为表现形式的高校数字化教学资源建设。目前国内外有一定规模的网络课程主要有以下几种。

（1）精品课程　　2003年4月教育部提出了"高等学校教学质量和教学改革工程"的建设规划项目，精品课程则是"质量工程"的重要内容之一。所谓精品课程是指在高等教育理念的指引下，以现代通信技术为传播媒介，通过互联网传播高水平的示范性课程，并且在网上免费开放。十多年来，在国家政策的积极引导下我国精品课程建设得到了充分的发展。但是由于地域差异等客观问题的存在，发展不平衡现象仍然存在，一定程度上极大地影响了高校数字资源的有效整合。

（2）国家精品开放课程　　2011年10月12日，《教育部关于国家精品开放课程建设的实施意见》中提出："为贯彻落实胡锦涛总书记在庆祝清华大学建校100周年大会上的重要讲话精神和教育规划纲要，利用现代信息技术手段，加强优质教育资源开发和普及共享，进一步提高高等教育质量，服务学习型社会建设，我部决定开展国家精品开放课程建设工作。其中，国家精品开放课程包括精品视频公开课与精品资源共享课，是以普及共享优质课程资源为目的、体现现代教育思想和教育教学规律、展示教师先进教学理念和方法、服务学习者自主学习、通过网络传播的开放课程。"其中，精品视频公开课是以高校学生为服务主体，同时面向社会公众免费开放的科学、文化素质教育网络视频课程与学术讲座。遵循政府主导、高等学校自主建设、专家和师生评价遴选、社会力量参与推广的创建模式；精品资源共享课则以高校教师和学生为服务主体，同时面向社会学习者的基础课和专业课等各类网络共享课程。旨在推动高等学校优质课程教育资源共建共享，着力促进教育教学观念转变、教学内容更新和教学方法改革，提高人才培养质量，服务学习型社会建设。

（3）慕课　　慕课（massive open online course，MOOC）发端于美国，是英文MOOC的音译，即"大规模在线开放课程"的英文简称，虽兴起时间很短，却已席卷全球，被誉为"印刷术发明以来教育最大的革新"，慕课的出现引发了教学理念与方法的重大变革。目前全球有十几个国家在积极推进慕课，包括美国、英国、日本、澳大利亚、巴西、中国等。全球比较成规模的慕课三大平台是Coursera、Udacity、EdX，语言以英语为主，正在增加其他语种。清华大学和北京大学都通过EdX平台提供了本校教师讲授的开放课程；复旦大学和上海交通大学加盟Coursera平台；北京大学还通过Coursera平台提供在线课程，清华大学于2013年10月10日正式开通了"学堂在线"开放课程网络平台。或被动，或主动，中国也被裹挟进这场全球"风暴"。慕课具有以下几项特点：一是大规模的，不是个人发布的一两门课程，"大规模在线开放课程"是指那些由参与者发布的课程，只有这些课程是大型的或者叫大规模的，它才是典型的MOOC；二是开放课程，尊崇创用共享（CC）协议；三是网络课程，不是面对面的课程，这些课程材料散布于互联网上，人们上课地点不受局限，无论你身在何处，都可以花最少的钱享受一流大学的课程，只需要一台电脑和网络连接即可。

网络课程由 21 世纪初开始起步，到新近涌现出来的"大规模在线开放课程"，十多年的发展中，取得了长足进步，也越来越得到社会的认可和重视。分析精品课程、国家精品开放课程、慕课的开发建设过程，可以将网络课程的开发分为 3 个阶段：数字化教学资源的搜集与制作阶段；数字化教学资源的传播与共享阶段；数字化教学资源的应用阶段。其中最关键的是数字化教学资源的搜集与制作阶段，是另两个阶段的基础。

四、对策及建议

数字化教学资源库的开发设计主要依据教育部《职教师资本科专业培养标准、培养方案、核心课程和特色教材开发项目管理办法》的通知精神，参考教育部印发的国家精品开放课程建设的各项文件及技术指标开发设计而成。开放课程是近十几年来各国高校资源建设的一种趋势，精品资源共享课是开放课程的一种形式，是教育部的"质量工程"的重要组成部分，是提高教学质量、服务终身学习的重要举措。但在十多年的建设过程中也出现了一些问题，主要表现在：①精品课程建设的着眼点在于高校学生，目的是促进高校教学，促进学生学习，而忽略了社会上的自学者；②精品课程建设的初衷是评优，很大一部分目的是展示，因此精品课程网站的很多内容是针对评比，而非针对普通课程的使用者；③版权问题影响了精品资源共享课的共享质量。在调研中发现有些教师并不认为受到国家资助，就等于国家购买了课程的版权，自己依然有权决定哪些内容共享，如果不能保证自己的版权，多数教师不愿把自己耗费心血制作的优秀课件放到网络上共享。

针对以上存在的问题，建议在数字化教学资源开发上除了满足高校教学需求外，还应兼顾社会学习者，并应加大宣传力度，使教师、学生、社会上的自学者知道这些资源的存在；在课程内容的建设上，应更多地侧重实用性，使其真正能够实现网络化自主学习，而非仅停留在课程资源的展示上；制定政策措施，切实保障原创者的版权，促进精品资源共享课的共享。

第二部分　调研与分析

随着多媒体技术、互联网和网络技术及与此相关的计算机协同工作环境、虚拟现实技术等理论与技术的发展与应用，教育技术和方法进入了一个新的发展阶段，出现了交互式网络多媒体教学、网络虚拟教学、远程教育、协作学习等多种方式的教学。如何利用好现有教育资源，丰富数字化教学资源，加快建设数字化教学资源的步伐，让网络技术更好地为学校和社会服务，已成为我国信息化建设工作中的一项极其重要的任务。

数字化教学资源是教育信息化的重要基础，是推动教育信息化发展的重要环节。网络信息化水平已经成为衡量一个国家现代化水平和综合国力的重要指标。数字化教学资源的充分利用，在提高教学质量、挖掘教育发展潜力等方面发挥着重要作用。它改变了传统的教育模式，推进了现代信息技术与课程教育的结合。探索数字化技术在不同类型学习活动中的整合模式及有效条件，可以在很大程度上提高教学效果和效率。数字化教学资源与传统教学资源相比在形式上发生了根本性的变化，使资源内容更具直观性和易接受性。同时，数字化教学资源以先进的计算机技术为依托，使资源构建者和资源使用者在创造和获取资源方面更加灵活方便。

数字化教学资源是进行数字化教学和学习的前提，是整个数字化教育赖以存在和发展的基础，也是未来远程教育和全社会终身学习体系构建的基础。要满足未来数字化教育的需求，数字化教学资源的建设是其关键所在。

一、数字化教学资源的类型

教学资源是指教学系统中支持整个教学过程，达到一定教学目的，实现一定教学功能的各种资源，包括物质资源（硬件和软件）、人力资源（教师、学生和教学支持人员等）、信息资源（教学内容及伴随教学产生的其他信息）。数字化教学资源是指经过数字化处理的，可以在多媒体计算机及网络环境下运行的多媒体教学资源，包括数字化教学资料、学习工具软件和教学互动软件等。

目前，数字化教学资源主要包括多媒体教学素材、多媒体课件、教育教学视频资源、网络课程、电子图书、教育教学网站等。

（一）多媒体教学素材

多媒体教学素材是指各类教育教学所需的多媒体资源，如数字化的文字材料、图片资料、图表资料、各种动画、声音、片段型视频等。教师可以方便地从多媒体素材库中查找、调用各类素材进行多媒体课件的制作。还可以在上课时，通过网络直接调用某一图片、声音、动画、片段型视频素材直接用于课堂教学。

（二）多媒体课件

多媒体课件是指体现一定教与学策略、呈现相对完整知识内容的多媒体软件，通常由数字化的文字、图片、动画、声音、视频等各种素材按一定逻辑关系组合而成，有特定的教学对象和教学目标。

（三）教育教学视频资源

教育教学视频资源是指各种教育教学用的视频资料，如课堂教学录像、教育电视片、科普教育片、教学电视片、各类经典影视片和实用操作型教学环节录像等。

（四）网络课程

网络课程是通过网络展现的某门学科的教学内容及实施的教学活动的总和，是信息时代条件下教学课程新的表现形式。它包括按一定的教学目标、教学策略组织起来的教学内容和网络教学支撑环境。其中网络教学支撑环境特指支持网络教学的软件工具、教学资源及在网络教学平台上实施的教学活动。网络课程具有交互性、共享性、开放性、协作性和自主性等基本特征。

（五）电子图书

电子图书又称 e-book，是指以数字代码方式将图、文、声、像等信息数字化，通过计算机或类似设备使用，并可复制发行的大众传播体。类型有电子图书、电子期刊、电子报纸和软件读物等。

二、数字化教学资源应用现状调研分析

针对子项目数字化教学资源库的开发需要，我们按 6 个类别设计出 13 个问题，面向 5 个群体，分别是本科院校学生、本科院校教师、中高职院校教师、中高职院校管理者、设施农业行业企业专家，具体见表 7-1。

表 7-1　数字化教学资源库问卷调查题目

分类	问题	调查群体				
		本科院校学生	本科院校教师	中高职院校教师	中高职院校管理者	设施农业行业企业专家
1. 网络学习（E-Learning）概念熟悉程度	1）你在看到本问卷前是否了解 E-Learning 的概念？	847	192	145	69	
2. 网络教学平台建设及使用情况	2）你使用过网上教学平台吗？	843	190	145		
	3）您所在的学校是否有网络学习平台？				68	
3. 数字化教学资源应用情况	4）您教学中使用较多的是什么？		197	148		
	5）你认为教师使用的数字化教学课件能够满足你的学习需要吗？	840				
	6）你认为以下哪种教学方式的学习效果更好？	834				
4. 数字化教学资源的制作、使用、共享情况	7）您使用的数字化教学课件来源？		197	148		
	8）您愿意将自己制作的课件与他人共享吗？		192	148		
5. 制约数字化教学发展的因素	9）您认为目前制约教师在教学过程中使用网络化、数字化教学的主要原因有哪些？		197	148		
	10）您认为开展数字化、网络化教学的限制性因素是什么？				70	
	11）您认为教师是否应具备网络教学平台使用和数字化教学资源制作的技能？				68	
6. 数字化教学资源在行业企业中的应用情况	12）您所在单位对职工的培训主要采用哪种方式？					131
	13）您认为使用网络进行职工职业培训所面临的主要问题是什么？					131

注：表中数字代表收回的有效答题数，有效答题数为空的表示此问题不面向对应的群体

（一）网络学习（E-Learning）概念熟悉程度分析

E-Learning 英文全称为 electronic learning，中文译作"数字（化）学习""电子（化）学习""网络（化）学习"等，是通过应用信息科技和互联网技术进行内容传播和快速学

习的方法。图 7-1 是对 E-Learning 概念熟悉程度的统计图。

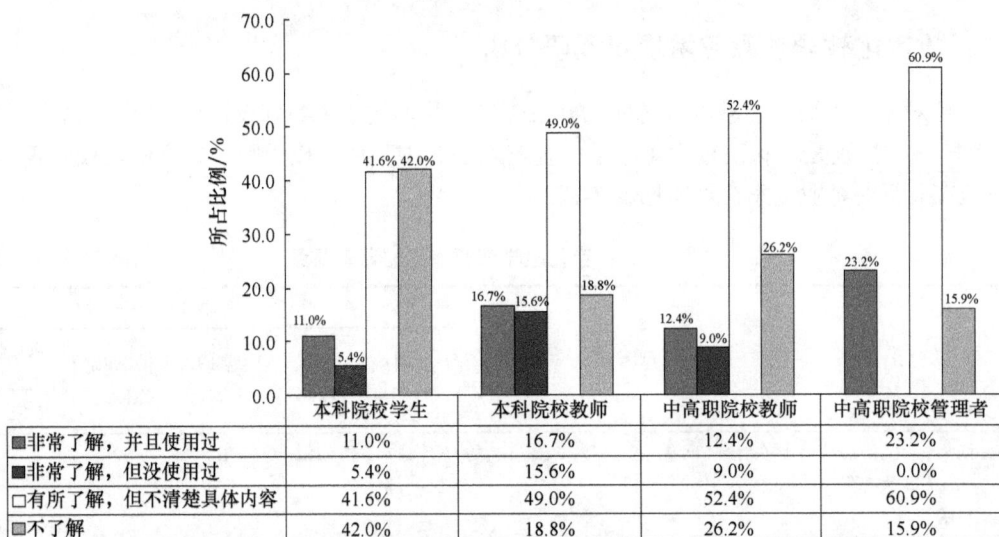

	本科院校学生	本科院校教师	中高职院校教师	中高职院校管理者
■非常了解，并且使用过	11.0%	16.7%	12.4%	23.2%
■非常了解，但没使用过	5.4%	15.6%	9.0%	0.0%
□有所了解，但不清楚具体内容	41.6%	49.0%	52.4%	60.9%
▨不了解	42.0%	18.8%	26.2%	15.9%

图 7-1　问题 "你在看到本问卷前是否了解 E-Learning 的概念？" 的统计图

从图 7-1 可以看出选择 "有所了解，但不清楚具体内容" 和 "不了解" 两个选项的分别为：本科院校学生 83.6%；本科院校教师 67.8%；中高职院校教师 78.6%；中高职院校管理者 76.8%。由此可见，调研对象中的大部分不是很清楚这一概念。尤其本科学生中选择 "非常了解，并使用过" 的仅有 11.0%，说明利用数字化教学资源开展网络学习在本科教学过程中应用较少，这与教师和学校管理者对网络学习概念及其内涵不甚了解有密切关系。

（二）网络教学平台建设及使用情况分析

网络教学平台是指建立在互联网的基础之上，为网络教学提供全面支持服务的软件系统的总称。网络教学平台一般由三个系统组成：网上课程开发系统、网上教学支持系统和网上教学管理系统，分别完成网络课程开发、网络教学实施和网络教学管理的功能。网络教学平台是数字化教学资源的基础，数字化教学资源通过部署在网络教学平台上，来实现其教育教学功能。

图 7-2 为面向学生和教师关于网络教学平台使用情况的统计图。从图 7-2 可以看出本科院校学生有 67.7%、本科院校教师有 82.6%、中高职院校教师有 81.4% "只听说过，但没有用过"，这说明近年来网络教学的概念普及较为广泛，多数师生都听说过，但网络教学在教学实践中的应用较少，多数师生未使用过。值得注意的是在选择 "使用过" 选项的群体中，本科院校学生的比例最高，达到 24.8%，几乎是教师的 2 倍，这说明青年学生更容易接受新事物，更勇于尝试新技术、新方法。网络教学面向的主要群体正是青年学生，因此网络教学有着良好的推广基础。

图 7-3 是面向中高职院校管理者关于网络学习平台建设情况的统计图。从图 7-3 可以看出所有学校都有网络学习平台或有建设规划，没有网络教学平台，也没有建设规划的为 0。这说明网络教学已得到教育管理者的认可，并且已在多数学校中付诸实施。

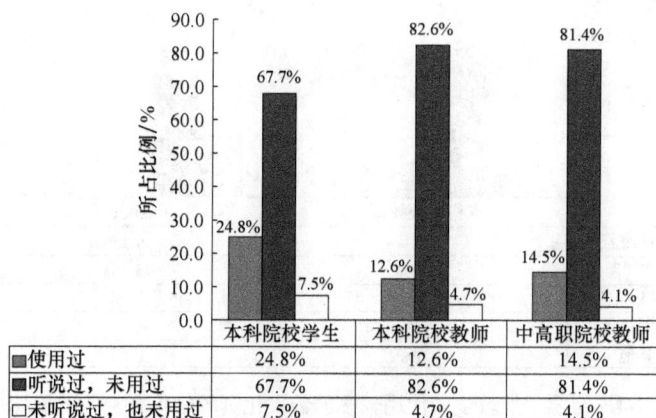

	本科院校学生	本科院校教师	中高职院校教师
■使用过	24.8%	12.6%	14.5%
■听说过，未用过	67.7%	82.6%	81.4%
□未听说过，也未用过	7.5%	4.7%	4.1%

图 7-2 问题"你使用过网上教学平台吗？"的统计图

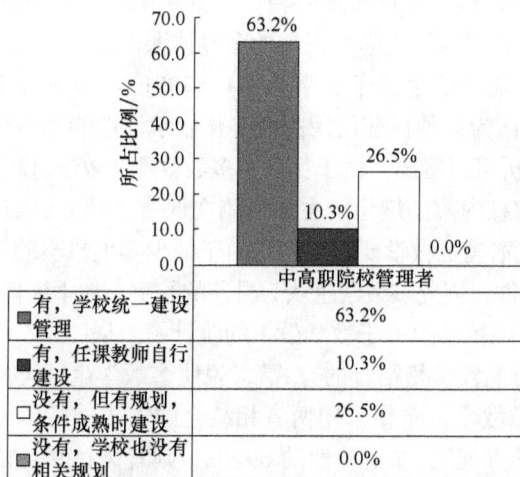

	中高职院校管理者
■有，学校统一建设管理	63.2%
■有，任课教师自行建设	10.3%
□没有，但有规划，条件成熟时建设	26.5%
■没有，学校也没有相关规划	0.0%

图 7-3 问题"您所在的学校是否有网络学习平台？"的统计图

对比图 7-2 和图 7-3 的统计结果可以看出，虽然管理者很重视网络教学平台的建设，但在教学实践中，大多数学生、教师却未使用过网络教学，这说明管理者的重视并没有使网络教学落地生根，大多数只停留在起步阶段，没能使其发展壮大，也说明目前的网络教学模式还存在较大问题，没有和教学实践紧密结合在一起。

（三）数字化教学资源应用情况分析

数字化教学资源是进行数字化教学和学习的前提，是整个数字化教育赖以存在和发展的基础，也是未来远程教育和全社会终身学习体系构建的基础。数字化教学资源应用情况问卷调查旨在了解当前在本科和中高职院校教学过程中数字化教学资源的使用情况，以及本科院校学生对数字化教学的认可程度。

图 7-4 为面向本科院校教师和中高职院校教师关于数字化课件使用情况的统计图。从图 7-4 可以看出目前在本科院校和中高职院校中教师使用最多的是 PPT 幻灯片课件（本

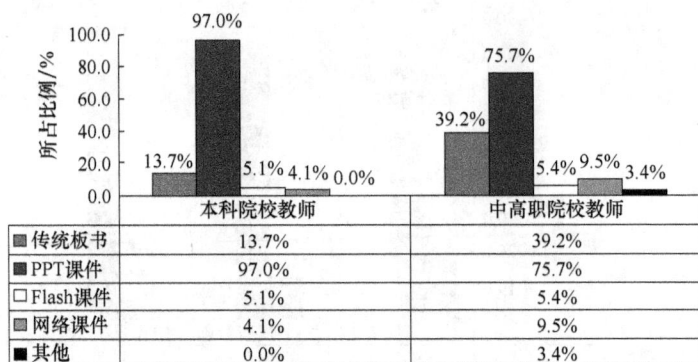

	本科院校教师	中高职院校教师
■ 传统板书	13.7%	39.2%
■ PPT课件	97.0%	75.7%
□ Flash课件	5.1%	5.4%
▨ 网络课件	4.1%	9.5%
■ 其他	0.0%	3.4%

图 7-4　问题"您教学中使用较多的数字化资源是什么？"的统计图

科院校教师 97.0%，中高职院校教师 75.7%），而动画、声音、视频等教学资源在教学过程中使用的较少，数字化教学课件大多停留在文字、图片等信息展示的层次上，缺少学生参与的教学互动课件和提高学生学习兴趣的多媒体课件。

图 7-5 为面向本科院校学生关于数字化课件满意度调查统计图。从图 7-5 可以看出 76.3% 的本科院校学生认为教师目前使用的数字化教学课件能基本满足教学要求，但还需要改进。结合图 7-4 分析可以看出，由于目前大多数教师在教学过程中使用的是 PPT 课件，侧重于文字、图片等信息内容的展示，主要应用在课堂教学上，辅助教师进行课堂授课，因而多数学生认为能基本满足教学要求。但是由于缺少学生参与的教学互动课件和提高学生学习兴趣的多媒体课件，因此多数学生认为目前的数字化教学课件还需要改进。

图 7-6 为面向本科院校学生关于教学效果的统计图。从图 7-6 可以看出 69.3% 的学生选择了"课堂教学与网上教学相结合的方式"，说明多数学生认可网上教学方式，但认为网上教学不能替代课堂教学，希望采用两者相结合的方式进行学习。另外，有 23.9% 的学生选择了"课堂教学方式"，加上前面的 69.3%，则有高达 93.2% 的学生认可由教师讲授的课堂教学。这一方面说明了由于目前本科院校绝大多数课程采用课堂教学，学生大

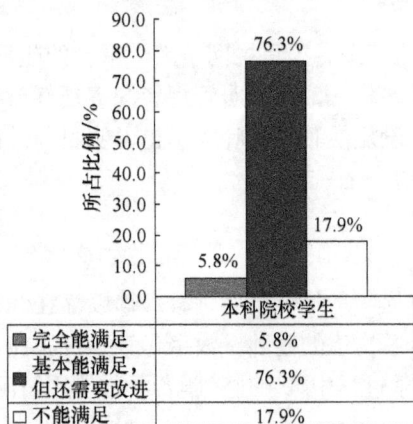

	本科院校学生
■ 完全能满足	5.8%
■ 基本能满足，但还需要改进	76.3%
□ 不能满足	17.9%

图 7-5　问题"你认为教师使用的数字化教学课件能够满足你的学习需要吗？"的统计图

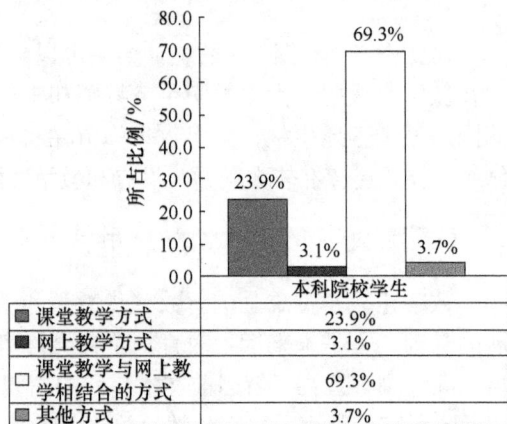

	本科院校学生
■ 课堂教学方式	23.9%
■ 网上教学方式	3.1%
□ 课堂教学与网上教学相结合的方式	69.3%
▨ 其他方式	3.7%

图 7-6　问题"你认为以下哪种教学方式的学习效果更好？"的统计图

多已经习惯了教师课堂讲授的模式，因而认可度较高，另一方面也说明了目前的网络教学资源还不能满足学习者独立学习的需求。

（四）数字化教学资源的制作、使用、共享情况分析

数字化教学资源的制作、使用、共享情况调查的目的在于了解目前本科院校和中高职院校教师使用的数字化教学资源的来源途径和制作方式，以及共享使用情况。

图7-7为面向教师关于数字化教学课件来源的统计图。本题为多选题，其中排第一位的是"自己原创"（本科教师为64.0%，中高职教师为60.8%），第二位的是"参考他人课件自己制作"（本科教师为53.8%，中高职教师为50.0%），这表明目前教师在教学过程中使用的数字化课件大多是自己制作，其他选项如"网上下载""随教材提供""学校统一购买"等所占比例较低。这说明一方面目前的数字化教学资源较为匮乏，种类较少，另一方面也说明已有的数字化教学资源还不能很好地满足教学需要，所以多数教师选择了自己制作数字化教学课件。

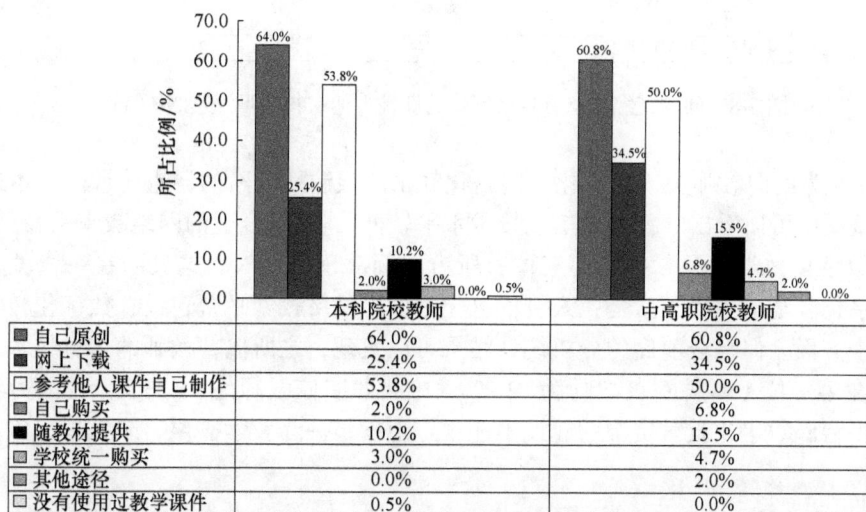

	本科院校教师	中高职院校教师
自己原创	64.0%	60.8%
网上下载	25.4%	34.5%
参考他人课件自己制作	53.8%	50.0%
自己购买	2.0%	6.8%
随教材提供	10.2%	15.5%
学校统一购买	3.0%	4.7%
其他途径	0.0%	2.0%
没有使用过教学课件	0.5%	0.0%

图7-7　问题"您使用的数字化教学课件来源？"的统计图

图7-8为数字化课件共享分析统计结果。从图7-8可以看出绝大多数教师愿意与他人共享自己制作的课件（本科院校教师为91.7%，中高职院校教师为98.0%），其中有大约50.0%的教师要求共享时注明作者和出处，而要求支付使用费的比例很低（本科院校教师为3.1%，中高职院校教师为8.8%）。这表明如果能建立一套可行的制度，切实保障原创者的署名权，那么实现数字化教学资源的免费、共建和共享是完全可行的。

（五）制约网络化教学发展的因素分析

从前期的文献调研情况来看，尽管国家非常重视数字化教学资源建设，近十多年来颁布了一系列相关文件对数字化教学资源建设进行规划和指导，但在实际应用和推广阶段还不尽如人意，存在较多问题。制约数字化教学发展的因素调查就是要了解该方面问题。

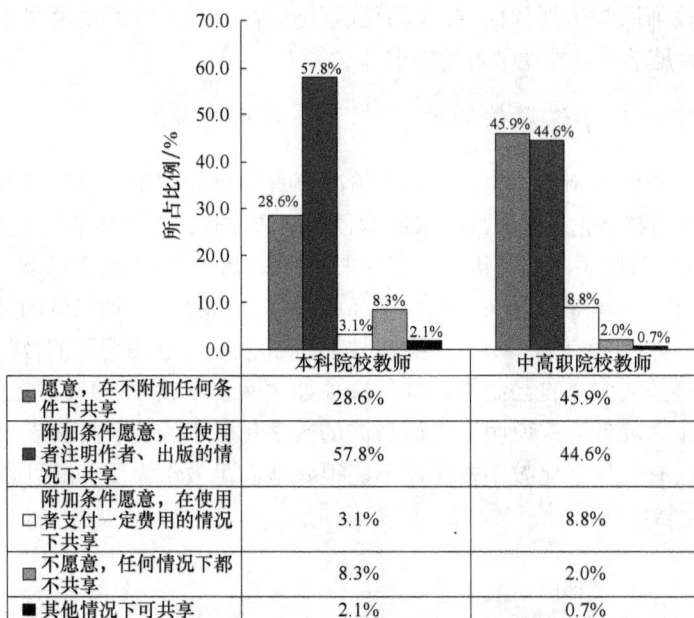

	本科院校教师	中高职院校教师
■愿意，在不附加任何条件下共享	28.6%	45.9%
■附加条件愿意，在使用者注明作者、出版的情况下共享	57.8%	44.6%
□附加条件愿意，在使用者支付一定费用的情况下共享	3.1%	8.8%
▨不愿意，任何情况下都不共享	8.3%	2.0%
■其他情况下可共享	2.1%	0.7%

图 7-8　问题"您愿意将自己制作的课件与他人共享吗？"的统计图

图 7-9 为面向教师关于数字化、网络化教学的限制性因素的调查统计图。本题为多选题，从图中可以看出"教师的信息技术水平较低""没有合适的网络教学平台""没有较好的数字化教学资源"排在前三位，所占比例都超过 65%。这表明在一线教师看来制约数字化教学的主要因素是：人员信息化素质、网络教学平台建设、数字化教学资源质量三个方面。但综合前面的分析统计结果可以发现，之所以"教师的信息技术水平较低"排在第一位（本科院校教师为 83.2%，中高职院校教师为 95.3%），是因为目前网络教学平台和数字化教学资源的建设不能很好地满足一线教学需要，多数情况下需要教

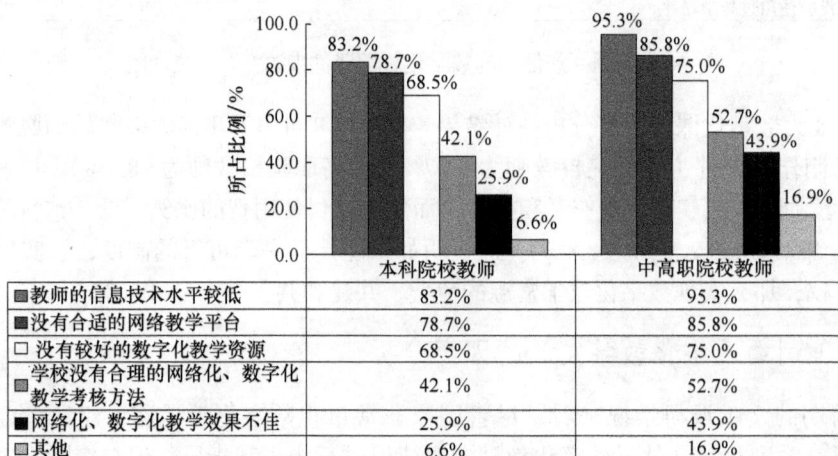

	本科院校教师	中高职院校教师
■教师的信息技术水平较低	83.2%	95.3%
■没有合适的网络教学平台	78.7%	85.8%
□没有较好的数字化教学资源	68.5%	75.0%
▨学校没有合理的网络化、数字化教学考核方法	42.1%	52.7%
■网络化、数字化教学效果不佳	25.9%	43.9%
▨其他	6.6%	16.9%

图 7-9　问题"您认为目前制约教师在教学过程中使用网络化、数字化教学的
主要原因有哪些？"的统计图

师自行制作数字化教学课件（图 7-7），这必然要求教师具有较高的信息技术水平，而这对于非信息技术专业的教师来说较为困难。因此，数字化、网络化教学的重点应是提高数字化教学资源和网络教学平台的易用性，紧密结合教学一线的需求，最大限度地减少使用难度。

图 7-10 为面向中高职院校管理者关于数字化、网络化教学的限制性因素的调查统计图。本题为多选题，由图 7-10 可以看出"学校的管理层、教师、教辅人员等相关人员的信息化水平""学校领导层的认知水平和管理水平""合理的考核方法和工作量核定"排在前三位，所占比例分别为 97.1%、87.1%、70.0%，而只有 51.4% 的管理者认为"数字化教学资源的教学效果"是限制因素之一，与前三者比例相差很多。

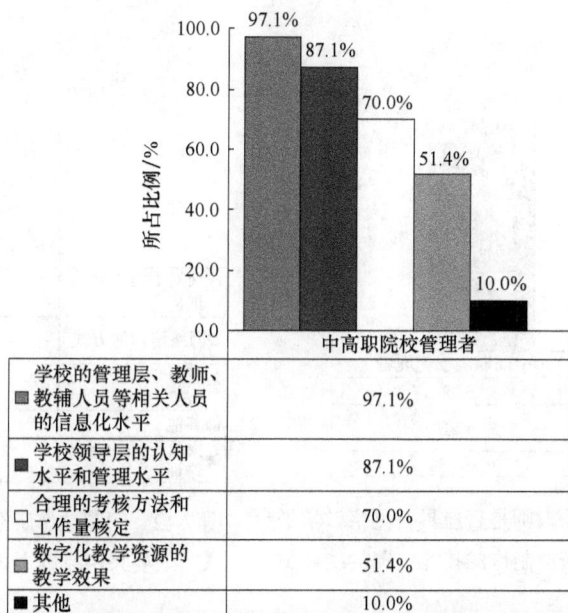

	中高职院校管理者
▣ 学校的管理层、教师、教辅人员等相关人员的信息化水平	97.1%
▣ 学校领导层的认知水平和管理水平	87.1%
▢ 合理的考核方法和工作量核定	70.0%
▣ 数字化教学资源的教学效果	51.4%
■ 其他	10.0%

图 7-10　问题"您认为开展数字化、网络化教学的限制性
因素是什么？"的统计图

结合图 7-9 的统计分析可看出，从学校管理者到一线教师都认为"人员的信息化水平"是最重要的限制因素，而"数字化教学资源的质量和教学效果"则分别排在了第四位和第三位，这表现出一定程度上的认知误差。首先，要让大量非信息技术专业的管理者或教师熟练的运用信息技术创建数字化教学资源并应用到教学中是非常困难的；其次，目前数字化教学资源的适应性、通用性、易用性都较差，要使用、修改这些资源需要掌握较多的信息技术，导致数字化教学资源的推广应用较为困难；再次，由于以上原因，数字化教学资源在教学应用中未取得良好效果，很难在教学中起到示范作用。所以数字化教学资源的质量应是开展数字化、网络化教学的关键因素，学校管理者和一线教师都应把提高数字化教学资源的质量放在第一位，而不是把重点放在提高人员信息化水平上。

图 7-11 为面向中高职院校管理者关于教师网络教学平台使用和数字化教学资源制作技能的统计图。可看出 52.9% 的中高职院校管理者要求教师必须具备，而 47.1% 的中高

职院校管理者则选择了"具备更好，但不是必需的"，两者比例接近 1:1。这一方面说明了对教师信息化水平的重视，另一方面也表明了目前大多数教师的信息化水平普遍偏低，所以有近半数的管理者选择了不是必须具备。

（六）数字化教学资源在行业企业中的应用情况

图 7-12 是目前行业企业中使用的培训方式的统计图。从图 7-12 可看出目前企业中采用的培训方式多是"面对面授课的培训班方式"和"老员工传帮带的方式"，采用"网络培训的方式"的很少。

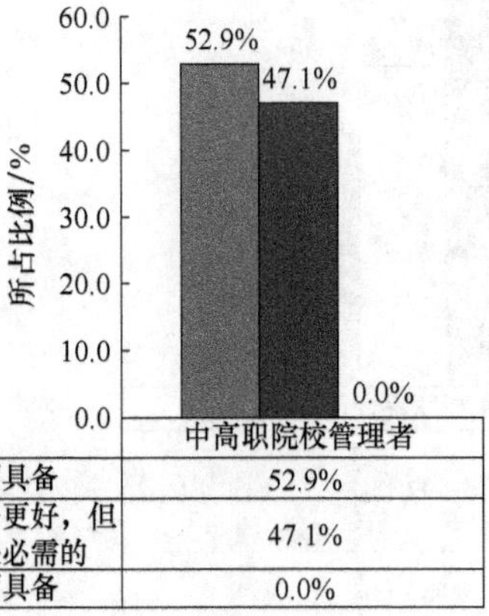

中高职院校管理者	
■必须具备	52.9%
■具备更好，但不是必需的	47.1%
□不须具备	0.0%

设施农业行业企业专家	
■面对面授课的培训班方式	41.9%
■网络培训的方式	9.7%
□老员工传帮带的方式	51.6%
■其他	12.9%
■没有专门的职业培训	0.0%

图 7-11　问题"您认为教师是否应具备网络教学平台使用和数字化教学资源制作的技能？"的统计图

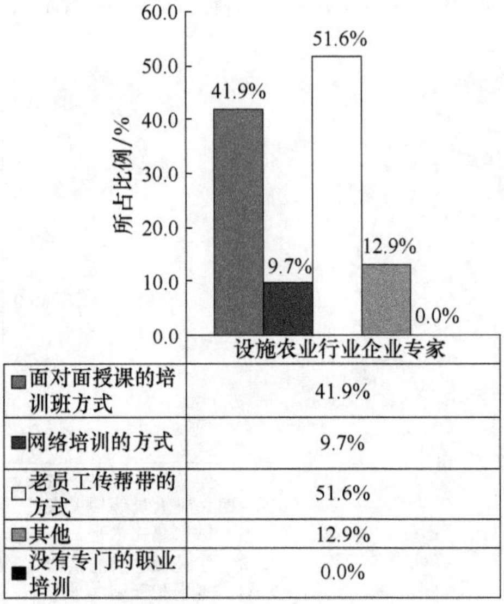

图 7-12　问题"您所在单位对职工的培训主要采用哪种方式？"的统计图

图 7-13 为企业使用网络进行职工职业培训所面临主要问题的统计图。其中"缺少适合本行业职业培训的数字化资源"排第一位，为 41.9%，说明和教学应用一样，目前企业培训中也同样缺少优质的数字化教学资源。

三、数字化教学资源库思考

近十多年来，随着网络技术、多媒体技术及与此相关的网络应用环境、虚拟现实技术等理论与技术的发展与应用，教育技术和方法进入了一个新的发展阶段，出现了交互式网络多媒体教学、网络虚拟教学、远程教育、协作学习等多种教学方式和学习方式。教学模式网络化、教育资源信息化已成为未来教育发展的必然趋势，而数字化教学资源库的建设是教育信息化建设的核心。

（一）目前我国教育信息化过程中存在的一些问题

我们通过前期的文献调研、问卷调查和走访座谈等方式收集了大量第一手资料，通过统计分析发现目前我国教育信息化过程中存在以下几方面问题。

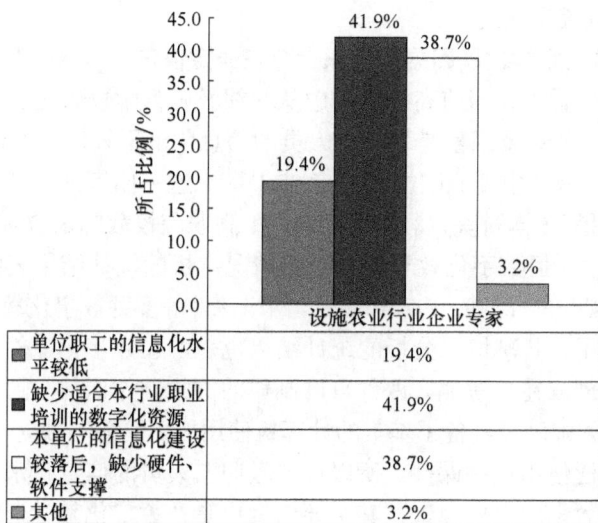

图 7-13　问题"您认为使用网络进行职工职业培训所面临的
主要问题是什么？"的统计图

1．对教育信息化的认知较模糊　　网络学习是教育信息化建设的重要组成部分，通过图 7-1 的分析可以看出，在高等院校中从学生到教师，再到学校的管理者对这一概念的了解程度普遍偏低，这说明网络学习和网络教学在高校中的普及程度较低，多数师生还没有使用过相关资源。

2．网络教学平台没有发挥其应有的作用　　从网络教学平台建设及使用情况分析中（图 7-2）可看出使用过网络教学平台的师生比例分别为：本科院校学生 24.8%、本科院校教师 12.6%、中高职院校教师 14.5%。而没有使用过的比例分别高达：本科院校学生 75.2%、本科院校教师 87.4%、中高职院校教师 85.5%。而面向中高职院校管理者的关于网络学习平台建设情况（图 7-3）调查则表明有高达 63.2% 的学校统一建设了网络学习平台。这说明多数学校虽然建设了网络教学平台，但是缺少优质的、适于网络应用的数字化教学资源，而使在实际教学中网络学习、网络教学的推广工作进展缓慢，网络教学平台没有发挥其应有的作用。

3．数字化教学资源的建设处在较低水平　　从数字化教学资源应用情况分析中可以看出，目前在本科院校和中高职院校教师中使用最多的是 PPT 幻灯片课件（本科院校教师 97.0%，中高职院校教师 75.7%），大多停留在文字、图片等信息内容的展示层次上，缺少学生参与的教学互动课件和提高学生学习兴趣的多媒体课件。而从学生对教师使用课件的满意度调查来看，有 73.6% 的学生认为教师目前使用的数字化教学课件能基本满足教学要求，但还需要改进。

目前教师在教学过程中使用的多是 PPT 课件，主要应用在课堂教学上，对所讲授的内容进行提纲挈领式的标注，辅助教师进行课堂授课。这些课件比较适合面对面的课堂教学，但由于内容较为简单，缺乏交互性并不适合以网络教学平台为依托的自主式学习和协作式学习。由于大多数学生没有使用过网络学习平台（75.2%），因此多数学生认为教师目前使用的数字化教学课件能基本满足教学要求。又由于 PPT 课件的以上缺陷，因此学生又认为课件还需要改进。

4. 对制约网络化教学发展因素的认识上存在一定偏差 从制约网络化教学发展的因素统计分析中可以看出，当前高等院校中从一线教师到学校管理者普遍认为目前制约数字化、网络化教学的主要因素是教职工人员的信息化水平较低（本科院校教师 83.2%，中高职院校教师 95.3%，中高职院校管理者 97.1%），这一比例远远高于"数字化教学资源的质量和教学效果"（本科院校教师 42.1%，中高职院校教师 52.7%，中高职院校管理者 51.4%）这一因素。但数字化教学资源应用情况分析的统计结果表明绝大多数教师在教学过程中使用了如 PPT 课件、Flash 课件、网络课件等多种数字化教学资源，数字化教学资源的制作、使用、共享情况分析的统计结果也表明在数字化课件的来源上大多数教师采用的是自己原创或在参考他人课件自己制作的方式制作课件。这都说明了在信息化大背景下，大多数教师已经具备了基本的计算机使用能力，能够独立地创建数字化课件，并在教学过程中广泛使用这种课件。所以说"教职工人员的信息化水平较低"并不是制约数字化、网络化教学的主要因素，其主要因素应是"数字化教学资源的建设处在较低水平"。目前数字化教学资源多由任课教师自己制作，类型多是 PPT 课件，而这种类型的课件由于内容较为简单，缺乏交互性并不适合以网络教学平台为依托的自主式学习和协作式学习。因此，在推进数字化、网络化教学的过程中应更多地注重数字化教学资源的质量和教学效果，在数字化教学资源制作过程中引入信息技术人员，提升数字化课件的制作水平。

（二）数字化教学资源库建设过程中应注意的问题

1. 明晰数字化教学资源库的内涵 在制作数字化教学资源库时首先要明晰数字化教学资源库的内涵，确定其应该包含的内容。数字化教学资源库是围绕教学工作所提供的一切资源的集合。它内涵丰富，如各类教学资源与共享、日常教学活动支持、教学管理、展示与评价、实验实训等功能于一体的数字化教学支撑平台和实训平台。数字化教学资源库不是资料的堆叠，它具有更广泛的意义，主要考虑三方面的要求：第一，面向专业、专业群的教学资源，包括某课程的课程设置文档（如课程教学大纲、教学实施方案、试题库、案例库、项目库、练习库、课程负责人审批表等）和课程教学过程文档（如课件、演示文稿、教案、作业、跟踪反馈信息、评估信息等）。第二，以教学为中心的管理资源，包括为教育教学管理者提供的决策支持、信息发布、政策资源、调研平台、督导管理和教学研究平台等。应用目前教育教学的最新研究成果，如项目化教学、基于工作流的教学、案例教学、教学实训等。第三，指行业应用和技能的资源库，这些资源不一定是以教学为目的，而是为行业应用所需技能，就业信息，发展中的新动向、新技术、新信息等提供资源保障。

2. 数字化教学资源应具备易用性 数字化教学资源必须是易于使用的。易于使用包含两个方面：第一是面向知识传授者的，即教师。前面的统计分析表明虽然目前大多数教师已经具备了基本的计算机使用能力，但是对于非计算机专业的教师来说要熟练的运用计算机技术设计复杂的数字化课件还是很困难的。因此数字化教学资源的开发应使教师能够根据教学需要，通过对数字化教学资源的筛选、排列、组合等方式简单方便地构建起数字化教学课件，实现教学目的。同时，在保证知识产权的情况下，应允许教师对数字化教学资源进行修改、增减等操作，以形成具有自身特色的数字化教学资源库。第二是面向学习者的，即学生。数字化教学资源除了满足教师的教学需要外，还应满足学习者的自主学习需求。由于数字化教学资源库包含大量的课程设置文档、课程教学文档、案例库、试题库、实验实训库等内容，对于专业课教师来说可以方便地从中挑选内容组织教学，但对于自主学习者来说面对大量专业内容，往往不知从何下手。因此，数字化教学资源库应根据不同基础的学习者制订出若干条不同的学习路线，以方便学习者自主学习。

3. 数字化教学资源库应具备标准化接口　　由于各个教育机构、高等院校等单位的网络环境和网络教学平台不尽相同，为保证数字化教学资源库能够跨平台使用，实现平台无关性，应使用国家标准对数字化教学资源库进行内容包装，提供符合国家标准的标准化接口。

第三部分　数字化教学资源库建设实施方案

数字化教学资源是指经过数字化处理，可以在多媒体计算机及网络环境下运行的多媒体教学材料。按信息的呈现方式划分，数字化教学资源可分为数字化文本、图形图像、动画、声音、数字化音频、数字化视频等。按照数字化教学资源的来源划分，可分为专门设计的资源和可利用的资源。所谓专门设计的资源是指为教学目的而专门预备的数字化教学资源；所谓可利用的资源，是指本来并非为教学专门设计，但被发现可用来为教学服务的数字化教学资源，特别是网上传输的多种多样的网上信息资源，主要包括电子图书、电子期刊、网上数据库、虚拟图书馆、百科全书、教育网站、通信新闻组、虚拟软件库等。

教育部、财政部《设施农业科学与工程》专业职教师资本科专业培养标准、培养方案、核心课程和特色教材开发"项目的子项目五——"数字化教学资源库"是为主项目研发一套专门的数字化教学资源库，通过综合运用数字化文本、图形图像、动画、声音、数字化音频、数字化视频等信息技术手段，构建起具有本专业特色的、以学习者为中心的数字化教学资源。

数字化教学资源设计的主要理论依据有：现代教育思想、建构主义学习理论、教学设计理论、学科教学理论等。意图体现现代教育思想中的素质教育观、终身教育观、四大支柱教育观、创新教育观；使用建构主义学习理论的情景、协作、交流、意义建构来组织数字化学习资源；运用教学设计理论方法分析教学目标、选择教学策略、开展教学评价；利用学科教学理论的研究成果，分析设施农业科学与工程专业职教师资本科专业的学科特色，建设教学针对性强、教学效果好的数字化教学资源库。

一、预期实现目标

（一）建立起以学习者为中心的数字化教学资源库

建构主义认为知识不是通过教师传授得到的，而是学习者在一定的情景（即社会文化背景）下，借助他人（包括教师和学习伙伴）的帮助，利用必要的学习资料，通过意义建构的方式而获得的。学习是学习者建构知识的内部心理表征过程，它不但包括结构性的知识，而且包括大量的非结构性的经验背景。建构既是对新知识意义的建构，同时又包含对原有经验的改造和重组。所以学习的过程中学习者处于中心地位，而传统的课堂教学过程中多以教师为主导，忽视了学习者的主观能动性，往往无法取得较好的教学效果。本子项目意图建立起以学习者为中心的设施农业科学与工程专业职教师资本科专业数字化教学资源库，提供给相关专业的学习者学习，辅助教师开展教学工作。

（二）培养学生的学习兴趣

孔子曰："知之者不如好之者，好之者不如乐之者"。好学是获得良好学习效果的重要条件之一，这种对某类知识或某门学科的喜爱和偏好就是学习兴趣。兴趣是一种强大的精神力量，可以促进一个人充分发挥自身的积极性，积极思考，大胆探索。浓厚的学习兴趣会使学生产生积极的学习态度，并付出更多的努力，自觉地排除障碍、克服困难，获得较好的学习效果。与纸质教学资源相比，数字化教学资源在信息技术方面拥有更多的优势，通过图形图像、动画、视频音频等数字化资源的合理运用，可以充分激发学生的学习兴趣。

（三）培养学生的自主学习能力和终身学习意识

自主学习是以学生作为学习的主体，通过学生独立地分析、探索、实践、质疑、创造等方法来实现学习目标。中国著名的教育家陶行知先生曾指出："我认为好的先生不是教书，不是教学生，而是教学生学。""至于怎样'学'，就需要教师的指导，教师的'教学'了。""'教'是为了达到不需要教。"为了使学生具有自主学习的能力，重要的不是在教学过程中把知识传授给学生，而是教学生怎样学，使学生"学会学习"，让学生自己掌握"钥匙"，去打开知识的宝库。

终身学习是指社会每个成员为适应社会发展和实现个体发展的需要，贯穿于人的一生的，持续的学习过程。即我们所常说的"活到老学到老""学无止境"。在科学技术飞速发展的今天，一个人仅靠在学校学的知识已远远不够，每个人都必须终身学习。终身学习能力已成为一个人必须具备的基本素质。我们培养的学生是否具有竞争力，是否具有职业发展潜力，是否能在信息时代驾轻就熟地驾驭知识，从根本上讲，都取决于学生是否具有终身学习的能力。

自主学习能力是终身学习的基础。终身学习一般不在学校里进行，一般来说也没有教师的指导，全靠一个人的自主学习能力。可见，在学校教育阶段培养学生的自主学习能力和终身学习意识是至关重要的。

（四）培养学生的信息素质

信息素质是指一个人的信息需求、信息意识、信息知识、信息道德、信息能力等方面的基本素质。全球信息资源的网络化趋势对现代人的能力素养，尤其是信息素养，提出了新的要求。它要求人们在网络环境下学会基于资源的学习，学会有效地收集、整理、加工信息。获得终身学习的能力是信息素质教育的目标。因此，培养学生的信息获取能力，训练学生能够熟练地、批判性地评价信息，能够精确地、创造性地使用信息，是教育教学中必不可少的内容。

（五）探索线上教学与线下教学的结合与应用

2012年发端于美国的慕课（MOOC，即"大规模在线开放课程"），虽兴起时间很短，却已席卷全球，被誉为"印刷术发明以来教育最大的革新"。慕课所倡导的新的在线学习模式改变了传统学校传授知识的固有做法，提供了一种全新的知识传播和学习方式，在教育观念、教育体制、教学方式和大学功能等方面都有着深刻影响。慕课创造了跨时空的学习方式，使知识获取的方式发生了根本变化，给延续几千年的传统教育模式带来了巨大冲击，如何真正体现"以学生为中心"，如何真正实现线上、线下教育的融合，这是最大的挑战，也是我们需要探索和研究的内容。

二、数字化教学资源库的基本内容

（一）设施农业科学与工程专业职教师资本科专业简介

主要目的是让学习者对设施农业科学与工程专业职教师资本科专业从整体上有一个基本认识。

主要内容包括设施农业科学与工程专业的学习内容、专业特色、学习方法、毕业后可从事的职业岗位、现阶段的就业前景和未来的职业发展趋势。

鉴于本项目是以培养设施农业科学与工程专业职教师资为目的，因此还应包括职业教育简介和目前我国职业教育的政策、路线、方针和未来发展趋势等的介绍，以及作为一名中高职教师除具备专业素质外，还应具备的教育教学知识等。

主要的呈现形式包括介绍文本、图片、图表、现场录像等，如果条件许可，可考虑制作教学视频。

（二）设施农业科学与工程专业职教师资本科专业学习路线图

主要目的是从学习者的角度出发制作设施农业科学与工程专业职教师资本科专业学习路线图，便于学习者了解整个专业的主要知识点，以及它们之间的逻辑关系和学习的先后次序。通过对照学习路线图，学习者可以根据自身的知识水平确定自己的学习起点。在学习过程中学习者可对照学习路线图检查自身的专业学习效果，找出不足，及时弥补。

主要内容为各门专业课程中的主要知识点及其学习的先后次序。

主要呈现形式：学习路线图图片、相关的说明文字、相关网络资源等。

图7-14是设施农业科学与工程专业（设施栽培方向）专业课程学习路线图，路线图中的不同阴影区域对应不同的教程及学习要求。

（三）课程大纲

主要目的：让学习者对所学课程的主要内容和基本要求有一个全面了解。

主要内容：本项目研发制订的所有课程大纲。

主要呈现形式：数字化文本。

（四）教学视频、文本、图片、动画等资源

主要目的：通过教学视频、文本、图片、动画等资源让学习者能形象直观地学习课说明：
1. 本路线图供培养设施蔬菜生专业能力之用。
2. 本路线图以设施专业能力的对应专业蔬菜栽培方向为示例绘制。
3. 标□岗位为对设施蔬菜技术员或高级蔬菜工

生产实习
· 在校内基地的设施蔬菜栽培温室内进行完整栽培周期
· 参与劳动及技术指导

顶岗实习
· 到校外实践教学基地或企业顶岗实习
· 完成一篇实习报告或毕业论文

毕业：设施蔬菜技术员或高级蔬菜工

地形与工程测量
教材：《园艺工程测量学》
· 常用测绘仪器的构造、操作使用与校校方法
· 地形图的应用
· 建筑物测量工作方法、工程施工测量

识图与制图
教材：《设施工程制图》
· 制图与投影基本知识
· 制图标准与绘图
· 识读和绘制建筑工程图

栽培设施设计与建造
教材：《设施设计与建造》
· 塑料大棚设计与建造
· 日光温室等设施建造
· 现代化大型温室设计与建造

农业园区规划
教材：《农业园区规划与设计》
· 观光型园区规划设计
· 休闲型、度假型、科技示范型园区规划与设计
学习要求：能够对果进行裁绘，依据要求形成图纸，培育建造各种设施；以设施为单元，进行各种园区规划；观光型、休闲型、度假型、科技示范型园区规划与设计

耕作与施肥
教材：《土壤与植物营养》
· 土壤结构
· 植物营养原理
· 缺素诊断
学习要求：掌握土壤特性、植物营养规律及施肥基本原理

"气象学基本知识与观测
教材：《农业气象学》
· 太阳辐射
· 大气温度与空气土壤水分
· 气压与风
· 农业小气候

设施环境调控
教材：《设施环境调控》
· 设施温度环境调控
· 设施光照环境调控
· 设施水分环境调控
· 设施气体环境调控
· 设施土壤环境调控
学习要求：能够依据气象学原理对塑料大棚、日光温室、现代设施等设施进行各环境指标的调控，形成适合蔬菜生长的环境

病原鉴定
教材：《园艺病理学》
· 各类病原物的形态特征和分类及鉴定
· 病害分类与各类主要病害发生一般规律
· 植物病害发生及互关关系

害虫识别
教材：《园艺昆虫学》
· 园艺植物有关的昆虫形态特征、生理机能、生活习性
· 昆虫的分类及及环境与害虫发生的关系

蔬菜病害防治
教材：《蔬菜病虫害防控》
· 侵染性病害、生理性病害
· 害诊断方法
· 瓜类、茄果类、豆类、白菜类、甘蓝类、根菜类等蔬菜病害诊断与防治
学习要求：能够根据症状识别主要蔬菜的常见侵染性病害、生理性病害，进行分类、鉴定；能够对侵染性病害进行预测预报；能够对蔬菜主要生理病害进行诊断；能够制订对病虫害的防治方案

蔬菜虫害防治
教材：《蔬菜病虫害防控》
· 害虫诊断与害虫识别
· 瓜类、茄果类、豆类、白菜类、甘蓝类、根菜类等蔬菜虫害诊断与防治

商品苗繁育
教材：《工厂化育苗》
· 育苗设施设备安装与调试
· 育苗基质调配与选择
· 播种与苗期管理
· 包装与外销
学习要求：掌握利用基地、现代设施设备，培养主要蔬菜的自根和嫁接穴盘商品苗技术

专业参观
入学之初参观不同类型的、有代表性的设施农业企业或园区4~5个；了解行业情况，明确学习目标

专业技能训练
· 在校各学期有针对性地对各课程内容进行综合实践
· 在校内基地进行不同课程教师共同指导

设施蔬菜栽培
教材：《设施蔬菜栽培》
瓜果类、茄果类、豆类、甘蓝类等蔬菜，在塑料大棚、日光温室等设施中的栽培；种子处理、定植、浇水施肥、植株调整、环境调控、保花保果、采收等栽培技术
学习要求：掌握主要设施蔬菜栽培技术，达到高产、优质的栽培效果

无土育苗
教材：《工厂化育苗》
· 育苗基质混配与选择
· 播种、苗期管理
学习要求：掌握为各种无土栽培形式提供切苗的技术

蔬菜无土栽培
教材：《无土栽培》
· 营养液配制
· 营养液膜、深液流、基质栽培技术
· 各种基质栽培技术
· 各种立体栽培技术
学习要求：掌握蔬菜多种形式无土栽培技术

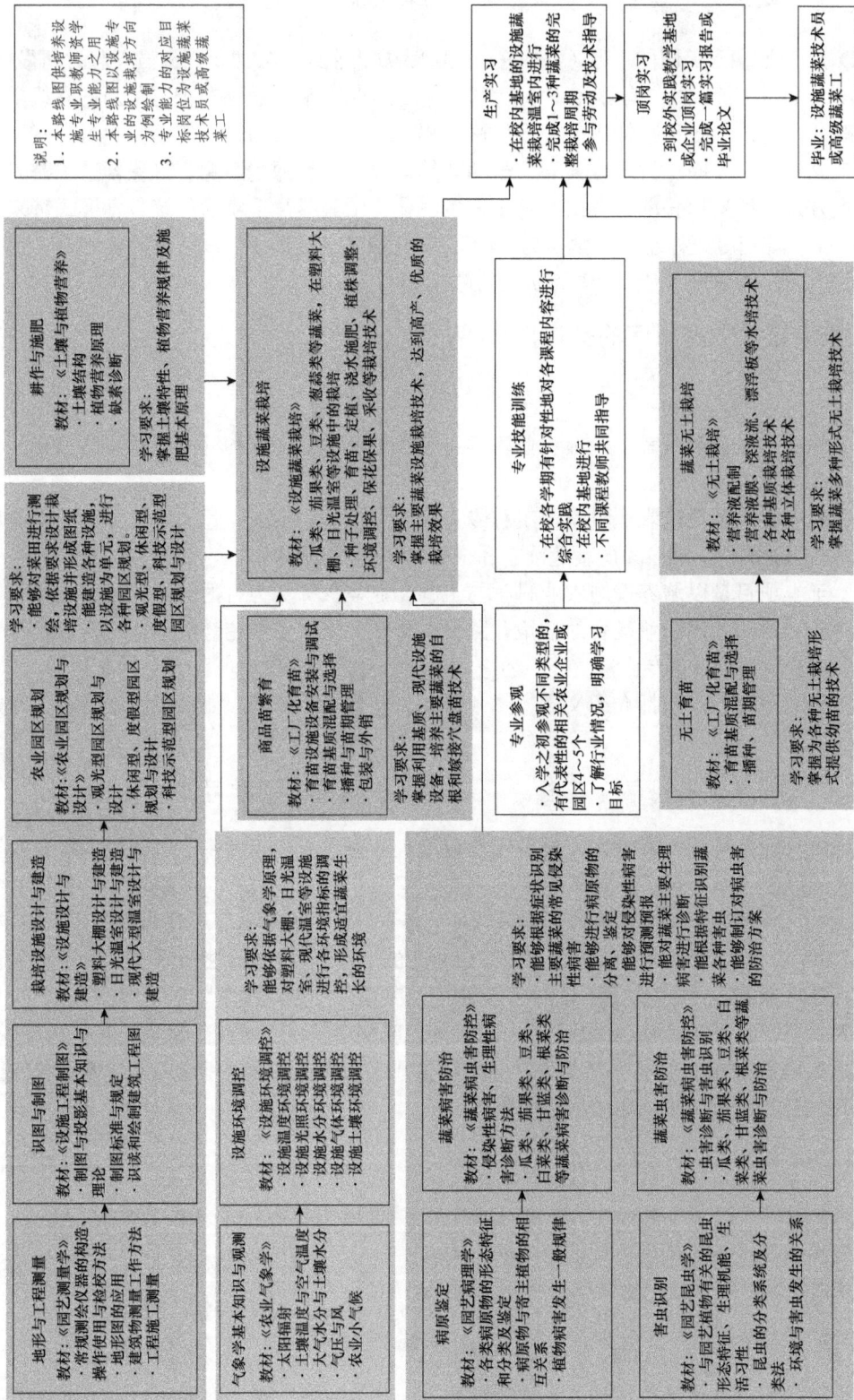

图 7-14 设施农业科学与工程专业（设施栽培方向）专业课程学习路线图

程内容，完成自主学习。

主要内容：按课程内容制作的授课视频、演示动画、实习实训录像、文本、图片等教学资源。

主要呈现形式：视频、动画、图片、数字化文本等。

（五）小测试

主要目的：根据学习单元的需要，在学习者学习完该单元后，完成的一些小测试，以巩固已学到的知识或引出下一个学习单元。

主要内容：根据学习单元的需要制作的小测试，一般1~3个。

主要呈现形式：数字化文本、视频、动画、图片等。

（六）作业习题

主要目的：让学习者完成一定的学习单元后（如一个章节），能对自己的学习效果进行检验，以便能巩固学习成果，发现学习上的不足，及时弥补。同时也对学习者的学习过程进行考评，作为学习者最终得分的参考依据。

主要内容：课程各章节的习题。

主要呈现形式：数字化文本、图片、动画、录像等。

三、数字化教学资源库的基本要求

（一）网络学习平台

教育部、财政部"职教师资本科专业培养标准、培养方案、核心课程和特色教材开发"共100个项目，其中专业项目88个，公共项目12个。在12个公共项目中的"职教师资培养教学资源中心建设和学习平台开发"（VTNE094）专门负责网络学习平台的开发，供其他项目使用，因此本项目不再另行建设网络学习平台。

（二）参照国家精品资源共享课的要求制订数字资源提交要求

国家精品资源共享课是以高校教师和大学生为服务主体，同时面向社会学习者的基础课和专业课等各类网络共享课程。精品资源共享课旨在推动高等学校优质课程教学资源共建共享，着力促进教育教学观念转变、教学内容更新和教学方法改革，提高人才培养质量，服务学习型社会建设。经过多年的建设，国家精品资源共享课有一套比较完整的数字化教学资源提交标准。但考虑到国家精品资源共享课数字化教学资源标准较为复杂，以及本课题研发周期、开发成本等因素，课题组对国家精品资源共享课数字化教学资源标准进行了适当简化，制定了《职教师资本科设施农业科学与工程专业数字化教学资源提交标准》（见本编第四部分），用来规范各课程开发过程中产生的数字化教学资源。

（三）数字化教学视频的制作

按照专家指导委员会的要求确定每门课程选取2个以上教学内容制作教学视频。教学视频要体现职业教育特色。

（四）在整个数字教学资源开发中融入信息素质教育

信息素质的内涵包括信息意识素质、信息能力素质及信息道德素质。其中信息意识素质是指对于信息敏锐的感受力、对信息价值的判断力和洞察力及自身信息需求的自我意识；信息能力素质是指信息技术应用能力，信息查寻、获取能力，信息组织、加工、分析能力；信息道德素质是指人们在信息活动中应当遵循的道德规范的总和。

目前高等教育中信息素质教育一般由两门课程完成：计算机应用基础和信息检索。这两门课程都属于应用型课程，需要理论联系实际，在学习和工作中运用这两门课程中的知识，才能真正提升自身的信息素质。因此，在数字教学资源开发过程中应融入信息素质教育，使学习者在专业课程学习过程中有意识地运用相关信息技术、信息检索知识，从而提升学习者的信息素质。

例如，在某个学习单元中要求学生使用 word 软件按一定格式制作某公司的宣传页；或要求学生使用检索工具获取某些专业信息，并进行汇总分析。

四、数字化教学资源库部分目录清单

现将各主干课程教材的部分数字化教学资源库列清单如下。

（一）《无土栽培》数字化教学资源库清单

现将主干课程教材《无土栽培》数字化教学资源库清单列于表 7-2。

表 7-2 《无土栽培》数字化教学资源库清单

	栏目	类型	备注
课程概况	课程简介	文本	
	教学大纲	文本	
	考评方式与标准	文本	
	学习指南	文本	
单元一 无土栽培背景知识认知	教学目标	文本	
	重点难点	文本	
	教材内容	文本	
	任务一 无土栽培的概念与分类认知	文本	含：知识点、技能点、复习思考等
	任务二 无土栽培特点及应用范围认知	文本	含：知识点、技能点、复习思考等
	任务三 无土栽培历史与现状认知	文本	含：知识点、技能点、复习思考等
	演示文稿 无土栽培概念与分类	电子教案	
单元二 营养液	教学目标	文本	
	重点难点	文本	
	教材内容	文本	
	任务一 配制营养液的水源选择	文本	含：知识点、技能点、复习思考等
	任务二 营养液浓度表示方法认知	文本	含：知识点、技能点、复习思考等

续表

栏目		类型	备注
单元二　营养液	任务三　营养液配方组成原理认知	文本	含：知识点、技能点、复习思考等
	任务四　配制营养液的原料及其特性认知	文本	含：知识点、技能点、复习思考等
	任务五　营养液配制	文本	含：知识点、技能点、复习思考等
	任务六　营养液管理	文本	含：知识点、技能点、复习思考等
	演示文稿	电子教案	
单元三　基质	教学目标	文本	
	重点难点	文本	
	教材内容	文本	
	任务一　基质的理化性质认知	文本	含：知识点、技能点、复习思考等
	任务二　基质种类和特性认知	文本	含：知识点、技能点、复习思考等
	任务三　基质的利用	文本	含：知识点、技能点、复习思考等
	演示文稿	电子教案	
单元四　无土育苗	教学目标	文本	
	重点难点	文本	
	教材内容	文本	
	任务一　穴盘育苗	文本	含：知识点、技能点、复习思考等
	任务二　平底盘育苗	文本	含：知识点、技能点、复习思考等
	任务三　岩棉育苗	文本	含：知识点、技能点、复习思考等
	任务四　营养钵育苗	文本	含：知识点、技能点、复习思考等
	任务五　其他育苗方式	文本	含：知识点、技能点、复习思考等
	任务六　工厂化育苗	文本	含：知识点、技能点、复习思考等
	演示文稿	电子教案	
单元五　水培	教学目标	文本	
	重点难点	文本	
	教材内容	文本	
	项目一　营养液膜水培	文本	含：知识点、技能点、复习思考等
	项目二　深液流水培	文本	含：知识点、技能点、复习思考等
	项目三　浮板水培	文本	含：知识点、技能点、复习思考等
	项目四　管道水培	文本	含：知识点、技能点、复习思考等
	项目五　鲁 SC 型无土栽培	文本	含：知识点、技能点、复习思考等
	项目六　立管悬杯静止水培	文本	含：知识点、技能点、复习思考等
	演示文稿	电子教案	
单元六　基质培	教学目标	文本	
	重点难点	文本	
	教材内容	文本	

续表

栏目		类型	备注
单元六　基质培	项目一　砾培	文本	含：知识点、技能点、复习思考等
	项目二　沙培柱栽培	文本	含：知识点、技能点、复习思考等
	项目三　岩棉培	文本	含：知识点、技能点、复习思考等
	项目四　复合基质培	文本	含：知识点、技能点、复习思考等
	演示文稿	电子教案	
单元七　立体栽培	教学目标	文本	
	重点难点	文本	
	教材内容	文本	
	项目一　叠盆式立柱栽培	文本	含：知识点、技能点、复习思考等
	项目二　复合基质插管式泡沫塑料立柱栽培	文本	含：知识点、技能点、复习思考等
	演示文稿	电子教案	
单元八　小型无土栽培	教学目标	文本	
	重点难点	文本	
	教材内容	文本	
	项目一　小型水培	文本	含：知识点、技能点、复习思考等
	项目二　小型基质培	文本	含：知识点、技能点、复习思考等
	项目三　小型立体栽培	文本	含：知识点、技能点、复习思考等
	演示文稿	电子教案	
微课程	营养液配制之称量	教学视频	
	营养液配制之肥料溶解	教学视频	

（二）《设施蔬菜栽培》数字化教学资源库清单

现将主干课程教材《设施蔬菜栽培》数字化教学资源库清单列于表 7-3。

表 7-3　《设施蔬菜栽培》数字化教学资源库清单

栏目		类型	备注
课程概况	课程简介	文本	
	教学大纲	文本	
	教学日历	文本	
	考评方式与标准	文本	
	学习指南	文本	
单元一　设施蔬菜栽培认知	教学目标	文本	
	重点难点	文本	
	知识点	文本	
	技能点	文本	
	演示文稿　设施蔬菜栽培认知	电子教案	

续表

	栏目		类型	备注
单元二　设施蔬菜栽培制度	教学目标		文本	
	重点难点		文本	
	知识点		文本	
	技能点		文本	
	演示文稿	设施蔬菜栽培认知	电子教案	
单元三　瓜类蔬菜设施栽培	教学目标		文本	
	重点难点		文本	
	知识点		文本	
	技能点		文本	
	教材内容		文本	
	演示文稿	黄瓜设施栽培	电子教案	
	演示文稿	甜瓜设施栽培	电子教案	
	实习实训	黄瓜嫁接育苗	电子教案	
单元四　茄果类蔬菜设施栽培	教学目标		文本	
	重点难点		文本	
	知识点		文本	
	技能点		文本	
	教材内容		文本	
	演示文稿	番茄设施栽培	电子教案	
	演示文稿	辣椒设施栽培	电子教案	
	实习实训	番茄保花保果	电子教案	
单元五　豆类蔬菜设施栽培	教学目标		文本	
	重点难点		文本	
	知识点		文本	
	技能点		文本	
	教材内容		文本	
	演示文稿	菜豆设施栽培	电子教案	
	演示文稿	豇豆设施栽培	电子教案	
	实习实训	蔬菜种子浸种催芽	电子教案	
单元六　绿叶菜类蔬菜设施栽培施栽培技术	教学目标		文本	
	重点难点		文本	
	知识点		文本	
	技能点		文本	
	教材内容		文本	
	演示文稿	芹菜设施栽培	电子教案	
	演示文稿	莴苣设施栽培	电子教案	
	实习实训	课程论文写作规范及问题集锦	电子教案	

续表

	栏目	类型	备注
单元七　葱蒜类蔬菜设施栽培	教学目标	文本	
	重点难点	文本	
	知识点	文本	
	技能点	文本	
	教材内容	文本	
	演示文稿　韭菜设施栽培	电子教案	
	演示文稿　蒜黄设施栽培	电子教案	
	实习实训　蔬菜营销	电子教案	
单元八　其他蔬菜设施栽培	教学目标	文本	
	重点难点	文本	
	知识点	文本	
	技能点	文本	
	教材内容	文本	
	演示文稿　香椿设施栽培	电子教案	
	演示文稿　草莓设施栽培	电子教案	
	演示文稿　芽苗类蔬菜设施栽培	电子教案	
微课程	简易滴灌	教学视频	
	日光温室番茄田间管理	教学视频	
实习实训	教学目标	文本	
	重点难点	文本	
	知识点	文本	
	技能点	文本	
	设施蔬菜育苗	电子教案	
	设施蔬菜分苗	电子教案	
	设施蔬菜的整地做畦	电子教案	
	设施蔬菜定植	电子教案	
	设施蔬菜的植株调整	电子教案	
	设施蔬菜肥水管理	电子教案	
	设施蔬菜采收	电子教案	
附录	附录一　主要杀菌剂及其在栽培设施中的应用	电子教案	
	附录二　主要生长调节剂、营养素及其在栽培设施中的应用	电子教案	
	附录三　我国主要城市的地理纬度及气象资料	电子教案	
	附录四　北京地区各类薄膜棚内生产季节、霜期及安全定植期、拉秧期	电子教案	
	附录五　华北地区蔬菜地膜"一膜多用"主要形式	电子教案	
	附录六　天津市大棚周年生产茬口及上市期	电子教案	
	附录七　薄膜日光温室蔬菜茬口安排	电子教案	

续表

栏目		类型	备注
参考文献		电子教案	
教学图库	实习实训	图片	含：草苫卷放、大棚建造、黄瓜生长状态观察、阳畦建造、覆盖温室薄膜等专业技能训练的资料图片
	栽培技术	图片	含：基质穴盘、穴盘育苗、营养钵育苗、设施环境采集系统等栽培技术的资料图片
	教学基地	图片	含：校内实验站、乐亭县无公害蔬菜基地、遵化试区教学基地等教学基地图片
	实验设备	图片	含：设施蔬菜栽培中常用的实验设备图片

（三）《园艺设施设计与建造》数字化教学资源库清单

现将主干课程教材《园艺设施设计与建造》数字化教学资源库清单列于表7-4。

表 7-4 《园艺设施设计与建造》数字化教学资源库清单

栏目			类型	备注
课程概况	课程简介		文本	
	教学大纲		文本	
	考评方式与标准		文本	
	学习指南		文本	
单元一 园艺设施基本知识认知	教学目标		文本	
	重点难点		文本	
	任务一	园艺设施基本概念和类型认知	文本、电子教案	含：知识点、技能点、教材内容、演示文稿、复习思考等
	任务二	园艺设施研究与应用进展认知	文本、电子教案	含：知识点、技能点、教材内容、演示文稿、复习思考等
单元二 简易园艺设施建造	教学目标		文本	
	重点难点		文本	
	项目一	近地面覆盖设施的建造	文本、电子教案	含：知识点、技能点、教材内容、子任务、演示文稿等
	项目二	越夏栽培设施的建造	文本、电子教案	含：知识点、技能点、教材内容、子任务、演示文稿等
	项目三	苗床的建造与安装	文本、电子教案	含：知识点、技能点、教材内容、子任务、演示文稿等
	复习思考		文本	
	实习实训		电子教案	
单元三 塑料薄膜拱棚设计与建造	教学目标		文本	
	重点难点		文本	
	项目一	塑料薄膜小拱棚建造	文本、电子教案	含：知识点、技能点、教材内容、子任务、演示文稿、复习思考等

续表

	栏目	类型	备注
单元三 塑料薄膜拱棚设计与建造	项目二 塑料薄膜中拱棚建造	文本、电子教案	含：知识点、技能点、教材内容、子任务、演示文稿等
	项目三 塑料薄膜大拱棚设计与建造	文本、电子教案	含：知识点、技能点、教材内容、子任务、演示文稿等
单元四 日光温室设计与建造	教学目标	文本	
	重点难点	文本	
	任务一 日光温室的性能及应用范围认知	文本、电子教案	含：知识点、技能点、教材内容、子任务、演示文稿等
	任务二 日光温室的建筑与结构设计	文本、电子教案	含：知识点、技能点、教材内容、子任务、演示文稿等
	任务三 主要类型日光温室的设计与建造	文本、电子教案	含：知识点、技能点、教材内容、子任务、演示文稿等
单元五 现代化连栋温室建造	教学目标	文本	
	重点难点	文本	
	项目一 现代化连栋温室的结构与设施认知	文本、电子教案	含：知识点、技能点、教材内容、演示文稿等
	项目二 连栋塑料薄膜温室的设计与建造	文本、电子教案	含：知识点、技能点、教材内容、演示文稿等
	项目三 连栋玻璃温室的设计与建造	文本、电子教案	含：知识点、技能点、教材内容、演示文稿等
微课程	日光温室复合墙体	教学视频	
	移动苗床	教学视频	
案例库	温室建筑工程工艺实践案例	电子教案	
参考文献		电子教案	
教学图库		图片	

（四）《工厂化育苗》数字化教学资源库清单

现将主干课程教材《工厂化育苗》数字化教学资源库清单列于表 7-5。

表 7-5 《工厂化育苗》数字化教学资源库清单

	栏目	类型	备注
课程概况	课程简介	文本	
	教学大纲	文本	
	考评方式与标准	文本	
	学习指南	文本	
单元一 工厂化育苗背景知识认知	教学目标	文本	
	重点难点	文本	
	教材内容	文本	
	演示文稿 工厂化育苗概念认知	电子教案	
	演示文稿 工厂化育苗流程认知	电子教案	
	演示文稿 工厂化育苗现状认知	电子教案	

续表

单元	栏目		类型	备注
单元一 工厂化育苗背景知识认知	实习实训	工厂化育苗现状调查	电子教案	
	复习思考		文本	
单元二 工厂化育苗温室建设	教学目标		文本	
	重点难点		文本	
	教材内容		文本	
	演示文稿	新育苗温室建设	电子教案	
	演示文稿	旧温室改造	电子教案	
	复习思考		文本	
单元三 育苗前准备	教学目标		文本	
	重点难点		文本	
	教材内容		文本	
	演示文稿	种子处理	电子教案	
	演示文稿	穴盘准备	电子教案	
	演示文稿	基质配制	电子教案	
	实习实训	种子发芽力的测定	电子教案	
	复习思考		文本	
单元四 播种	教学目标		文本	
	重点难点		文本	
	教材内容		文本	
	演示文稿	穴盘基质填充	电子教案	
	演示文稿	穴盘播种	电子教案	
	演示文稿	覆盖	电子教案	
	复习思考		文本	
单元五 催芽	教学目标		文本	
	重点难点		文本	
	教材内容		文本	
	演示文稿	催芽室催芽	电子教案	
	演示文稿	育苗床上催芽	电子教案	
	复习思考		文本	
单元六 苗期管理	教学目标		文本	
	重点难点		文本	
	教材内容		文本	
	演示文稿	环境条件管理	电子教案	
	演示文稿	植株生长管理	电子教案	
	演示文稿	病虫害防控	电子教案	
	实习实训	蔬菜穴盘育苗	电子教案	
	复习思考		文本	
单元七 出苗与运输	教学目标		文本	
	重点难点		文本	

续表

栏目		类型	备注
单元七 出苗与运输	教材内容	文本	
	演示文稿 出苗前炼苗	电子教案	
	演示文稿 高质量穴盘苗认定	电子教案	
	演示文稿 种苗包装与运输	电子教案	
	演示文稿 种苗移栽	电子教案	
	复习思考	文本	
单元八 工厂化嫁接育苗	教学目标	文本	
	重点难点	文本	
	教材内容	文本	
	演示文稿 人工嫁接	电子教案	
	演示文稿 机械嫁接	电子教案	
	实习实训 蔬菜嫁接育苗技术	电子教案	
	复习思考	文本	
单元九 工厂化育苗经营与管理	教学目标	文本	
	重点难点	文本	
	教材内容	文本	
	演示文稿 种苗厂的规划与设计	电子教案	
	演示文稿 生产计划的制订	电子教案	
	演示文稿 种苗厂的管理与制度	电子教案	
	演示文稿 种苗生产的经济性评估	电子教案	
	复习思考	文本	
附录	几种主要作物穴盘苗生产要点	电子教案	
微课程	穴盘选择	教学视频	
	基质混配	教学视频	
案例库	种苗厂建设规划模拟案例	电子教案	
参考文献		电子教案	

（五）《设施果树栽培》数字化教学资源库清单

现将主干课程教材《设施果树栽培》数字化教学资源库清单列于表 7-6。

表 7-6 《设施果树栽培》数字化教学资源库清单

栏目		类型	备注
课程概况	课程简介	文本	
	教学大纲	文本	
	考评方式与标准	文本	
	学习指南	文本	
单元一 设施果树栽培认知	教学目标	文本	
	重点难点	文本	
	教材内容	文本	

续表

	栏目	类型	备注
单元一　设施果树栽培认知	项目一　设施果树栽培概念认知	文本	
	项目二　设施果树栽培概况认知	文本	
	演示文稿　设施果树栽培认知	电子教案	
单元二　设施果树促成栽培原理认知	教学目标	文本	
	重点难点	文本	
	教材内容	文本	
	项目一　栽培设施	文本	
	项目二　栽培树种与品种	文本	
	项目三　果树休眠与解除休眠	文本	
	项目四　设施环境与果树生长	文本	
	演示文稿　设施果树促成栽培原理认知	电子教案	
单元三　草莓设施促成栽培	教学目标	文本	
	重点难点	文本	
	教材内容	文本	
	项目一　种类与品种认知	文本	
	项目二　生物学特性认知	文本	
	项目三　设施促成栽培	文本	
	演示文稿　草莓设施促成栽培	电子教案	
单元四　桃树设施促成栽培	教学目标	文本	
	重点难点	文本	
	教材内容	文本	
	项目一　种类与品种认知	文本	
	项目二　生物学特性认知	文本	
	项目三　设施促成栽培	文本	
	演示文稿　桃树设施促成栽培	电子教案	
单元五　葡萄设施促成栽培	教学目标	文本	
	重点难点	文本	
	教材内容	文本	
	项目一　种类与品种认知	文本	
	项目二　生物学特性认知	文本	
	项目三　设施促成栽培	文本	
	演示文稿　葡萄设施促成栽培	电子教案	
单元六　杏树设施促成栽培	教学目标	文本	
	重点难点	文本	
	教材内容	文本	
	项目一　种类与品种认知	文本	
	项目二　生物学特性认知	文本	
	项目三　设施促成栽培	文本	
	演示文稿　杏树设施促成栽培	电子教案	

续表

	栏目	类型	备注
单元七　李树设施促成栽培	教学目标	文本	
	重点难点	文本	
	教材内容	文本	
	项目一　种类与品种认知	文本	
	项目二　生物学特性认知	文本	
	项目三　设施促成栽培	文本	
	演示文稿　李树设施促成栽培	电子教案	
单元八　甜樱桃设施促成栽培	教学目标	文本	
	重点难点	文本	
	教材内容	文本	
	项目一　种类与品种认知	文本	
	项目二　生物学特性认知	文本	
	项目三　设施促成栽培	文本	
	演示文稿　甜樱桃设施促成栽培	电子教案	
微课程	杏树整形修剪	教学视频	
	甜樱桃整形修剪	教学视频	
参考文献		电子教案	

（六）《中等职业学校设施农业生产技术专业教学法》数字化教学资源库清单

现将主干课程教材《中等职业学校设施农业生产技术专业教学法》数字化教学资源库清单列于表7-7。

表 7-7　《中等职业学校设施农业生产技术专业教学法》数字化教学资源库清单

	栏目	类型	备注
课程概况	课程简介	文本	
	教学大纲	文本	
	考评方式与标准	文本	
	学习指南	文本	
第一章　专业教学法概述	教学目标	文本	
	重点难点	文本	
	教材内容	文本	
	第一节　专业教学法的内涵	文本	
	第二节　我国专业教学法的发展历程及趋势	文本	
	第三节　专业教学法的理论基础	文本	
	演示文稿　专业教学法概述	电子教案	
	复习思考	文本	

栏目		类型	备注
第二章 设施农业生产技术专业教学法选用基础分析	教学目标	文本	
	重点难点	文本	
	教材内容	文本	
	第一节 分析设施农业的发展与职业特点	文本	
	第二节 分析设施农业生产技术专业的教学对象	文本	
	第三节 分析中职设施农业生产技术专业教学内容	文本	
	第四节 设计设施农业生产技术专业的学习任务	文本	
	第五节 设施农业生产技术专业教学评价	文本	
	第六节 设施农业生产技术专业教学媒体及环境	文本	
	第七节 专业教学设计	文本	
	复习思考	文本	
第三章 设施农业生产技术专业教学法应用案例	教学目标	文本	
	重点难点	文本	
	教材内容	文本	
	第一节 设施建造与维护教学方法选用案例	文本	
	第二节 设施蔬菜生产技术部分教学方法选用案例	文本	
	第三节 设施园艺作物病虫害防治部分教学法选用及案例	文本	
	第四节 设施农产品营销部分专业教学方法选用	文本	
	演示文稿 设施建造与维护教学方法选用	电子教案	
	复习思考	文本	
第四章 常用的传统教学方法	教学目标	文本	
	重点难点	文本	
	教材内容	文本	
	第一节 讲授法	文本	
	第二节 讨论法	文本	
	第三节 演示法	文本	
	第四节 谈话法	文本	
	第五节 四阶段教学法	文本	
	复习思考	文本	
第五章 常用的行动导向教学法	教学目标	文本	
	重点难点	文本	
	教材内容	文本	
	第一节 任务驱动法	文本	

	栏目	类型	备注
	第二节　头脑风暴法	文本	
	第三节　卡片展示法	文本	
	第四节　思维导图法	文本	
	第五节　项目教学法	文本	
第五章　常用的行	第六节　引导文教学法	文本	
动导向教学法	第七节　角色扮演法	文本	
	第八节　案例教学法	文本	
	第九节　模拟教学法	文本	
	第十节　情境扮演法	文本	
	复习思考	文本	
微课程	设施农业生产技术专业教学媒体及环境	教学视频	
	设施建造与维护教学方法选用案例	教学视频	
	职业教育的教学方式	电子教案	
	教学的组织（社会）形式	电子教案	
	行动导向教学	电子教案	
学习资料	常用的传统教学方法	电子教案	
	常用的行动导向教学法	电子教案	
	以学生为本位的学习策略	电子教案	
	校内实践教学条件要求	电子教案	
参考文献		电子教案	

（七）《中职教师教育理论与实践：设施农业科学与工程专业》数字化教学资源库清单

现将主干课程教材《中职教师教育理论与实践：设施农业科学与工程专业》数字化教学资源库清单列于表 7-8。

表 7-8　《中职教师教育理论与实践：设施农业科学与工程专业》数字化教学资源库清单

	栏目	类型	备注
	课程简介	文本	
课程概况	教学大纲	文本	
	考评方式与标准	文本	
	学习指南	文本	
	教学目标	文本	
第一章　教师职业认知	知识点	文本	
	阅读与拓展	文本	
	参考文献	文本	

续表

	栏目	类型	备注
第二章　师德认知	教学目标	文本	
	知识点	文本	
	阅读与拓展	文本	
	参考文献	文本	
第三章　教学计划	教学目标	文本	
	知识点	文本	
	参考文献	文本	
第四章　教案设计	教学目标	文本	
	知识点	文本	
	参考文献	文本	
第五章　教法设计	教学目标	文本	
	知识点	文本	
	参考文献	文本	
第六章　教学实施	教学目标	文本	
	知识点	文本	
	参考文献	文本	
第七章　课程考核	教学目标	文本	
	知识点	文本	
	概念理解	电子教案	
	案例　关于制订应用型本科人才培养方案的指导意见指导意见	电子教案	
	案例　设施农业科学与工程专业培养方案	电子教案	
	演示文稿　培养方案研制	电子教案	
	阅读与拓展	文本	
	参考文献	文本	
第八章　学习指导	教学目标	文本	
	知识点	文本	
	参考文献	文本	
第九章　培养方案研制	教学目标	文本	
	知识点	文本	
	参考文献	文本	
第十章　课程标准研制	教学目标	文本	
	知识点	文本	
	参考文献	文本	
第十一章　教材编写	教学目标	文本	
	知识点	文本	
	参考文献	文本	

续表

栏目		类型	备注
第十二章　教学课件制作	教学目标	文本	
	知识点	文本	
	参考文献	文本	
第十三章　慕课	教学目标	文本	
	知识点	文本	
	参考文献	文本	
第十四章　微课	教学目标	文本	
	知识点	文本	
	参考文献	文本	
第十五章　精品课程设计与制作	教学目标	文本	
	知识点	文本	
	参考文献	文本	
第十六章　隐性课程	教学目标	文本	
	知识点	文本	
	参考文献	文本	
微课程	精品课程设计与制作	教学视频	
	隐性课程	教学视频	

第四部分　职教师资本科设施农业科学与工程专业数字化教学资源提交标准

一、数字资源提交说明

（一）数字化教学资源库文件夹

请将数字化教学资源按分类存放到相应的文件夹里，如图 7-15 所示。

（二）资源建设格式要求和标准

1. 文档类

1）教学课件：ppt（pptx）。

2）教材讲义：doc（docx）、pdf、zip、rar。

3）其他文档：doc（docx）、txt，建议使用 doc（docx）。

4）标准：软件版本不低于 Microsoft Office 2003。

2. 图片类

1）格式：gif、jpg、png。

2）标准：彩色图像颜色数不低于真彩（24 位色），灰度图像的灰度级不低于 256

级；屏幕分辨率不低于 1024×768 时，扫描图像的扫描分辨率不低于 72dpi。

3．视频类

1）格式：flv、mp4，优先选用 mp4 格式。

2）标准：教学录像分辨率不低于 720×576（4：3）或 1024×576（16：9），码流不低于 256kbps，帧频不低于 25fps。音频信噪比不低于 48db，视频压缩采用 H.264 编码方式。其他视频素材分辨率不低于 320×240。

4．动画类

1）格式：swf。

2）标准：采用 Flash 6.0 以上版本制作。

5．虚拟仿真软件 标准：能够运行于 Windows 7 或更高版本。

二、课程基本信息

课程基本信息反映课程的基本情况，包括课程名称、学科门类、专业类、专业、课程属性、课程类型、课程学时、适用专业、授课语种、教育层次。请将相关信息填写到表 7-9 中。

图 7-15　数字化教学资源库文件夹

表 7-9　课程基本信息

课程名称	
分类 1（教育层次）	
分类 2（学科门类）	
分类 3（专业类）	
关键字	
课程学时	
适用专业	
课程封面	请选择一张有代表性的图片用于网络课程的封面，图片存放在"《××××》课程数字资源 /"目录下，文件名为"课程封面"，格式可为 gif、jpg、png 等，图片要清晰，尺寸不要太小

三、课程概要

（一）课程简介

课程简介含课程目标、课程性质与定位、专业 / 岗位要求及人才培养目标、课程设计思路、学习情境设计、与前后课程关系、课程特色、教学条件等。其中，教学条件包括对执教教师的要求，对学习场地、教学设施设备、教学材料、实验实训设备等的要求。**请将相关内容存放到"《××××》课程数字资源 /01 课程概要 /"目录下，文件格式为**

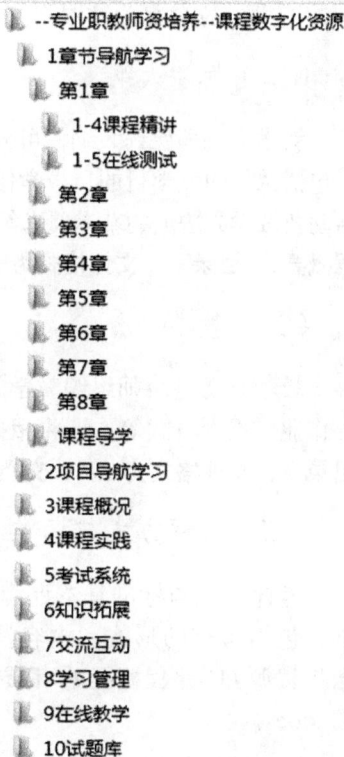

word 文档，文件名为"课程简介 .doc"。

（二）教学大纲

教学大纲即课程大纲，可分为课堂教学大纲、实训大纲、实验大纲等不同形式，具体应包括课程的教学目的、教学任务、教学内容的结构、模块或单元教学目标与任务、教学活动及教学方法上的基本要求等。**请将相关内容存放到"《××××》课程数字资源 /01 课程概要 /"目录下，文件格式为 word 文档，文件名为"教学大纲 .doc"。**

（三）教学日历

教学日历是教师组织教学的实施计划表，包括具体教学进程、授课内容及时间、课外作业、授课方式等。**请将相关内容存放到"《××××》课程数字资源 /01 课程概要 /"目录下，文件格式为 word 文档，文件名为"教学日历 .doc"。**

（四）考评方式与标准

考评方式与标准是本课程最终对学生所掌握的知识、态度、技能的评价方案与标准，包括考核的形式、内容及所占比例等。**请将相关内容存放到"《××××》课程数字资源 /01 课程概要 /"目录下，文件格式为 word 文档，文件名为"考评方式与标准 .doc"。**

（五）学习指南

学习指南即课程导学，是对学生学好本门课程的建议与指导。**请将相关内容存放到"《××××》课程数字资源 /01 课程概要 /"目录下，文件格式为 word 文档，文件名为"学习指南 .doc"。**

四、基本资源（教学单元）

基本资源（教学单元）即教材中的章节。请按教材中的章节顺序在"《××××》课程数字资源 /02 基本资源（教学单元）/"目录下创建相应的章节目录，用以存放下列资源。

注意：由于公共课程平台最多只能创建三级目录，如果多于三级的章节请向上合并。

（一）教学目标

教学目标是指教学活动实施的方向和预期达成的结果，请按章或单元为单位撰写教学目标。可参考《无土栽培》教材——单元四无土育苗的教学目标，如下所示。

1. 理解并掌握无土育苗的概念。
2. 掌握无土育苗的类型及每种类型的特点。
3. 掌握各种无土育苗方式的技术指标和操作要点。

（二）重点难点

重点难点是指在教学单元中难以掌握的部分或者是比较关键的知识点。可参考《无土栽培》教材——单元四无土育苗的重点难点，如下所示。

1. 穴盘育苗的操作方法。
2. 岩棉育苗的技术流程。

（三）知识点和技能点

教学单元下的知识点包括本级教学内容所涵盖的所有知识点。可参考《无土栽培》教材——单元四无土育苗中的任务一穴盘育苗的知识点和技能点，如下所示。

知识点

1. 掌握穴盘育苗的概念和特点。
2. 了解常用育苗穴盘的规格。
3. 掌握穴盘育苗的基本操作流程。
4. 掌握苗期管理的基本内容与方法。

技能点

1. 能够按蔬菜种类正确选择穴盘规格，并进行基质混配、基质装填、播种、覆盖等操作。
2. 能够进行苗期营养液管理，从而培育出健壮幼苗。

（四）教学设计

教学设计是教师对教学如何实施的设计方案，包括学习内容、材料准备、教学过程等。别名：备课方案、教学方案、教案、电子教案、教师手册、教师工作单、授课计划、单元设计等。

（五）评价考核

评价考核是针对教学单元的考核方式与评价指标。

（六）教材内容

教材内容是指本讲所使用的教材内容和参考资料。从教材中摘录即可。

五、拓展资源

拓展资源主要分为以下几种类型：案例库，专题讲座库，素材资源库，学科专业知识检索系统，演示/虚拟/仿真实验实训（实习）系统，试题库系统，作业系统，在线自测/考试系统，课程教学、学习和交流工具，网络课程，教学软件，虚拟仿真。以上所有类型均需要填写资源类型、资源名称、资源简介。除网络课程、教学软件、虚拟仿真外，其他类型还需要填写资源链接，如果该链接需要用户名和密码，请填写正确的用户名和密码。

可参考国家精品课"设施蔬菜栽培学"、教学图库、蔬菜专业网址、题库样卷等资源。

六、教材及参考资料

教材类型包括：主教材、辅助教材。请正确填写教材名称、出版社、主编、ISBN。

其中如有多个出版社或者主编，请用空格分隔；ISBN 号需要填写正确的 11 位或者 13 位国际标准书号。

可参考国家精品课"设施蔬菜栽培学"教材图库、蔬菜专业网址、题库样卷等栏目资源。

七、微课程

根据专家指导委员会的要求，每门课程至少要制作两个微课视频。所谓微课简单地说就是一段视频或动画，用来讲解课程中的一个知识点或技能点，时长 5～10min。请从课程中选择两个以上知识点或技能点提供给我们用于制作微课，为了制作简便，请尽量选择能用图片、图表等讲解的知识点或技能点，文档内容请参考以下格式。

标题：知识点或技能点
图片 1 或图表 1：
解说词 1；

图片 2 或图表 2；
解说词 2；

……

请将相关内容存放到"《××××》课程数字资源/微课程/"目录下，文件格式为 word 文档，文件名为"微课 1.doc""微课 2.doc"……文档中的图片、图表等应清晰，最好能随文档提供原始的图片、图表。单独提供的图片、图表文件名要与文档中的相对应，如"微课 1_图片 1.jpg""微课 1_图片 2.jpg"等。

第一部分 专业模块（专业技能）实践专家研讨会 论证结果

一、设施农业科学与工程专业工作领域（专业技能）难易程度与重要性排序结果

结果见表 8-1。

表 8-1 设施农业科学与工程专业工作领域（专业技能）难易程度与重要性排序结果

工作领域	难易程度													
	专家1	专家2	专家3	专家4	专家5	专家6	专家7	专家8	专家9	专家10	专家11	专家12	平均分	排序
1. 农业园区规划与设计	4	5	4	4	5	5	4	5	5	5	5	5	4.7	2
2. 设施设计与建造	4	5	5	5	5	5	5	4	5	4	5	5	4.8	1
3. 设施蔬菜栽培	3	3	3	5	3	3	4	3	4	2	4	4	3.5	9
4. 设施果树栽培	3	4	4	5	3	4	4	3	5	3	4	4	3.8	6
5. 设施花卉栽培	3	2	5	3	3	2	3	4	5	3	4	4	3.6	7
6. 食药菌栽培	4	3	—	5	4	3	3	3	5	4	4	4	3.8	5
7. 设施养殖	5	2	5	4	—	5	3	2	4	4	4	4	3.9	3
8. 无土栽培	2	4	5	4	3	4	4	2	4	4	4	4	3.5	9
9. 工厂化育苗	3	3	4	4	3	4	4	3	4	2	5	3	3.5	9
10. 设施农业新技术推广开发	2	2	3	4	4	3	4	2	2	4	3	3	3.0	13
11. 设施减灾栽培	2	1	3	4	3	3	4	3	2	3	3	3	2.8	14
12. 设施产品采后处理	4	2	—	4	3	4	4	5	3	3	5	4	3.5	8
13. 农产品与农资营销	5	3	5	4	2	3	3	5	4	2	3	5	3.4	12
14. 设施农业病虫害监测与预警	4	4	4	4	4	4	4	4	3	4	4	3	3.8	4
工作领域	重要性													
	专家1	专家2	专家3	专家4	专家5	专家6	专家7	专家8	专家9	专家10	专家11	专家12	平均分	排序
1. 农业园区规划与设计	3	2	1	4	5	5	4	4	5	5	2	5	3.8	7

续表

工作领域	重要性													
	专家1	专家2	专家3	专家4	专家5	专家6	专家7	专家8	专家9	专家10	专家11	专家12	平均分	排序
2. 设施设计与建造	5	3	1	5	5	4	5	4	5	3	5	4.2	5
3. 设施蔬菜栽培	5	5	5	5	5	5	4	5	4	5	5	4.8	1
4. 设施果树栽培	5	5	5	4	4	4	4	5	4	4	5	4.5	2
5. 设施花卉栽培	5	5	5	5	3	3	3	5	4	5	4	4.3	4
6. 食药菌栽培	2	3	4	4	3	3	4	5	4	4	4	3.5	9
7. 设施养殖	1	2	3	1	1	2	2	2	1	4	4	2.3	14
8. 无土栽培	2	5	4	5	5	5	3	1	3	4	4	3.8	7
9. 工厂化育苗	4	5	4	5	3	4	5	3	3	4	3	3.9	6
10. 设施农业新技术推广开发	2	3	5	4	1	2	2	3	3	2	4	2.9	13
11. 设施减灾栽培	1	2	4	4	4	3	4	3	3	3	3	3.2	12
12. 设施产品采后处理	2	3	4	3	3	2	3	3	3	3	5	3.3	10
13. 农产品与农资营销	2	4	4	4	4	3	3	4	1	4	4	3.3	11
14. 设施农业病虫害监测与预警	5	5	5	5	5	4	3	4	3	5	5	4.4	3

注：5 表示难度最大，最重要；1 表示难度最小，最不重要；"—" 表示调查数据空白

二、设施农业科学与工程专业工作任务（专业技能）与职业能力分析结果

设施农业科学与工程专业工作任务（专业技能）和职业能力分析

时　　间：2013 年 7 月 27 日

分析专家：（按姓氏汉语拼音排序）

侯东军　李 政　梁郅光　刘振林　毛秀杰　齐慧霞
宋士清　王久兴　项殿芳　肖和忠　张建文　张京政

主 持 人：路宝利

岗位 / 岗位群：设施农业一线技术人员（技术员、工程师）、设施农业相关管理人员（农业行政管理部门技术干部）

结果见表 8-2。

表 8-2　设施农业科学与工程专业工作任务（专业技能）与职业能力分析结果

工作领域	工作任务		职业能力
	一级	二级	
1. 农业园区规划与设计	1.1 生产型园区规划与设计	1.1.1 资源调研，市场调研，项目策划	1）能使用测量设备和制图软件，测绘大比例尺地形图 2）能够编写详细的调查提纲 3）能根据调研数据进行统计分析 4）能对相关项目进行市场预测，并编写项目可行性研究报告

续表

工作领域	工作任务		职业能力
	一级	二级	
1. 农业园区规划与设计	1.1 生产型园区规划与设计	1.1.2 总体规划	1）能根据具体地理环境，确定园区选址 2）能根据生产类型进行园区功能区域划分 3）能够综合生产过程，合理组织交通路线
		1.1.3 详细规划	能依据各类产品和生产规模确定棚、室、露天栽培的用地比例、布局、走向和棚室建造型式
		1.1.4 专项设计	1）能根据立地条件进行给排水设计并绘制施工图 2）能根据立地条件进行道路交通设计并绘制施工图 3）能进行配电系统设计并绘制施工图
	1.2 观光型园区规划与设计	1.2.1 调研与策划	1）能使用测量设备和制图软件，测绘大比例尺地形图 2）能够编写详细的调查提纲 3）能根据调研数据进行统计分析 4）能对相关项目进行市场预测，并编写项目可行性研究报告 5）能依据项目地点分析观光型农业园区的各项组成和功能 6）能结合城市绿地系统规划进行农业园区的建设规划，并能编写合理的项目建议书
		1.2.2 概念性规划	能了解和掌握农业园区最新规划理念和创新思潮，进行粗线条概念性园区规划，绘制标准概念规划专业图纸
		1.2.3 总体规划	能根据具体地理环境、地方文化、观光项目、生产要求，确定园区地址，能根据观光项目和生产类型进行园区功能区域划分，能合理组织观光路线，并撰写总体规划书
		1.2.4 详细规划	1）能依据园区具体规划进行园区道路详细规划，并利用相关绘图软件绘制道路规划图 2）能依据园区具体规划进行园区种植详细设计，并利用相关绘图软件绘制种植图 3）能依据园区规划进行园区建筑设施详细规划 4）能依据园区具体规划进行园区水、电详细规划，并利用相关绘图软件绘制水、电系统详细规划图
		1.2.5 专项设计	1）能依据详细规划，做出道路专项规划设计，并利用相关绘图软件绘制道路图 2）能依据详细规划，做出种植专项规划设计，并利用相关绘图软件绘制种植图 3）能依据详细规划，做出建筑设施专项设计，并利用相关绘图软件绘制建筑施工图 4）能依据详细规划，做出水、电专项设计，并利用相关绘图软件绘制水、电施工图
		1.2.6 经营模式设计	能了解和掌握市场动态信息，选择合理的园区经营管理模式并撰写设计书
2. 设施设计与建造	2.1 日光温室	2.1.1 选型	1）能够对栽培作物所需环境和立地环境进行调研并写出调研报告 2）能够根据调研结果和甲方要求进行温室的采光设计和温室选型设计并撰写设计书
		2.1.2 选材	能够根据建材的基本理化性质和作业环境选择建筑材料并撰写分析说明书
		2.1.3 排架设计	能够借助相关软件进行排架的构型设计、排架的结构设计（含砖木结构设计、钢结构设计）并撰写设计说明

续表

工作领域	工作任务		职业能力
	一级	二级	
2. 设施设计与建造	2.1 日光温室	2.1.4 墙体设计	能够根据栽培作物所需环境和立地环境借助相关软件进行墙体保温储热设计、墙体建筑设计、墙体结构设计、墙体外装设计并撰写设计说明
		2.1.5 后坡设计	能够根据栽培作物所需环境和立地环境借助相关软件进行后坡保温设计、后坡反光设计、后坡建筑设计、后坡结构设计并撰写设计说明
		2.1.6 透光覆盖设计	能够根据透光材料的基本理化性质和甲方要求选择性能可靠、市价合适的透光材料;能根据温室性能要求进行透光覆盖构造设计并撰写设计说明
		2.1.7 蔽光覆盖设计	能够根据栽培要求选择价廉适用的遮阳网;能根据温室性能要求进行蔽光覆盖构造设计并撰写设计说明
		2.1.8 保温设计	1)能够根据保温材料的基本理化性质和保温要求进行保温帘构造设计、卷帘机的选择与安装并撰写设计说明 2)能够进行人工补充能源的选择和能量的估算并撰写估算说明
		2.1.9 通风设计	能够根据温室通风要求进行自然通风设计、强制通风设计并撰写设计说明
		2.1.10 基础设计	能够根据地勘资料提出地基处理意见,并能从事墙体基础和柱基础设计工作并撰写设计说明
		2.1.11 温室建造	能够根据施工图进行建筑施工和工程验收并撰写检验手册与报告
		2.1.12 工程概算	能够根据施工图进行工程概算并撰写概算分析说明
	2.2 现代化大型温室	2.2.1 选型	具备栽培作物所需环境和立地环境的调研能力,能够根据调研结果和甲方要求进行温室选型设计
		2.2.2 选材	能够根据建材的基本理化性质和作业环境选择建筑材料
		2.2.3 骨架设计	能够借助相关软件进行温室的构造设计和骨架的结构设计(含砖木结构设计、钢结构设计)
		2.2.4 透光覆盖设计	1)能够根据透光材料的理化性质和甲方要求选择性能可靠、市价合适的透光材料 2)能根据温室性能要求进行透光覆盖构造设计
		2.2.5 蔽光覆盖设计	能够根据栽培要求选择价廉适用的遮阳网,具备蔽光覆盖构造设计的能力
		2.2.6 通风设计	能够根据温室通风要求进行自然通风设计、强制通风设计
		2.2.7 湿帘设计	能够根据栽培作物的温度和湿度要求进行湿帘设计
		2.2.8 保温设计	能够根据保温材料的理化性质和温室保温要求进行保温构造设计、卷帘机的选择与安装
		2.2.9 监控系统规划	能够根据温室空间和监控项目提出监控系统安装要求
		2.2.10 控制系统规划	能够根据温室环境设计要求提出控温系统安装要求、土壤湿度控制系统安装要求、空气控制系统安装要求和空气成分控制系统安装要求
		2.2.11 基础设计	能够根据地勘资料提出地基处理意见,并能从事墙体基础和柱基础设计工作
		2.2.12 温室建造	能够根据施工图进行建筑施工和工程验收
		2.2.13 工程概算	能够根据施工图进行工程概算

续表

工作领域	工作任务		职业能力
	一级	二级	
2. 设施设计与建造	2.3 塑料拱棚和阳畦	2.3.1 选型	1）能对栽培作物所需环境和立地环境进行调研 2）能够根据立地环境确定塑料棚走向和选型并撰写调研报告与分析说明
		2.3.2 选材	能够根据建材的基本理化性质和作业环境选择建筑材料并撰写材料选择说明
		2.3.3 排架设计	能够借助相关软件进行骨架的构型设计、骨架的结构设计（含竹木结构设计、钢结构设计、新材料构架的选用）并撰写设计说明
		2.3.4 透光覆盖设计	能够根据透光材料的理化性质和甲方要求选择性能可靠、市价合适的透光材料；能根据棚、畦性能要求进行透光覆盖构造设计并撰写设计说明
		2.3.5 蔽光覆盖设计	能够根据栽培要求选择价廉适用的遮阳网；能根据温室性能要求进行蔽光覆盖构造设计并撰写设计说明
		2.3.6 保温设计	能够根据温室性能要求进行自然通风设计、强制通风设计和水帘设计并撰写设计说明
		2.3.7 建造	能够根据施工图进行棚、畦施工，进行放线、建筑施工和工程验收并撰写检验手册和检验报告
	2.4 附属设施	2.4.1 给排水设施	能够根据排灌系统要求进行设施内给排水施工图设计并撰写设计说明
		2.4.2 配电设施	能根据配属设备要求进行强弱电施工图设计并撰写设计说明
		2.4.3 配属建筑	能进行缓冲间、管理用房、景观建筑等建（构）筑物的建筑设计、结构设计并撰写设计说明
3. 设施蔬菜栽培	3.1 黄瓜栽培	3.1.1 育苗	1）能在设施环境满足该植物生长发育需求的条件下，进行正确安排茬口，编制茬口安排计划 2）能在设施小环境满足该植物发芽需求的条件下，进行播种，确保密度适宜，水分充足，覆盖均匀，达到苗齐、苗壮的要求 3）能在播种之前，配制营养土，达到透气、保水、无病菌 4）能在播种之前，进行温汤浸种或药剂处理或热水烫种，达到种子无菌活力强 5）能在适应设施环境情况下，进行正确选择品种，达到满足市场需求和消费需求，写出分析说明 6）能在播种环境短时间不适宜的条件下，进行催芽，达到快速出苗的目的 7）能在土传病害发生严重的情况下，选择砧木嫁接，达到控制土传病虫害的目的 8）能根据砧木和接穗的情况，采取不同嫁接方法，达到较高成活率 9）能在嫁接之后，调控温、光、水环境，成活率达到90%以上 10）能在秧苗出齐后，控制秧苗环境（温、光、水、肥），达到壮苗标准 11）能在花芽分化之前，进行分苗，达到养分、环境和密度适宜 12）能在分苗后，控制秧苗环境（温光水肥），达到壮苗标准 13）在定植前，进行秧苗锻炼，达到适应定植环境
		3.1.2 定植	1）能在定植之前，进行全园土壤施肥（有机肥、复合肥、菌肥），达到土壤肥力和土壤特性，满足生长发育需求 2）能在不同栽培季节及栽培茬次，制作不同栽培畦，满足根系对温度和水分的需求

工作领域	工作任务		职业能力
	一级	二级	
3. 设施蔬菜栽培	3.1 黄瓜栽培	3.1.2 定植	3）能在设施温度适应的条件下，对一定生理苗龄或日历苗龄的秧苗进行定植，达到快速缓苗 4）能在不同的栽培季节，选择不同种类地膜进行覆盖，满足温度和除草的要求 5）能在定植后，安装滴管设备，达到省工、省水和降低湿度的要求 6）根据设施环境，进行定植密度安排，达到通风、采光合理，植株生长发育正常 7）能在定植时，进行浇水，达到土壤水分充足，定植成活率高
		3.1.3 缓苗期管理	能在定植后，进行温度、水分、光照调控，达到缓苗快的目的
		3.1.4 蹲苗期管理	能在缓苗后，进行温度、水分、光照调控，达到蹲苗、防止徒长、协调生长发育的目的
		3.1.5 开花结瓜期管理	1）能在开花结瓜期，进行温度调控，达到协调生长发育、增产增收的目的（应该写发育指标） 2）能在开花结瓜期，进行肥水调控，达到协调生长发育、增产增收的目的（应该写发育指标） 3）能在开花结瓜期，进行气体调控，补充二氧化碳，清除有害气体，达到协调生长发育、增产增收的目的（应该写发育指标） 4）能在植株细弱的情况下，进行根部追肥和根外追肥，达到协调生长发育、增产增收的目的（应该写发育指标） 5）能在土壤颜色浅、植株缺水的情况下，进行浇水，满足植物代谢要求 6）蹲苗后，进行病虫害预防，达到控制病虫害的目的 7）能在浇水后，进行松土和培土，达到除草、增温、保水的目的 8）能在植株长势强的情况下，进行植株调整，达到控制长势、早开花结果的目的 9）能在结瓜期，摘除黄叶病叶，达到通风采光好，控制病害的目的
		3.1.6 采收	1）能在产品符合品种特性时期，进行采收，达到最佳上市时间，有利于结瓜丰产 2）能在采收后，进行产品分级，按产品级别，分别包装，达到优质优价、提高效益的目的
	3.2 番茄栽培（与黄瓜不同点要写出来）	3.2.1 育苗	1）能在设施环境满足该植物生长发育需求的条件下，进行正确安排茬口，获得较高经济效益 2）能在设施小环境满足该植物发芽需求的条件下，进行播种，确保密度适宜，水分充足，覆盖均匀，达到苗齐、苗壮的要求 3）能在播种之前，配制营养土，达到透气、保水、无病菌 4）在播种之前，进行温汤浸种或药剂处理或热水烫种，达到种子无菌活力强 5）能在适应设施环境情况下，正确选择品种，达到满足市场需求和消费需求 6）能在播种环境短时间不适宜的条件下，进行催芽，达到快速出苗的目的 7）在花芽分化之前，进行分苗，能达到养分、环境和密度适宜 8）能在分苗后，控制秧苗环境（温、光、水、肥），达到壮苗标准 9）能在定植前，进行秧苗锻炼，达到适应定植环境

续表

工作领域	工作任务		职业能力
	一级	二级	
3. 设施蔬菜栽培	3.2 番茄栽培（与黄瓜不同点要写出来）	3.2.2 定植	1）能在定植之前，进行全园土壤施肥（有机肥、复合肥、菌肥），达到土壤肥力和土壤特性，满足生长发育需求 2）能在不同栽培季节及栽培茬次，制作不同栽培畦，满足根系对温度和水分的需求 3）能在设施温度适应的条件下，一定生理苗龄或日历苗龄的秧苗进行定植，达到快速缓苗 4）能在不同的栽培季节，选择不同种类地膜进行覆盖，满足温度和除草的要求 5）能在定植后，安装滴管设备，达到省工、省水和降低湿度 6）根据栽培要求，进行定植密度安排，达到通风、采光合理 7）在定植时，进行浇水，达到土壤水分充足，定植成活率高
		3.2.3 缓苗期管理	能在定植后，进行温度、水分、光照调控，达到缓苗快的目的
		3.2.4 蹲苗期管理	能在缓苗后，进行温度、水分、光照调控，达到蹲苗、防止徒长、协调生长发育的目的
		3.2.5 开花结果期管理	1）能在开花结果期，进行温度调控，达到协调生长发育、增产增收的目的（应写发育指标） 2）能在开花结果期，进行肥水调控，达到协调生长发育、增产增收的目的 3）能在开花结果期，进行气体调控，补充二氧化碳，清除有害气体，达到协调生长发育、增产增收的目的 4）能在植株细弱的情况下，进行根部追肥和根外追肥，达到协调生长发育、增产增收的目的 5）能在土壤颜色浅、植株缺水的情况下，进行浇水，满足植物代谢要求 6）蹲苗后，进行病虫害预防，达到控制病虫害的目的 7）能在开花期坐果不良的情况下，进行保花保果，达到提高坐果的目的 8）能在结果初期，进行疏花疏果，达到果实整齐、优良的目的 9）能在浇水后，进行松土和培土，达到除草、增温、保水的目的 10）能在植株长势强的情况下，进行打叉、摘心，达到控制长势、促进养分集中、早开花结果的目的 11）能在结果期，摘除黄叶病叶，达到通风采光好，控制病害的目的
		3.2.6 采收	1）能在产品符合品种特性时期，进行采收，达到最佳上市时间，确保产品品质 2）能在采收后，进行产品分级，按产品级别，分别包装，达到优质优价、提高效益的目的
	3.3 甜瓜栽培	3.3.1 育苗	1）能在设施环境满足该植物生长发育需求的条件下，进行正确安排茬口，获得较高经济效益 2）能在设施小环境满足该植物发芽需求的条件下，进行播种，确保密度适宜，水分充足，覆盖均匀，达到苗齐、苗壮的要求 3）能在播种之前，配制营养土，达到透气、保水、无病菌 4）在播种之前，进行温汤浸种或药剂处理或热水烫种，达到种子无菌活力强 5）能在适应设施环境的情况下，正确选择品种，达到满足市场需求和消费需求

续表

工作领域	工作任务		职业能力
	一级	二级	
3. 设施蔬菜栽培	3.3 甜瓜栽培	3.3.1 育苗	6）能在播种环境短时间不适宜的条件下，进行催芽，达到快速出苗的目的
			7）能在土传病害（什么病要写出来）发生严重的情况下，选择砧木嫁接，达到控制土传病虫害的目的
			8）能根据砧木和接穗的情况，采取不同嫁接方法（什么嫁接方法要写出来），达到较高成活率
			9）能在嫁接之后，调控温光水环境，成活率达到 90% 以上
			10）能在秧苗出齐后，控制秧苗环境（温、光、水、肥），达到壮苗标准
			11）能在花芽分化之前，进行分苗，达到养分、环境和密度适宜
			12）能在分苗后，控制秧苗环境（温、光、水、肥），达到壮苗标准
			13）能在定植前，进行秧苗锻炼，达到适应定植环境
		3.3.2 定植	1）能在定植之前，进行全园土壤施肥（有机肥、复合肥、菌肥），达到土壤肥力和土壤特性，满足生长发育需求
			2）能在不同栽培季节及栽培茬次，制作不同栽培畦，满足根系对温度和水分的需求
			3）能在设施温度适应的条件下，对一定生理苗龄或日历苗龄的秧苗进行定植，达到快速缓苗
			4）能在不同的栽培季节，选择不同种类地膜进行覆盖，满足温度和除草的要求
			5）能在定植后，安装滴管设备，达到省工、省水和降低湿度
			6）根据栽培要求，进行定植密度安排，达到通风、采光合理
			7）能在定植时，进行浇水，达到土壤水分充足，定植成活率高
		3.3.3 缓苗期管理	能在定植后，进行温度、水分、光照调控，达到缓苗快的目的
		3.3.4 蹲苗期管理	能在缓苗后，进行温度、水分、光照调控，达到蹲苗、防止徒长、协调生长发育的目的
		3.3.5 开花结瓜期管理	1）在开花结瓜期，进行温度调控，达到协调生长发育、增产增收的目的（发育指标写出来）
			2）在开花结瓜期，进行肥水调控，达到协调生长发育、增产增收的目的（发育指标写出来）
			3）在开花结瓜期，进行气体调控，补充二氧化碳，清除有害气体，达到协调生长发育、增产增收的目的（发育指标写出来）
			4）在植株细弱的情况下，进行根部追肥和根外追肥，达到协调生长发育、增产增收的目的（发育指标写出来，以后均同）
			5）在土壤颜色浅、植株缺水的情况下，进行浇水，满足植物代谢要求
			6）蹲苗后，进行病虫害预防，达到控制病虫害的目的
			7）在浇水后，进行松土和培土，达到除草、增温、保水的目的
			8）在植株长势强的情况下，进行植株调整，达到控制长势、早开花结果的目的
			9）在结瓜期，摘除黄叶病叶，达到通风采光好，控制病害的目的
		3.3.6 采收	1）在产品符合品种特性时期，进行采收，达到最佳上市时间，有利于丰产
			2）在采收后，进行产品分级，按产品级别，分别包装，达到优质优价、提高效益的目的

续表

工作领域	工作任务		职业能力
	一级	二级	
3. 设施蔬菜栽培	3.4 茄子栽培	3.4.1 育苗	1）在设施环境满足该植物生长发育需求的条件下，正确安排茬口，获得较高经济效益 2）在设施小环境满足该植物发芽需求的条件下，进行播种，确保密度适宜，水分充足，覆盖均匀，达到苗齐、苗壮的要求 3）在播种之前，配制营养土，达到透气、保水、无病菌 4）在播种之前，进行温汤浸种或药剂处理或热水烫种，达到种子无菌活力强 5）在适应设施环境的情况下，正确选择品种，达到满足市场需求和消费需求 6）在播种环境短时间不适宜的条件下，进行催芽，达到快速出苗的目的 7）在土传病害发生严重的情况下，选择砧木嫁接，达到控制土传病虫害的目的 8）根据砧木和接穗的情况，采取不同嫁接方法，达到较高成活率 9）在嫁接之后，调控温、光、水环境，成活率达到90%以上 10）在秧苗出齐后，控制秧苗环境（温、光、水、肥），达到壮苗标准 11）在花芽分化之前，进行分苗，达到养分、环境和密度适宜 12）在分苗后，控制秧苗环境（温、光、水、肥），达到壮苗标准 13）在定植前，进行秧苗锻炼，达到适应定植环境
		3.4.2 定植	1）在定植之前，进行全园土壤施肥（有机肥、复合肥、菌肥），达到土壤肥力和土壤特性满足生长发育需求 2）在不同栽培季节及栽培茬次，制作不同栽培畦，满足根系对温度和水分的需求 3）在设施温度适应的条件下，对一定生理苗龄或日历苗龄的秧苗进行定植，达到快速缓苗 4）在不同的栽培季节，选择不同种类地膜进行覆盖，满足温度和除草的要求 5）在定植后，安装滴管设备，达到省工、省水和降低湿度 6）根据设施环境，进行定植密度安排，达到通风、采光合理 7）在定植时，进行浇水，达到土壤水分充足，定植成活率高
		3.4.3 缓苗期管理	在定植后，进行温度、水分、光照调控，达到缓苗快的目的
		3.4.4 蹲苗期管理	在缓苗后，进行温度、水分、光照调控，达到蹲苗、防止徒长、协调生长发育的目的
		3.4.5 开花结果期管理	1）在开花结果期，进行温度调控，达到协调生长发育、增产增收的目的 2）在开花结果期，进行肥水调控，达到协调生长发育、增产增收的目的 3）在开花结果期，进行气体调控，补充二氧化碳，清除有害气体，达到协调生长发育、增产增收的目的 4）在植株细弱的情况下，进行根部追肥和根外追肥，达到协调生长发育、增产增收的目的 5）在土壤颜色浅、植株缺水的情况下，进行浇水，满足植物代谢要求 6）蹲苗后，进行病虫害预防，达到控制病虫害的目的 7）在浇水后，进行松土和培土，达到除草、增温、保水的目的

续表

工作领域	工作任务		职业能力
	一级	二级	
3. 设施蔬菜栽培	3.4 茄子栽培	3.4.5 开花结果期管理	8）在植株长势强的情况下，进行植株调整，达到控制长势、早开花结果的目的
			9）在结果期，摘除黄叶病叶，达到通风采光好，控制病害的目的
		3.4.6 采收	1）在产品符合品种特性时期，进行采收，达到最佳上市时间，有利于结果丰产
			2）在采收后，进行产品分级，按产品级别，分别包装，达到优质优价、提高效益的目的
	3.5 辣椒栽培	3.5.1 育苗	1）在设施环境满足该植物生长发育需求的条件下，正确安排茬口，获得较高经济效益
			2）在设施小环境满足该植物发芽需求的条件下，进行播种，确保密度适宜，水分充足，覆盖均匀，达到苗齐、苗壮的要求
			3）在播种之前，配制营养土，达到透气、保水、无病菌
			4）在播种之前，进行温汤浸种或药剂处理或热水烫种，达到种子无菌活力强
			5）在适应设施环境的情况下，正确选择品种，达到满足市场需求和消费需求
			6）在播种环境短时间不适宜的条件下，进行催芽，达到快速出苗的目的
			7）在秧苗出齐后，控制秧苗环境（温、光、水、肥），达到壮苗标准
			8）在花芽分化之前，进行分苗，达到养分、环境和密度适宜
			9）在分苗后，控制秧苗环境（温、光、水、肥），达到壮苗标准
			10）在定植前，进行秧苗锻炼，达到适应定植环境
		3.5.2 定植	1）在定植之前，进行全园土壤施肥（有机肥、复合肥、菌肥），达到土壤肥力和土壤特性，满足生长发育需求
			2）在不同栽培季节及栽培茬次，制作不同栽培畦，满足根系对温度和水分的需求
			3）在设施温度适应的条件下，对一定生理苗龄或日历苗龄的秧苗进行定植，达到快速缓苗
			4）在不同的栽培季节，选择不同种类地膜进行覆盖，满足温度和除草的要求
			5）在定植后，安装滴管设备，达到省工、省水和降低湿度
			6）根据设施环境，进行定植密度安排，达到通风、采光合理
			7）在定植时，进行浇水，达到土壤水分充足，定植成活率高
		3.5.3 缓苗期管理	在定植后，进行温度、水分、光照调控，达到缓苗快的目的
		3.5.4 蹲苗期管理	在缓苗后，进行温度、水分、光照调控，达到蹲苗、防止徒长、协调生长发育的目的
		3.5.5 开花结果期管理	1）在开花结果期，进行温度调控，达到协调生长发育、增产增收的目的
			2）在开花结果期，进行肥水调控，达到协调生长发育、增产增收的目的
			3）在开花结果期，进行气体调控，补充二氧化碳，清除有害气体，达到协调生长发育、增产增收的目的
			4）在植株细弱的情况下，进行根部追肥和根外追肥，达到协调生长发育、增产增收的目的

续表

工作领域	工作任务		职业能力
	一级	二级	
3. 设施蔬菜栽培	3.5 辣椒栽培	3.5.5 开花结果期管理	5）在土壤颜色浅、植株缺水的情况下，进行浇水，满足植物代谢要求 6）蹲苗后，进行病虫害预防，达到控制病虫害的目的 7）在浇水后，进行松土和培土，达到除草、增温、保水的目的 8）在植株长势强的情况下，进行植株调整，达到控制长势、早开花结果的目的 9）在结果期，摘除黄叶病叶，达到通风采光好，控制病害的目的
		3.5.6 采收	1）在产品符合品种特性时期，进行采收，达到最佳上市时间，有利于结果丰产 2）在采收后，进行产品分级，按产品级别，分别包装，达到优质优价、提高效益的目的
	3.6 菜豆栽培	3.6.1 育苗	1）在设施环境满足该植物生长发育需求的条件下，正确安排茬口，获得较高经济效益 2）在设施小环境满足该植物发芽需求的条件下，进行营养钵播种育苗，确保密度适宜，水分充足，覆盖均匀，达到苗齐、苗壮的要求 3）在播种之前，配制营养土，达到透气保水无病菌 4）在播种之前，进行温汤浸种或药剂处理或热水烫种，达到种子无菌活力强 5）在适应设施环境的情况下，正确选择品种，达到满足市场需求和消费需求 6）在定植前，进行秧苗锻炼，达到适应定植环境 7）在秧苗出齐后，控制秧苗环境（温、光、水、肥），达到壮苗标准
		3.6.2 定植	1）在定植之前，进行全园土壤施肥（有机肥、复合肥、菌肥），达到土壤肥力和土壤特性满足生长发育需求 2）在不同栽培季节及栽培茬次，制作不同栽培畦，满足根系对温度和水分的需求 3）在设施温度适应的条件下，对一定生理苗龄或日历苗龄的秧苗进行定植，达到快速缓苗 4）在不同的栽培季节，选择不同种类地膜进行覆盖，满足温度和除草的要求 5）在定植后，安装滴管设备，达到省工、省水和降低湿度 6）在环境下，进行定植密度安排，达到通风、采光合理 7）在定植时，进行浇水，达到土壤水分充足，定植成活率高
		3.6.3 缓苗期管理	在定植后，进行温度、水分、光照调控，达到缓苗快的目的
		3.6.4 蹲苗期管理	在缓苗后，进行温度、水分、光照调控，达到蹲苗、防止徒长、协调生长发育的目的
		3.6.5 开花结荚期管理	1）在开花结荚期，进行温度调控，达到协调生长发育、增产增收的目的 2）在开花结荚期，进行肥水调控，达到协调生长发育、增产增收的目的 3）在开花结荚期，进行气体调控，补充二氧化碳，清除有害气体，达到协调生长发育、增产增收的目的 4）在植株细弱的情况下，进行根部追肥和根外追肥，达到协调生长发育、增产增收的目的

续表

工作领域	工作任务		职业能力
	一级	二级	
3. 设施蔬菜栽培	3.6 菜豆栽培	3.6.5 开花结荚期管理	5）在土壤颜色浅、植株缺水的情况下，进行浇水，满足植物代谢要求
			6）蹲苗后，进行病虫害预防，达到控制病虫害的目的
			7）在浇水后，进行松土和培土，达到除草、增温、保水的目的
			8）在植株长势强的情况下，进行主枝和侧枝多次摘心，达到控制长势、早开花结果的目的
			9）在结荚期，摘除老叶病叶，达到通风采光好，控制病害的目的
		3.6.6 采收	1）在产品符合品种特性时期，进行采收，达到最佳上市时间，有利于结荚丰产
			2）在采收后，进行产品分级，按产品级别，分别包装，达到优质优价、提高效益的目的
	3.7 西葫芦栽培	3.7.1 育苗	1）在设施环境满足该植物生长发育需求的条件下，正确安排茬口，获得较高经济效益
			2）在设施小环境满足该植物发芽需求的条件下，进行营养钵播种育苗，确保密度适宜，水分充足，覆盖均匀，达到苗齐、苗壮的要求
			3）在播种之前，配制营养土，达到透气、保水、无病菌
			4）在播种之前，进行温汤浸种或药剂处理或热水烫种，达到种子无菌活力强
			5）在适应设施环境的情况下，正确选择品种，达到满足市场需求和消费需求
			6）在定植前，进行秧苗锻炼，达到适应定植环境
			7）在秧苗出齐后，控制秧苗环境（温、光、水、肥），达到壮苗标准
		3.7.2 定植	1）在定植之前，进行全园土壤施肥（有机肥、复合肥、菌肥），达到土壤肥力和土壤特性满足生长发育需求
			2）在不同栽培季节及栽培茬次，制作不同栽培畦，满足根系对温度和水分的需求
			3）在设施温度适应的条件下，对一定生理苗龄或日历苗龄的秧苗进行定植，达到快速缓苗
			4）在不同的栽培季节，选择不同种类地膜进行覆盖，满足温度和除草的要求
			5）在定植后，安装滴管设备，达到省工、省水和降低湿度
			6）根据设施环境，进行定植密度安排，达到通风、采光合理
			7）在定植时，进行浇水，达到土壤水分充足，定植成活率高
		3.7.3 缓苗期管理	在定植后，进行温度、水分、光照调控，达到缓苗快的目的
		3.7.4 蹲苗期管理	在缓苗后，进行温度、水分、光照调控，达到蹲苗、防止徒长、协调生长发育的目的
		3.7.5 开花结瓜期管理	1）在开花结瓜期，进行温度调控，达到协调生长发育、增产增收的目的
			2）在开花结瓜期，进行肥水调控，达到协调生长发育、增产增收的目的
			3）在开花结瓜期，进行气体调控，补充二氧化碳，清除有害气体，达到协调生长发育、增产增收的目的
			4）在植株细弱的情况下，进行根部追肥和根外追肥，达到协调生长发育、增产增收的目的
			5）在土壤颜色浅、植株缺水的情况下，进行浇水，满足植物代谢要求

工作领域	工作任务		职业能力
	一级	二级	
3. 设施蔬菜栽培	3.7 西葫芦栽培	3.7.5 开花结瓜期管理	6）蹲苗后，进行病虫害预防，达到控制病虫害的目的 7）在浇水后，进行松土和培土，达到除草、增温、保水的目的 8）在植株长势强的情况下，进行主枝摘心，达到控制长势、早开花结果的目的 9）在结瓜期，摘除黄叶病叶，达到通风采光好，控制病害的目的
		3.7.6 采收	1）在产品符合品种特性时期，进行采收，达到最佳上市时间，有利于结瓜丰产 2）在采收后，进行产品分级，按产品级别，分别包装，达到优质优价、提高效益的目的
	3.8 韭菜栽培	3.8.1 育苗	1）在环境满足该植物生长发育需求的条件下，正确安排茬口，获得较高经济效益 2）在小环境满足该植物发芽需求的条件下，进行播种，确保密度适宜，水分充足，覆盖均匀，达到苗齐、苗壮的要求 3）在播种之前，配制营养土，达到透气、保水、无病菌 4）在播种之前，进行温汤浸种或药剂处理或热水烫种，达到种子无菌活力强 5）在适应设施环境的情况下，正确选择品种，达到满足市场需求和消费需求 6）在播种环境短时间不适宜的条件下，进行催芽，达到快速出苗的目的 7）在秧苗出齐后，控制秧苗环境（温、光、水、肥），达到壮苗标准 8）在定植前，进行秧苗锻炼，达到适应定植环境
		3.8.2 定植	1）在定植之前，进行全园土壤施肥（有机肥、复合肥、菌肥），达到土壤肥力和土壤特性满足生长发育需求 2）在不同栽培季节及栽培茬次，制作不同栽培畦，满足根系对温度和水分的需求 3）在设施温度适应的条件下，对一定生理苗龄或日历苗龄的秧苗进行定植，达到快速缓苗 4）根据设施环境，进行定植密度安排，达到通风、采光合理 5）在定植时，进行浇水，达到土壤水分充足，定植成活率高
		3.8.3 营养生长期管理	1）在定植后，进行温度、水分、光照调控，达到缓苗快的目的 2）在缓苗后，进行温度、水分、光照调控，达到蹲苗、防止徒长、协调生长发育的目的 3）在营养生长期，进行温、光、水、肥调控，达到协调生长发育、增产增收的目的 4）在植株细弱的情况下，进行根部追肥和根外追肥，达到协调生长发育、增产增收的目的 5）在收割伤口愈合后，进行病虫害预防，达到控制病虫害减少药剂残留的目的 6）在收割伤口愈合后，进行浇水施肥，达到丰产的目的 7）在浇水后，进行松土和培土，达到除草、增温、保水的目的 8）在叶片数满足要求的情况下，及时进行收割，达到产品质量优良及丰产的目的 9）在越夏期，摘除老叶病叶，翻秧，达到通风采光好，控制病害的目的
		3.8.4 生殖生长期管理	1）在保留韭薹的情况下，调控温、光、水、肥，达到促进生殖生长的目的

工作领域	工作任务		职业能力
	一级	二级	
3. 设施蔬菜栽培	3.8 韭菜栽培	3.8.4 生殖生长期管理	2）在不采收韭薹的情况下，调控温、光、水、肥，摘除韭薹，达到抑制生殖生长、促进养分回流的目的
	3.9 芹菜栽培	3.9.1 育苗	1）在环境满足该植物生长发育需求的条件下，正确安排茬口，获得较高经济效益
			2）在小环境满足该植物发芽需求的条件下，进行播种，确保密度适宜，水分充足，覆盖均匀，达到苗齐、苗壮的要求
			3）在播种之前，配制营养土，达到透气、保水、无病菌
			4）在播种之前，进行温汤浸种或药剂处理或热水烫种，达到种子无菌活力强
			5）在适应设施环境的情况下，正确选择品种，达到满足市场需求和消费需求
			6）在秧苗出齐后，控制秧苗环境（温、光、水、肥），达到壮苗标准
			7）在定植前，进行秧苗锻炼，达到适应定植环境
		3.9.2 定植	1）在定植之前，进行全园土壤施肥（有机肥、复合肥、菌肥），达到土壤肥力和土壤特性满足生长发育需求
			2）在不同栽培季节及栽培茬次，制作不同栽培畦，满足根系对温度和水分的需求
			3）在设施温度适应的条件下，对一定生理苗龄或日历苗龄的秧苗进行定植，达到快速缓苗
			4）根据设施环境，进行定植密度安排，达到通风、采光合理
			5）在定植时，进行浇水，达到土壤水分充足，定植成活率高
		3.9.3 营养生长期管理	1）在定植后，进行温度、水分、光照调控，达到缓苗快的目的
			2）在缓苗后，进行温度、水分、光照调控，达到蹲苗、防止徒长、协调生长发育的目的
			3）在营养生长期，进行温、光、水、肥调控，达到协调生长发育、增产增收的目的
			4）在植株细弱的情况下，进行根部追肥和根外追肥，达到协调生长发育、增产增收的目的
			5）在定植缓苗后，进行病虫害预防，达到控制病虫害、减少药剂残留的目的
			6）在浇水后，进行松土，达到除草、增温、保水的目的
		3.9.4 采收	在叶片数满足要求，价格合理的情况下，及时进行收获，达到产品质量优良、丰产、高效益的目的
4. 设施果树栽培	4.1 葡萄栽培	4.1.1 促成栽培	4.1.1.1 品种选择　能够分析品种与设施环境之间的适应关系，并正确选择栽培品种
			4.1.1.2 设架定植　1）能够选择正确的架式并能够架设
			2）能够根据当地条件正确定植
			4.1.1.3 环境调控　1）能够根据当地条件确定升温时期并实施
			2）能够正确运用降温技术
			4.1.1.4 枝叶管理　1）能够正确运用拨芽技术
			2）能够根据芽面具体情况确定适宜留枝量并能正确应用疏枝技术
			3）能够依据品种特性，选择应用主、副枝处理技术

续表

工作领域	工作任务		职业能力
	一级	二级	
4. 设施果树栽培	4.1 葡萄栽培	4.1.1 促成栽培	4.1.1.5 花果管理 1）能够根据品种特性及栽培方式确定适宜花果数量 2）能够正确应用疏花疏果技术 3）能够根据物候期确定套袋时期 4）能正确选择套袋 5）能正确应用套袋技术
			4.1.1.6 土肥水管理 1）能够根据土壤条件选择土壤管理技术 2）能够依据葡萄需求和土壤水分情况确定供水量 3）能够根据具体条件选择适宜的灌溉方式 4）能够依据土壤供肥能力和葡萄需肥特性确定施肥种类、施肥量 5）能够正确应用施肥方法
			4.1.1.7 整形修剪 1）能够根据等式要求、品种特性选择正确树形 2）能够依据树形和品种生长势选择正确的修剪方法 3）能够合理应用整形修剪技术
		4.1.2 延后栽培	4.1.2.1 环境调控 1）能够利用当地冷凉资源推断物候期 2）能够依据果实发育所需温度条件调控温度
			4.1.2.2 枝叶管理 能够依据延后栽培特点确定枝留量、叶留量，并正确应用副枝处理技术
			4.1.2.3 花果管理 能够根据延后栽培特点确定合理的留果量
			4.1.2.4 土肥水管理 1）能够根据秋延后土壤条件选择应用土壤管理技术 2）能够依据葡萄需求和土壤水分情况确定供水量 3）能够根据具体条件选择适宜的灌溉方式 4）能够依据土壤供肥能力和葡萄需肥特性确定施肥种类、施肥量 5）能够正确应用施肥方法
			4.1.2.5 整形修剪 1）能够根据等式要求、品种特性选择正确树形 2）能够依据树形和品种生长势选择正确的修剪方法 3）能够合理应用整形修剪技术
		4.1.3 两季栽培	4.1.3.1 环境调控 1）能够利用当地冷凉资源推断物候期 2）能够依据果实发育所需温度条件调控温度
			4.1.3.2 枝叶管理 1）能够正确应用促萌剂促萌 2）能够依据两季生产特点正确确定枝留量和应用主副枝处理技术
			4.1.3.3 花果管理 能够确定第一季和第二季花果留量
			4.1.3.4 土肥水管理 能够依据两季生产特点确定适宜的肥、水量和施用时期
			4.1.3.5 整形修剪 1）能够确定夏季脱叶、修剪时期 2）能够应用脱叶、修剪技术
	4.2 桃栽培	4.2.1 促花	1）能根据树势，合理拉枝、摘心，控制树体旺长 2）能够依据树势合理进行叶面施肥（ $0.3\% \sim 0.5\%$ KH_2PO_4 ） 3）能根据树势合理施肥（前期多氮肥，后期多磷钾肥） 4）能根据树势和气象情况喷施多效唑（ PP_{333} ）
		4.2.2 扣棚	能够根据气象情况和品种情况选择扣棚时间和升温时间

工作领域	工作任务		职业能力
	一级	二级	
4. 设施果树栽培	4.2 桃栽培	4.2.3 环境调控	能根据品种和气象情况合理控制棚内温度、湿度
		4.2.4 花期管理	1）能根据品种情况进行蜜蜂授粉或人工授粉
			2）能根据开花情况及时疏除过多花朵
			3）能根据坐果情况疏除过多果实
			4）能根据土壤情况和果实情况及时浇水、控水，保证果实正常生长
			5）能根据棚内情况合理修剪并按时可采取增色措施改善果实外观
		4.2.5 修剪管理	能根据当年结果合情况理修剪保证树体能在下一年正常开花结果（采后重剪）
	4.3 樱桃栽培	4.3.1 促花	1）能根据树势，合理拉枝、摘心，控制旺长
			2）能够依据树势合理施肥
			3）能叶面（0.3%～0.5% KH_2PO_4）
			4）能根据树势必要时喷施多效唑（PP_{333}）
		4.3.2 人工破眠	能根据气象情况和品种及时扣棚破眠（7.2℃）
		4.3.3 环境调控	能根据气象情况合理控制棚内温度、湿度
		4.3.4 花果管理	1）能根据品种和开花情况等提高坐果率（人工授粉、蜜蜂授粉）
			2）能根据开花坐果情况疏除过多花果、疏除质量差的花果
			3）能根据土壤水分情况及时浇水控制，既能保持果实生长又能防止裂果
		4.3.5 修剪管理	1）能根据树势控制树体旺长，疏除过旺过密枝条
			2）能根据树势回缩多年生骨干枝或主枝恢复树势，减少大小年现象的发生
	4.4 草莓栽培	4.4.1 定植	1）能根据土壤情况做好定植畦（高 10cm）
			2）能及时合理定植幼苗（需黑色膜 1m）
			3）能根据气象情况合理保护幼苗安全越冬
		4.4.2 扣棚管理	1）能根据气象情况及时扣棚
			2）能根据天气及生长情况控制棚内温度、湿度
		4.4.3 花果管理	1）能根据植株生长情况合理疏除不合格（畸形、过尖）花朵、幼果
			2）能及时放风控制温湿度（什么是及时，温湿度控制标准是什么）
			3）能在花期放蜜蜂提高坐果率
5. 设施花卉栽培	5.1 设施一二年生花卉栽培	5.1.1 土壤准备	1）能根据土壤质地类型进行适宜深度的耕翻
			2）能根据栽培要求做种植床
			3）能够根据不同花卉要求施底肥
			4）能根据不同花卉要求配制盆栽培养土
		5.1.2 育苗	1）能根据不同栽培要求选择播种、扦插等适宜繁殖方法
			2）能根据实际情况选择盆播、地播类型
			3）能根据种子大小正确应用地播技术
			4）能根据种子大小正确应用盆播技术
			5）能进行合理的播后管理（覆盖、浇水等）
			6）能确定间苗的适宜时期
			7）能正确应用间苗技术
			8）能正确应用不同花卉种类的扦插技术
			9）能进行合理的扦插后管理（覆盖、浇水等）
			10）能根据生产要求确定适宜的繁殖时间
			11）能根据生产要求选择适宜的品种
		5.1.3 移栽	1）能确定移苗的适宜时期

工作领域	工作任务		职业能力
	一级	二级	
5 设施花卉栽培	5.1 设施一二年生花卉栽培	5.1.3 移栽	2）能采用合适的移苗方法（裸根、带土）
			3）能确定移栽适宜的密度
			4）能正确采用移苗技术
		5.1.4 定植	1）能确定定植适宜时期
			2）能确定地栽定植的合理密度
			3）能选择盆栽合适的盆器
			4）能正确应用地栽定植技术
			5）能掌握不同花卉的上盆技术
		5.1.5 管理	1）能根据花卉种类确定是否摘心
			2）能根据花卉种类采用合理的摘心技术
			3）能对有越冬要求的花卉进行越冬管理
			4）能根据花卉种类及生长发育状况合理施肥
			5）能根据天气情况及生长发育状况合理浇水
			6）能根据不同花卉种类及天气情况照光及遮阴
			7）能进行合理的中耕除草
			8）能根据生产要求进行光周期管理
			9）能正确进行不同花卉种类的病虫害防治
		5.1.6 采收	1）能确定切花种类的适宜采收时期
			2）能正确采用切花采收技术
			3）能正确进行不同种类切花的包装
			4）能正确进行不同种类切花的贮藏
	5.2 设施宿根花卉栽培	5.2.1 土壤准备	1）能根据土壤质地类型和宿根花卉的特点进行耕翻
			2）能根据栽培要求做种植床
			3）能够根据不同花卉要求施底肥
			4）能根据不同花卉要求配制盆栽培养土
		5.2.2 育苗	1）能根据花卉种类选择合适的繁殖方法
			2）能正确应用播种、扦插、分株等具体繁殖技术
			3）能正确进行育苗期的管理
			4）能根据生产要求选择适宜的品种
		5.2.3 移栽	1）能确定移栽的适宜时期
			2）能确定合理的移栽密度
			3）能确定合适的移栽方法（裸根、带土）
			4）能正确采用移栽技术
		5.2.4 定植	1）能确定定植适宜时期
			2）能根据栽培目的确定定植密度
			3）能确定盆栽适宜的盆器
			4）能正确采用地栽定植技术
			5）能掌握不用花卉的上盆技术
		5.2.5 管理	1）能根据花卉种类进行整形修剪
			2）能对有越冬要求的花卉进行越冬管理
			3）能对有越夏要求的花卉进行越夏管理
			4）能根据不同生长发育阶段进行合理施肥
			5）能依据不同生长发育阶段进行合理浇水
			6）能进行合理的中耕除草
			7）能根据花卉要求及天气变化进行光强度管理

续表

工作领域	工作任务		职业能力
	一级	二级	
5. 设施花卉栽培	5.2 设施宿根花卉栽培	5.2.5 管理	8）能根据促成或抑制栽培要求进行正确管理 9）对有扶持要求的切花进行正确的扶持 10）能正确进行不同宿根花卉的病虫害防治
		5.2.6 采收	1）能确定切花种类的适宜采收时期 2）能正确采用切花采收技术 3）能正确进行不同种类切花的包装 4）能正确进行不同种类切花的贮藏
	5.3 设施球根花卉栽培	5.3.1 土壤准备	1）能根据不同球根花卉特点进行整地 2）能根据栽培要求做种植床 3）能根据不同球根花卉要求配制盆栽培养土 4）能根据不同花卉要求施底肥
		5.3.2 育苗	1）能根据不同花卉种类选择合适的繁殖方法 2）能正确运用播种、分球等具体繁殖技术 3）能正确进行育苗期的管理 4）能根据生产要求选择适宜的品种
		5.3.3 移栽	1）能确定移栽的适宜时期 2）能确定合理的移栽密度 3）能正确运用移栽技术
		5.3.4 定植	1）能确定定植适宜的时期 2）能根据栽培目的确定地栽定植密度 3）能正确选择盆栽的盆器 4）能正确采用定植技术 5）能正确采用盆栽花卉的上盆技术
		5.3.5 管理	1）能对有越冬要求的花卉进行越冬管理 2）能对有越冬要求的花卉进行越夏管理 3）能根据不同生长发育阶段进行合理施肥 4）能根据不同生长发育阶段进行合理浇水 5）能进行合理的中耕除草 6）能根据促成或抑制栽培要求进行正确管理
		5.3.6 采收	1）能确定切花种类切花采收的时期 2）能准确运用切花种类切花采收技术 3）能正确进行不同种类切花的包装 4）能正确进行不同种类切花的贮藏 5）能确定球根采收的时期 6）能对球根进行正确采收 7）能对球根进行正确分级 8）能确定适宜的球根贮藏方法 9）能正确使用球根贮藏方法
	5.4 设施木本花卉栽培	5.4.1 土壤准备	1）能根据土壤质地类型和木本花卉的特点进行耕翻 2）能根据栽培要求做种植床 3）能够根据不同花卉要求施底肥 4）能根据不同花卉要求配制盆栽培养土
		5.4.2 育苗	1）能根据花卉种类选择合适的繁殖方法 2）能正确应用扦插，嫁接等具体繁殖技术 3）能正确进行育苗期的管理

续表

工作领域	工作任务 一级	工作任务 二级	职业能力
5. 设施花卉栽培	5.4 设施木本花卉栽培	5.4.2 育苗	4）能根据生产要求选择适宜的品种
		5.4.3 移栽	1）能确定移栽的适宜时期
			2）能确定合理的移栽密度
			3）能确定合适的移栽方法（裸根、带土）
			4）能正确采用移栽技术
		5.4.4 定植	1）能确定定植适宜时期
			2）能根据栽培目的确定定植密度
			3）能确定盆栽适宜的盆器
			4）能正确采用地裁定植技术
			5）能掌握不同花卉的上盆技术
		5.4.5 管理	1）能根据木本花卉种类进行整形修剪
			2）能根据不同生长发育阶段进行合理施肥
			3）能依据不同生长发育阶段进行合理浇水
			4）能进行合理的中耕除草
			5）能根据花卉要求及天气变化进行光强度管理
			6）能根据促成或抑制栽培要求进行正确管理
			7）能正确进行不同木本花卉的病虫害防治
		5.4.6 采收	1）能确定切花种类的适宜采收时期
			2）能正确采用切花采收技术
			3）能正确进行不同种类切花的包装
			4）能正确进行不同种类切花的贮藏
6. 食药菌栽培	6.1 食药菌菌种生产	6.1.1 母种生产	6.1.1.1 母种培养基制备 能独立制备母种培养基，包括培养基配制、分装、包扎、灭菌、摆斜面及无菌测定
			6.1.1.2 母种组织分离及扩繁 能按照操作规程进行子实体选择、子实体处理、无菌操作分离、贴标签、适温培养，能独立进行母种的扩繁，能够鉴别优质母种
		6.1.2 原种、栽培种出产	6.1.2.1 原种、栽培种培养基制备 能根据食药菌的不同种类，配制原种、栽培种的不同培养基，能掌握正确的装瓶（袋）方法，能进行常压和高压灭菌
			6.1.2.2 原种、栽培种接种与培养 1）能在无菌操作的前提下，进行原、栽培种的接种 2）根据食药菌生境条件，能选择并调控温度，具有检出污染菌袋的能力 3）能够鉴别优质原种及栽培种
	6.2 食用菌栽培	6.2.1 平菇栽培	6.2.1.1 栽培料配制 根据当地条件，能选择适合栽培平菇的原材料，能按 C/N 及营养要求搭配组方，掌握合适的水分含量
			6.2.1.2 制堆发酵 1）能按要求拌料、堆料、发酵，掌握发酵温度及翻堆标准，能识别发酵效果 2）在发酵期内，对温度能进行调控
			6.2.1.3 装袋播种 能选择不同质地、不同规格的塑料袋，能识别菌种质量，能掌握装袋的松紧程度
			6.2.1.4 发菌及出菇管理 1）装袋后发菌培养，能调控温度，能检出污染菌袋 2）在出菇期，能调控温度、湿度，协调温、光、气、湿的相互矛盾 3）能掌握采收标准及采收方法

续表

工作领域	工作任务		职业能力	
	一级	二级		
6. 食药菌栽培	6.2 食用菌栽培	6.2.2 香菇栽培	6.2.2.1 原料配制	根据当地条件，能够选择适合栽培香菇的原材料，能正确搭配组方，能掌握合适的水分含量
			6.2.2.2 装袋灭菌	1）能正确选择塑料袋，正确使用装袋机装袋，掌握松紧程度，能掌握专业的扎袋方式 2）能熟练掌握常压及高压灭菌方法
			6.2.2.3 接种	1）能熟练掌握无菌操作技术，能正确接种 2）会使用接种机，能掌握几种接种箱、接种室的消毒方法
			6.2.2.4 发菌及出菇管理	1）能够调控培养室的温湿度，能正确堆放菌袋，能正确促使菌棒转色、结瘤，能及时脱袋、能合理调控出菇室的环境条件 2）掌握采收标准，掌握正确的采收方法
		6.2.3 草菇栽培	6.2.3.1 原料配制	根据当地条件能够正确选择适合栽培草菇的原材料，合理搭配组方，掌握合适的水分含量
			6.2.3.2 堆制播种	1）能正确处理原料（什么是正确？标准是什么？达到什么？） 2）能正确堆草播种 3）能根据当地气候，正确选择播种期
			6.2.3.3 发菌及出菇管理	1）能正确调控环境条件，协调温、气、湿、光之间的矛盾，达到草菇生长的要求 2）掌握采收标准，适时采收
		6.2.4 银耳栽培	6.2.4.1 银耳纯种分离	能掌握银耳纯种分离方法，能够进行组织分离和基内菌丝分离
			6.2.4.2 香灰菌分离	能掌握菌种搭配时机及菌种接种时间，能够正确搭配、混拌，能掌握混配比例
			6.2.4.3 菌种搭配	能熟练掌握无菌操作技术，能够正确接种、封口、适温培养
			6.2.4.4 接种培养	根据生长情况，掌握适时的掀口时间，调控温、光、湿、气，达到理想的银耳出产条件；能培养出优质的银耳产品，适时采收
			6.2.4.5 出耳管理	能掌握菌种搭配时机及菌种接种时间，能够正确搭配、混拌，能掌握混配比例
	6.3 药用菌栽培	6.3.1 灵芝栽培	6.3.1.1 配料	1）根据当地条件，能够选择适合栽培灵芝的原材料 2）能够用科学的方法组方，掌握合适的水分含量
			6.3.1.2 装袋	能够选择适合灵芝栽培的塑料袋（瓶），能熟练地用手工装袋和装袋机装袋、扎口，能掌握松紧度
			6.3.1.3 灭菌	能够使用高压灭菌锅或常压灭菌灶灭菌
			6.3.1.4 接种	1）能熟练掌握无菌操作技术 2）能够按操作规程接种
			6.3.1.5 培养	能够调控温湿度，能挑选出污染菌袋，能够培养出健壮的菌棒

续表

工作领域	工作任务			职业能力
	一级	二级		
6. 食药菌栽培	6.3 药用菌栽培	6.3.1 灵芝栽培	6.3.1.6 出芝管理	1）能够调控温、湿、气、光环境条件，满足灵芝生长要求 2）能培养出优质的灵芝产品，适时采收
		6.3.2 虫草菌栽培	6.3.2.1 液体菌种制备	1）能按虫草菌液体培养基配方，正确配制液体培养基 2）能正确灭菌，能无菌操作接种，会常规培养，能检测液体种是否达到标准
			6.3.2.2 虫草菌培养基制备	能够正确选用基料，加水，包扎，灭菌
			6.3.2.3 接种培养	能熟练掌握无菌操作技术，能够正确接种，调控温度培养
			6.3.2.4 出草管理	1）能够诱导出草，调控光照，调整湿度及透气性，促进虫草的正常生长 2）能培养出优质的虫草产品，适时采收
	6.4 食药菌病虫害防治	6.4.1 食药菌害虫防治	6.4.1.1 常见害虫识别	能够识别常见害虫，包括瘿蚊、跳虫、菇蝇、蕈蚊等
			6.4.1.2 常见害虫防治	能够综合利用各种防治措施，能够预防及消灭害虫
		6.4.2 食药菌病害防治	6.4.2.1 竞争性杂菌的形态特征与防治	1）能够识别常见杂菌，包括细菌、酵母菌、青霉、根霉、曲霉、链孢霉等 2）能够灵活运用综合防治措施正确预防和防治
			6.4.2.2 侵染性病害的症状与防治	1）能够识别侵染性病害 2）能够灵活运用综合防治措施正确预防和防治
7. 设施养殖	7.1 猪养殖	7.1.1 猪舍布局、结构		1）能依据规划正确设计猪场内猪舍的整体布局及每栋猪舍的具体结构（包括门、窗的位置、尺寸） 2）能正确设计猪舍内环境控制系统的布置和运作方式 3）能正确设计饲喂、饮水、隔离及清粪、排水系统
		7.1.2 仔猪培育		能根据仔猪的生理特点，正确判读仔猪的健康状况，正确调配饲料，正确控制室内温度、湿度及通风换气
		7.1.3 育肥		能根据猪育肥期的生理、生长特点，正确控制环境条件，正确调配饲料及合理饲喂
		7.1.4 免疫接种		能根据免疫程序对不同生长阶段的猪进行正确的免疫接种
		7.1.5 饲料调配		能根据猪的生理、生长特点及现有的饲养标准，利用可以得到的各种饲料原料配制符合标准的全价饲料，并正确确定饲料的粒度（颗粒大小）
	7.2 家禽养殖	7.2.1 禽舍布局结构		能正确设计养鸡场、养鸭场的总体布局、单栋禽舍的具体结构（包括长度、宽度、高度及屋顶的结构、门窗的位置及具体尺寸）
		7.2.2 环境控制		能正确设计禽舍的保温方法、通风方法、取暖方法，并能正确确定不同季节禽舍内环境控制的指导原则及具体措施
		7.2.3 系统设计与安装		能正确设计禽舍内笼具的摆放，家禽的饲喂、饮水及日常通风换气设备的安装、调试和运转

续表

工作领域	工作任务		职业能力
	一级	二级	
7. 设施养殖	7.2 家禽养殖	7.2.4 饲料调配	能根据家禽的生理和生长特点及现有饲养标准，利用现有饲料原料正确设计、调整饲料配方，正确确定饲料粒度，合理加工
		7.2.5 免疫接种	能根据现有常用免疫程序对不同日龄的家禽实施正确的免疫接种，能正确、熟练地使用疫苗及免疫工具（注射器等）
		7.2.6 常见病治疗	能初步识别家禽常见疾病并根据病情进行初步的治疗
	7.3 肉牛、奶牛养殖	7.3.1 牛舍布局与结构设计	能正确设计肉牛、奶牛场总体布局，正确设计牛舍及运动场的具体结构及饲喂、供水及清洁系统
		7.3.2 犊牛培育	能根据犊牛的生理特点正确调配饲料，能初步识别常发疾病及进行初步治疗
		7.3.3 育肥与奶期管理	能根据肉牛育肥期、奶牛产奶期特点，按规程进行正确的日常管理
		7.3.4 饲料调配	能根据牛的生理特点，正确调配饲料，能灵活、正确地使用现有饲料原料及各种营养性保健性添加剂
		7.3.5 免疫接种	能根据现有免疫程序对不同生长阶段的牛只进行正确的免疫接种
	7.4 羊养殖	7.4.1 羊舍布局与结构设计	能正确安排养羊场的总体布局，正确设计羊舍的结构，合理安排运动场
		7.4.2 生长管理	能根据羊的生长规律及生理特点对不同生长阶段的羊只进行正确的饲养管理
		7.4.3 免疫接种	能根据现有免疫程序对羊只进行正确的免疫接种，能正确使用疫苗和免疫接种工具
		7.4.5 饲料调配	能根据羊的生理特点设计不同生长阶段的饲料配方，能合理利用饲料原料及各种添加剂
8. 无土栽培	8.1 营养液配制	8.1.1 水质检测	能够依据水质指标，利用操作仪器，对湖水、井水、河水等水源进行水质检测，以确定该水源是否符合无土栽培要求
		8.1.2 肥料选择	能够根据无土栽培营养液配制所需肥料的种类和特性，正确选择配制营养液所需的肥料
		8.1.3 配制操作	1）能够依据分罐原理，对选定的营养液配方的肥料进行分罐 2）能够用托盘天平和电子天平，采用正确的操作方法，准确称量配制营养液所需的各种肥料 3）能够安装正确的顺序溶解各种肥料，配制出没有沉淀的透明的浓缩营养液
		8.1.4 营养液贮存	1）能够对已经配制好的浓缩营养液进行遮光、调酸处理 2）能选择适宜场所贮存营养液，避免在贮存过程中产生沉淀
		8.1.5 浓缩液稀释	1）能够针对小面积栽培，按照正确的流程，将浓缩液稀释成栽培液 2）能够针对大面积栽培，按照正确的流程（手册流程），将浓缩液稀释成栽培液
	8.2 水培设施建造与应用	8.2.1 营养液膜	1）能依据营养液膜设施的运行原理，自行设计营养液膜设施，画出简易图纸 2）能指导营养液膜设施的建造施工，确保设施正常运行，营养液不渗漏

工作领域	工作任务		职业能力
	一级	二级	
8. 无土栽培	8.2 水培设施建造与应用	8.2.1 营养液膜	3）能够完成营养液膜水培设施的叶菜类蔬菜的育苗操作 4）能进行营养液膜设施的叶菜类蔬菜的定植操作 5）能够进行营养液膜设施的营养液管理和蔬菜的田间管理
		8.2.2 深液流	1）能依据深液流设施的运行原理，自行设计深液流水培设施，画出简易图纸 2）能依据已知图纸，指导建造深液流设施 3）能进行定植杯育苗操作，包括过渡槽寄养的管理技术 4）能够完成叶菜类蔬菜、果菜类蔬菜的定植操作 5）能够进行叶菜类蔬菜的营养液管理和田间管理
		8.2.3 浮板水培	1）能自行设计和建造浮板水培设施 2）能够完成叶菜类蔬菜的定植操作 3）能够进行叶菜类蔬菜的营养液管理和田间管理
	8.3 基质培设施建造与应用	8.3.1 砂培	1）能自行设计和建造沙培槽等设施 2）能够进行蔬菜育苗与定植操作 3）能够进行营养液供排、营养液管理等日常管理操作
		8.3.2 砾培	1）能自行设计和建造砾培槽等设施 2）能够进行对应砾培技术的蔬菜育苗与定植操作 3）能够进行营养液供排、营养液管理等日常管理操作
		8.3.3 复合基质培	1）能自行设计和建造复合基质培槽等设施 2）能够进行果菜类蔬菜育苗与定植操作 3）能够进行营养液供排、营养液管理等日常管理操作
	8.4 立体栽培设施建造	8.4.1 泡沫立柱	1）能依据图纸，进行切割、打孔等操作，制作泡沫塑料栽培柱 2）能够选择适合该设施的叶菜类蔬菜育苗及定植方法 3）能够对应该栽培设施进行营养液管理
		8.4.2 叠盆立柱	1）能依据图纸，对购买的盆钵及附属设备进行组装 2）能够进行适合该设施的叶菜类蔬菜育苗及定植操作 3）能够根据所选用营养液配方要求，对营养液浓度和酸碱度进行调整 4）能依据植株长势，对叠盆立柱上所栽培蔬菜进行植株调整
	8.5 育苗设备安装与调试	8.5.1 精量播种系统安装调试	1）能根据实际需要和实际场地，按照生产厂家提供的图纸或说明书，对精量播种系统各组成部分进行组装。安装完成后能进行调试。 2）能监督并指导工人组装精量播种系统，并对安装质量作出评价。
		8.5.2 催芽室的安装与调试	1）能根据实际需要和实际场地，按照生产厂家提供的图纸或说明书，对催芽室各组成部分进行组装。安装完成后能进行调试 2）能监督并指导工人组装催芽室，并对安装质量作出评价
		8.5.3 育苗温室环境控制设备的安装与调试	1）能按照生产厂家提供的图纸或说明书，对育苗温室环境控制设备各组成部分进行组装。安装完成后能进行调试 2）能监督并指导工人组装催芽室，并对安装质量作出评价
		8.5.4 基质消毒、搅拌机的安装与调试	1）能按照生产厂家提供的图纸或说明书，对基质消毒、搅拌机各组成部分进行组装。安装完成后能进行调试 2）能监督并指导工人组装基质消毒、搅拌机，并对安装质量作出评价
9. 工厂化育苗	9.1 黄瓜工厂化育苗	9.1.1 基质混配	1）能够依据配方要求正确选择单一基质及肥料，进行基质的混配，配制出适合黄瓜育苗的基质 2）能够对所配制的复合基质进行物理性质和化学性质的检测

续表

工作领域	工作任务		职业能力
	一级	二级	
9. 工厂化育苗	9.1 黄瓜工厂化育苗	9.1.2 营养液配制	1）能够根据配方，配制育苗用营养液 2）能够用正确的方法进行营养液贮存 3）能够使用仪器，对所配制的营养液进行酸碱度和浓度的检测
		9.1.3 播种	1）能够采用温汤浸种、药剂浸种等方法，对种子进行消毒处理 2）能够用点播法进行穴盘播种
		9.1.4 嫁接	能采用插接法对幼苗进行嫁接（包括嫁接工具的制作与消毒，嫁接砧木和接穗的标准，接穗和砧木的切削与嵌合）
		9.1.5 苗期管理	1）能通过通风、加温炉等方法对育苗温室进行温度调控 2）能通过行走式喷灌机进行苗期水分管理 3）能根据幼苗生长情况进行苗期营养液管理
		9.1.6 病虫防治	能根据症状确定苗期病虫害的种类，并采取相应的措施进行防治
		9.1.7 包装外运	能进行成苗的贴标、装箱等操作
	9.2 甜瓜工厂化育苗	9.2.1 基质混配	1）能够依据配方要求正确选择单一基质及肥料，进行基质的混配，配制出适合甜瓜育苗的基质 2）能够对所配制的复合基质进行物理性质和化学性质的检测
		9.2.2 营养液配制	1）能够根据配方，配制甜瓜育苗专用营养液 2）能够用正确的方法进行营养液贮存 3）能够使用仪器，对所配制的营养液进行酸碱度和浓度的检测
		9.2.3 播种	1）能够根据甜瓜特点采用温汤浸种、药剂浸种等方法，对种子进行消毒处理 2）能够用点播法进行穴盘播种（72 孔穴盘）
		9.2.4 嫁接	能采用插接法对幼苗进行嫁接（包括嫁接工具的制作与消毒，南瓜嫁接砧木和甜瓜接穗的标准，接穗和砧木的切削与嵌合）
		9.2.5 苗期管理	1）能根据甜瓜嫁接苗苗期的温度管理指标，通过通风、加温炉等方法对育苗温室进行温度调控 2）能通过行走式喷灌机进行苗期水分管理 3）能根据幼苗生长情况进行苗期营养液管理
		9.2.6 病虫防治	能根据症状确定苗期病虫害的种类，并采取相应的措施进行防治
		9.2.7 包装外运	能进行成苗的贴标、装箱等操作
	9.3 西瓜工厂化育苗	9.3.1 基质混配	1）能够依据配方要求正确选择单一基质及肥料，进行基质的混配，配制出适合西瓜育苗的基质 2）能够对所配制的复合基质进行物理性质和化学性质的检测
		9.3.2 营养液配制	1）能够根据配方，配制育苗用营养液 2）能够用正确的方法进行营养液贮存 3）能够使用仪器，对所配制的营养液进行酸碱度和浓度的检测
		9.3.3 播种	1）能够采用温汤浸种、药剂浸种等方法，对种子进行消毒处理 2）能够用点播法进行穴盘播种
		9.3.4 嫁接	能采用插接法对幼苗进行嫁接（包括嫁接工具的制作与消毒，嫁接砧木和接穗的标准，接穗和砧木的切削与嵌合）
		9.3.5 苗期管理	1）能通过通风、加温炉等方法对育苗温室进行温度调控 2）能通过行走式喷灌机进行苗期水分管理 3）能根据幼苗生长情况进行苗期营养液管理

续表

工作领域	工作任务		职业能力
	一级	二级	
9. 工厂化育苗	9.3 西瓜工厂化育苗	9.3.6 病虫防治	能根据症状确定苗期病虫害的种类，并采取相应的措施进行防治
		9.3.7 包装外运	能进行成苗的贴标、装箱等操作
	9.4 辣椒工厂化育苗	9.4.1 基质混配	1）能够依据配方要求正确选择单一基质及肥料，进行基质的混配，配制出适合辣椒育苗的基质 2）能够对所配制的复合基质进行物理性质和化学性质的检测
		9.4.2 营养液配制	1）能够根据配方，配制育苗用营养液 2）能够用正确的方法进行营养液贮存 3）能够使用仪器，对所配制的营养液进行酸碱度和浓度的检测
		9.4.3 播种	1）能够采用温汤浸种、药剂浸种等方法，对种子进行消毒处理 2）能够用点播法进行穴盘播种
		9.4.4 嫁接	能采用插接法对幼苗进行嫁接（包括嫁接工具的制作与消毒，嫁接砧木和接穗的标准，接穗和砧木的切削与嵌合）
		9.4.5 苗期管理	1）能通过通风、加温炉等方法对育苗温室进行温度调控 2）能通过行走式喷灌机进行苗期水分管理 3）能根据幼苗生长情况进行苗期营养液管理
		9.4.6 病虫防治	能根据症状确定苗期病虫害的种类，并采取相应的措施进行防治
		9.4.7 包装外运	能进行成苗的贴标、装箱等操作
	9.5 番茄工厂化育苗	9.5.1 基质混配	1）能够依据配方要求正确选择单一基质及肥料，进行基质的混配，配制出适合番茄育苗的基质 2）能够对所配制的复合基质进行物理性质和化学性质的检测
		9.5.2 营养液配制	1）能够根据配方，配制育苗用营养液 2）能够用正确的方法进行营养液贮存 3）能够使用仪器，对所配制的营养液进行酸碱度和浓度的检测
		9.5.3 播种	1）能够采用温汤浸种、药剂浸种等方法，对种子进行消毒处理 2）能够用点播法进行穴盘播种
		9.5.4 嫁接	能采用插接法对幼苗进行嫁接（包括嫁接工具的制作与消毒，嫁接砧木和接穗的标准，接穗和砧木的切削与嵌合）
		9.5.5 苗期管理	1）能通过通风、加温炉等方法对育苗温室进行温度调控 2）能通过行走式喷灌机进行苗期水分管理 3）能根据幼苗生长情况进行苗期营养液管理
		9.5.6 病虫防治	能根据症状确定苗期病虫害的种类，并采取相应的措施进行防治
		9.5.7 包装外运	能进行成苗的贴标、装箱等操作
	9.6 茄子工厂化育苗	9.6.1 基质混配	1）能够依据配方要求正确选择单一基质及肥料，进行基质的混配，配制出适合茄子育苗的基质 2）能够对所配制的复合基质进行物理性质和化学性质的检测
		9.6.2 营养液配制	1）能够根据配方，配制育苗用营养液 2）能够采用适当措施进行营养液贮存 3）能够使用仪器，对所配制的营养液进行酸碱度和浓度的检测
		9.6.3 播种	1）能够采用温汤浸种、药剂浸种等方法，对种子进行消毒处理 2）能够正确选择穴盘，并完成播种的整个过程

续表

工作领域	工作任务		职业能力
	一级	二级	
9. 工厂化育苗	9.6 茄子工厂化育苗技术	9.6.4 嫁接	能采用劈接法进行嫁接育苗（包括嫁接工具的制作与消毒，嫁接砧木和接穗的标准，接穗和砧木的切削与嵌合）
		9.6.5 苗期管理	1）能通过通风、加温炉等方法对育苗温室进行温度调控 2）能通过行走式喷灌机进行苗期水分管理 3）能根据幼苗生长情况进行苗期营养液管理
		9.6.6 病虫防治	能根据症状确定苗期病虫害的种类，并采取相应的措施进行防治
		9.6.7 包装外运	1）能采取恰当的措施对秧苗进行运前处理 2）能根据秧苗的运输距离及天气选择正确的运输途径
	9.7 组培快繁	9.7.1 培养基制备	1）能根据组织培养的不同外植体选择不同的培养基配方 2）能进行常用培养基的配制
		9.7.2 接种	1）能采用适当方法对接种过程中的培养基、玻璃器皿、金属用具、接种室等进行灭菌消毒 2）能采用正确的方法进行接种
		9.7.3 继代培养	1）能配制用于继代培养的培养基 2）能通过环境调控等的方法提高继代培养苗的质量
		9.7.4 促根	1）能进行生根培养基的配制 2）能通过环境调控等的方法促进外植体生根
		9.7.5 移栽	1）能对试管苗进行正确的炼苗、假植等 2）能通过栽培技术提高试管苗的定植成活率
	9.8 葡萄工厂化育苗	9.8.1 插穗采集	1）能根据标准进行扦插用枝条的采集 2）能选择适宜的场所和条件进行枝条贮藏
		9.8.2 抽穗处理	能根据标准对插穗进行剪截、催根处理
		9.8.3 基质配制	1）能根据扦插基质要求选择单一基质进行复合基质配制 2）能对配制的基质进行有效的消毒处理
		9.8.4 苗期管理	1）能根据扦插苗不同生长期要求对育苗设施内的温度、湿度、水分、光照进行调节 2）能对秧苗进行病虫害防治、秧苗分级归类及旺苗摘心等处理
		9.8.5 炼苗出圃	1）能对成苗进行低温炼苗处理 2）能对成苗进行运输前处理
10. 设施农业新技术开发与推广	10.1 了解新技术		1）能够通过查阅文献的方法获得新技术信息并对理解相应技术的基本原理和关键环节 2）能通过调研、访谈了解新技术，并能在现场对新技术进行记录 3）善于通过多种媒体获得新技术信息
	10.2 实施新技术		1）能在个体农户、专业合作社、农业企业中推广新技术 2）能利用科技示范园区实施和推广新技术
	10.3 展示新技术		1）能合理利用已有条件和场地，通过展板、展牌等展示新技术 2）具备简单的摄影、摄像能力，能拍摄新技术关键环节照片，或制作短小视频，或能指导专业技术人员进行摄影、摄像 3）能通知专业技术人员，利用多媒体技术进行新技术展示

续表

工作领域	工作任务		职业能力
	一级	二级	
10. 设施农业新技术开发与推广	10.4 培训与观摩		1）能组织培训会，包括制订培训计划、安排被培训人员食宿、聘请授课专家等 2）能组织新技术观摩，并具备现场讲解能力，能熟练使用扩音设备 3）能发现本单位技术不足，组织人员参加培训、学习
	10.5 交流新技术		1）能选择适当的形式，与其他单位进行技术交流 2）能做好技术交流过程中的记录和分析工作
	10.6 总结经验		1）能发现问题和不足，能写经验总结 2）能对已有问题提出改进意见
11. 设施减灾栽培	11.1 防雹		1）能够正确选择适宜的防雹网 2）能够根据截断面计算防雹网及架材用量 3）能够正确设置防雹网
	11.2 防风		1）能够正确选择适宜的防风网 2）能够根据截断面计算防风网及架材用量 3）能够正确设置防风网
	11.3 防鸟		1）能够正确选择适宜的防鸟网 2）能够根据截断面计算防鸟网及架材用量 3）能够正确设置防鸟网
	11.4 节水		1）能够根据当地条件选择适宜的节水措施和节水设备 2）能够根据土质和作物生长情况确定适宜的浇水量
	11.5 避雨		1）能够根据当地条件选择适宜的避雨设施 2）能够正确计算避雨设施应用量 3）能够正确架设避雨设施
	11.6 防寒		1）能够根据当地低温情况正确选择防寒材料 2）能够依据当地环境条件确定适应防寒时期
	11.7 防盐		1）能够根据当地条件选择适宜的防盐措施和节水设备 2）能够根据盐逆境情况应用适宜的防盐、抗盐技术
12. 设施产品采后处理	12.1 畜产品		
	12.2 蔬菜	12.2.1 采收	1）能判断成熟度和采收适期；能确定采收方式 2）能正确进行采收
		12.2.2 检测	1）能根据确定的检测项目进行采样 2）能根据检测要求进行样品前处理 3）能进行检测并提交检测报告
		12.2.3 分级	1）能够确定或选用分级标准 2）能够进行手工分级 3）能够操控机械进行自动分级
		12.2.4 净化	能选择净化方法并实施净化
		12.2.5 包装	能确定包装方式并能实施包装
		12.2.6 贮存	1）能根据产品特性，选择贮存方式、确定贮存的环境条件并能进行贮存 2）能使用仪器检测贮存环境 3）能根据产品需求调节贮存环境

续表

工作领域	工作任务		职业能力
	一级	二级	
12. 设施产品采后处理	12.2 蔬菜	12.2.7 运输	1）能选择适宜运输方式 2）能根据运输中的环境条件要求，提出控制环境条件满足运输要求的办法 3）能根据产品特性、外界环境、事件预测等问题指导运输
		12.2.8 上架	1）能确定货架期 2）能指导上架
	12.3 果品		
	12.4 花卉		
	12.5 食用菌		
13. 农产品与农资营销	13.1 营销策略		1）能选用正确的方法，进行市场调查并撰写调研报告 2）能根据市场预测信息（调查成果）、产品特点，制订合理的营销方案 3）能根据市场需求，进行新产品开发并撰写开发方案
	13.2 营销方式		1）能根据产品策略、市场预测调查，确定营销方式 2）能利用正确的营销方法，开展营销活动
	13.3 营销效果评价		1）能选用正确的调研方法，收集营销调研数据 2）能利用科学的分析方法，对营销调研数据进行分析及评估 3）能写出正确、合理的评价报告
	13.4 库存策略		根据产品生命周期等特性、市场供需、当地的气象资料等，确定库存策略
14. 设施农业病虫害监测与预警	14.1 设施农业病害监测	14.1.1 病害症状诊断	1）能根据植物病害的病状特点诊断出常见病害种类 2）能正确识别植物病害种类 50 种以上
		14.1.2 病害病原诊断	1）能根据病原菌形态准确诊断植物病害种类 2）能利用柯赫氏法则准确诊断植物病害种类
		14.1.3 病情调查与统计	1）能选用适宜的病情调查方法 2）能正确选用严重度调查适宜的分级标准 3）能选用正确的统计方法，对调查数据进行统计
	14.2 设施农业病害预警	14.2.1 病情预测	1）能正确整理出病情调查数据 2）能准确掌握当地相关的气象资料、寄主的生育状况 3）能利用综合分析方法对病情做出预测
		14.2.2 病情预报	1）能根据病害发生情况编写短期预报 2）能利用计算机网络发布病情预报
	14.3 设施农业虫害监测	14.3.1 害虫症状诊断	能根据为害症状正确识别害虫种类
		14.3.2 害虫形态诊断	1）能根据害虫的形态特征正确识别害虫种类 2）能正确识别害虫种类 50 种以上 3）能正确识别天敌种类 20 种以上
		14.3.3 虫情调查与统计	1）能选择适宜的虫情调查方法 2）能选用严重度适宜的分级标准 3）能选用正确的统计方法，对调查数据进行统计
	14.4 设施农业虫害预警	14.4.1 虫害预测	1）能正确整理出调查数据 2）能准确掌握当地相关的气象资料、寄主生育状况 3）能用科学方法对虫情做出预测
		14.4.2 虫害预报	1）能根据害虫发生为害情况，编写短期预报 2）能利用计算机网络发布虫情预报

第二部分 师范模块（教师技能）实践专家研讨会论证结果

一、设施农业科学与工程专业工作领域（教师技能）难易程度与重要性排序结果

结果见表 8-3。

表 8-3 设施农业科学与工程专业工作领域（教师技能）难易程度与重要性排序结果

工作领域	难易程度											
	专家1	专家2	专家3	专家4	专家5	专家6	专家7	专家8	专家9	专家10	平均分	排序
1. 专业教学	4	5	4	4	5	4	5	5	5	4	4.5	1
2. 实训基地管理	4	4	5	4	5	3	5	5	4	3	4.2	3
3. 技术服务	3	4	3	4	5	5	3	4	5	5	4.1	4
4. 班级管理	2	3	3	5	4	3	3	4	4	4	3.5	7
5. 群团工作	2	2	2	4	1	3	1	3	3	2	2.3	10
6. 专业建设	5	4	4	5	3	5	4	4	5	4	4.3	2
7. 教学组织	3	5	3	4	4	4	4	3	4	4	3.8	5
8. 质量评价	3	3	4	3	5	5	2	2	3	1	3.1	9
9. 招生工作	1	2	5	5	2	4	4	4	3	3	3.3	8
10. 就业工作	1	3	5	4	4	4	3	5	3	5	3.7	6

工作领域	重要性											
	专家1	专家2	专家3	专家4	专家5	专家6	专家7	专家8	专家9	专家10	平均分	排序
1. 专业教学	5	4	5	5	5	5	5	5	5	5	4.9	1
2. 实训基地管理	4	4	4	5	5	4	4	3	5	3	4.1	4
3. 技术服务	3	3	3	4	4	4	4	5	5	5	3.6	8
4. 班级管理	2	3	3	5	4	3	3	4	4	4	3.5	9
5. 群团工作	3	3	1	4	1	3	2	2	4	2	2.5	10
6. 专业建设	5	4	4	5	5	5	4	5	5	2	4.5	3
7. 教学组织	5	5	4	5	3	5	5	5	5	3	4.5	2
8. 质量评价	4	3	5	3	5	4	4	4	4	2	3.8	6
9. 招生工作	1	4	5	4	5	4	2	2	5	5	3.7	7
10. 就业工作	3	5	5	5	3	3	4	4	4	4	4.0	5

注：5表示难度最大，最重要；1表示难度最小，最不重要

二、设施农业科学与工程专业工作任务（教师技能）与职业能力分析结果

设施农业科学与工程专业工作任务（教师技能）与职业能力分析结果

时　　间：2013 年 8 月 17 日

分析专家：（按姓氏汉语拼音排序）

　　　　　陈杏禹　黄广学　李劲松　连进华　田与光

　　　　　王秀娟　王月英　肖家彪　杨作龄　张宏荣

主 持 人：路宝利

岗位/岗位群：专业教师、学生管理、教学管理、招生就业

结果见表 8-4。

表 8-4　设施农业科学与工程专业工作任务（教师技能）与职业能力分析结果

岗位/岗位群	工作领域	工作任务	职业能力
1. 专业教师	1.1 专业教学	1.1.1 教学设计	1）能根据课程教学大纲中教学目标和农时季节，合理安排教学内容和教学顺序，制订出本课程的授课计划 2）能根据具体的教学任务和学生的情况，按照行动导向教学设计，撰写授课教案
		1.1.2 教学实施	1）能根据教学设计，准备教学场地、教具、课件，保证教学的顺利实施 2）能根据教学设计，完成专业知识传授和实践操作指导，达到教学目标 3）能驾驭课堂，妥善处理突发事件，保证课堂秩序 4）能紧跟行业发展需求，掌握先进的专业技术，及时更新教学内容，改革教学方法，提高教学效果
		1.1.3 实习实训组织	1）能根据实训大纲要求，兼顾农时季节和学生职业成长规律，制订实训计划 2）能根据实训计划，结合实训基地条件，安排落实实训任务，保证教学任务顺利完成 3）能根据实训指导手册和实习规章制度，对学生实习进行规范管理，实现实训安全与生产
		1.1.4 班级管理与教育活动	1）能根据学生情况，组织课堂教学和实践教学，有效开展教学活动 2）能在日常教学活动中，融入行业标准、职业道德等，培养学生的综合职业能力 3）能组织和指导学生成立专业兴趣小组，形成学生专业协会，加强教师对学生的职业指导与引领
		1.1.5 教育教学评价	1）能根据农业职业教育实践教学的特点，合理安排实训考核的项目及时间，采用过程考核的方法，客观评价学生的技能水平 2）能根据课程特点，合理分配理论考试和技能考核的比例，设计考题，对学生的学习效果进行客观评价 3）能根据考核结果，分析学生学习中存在的问题，及时修订教学内容和方法
		1.1.6 沟通和合作	1）能积极与学生沟通，了解学生的特点，有效地开展教学活动 2）能与其他教师（校内、校外）顺畅交流、积极合作，增加执教能力，提高教学效果 3）能与企业有效沟通，了解行业企业需求，加强校企合作，实现校企双赢

岗位/岗位群	工作领域	工作任务	职业能力
1. 专业教师	1.1 专业教学	1.1.7 教学研究与专业发展	1）能参与教学研究项目，总结教学经验，撰写教研论文 2）能主动更新教学理念和教学方法，应用于教学实践，提高教学效果 3）能关注行业发展动向，及时更新专业知识和技能，参与科研活动，提升专业能力
		1.1.8 职业安全教育	1）能根据专业安全生产需要及实习基地规章，制定学生实训指导手册和实习规章制度 2）能根据每门专业课实训具体要求，在开课之初进行技能操作的安全教育 3）能结合专业课程及实训，切实将职业安全、职业道德教育贯彻到学生从业理念中
	1.2 实训基地	1.2.1 基地建设	1）能根据专业设置、行业发展和招生规模，进行规划设计，工程预算，配备设施设备，组建校内实训基地 2）能根据岗位培养目标要求，开发校外实训基地，为学生顶岗实训提供真实的工作环境
		1.2.2 生产管理	1）能根据实训项目内容和基地良性运营要求，确定基地生产项目，制订可行性生产计划 2）能根据行业标准，制订规范化的生产程序，实现教学情境的真实性和可操作性
		1.2.3 实训基地日常管理	1）能根据基地生产计划，进行资源的合理配置，实现教学、生产协调统一 2）能根据基地自身运营和发展需要，制定基地管理规章制度，实现规范化管理
		1.2.4 实训服务	1）能根据实训项目内容，满足专业实践教学的需求 2）能按照教师提出的实践教学方案，准备好实习实训所需的材料、用具，保证实训任务的完成 3）能根据学生创业的需求，提供相应的物质支持和技术支撑，引导学生自主创业，培养学生的创业能力
	1.3 技术服务	1.3.1 研究示范	1）能根据当地行业发展情况，引进新技术、新品种，在农民中示范推广，提高生产效益 2）能根据当地生产需求，有针对性地进行应用性技术研究，解决生产难题
		1.3.2 农民培训	1）能利用农业教育资源，对农民进行职业培训，推进农民职业资格化进程 2）能解答农民提出的生产问题，对农民进行现场指导，满足农民对技术的需求
		1.3.3 挂职（兼职）服务	1）能定期到生产一线进行挂职锻炼，了解一线生产情况，提高解决实际生产问题的能力 2）能在职业活动中丰富教学素材，查找不足，及时修订教学计划和教学内容
2. 学生管理	2.1 班级管理	2.1.1 班级组织建设	1）能根据班级规模、性别结构、专业特点设置组织结构 2）根据组织结构、岗位特点和学生特点选拔确定班干部 3）能根据班风、学风建设和素质教育需要指导班干部工作 4）能根据学生心理特点和现实需要建立班级管理激励机制，营造积极向上的班级氛围

岗位/岗位群	工作领域	工作任务	职业能力
2. 学生管理	2.1 班级管理	2.1.2 日常管理	1）能根据专业特点和学生成长需要制订班级工作计划 2）能组织开展新生入学及适应性教育，提高学生自理自立能力，树立爱校爱专业思想 3）能掌握每个学生的个性和心理特点，能针对性地开展管理服务工作 4）能建立学生个性信息档案，因材施教；能根据相关文件和客观实际情况开展奖学金、助学金的评比与发放 5）能客观掌握学生的综合素养和职业能力，为用人单位提供合适的人才信息，帮助学生识别选择合适的职业岗位 6）能及时发现并化解班级矛盾，促进班级团结，提高凝聚力 7）能掌握基本的人身财产安全知识，组织学生紧急避险和开展安全教育
		2.1.3 职业养成教育	1）能根据行业的职业道德规范，引导学生建立职业道德意识并养成职业道德习惯 2）能了解行业文化，熟悉职业岗位，引导学生塑造良好的职业形象 3）能够引导学生规范操作，培养学生安全意识 4）能根据行业发展和每个学生特点，指导学生进行职业生涯规划
		2.1.4 心理健康教育	能掌握中职学生生理与心理特点，关注学生心理变化，及时发现学生的心理问题，开展心理疏导
	2.2 群团工作	2.2.1 学生社团管理	1）能结合专业特点和学生成长需求指导学生组建社团、开展社团活动，丰富第二课堂内容 2）能协调各个社团组织，为学生社团活动创造良好外部环境，推动社团良性发展
		2.2.2 党团组织管理	1）能熟知党团组织工作程序与特点，根据学校与班级实际开展党团组织工作 2）能依据原则培养党团后备力量，充实党团队伍，发挥党团示范带头作用
		2.2.3 学生会管理	1）能了解学生会职能和特点，指导建立学生会组织并规范学生会工作 2）能组织学生干部的培训，提高学生自我管理、自我服务和自我教育的能力
		2.2.4 大型活动组织策划	能依据学校整体安排，调动学生积极性，组织学生参加各类大型活动，促进学生全面发展
		2.2.5 青年志愿者管理	1）能根据社会需要指导学生开展志愿者活动，培养学生爱心和社会责任感 2）能组织青年志愿者开展各项爱心服务，为学生开展志愿活动创造条件
		2.2.6 社会实践组织管理	1）能动员学生积极参加社会实践活动，为学生实践活动提供信息和必要的帮助 2）能带领和指导学生参加各类社会实践活动，帮助学生积累社会经验，促进学生成长
3. 教学管理	3.1 专业建设	3.1.1 人才培养方案制订	1）能开展社会调研，进行（职业）岗位能力分析，确定人才培养目标 2）能开展社会调研，根据设施农业产业发展预估人才需求情况，确定人才培养目标 3）能根据职业岗位能力要求和典型工作任务分析，以职业能力培养为核心，构建课程体系 4）能根据专业人才培养要求，构建工学结合的人才培养模式

续表

岗位/岗位群	工作领域	工作任务	职业能力
3. 教学管理	3.1 专业建设	3.1.2 专业教材建设	1）能根据教学大纲要求，选用合适的统编教材，为教师教学和学生学习提供帮助 2）能根据课程教学的需要，开发校本教材
		3.1.3 "双师型"队伍建设	1）能根据专业建设需要，制订"双师型"教师发展规划，建设一支专兼结合的双师教学团队 2）能组织青年教师参加培训、企业实践锻炼，通过各种教学竞赛，提高青年教师的教学能力和专业实践能力 3）能根据"双师型"教师发展规划与教师自身特点，培养骨干教师、专业带头人 4）能够从行业、企业聘请一线的技术人员担任兼职教师，完善丰富"双师型"教师队伍建设
		3.1.4 实训基地建设	1）能根据学生实践能力培养需要，制订实训基地建设规划，为学生技能训练提供场所 2）能根据实训任务要求，合理利用校内实训基地，开展实践教学 3）能依据实训基地管理办法，对实训室及实训基地的设施设备进行安全使用与管理，保证实践教学顺利进行 4）能广泛联系行业企业，建设校外实训基地，为学生生产实习和顶岗实习搭建平台
		3.1.5 教学改革与研究	1）能根据职业教育规律和特点，开展教学改革与研究工作 2）能组织教学科研立项与研究工作，会撰写开题报告、实施方案、结题报告等
		3.1.6 课程开发	1）能根据教学大纲要求，以职业能力培养为目标，进行课程内容设计，做到课程内容与职业标准对接 2）能根据课程教学内容，优化课程资源，充实教学内容，服务课程教学 3）能以实际工作过程为导向，采用合适的教学方法，利用现代教学技术手段，将教学过程与农业生产过程相结合，提高学生学习的有效性 4）能根据人才培养标准，采用合适的教学方法，利用现代教学技术手段，提高学生学习效果
	3.2 教学组织	3.2.1 教学计划的执行	1）能根据学校教学工作部署，制订本部门教学工作计划 2）能根据专业教学计划，制订学期授课计划，落实教学任务，保证教学实施 3）能根据实训教学计划，合理安排实践教学，保证实践教学任务完成
		3.2.2 日常教学管理	1）能根据教学任务，落实教学分工，组织教学运行 2）能依据教学管理要素构成，结合德、能、勤、绩要求，制定和完善教学管理制度 3）能根据绩效考核管理要求，做好教师的考评管理 4）能根据学籍管理规定要求，针对学籍异动变更，做好学籍信息化管理工作 5）能做好教学职能部门的协调与配合，做好日常教学检查，保证日常教学规范有序进行 6）能定期组织开展教研活动，研讨有关教学问题，提出解决措施
		3.2.3 考试管理	能根据教学计划安排，确定考试课程和时间，确保考试顺利进行

续表

岗位/岗位群	工作领域	工作任务	职业能力
3. 教学管理	3.2 教学组织	3.2.4 兼职教师管理	1) 能根据教学任务分工，组织兼职教师的选聘 2) 能根据兼职教师管理办法，加强对兼职教师的指导、管理与考核
		3.2.5 顶岗实习管理	1) 能根据学校顶岗实习管理办法，制订顶岗实习计划，联系合作企业，落实顶岗实习任务 2) 能定期走访顶岗实习企业，检查学生顶岗实习情况，结合企业反馈信息，调整和完善学生顶岗实习管理 3) 能与企业共同管理顶岗实习学生，共同对学生进行考核与评价
		3.2.6 职业资格考评管理	1) 能根据职业资格准入要求，确定职业资格工种，向学生发布职业资格考评信息，组织学生参加职业资格考评报名 2) 能根据职业资格工种考核要求，制订职业技能鉴定计划，组织学生参加培训 3) 能组织理论考试和技能考核，并做好证书发放工作
	3.3 质量评价	3.3.1 学生质量评价	1) 能根据德育教学大纲要求，结合在校表现，完成学生素养能力评价 2) 能依据岗位能力标准，结合理论学习、实践操作和顶岗实习，完成学生职业能力综合评价 3) 能采取过程考核与结果考核相结合的形式，科学评价学生的学习效果
		3.3.2 教师质量评价	能依据教师质量评价标准，组织学生评教、教师互评、专家评价，对评价结果进行汇总上报
4. 招生就业	4.1 招生工作	4.1.1 行业人才需求分析	1) 能够查阅统计年鉴等资料文献，对用人单位性质、分布等分析，得到本省（直辖市、自治区）或本市设施农业与工程行业单位数量的分析报告 2) 能用抽样调查方法，根据用人单位不同性质等设计用人需求调查问卷，通过统计分析形成人才需求报告 3) 能够根据行业人才需求，调整人才培养方案意见，指导申报新专业
		4.1.2 招生宣传	1) 能够了解招生政策及学校优势，根据专业简介、实训条件和优秀毕业生去向等编写招生宣传资料，对学生和家长进行专业宣传 2) 能够根据市教委招生政策和学校招生计划制订本专业分省（区域）招生计划
		4.1.3 招生咨询	1) 能够根据招生宣传资料、招生政策和往届录取分数线，在招生电话咨询中做好规范招生问题和分析记录 2) 能够根据人才培养方案，解释毕业工作去向和工作性质，在招生宣传现场做好咨询和记录
		4.1.4 职业体验	1) 能利用新生报到日、校庆等节日筹备开放日，让学生及家长参观实验实训基地、教科研成果等，提高学生和家长对学校的认可程度 2) 能够在科技月期间开展筹备职业体验周，让生源地的考生提前了解职业发展概况，增强学生的专业认同感
	4.2 就业工作	4.2.1 市场调研	1) 能制订岗位调研方案，用抽样调查方法分析行业企业的用人需求，得到行业企业岗位人才需求报告 2) 能根据用人企业岗位信息分析，形成岗位职责调研报告，为人才培养方向及课程改革提供参考意见
		4.2.2 就业指导	1) 能根据人才培养方案、行业人才分析及企业岗位调研报告，指导学生制订毕业1~3年内的职业生涯规划

续表

岗位/岗位群	工作领域	工作任务	职业能力
4. 招生就业	4.2 就业工作	4.2.2 就业指导	2）能根据《中华人民共和国劳动保护法》，劳动保护协议、农药、农机和农电安全使用规定，制订本专业的安全教育规范，对学生进行人身安全教育，引导学生养成严谨的安全防范意识
			3）能根据设施农业科学与工程专业相关的国家、行业标准和有关法律法规，对学生进行职业道德教育，塑造学生较高的职业道德修养
			4）能教育学生在工程设计、施工和监理中做到严格执行科学管理，造就学生较高的职业素养
			5）能利用网络平台、平面媒体等各种宣传渠道，对学生进行就业信息、心理辅导、求职技术等全方位的辅导教育
			6）能广泛搜集就业信息，积极联系用人单位，介绍学生资源优势，得到用工意向
			7）能根据企业用工意向、待遇、发展前景等向学生发布用工信息，得到就业意向
		4.2.3 就业管理	1）能够搜集行业企业单位招聘信息，在校内组织校企学生双选会
			2）能够通过教师收集企业岗位用人信息，及时与用人单位沟通条件待遇，向企业推荐适合的学生
			3）能够正确录入毕业生信息，完成网上注册
			4）能够掌握就业政策，规范整理学生档案，做好毕业事宜
			5）能根据国家的法律法规和学校安全管理制度，制订学生顶岗实习风险防范机制
			6）能根据劳动法规，指导学生与用人单位签订规范的用人合同
		4.2.4 跟踪服务	1）能根据劳动合同等就业形式文件与用人单位及学生联系，得到用人单位对毕业生的评价及一年后的在岗情况统计报告
			2）能在毕业生工作的1～3年内做出职业发展调查，撰写毕业生职业发展报告，对学校课程设置、教学内容提出建议
			3）能在校庆等节日，对毕业生就业信息进行更新，建立校友通讯录
		4.2.5 就业基地建设	1）能够定期更新用人单位信息，做好就业信息网站建设，编写就业信息网络平台管理制度
			2）能够协调校内实训基地，划出一定面积的场地，建设设施农业与工程专业的创业基地
			3）能够联系校外合作基地，预留一定数量的岗位，共建设施农业与工程专业的就业基地

第九章

调 研 工 具

第一部分　调 研 方 案

在"十一五"中职教师素质提高计划的基础上，"十二五"期间国家继续实施中等职业学校教师素质提高计划，本次特别启动了职教师资本科专业培养资源开发项目，使职教师资从培养阶段就开始按照职教发展规律进行，打破传统的普教师资培养模式。为了使项目开发更符合社会发展、职教发展的需要，具有职教特点，遵循科学性、前瞻性的原则，首先需要开展大量的调研访谈活动，了解本科准师资培养现状，了解职教师资需求，分析其职业活动，为制定职教教师标准、培养标准，开发出培养职教师资的课程体系等提供科学依据。

一、调研访谈的主要目的

1）了解目前职教师资培养的现状。
2）了解中等职业学校对设施农业科学与工程专业师资的需求。
3）分析中等职业学校教师的职业活动及能力需求。
4）分析中等职业学校教师从事设施农业生产活动的能力需求。

二、调研访谈对象的选择

此次调研访谈对象的范围相对较广，主要包括3类单位6类群体（表9-1）。

表 9-1　调研访谈对象统计

调研访谈单位	调研访谈群体	备注
1. 中高职院校	（1）设施相关专业教师	
	（2）设施相关专业学生	
	（3）管理者	
2. 本科院校	（4）设施相关专业教师	
	（5）设施专业学生	
3. 设施农业行业企业	（6）专家管理者	

三、调研访谈的基本原则

1. 代表性原则　　因本项目属于教育部、财政部下达的职教师资培养资源开发，需要制定的是国家职教师资标准、培养标准。所以，根据设施农业科学与工程专业开设的情况，要充分选取不同地区、不同学校、不同类型的企业进行调研访谈，使其调研访谈的数据具有典型性、代表性、普适性。

2. 客观性原则　　应该按照事物的本来面目了解事实本身，必须无条件地尊重事实，如实记录、收集、分析和运用材料。对调研访谈对象不抱任何成见，收集资料不带主观倾向，对客观事实不能有任何一点增减或歪曲，这是教育调研访谈中最基本的一条原则。

3. 系统性原则　调研访谈应从系统的整体目标出发；系统的边界要确定清晰；要善于把一个系统分解为若干要素；调研访谈研究中要充分注意到系统内部诸要素之间及系统与环境之间相互作用的有机联系，认识系统与系统之间、子系统与大系统之间的关系。

4. 多向性原则　在调研访谈中，应该多角度、多侧面去获得有关的材料，即进行全面调研访谈，注意横向与纵向、宏观与微观、多因素与个别因素的结合，使调研访谈既有全面性又有代表性。

5. 灵活性原则　在调研访谈过程中，教育现象具有复杂性，如调研访谈对象的地位、职业、年龄、性别等不同，或者调研访谈题目、调研访谈方法手段不同，因此一定要适应情况的变化，注意灵活性，根据调研访谈对象的特点，灵活对待，随时调整，以保证取得可信的调研访谈材料。

四、调研访谈的单位

选择具有代表性的中高职院校、本科院校、设施农业行业企业进行调研访谈。其中，中高职院校重点是国家级骨干校、示范校，本科院校重点是职教师资培养培训基地。

1. 中高职院校（30 所）

［北京］北京农业职业学院

［福建］福建三明农业学校

［甘肃］武威职业学院、天水农业学校

［广东］肇庆市农业学校、广东省高州农校

［广西］广西玉林农业学校

［贵州］贵州省林业学校

［海南］海南省农业学校

［河北］迁安市职业技术教育中心、青县职业技术教育中心、卢龙县职业技术教育中心、玉田县职业技术教育中心、邢台现代职业学校

［河南］河南省驻马店农业学校、南阳农业职业学院

［黑龙江］黑龙江农业工程职业学院

［吉林］长春市农业学校

［江苏］淮安生物工程高等职业学校、盐城生物工程高等职业技术学校

［江西］赣州农业学校

［辽宁］辽宁农业职业技术学院

［宁夏］固原市民族职业技术学院、银川市职业技术教育中心

［山东］日照市农业学校

［山西］山西省农业机械化学校、山西省忻州市原平农业学校

［新疆］新疆农业职业技术学院

［云南］云南省曲靖农业学校

［浙江］诸暨市职业技术教育中心

2. 本科院校（20 所）

［安徽］安徽农业大学、安徽科技学院

［北京］中国农业大学

［甘肃］甘肃农业大学

［河北］河北科技师范学院、河北农业大学

［河南］河南农业大学

［黑龙江］东北农业大学

［吉林］吉林农业大学

［江苏］南京农业大学

［辽宁］沈阳农业大学

［内蒙古］内蒙古农业大学

［山东］山东农业大学、青岛农业大学

［陕西］西北农林科技大学

［四川］四川农业大学

［天津］天津农学院

［新疆］新疆农业大学

［云南］云南大学、云南农业大学

3. 设施农业行业企业（10 个）

［北京］北京昌平国家农业科技园区

［吉林］吉林松原国家农业科技园区

［江苏］江苏南京白马国家农业科技园区

［山东］山东寿光农业科技园区

［陕西］陕西渭南国家农业科技园区

［河北］秦皇岛、唐山设施农业基地若干

五、调研访谈的分组

1. **中部组**　　主要包括北京、河北、河南、山东、山西、天津等。

2. **北部组**　　主要包括黑龙江、吉林、辽宁、内蒙古、新疆等。

3. **南部组**　　主要包括福建、广东、广西、贵州、海南、云南、浙江等。

4. **东部组**　　主要包括安徽、江苏、江西等。

5. **西部组**　　主要包括甘肃、宁夏、陕西、四川等。

六、调研访谈其他事项

（1）调研访谈时间　　各组根据实际情况确定具体时间，2013 年 10 月底前务必完成。

（2）调研访谈路线　　本着相近不绕的原则，由各组确定。

（3）人员安排　　每组 2～3 人，组长确定人员。

（4）问卷数量　　学生问卷每个单位 30～50 份，教师问卷每个单位 10～20 份，企业、管理者问卷 5～10 份。各组提供需要数量，统一印制（表 9-2）。

表 9-2　调研访谈问卷统计

调研访谈单位	调研访谈群体	问卷总数量	第一批印制	问卷	备注
1. 中高职院校 30 所	（1）设施相关专业教师 10～20 份	300～600	200	W Ⅰ	
	（2）管理者 5～10 份	150～300	150	W Ⅱ	
	（3）设施相关专业学生 30～50 份	900～1500	400	W Ⅲ	
2. 本科院校 20 所	（4）设施相关专业教师 10～20 份	200～400	200	W Ⅳ	
	（5）设施相关专业学生 30～50 份	600～1000	500	W Ⅴ	
3. 设施农业行业企业 10 个	（6）专家管理者 5～10 份	50～100	100	W Ⅵ	

（5）问卷编号　　分四部分：第一部分为问卷类型编号，如 W Ⅰ；第二部分为单位编号，如 01；第三部分为单位内部流水号，如 01；第四部分为问卷总流水号，如 0001。即 WI-01-01-0001。

（6）问卷邮寄　　最好现场填写，通过邮局邮回，各组自行负责。

（7）调研用品　　调研访谈单位联系人：笔＋U 盘，每单位 1～3 个，按需取用。调研访谈单位教师、专家：笔，按需取。各组提供需要数量。

（8）介绍信　　由项目组统一到校办开具介绍信。

（9）调研计划　　各组提交调研计划。1 周之内提交。

（10）调研汇报交流　　暂定 2013 年 11 月中旬。

（11）其他　　提前与调研访谈单位电话联系。

七、问卷统计

安排本科生、研究生集中录入、统计问卷。

统计分析：各子项目分别统计分析。

第二部分　调 研 问 卷

一、开设设施农业科学与工程相关专业的中高职院校教师调研问卷（WⅠ）

问卷编号：WⅠ_____

职教师资设施农业科学与工程专业培养标准、培养方案、核心课程和特色教材开发调研问卷（WⅠ 中高职院校教师）

尊敬的老师：

您好！恳请并感谢您百忙中填写这份调查问卷。

设施农业科学与工程专业（以下简称"设施专业"）教师培养包开发项目是 2012

年度由教育部、财政部批准的 88 个专业项目之一，委托河北科技师范学院为牵头单位。从您那里获得的信息，将为我国设施专业及其相关专业职教师资培养标准、培养方案、核心课程、特色教材、数字化资源库和培养质量评价方案的开发、制订与优化提供重要的参考价值。请您按照实际情况和真实想法填写问卷，本问卷结果仅用于科学研究。对您的合作与支持再次表示衷心的感谢！

河北科技师范学院
设施农业科学与工程专业职教师资培养包开发项目组
2013 年 5 月

一、您的基本信息

1. 工作单位：（　　　）省、（　　　）市 / 县，学校全称＿＿＿＿＿＿＿＿＿＿＿＿＿
2. 本科毕业学校全称＿＿＿＿＿＿＿＿＿＿＿＿＿＿＿＿
3. 本科所学专业全称＿＿＿＿＿＿＿＿＿＿＿＿＿＿＿＿
4. 所承担的课程名称（可多写，写全称）＿＿＿＿＿＿＿＿＿＿＿＿＿＿＿＿＿
5. 目前学历：□①专科及以下　　□②本科　　□③研究生及以上
6. 目前学位：□①学士　□②硕士　□③博士　□④无学位
7. 目前职称：□①初级　□②中级　□③副高级　□④正高级　□⑤无职称
8. 您的岗位：□①兼职校级领导　□②兼职中层干部　□③兼职其他管理干部，如＿＿
＿＿＿＿＿＿＿＿＿＿＿＿＿＿＿＿＿＿＿＿＿＿＿＿＿＿＿＿＿＿＿＿＿＿＿＿＿
9. 您的年龄：□①30 岁及以下　　□②31～40 岁　　□③41～50 岁　　□④51 岁及以上
10. 师范教育经历（单选）：
□①毕业于师范类院校或专业　□②参加过师范教育培训　□③学习过师范教育课程
□④没有师范教育经历　　　□⑤其他＿＿＿＿＿＿＿＿＿
11. 从事职教教师工作多少年：
□①5 年及以下　□②6～10 年　　□③11～15 年
□④16～20 年　□⑤21～25 年　□⑥26 年及以上
12. 您平均每周的课时数：
□①10 学时及以下　□②11～15 学时　□③16～20 学时　　□④21 学时及以上
13. 拥有的职业资格证书是（可多选）：
□①教师资格证　　□②其他职业资格证，如＿＿＿＿＿　　□③没有证书
职业资格证书的级别是：□①高级　□②中级　□③初级　□④其他
14. 所讲授的课程类型（可多选）：
□①专业基础课　　　□②专业理论课　　　□③专业实践课
□④理论与实践一体课　□⑤其他＿＿＿＿＿＿　□⑥不任课

二、职业活动及职业能力

15. （WⅠ-1）您认为以下职教教师职业活动的重要性、难度和频率如何？请在 5、4、3、2、1 对应栏中划 "√"。
说明：重要性——5 为最重要，1 为最不重要；

难度——5 为最难，1 为最容易；

频率——指在一定时期内，职业活动进行的次数。5 代表至少每周至少一次，4 代表每月至少一次，3 代表每学期至少一次，2 代表每年至少一次，1 代表一年以上一次。

职业活动		重要性					难度					频率				
		5	4	3	2	1	5	4	3	2	1	5	4	3	2	1
课程开发	职业分析	□	□	□	□	□	□	□	□	□	□	□	□	□	□	□
	教材开发	□	□	□	□	□	□	□	□	□	□	□	□	□	□	□
教学设计	学生分析	□	□	□	□	□	□	□	□	□	□	□	□	□	□	□
	教案设计	□	□	□	□	□	□	□	□	□	□	□	□	□	□	□
	教学实施	□	□	□	□	□	□	□	□	□	□	□	□	□	□	□
	教学评估	□	□	□	□	□	□	□	□	□	□	□	□	□	□	□
学生指导	职业指导	□	□	□	□	□	□	□	□	□	□	□	□	□	□	□
	学习指导	□	□	□	□	□	□	□	□	□	□	□	□	□	□	□
	其他指导	□	□	□	□	□	□	□	□	□	□	□	□	□	□	□
学校管理	教学管理	□	□	□	□	□	□	□	□	□	□	□	□	□	□	□
	学生管理	□	□	□	□	□	□	□	□	□	□	□	□	□	□	□
	行政管理	□	□	□	□	□	□	□	□	□	□	□	□	□	□	□
职业发展	教学研究	□	□	□	□	□	□	□	□	□	□	□	□	□	□	□
	指导其他教师	□	□	□	□	□	□	□	□	□	□	□	□	□	□	□
	教学实践	□	□	□	□	□	□	□	□	□	□	□	□	□	□	□
	企业实践	□	□	□	□	□	□	□	□	□	□	□	□	□	□	□
	培训进修	□	□	□	□	□	□	□	□	□	□	□	□	□	□	□
公共关系	与行业企业联系	□	□	□	□	□	□	□	□	□	□	□	□	□	□	□
	与家长联系	□	□	□	□	□	□	□	□	□	□	□	□	□	□	□
	与学生联系	□	□	□	□	□	□	□	□	□	□	□	□	□	□	□
	其他人员联系	□	□	□	□	□	□	□	□	□	□	□	□	□	□	□

将上表中未包含的职教教师其他职业活动填入下表，并进行评价。

其他职业活动	重要性					难度					频率				
	5	4	3	2	1	5	4	3	2	1	5	4	3	2	1
（1）_____	□	□	□	□	□	□	□	□	□	□	□	□	□	□	□
（2）_____	□	□	□	□	□	□	□	□	□	□	□	□	□	□	□
（3）_____	□	□	□	□	□	□	□	□	□	□	□	□	□	□	□
（4）_____	□	□	□	□	□	□	□	□	□	□	□	□	□	□	□

16.（WⅠ-1）作为职教教师，您承担了哪些工作？请尽可能详细地列出来。

_____

_____

_____

17.（WⅠ-1）您认为优秀职教教师：

①除承担一般职教教师能够承担的工作外，还能承担什么工作？

_____

②除具有一般职教教师的能力外，还应具有什么能力？

_____

三、专业活动及专业能力

18.（WⅠ-2、3、4）请您先熟悉以下本科阶段所学专业类和教师教育类课程名称，然后回答下面三个问题：

①设施蔬菜栽培　　②设施果树栽培　　③设施花卉栽培　　④食用菌栽培
⑤无土栽培　　　　⑥工厂化育苗　　　⑦有机果蔬生产　　⑧现代农业技术
⑨园艺植物育种　　⑩作物病虫害防控　⑪设施产品采后处理　⑫休闲农业
⑬农业园区规划与管理　⑭设施设计与建造　⑮设施环境与调控　⑯设施自动化控制
⑰设施土壤与肥料　⑱设施灌溉　　　　⑲设施园艺机械　　⑳设施农业经营
㉑田间试验与统计　㉒专业技能训练　　㉓科研技能训练　　㉔教师技能训练
㉕专业教学法　　　㉖计算机应用技术　㉗教育学　　　　　㉘心理学

问题一：选出 8 门最有帮助的课程（将帮助最大的课程序号排在前面）_____

问题二：选出 3 门帮助较小的课程（将帮助最小的课程序号排在前面）_____

问题三：您认为本科阶段"应该开设，而没有开设"的课程，有_____

19.（WⅠ-4）您认为，培养本专业的职教教师，最适宜的教材编写体例是：

□①按行动体系编写，按项目分章节，划分工作任务，根据需要穿插理论知识和专业技能

□②按传统学科体系编写，先总论后各论，先理论后实践

□③以传统学科体系为框架，提炼知识点、技能点，理论与实践并重

□④其他，如_____

20.（WⅠ-4）您认为，本科阶段所用的专业课教材内容，存在的最大问题是：

□①知识陈旧，反映最新生产实践和科研成果较少　□②理论性强，实践性偏弱

□③课本内容与生产实践脱节　□④课本内容不够全面

□⑤其他，如_____

21.（WⅠ-4）您认为，本科阶段所用的专业课教材表现形式，存在的最大问题是：

□①印刷不够精美　□②排版设计不够新颖

□③用于辅助说明的图片、插图较少　□④教材太厚，内容太多

□⑤其他，如_____

22.（WⅠ-2、3）设施本科专业的课程设置，您认为哪种模式更有利于学习？（可以多选）

□①课程小型化（增加课程数量，减少单个课程学时）

□②课程大型化（相近、相关课程合并，增加课程学时数）

□③现有的学科课程体系（以理论课程为主，穿插辅以实验、实习课程）

□④课程实践化（全部改为实践性课程，理论课程尽量不开设）

□⑤课程理实一体化（以实践性课程为主，辅以理论课程）

□⑥其他，如_____

23．（ⅥⅠ-2）在职业学校教学过程中，您认为大学阶段学习的专业课程与工作的联系及帮助程度是怎样的？

　　□①联系性很强，很有帮助　　　　　□②有一些联系，但帮助、效果不大

　　□③有联系和帮助，但以自己重新钻研学习为主　　□④没有联系，没有帮助

24．（ⅥⅠ-2、3、4）请您给出设施本科专业，理论课与实践课教学学时适宜的比例：

　　□①0：10　□②1：9　□③2：8　□④3：7　□⑤4：6　□⑥5：5

　　□⑦6：4　□⑧7：3　□⑨8：2　□⑩9：1　□⑪10：0　□⑫不能确定

25．（ⅥⅠ-2）您认为目前一些应届师范毕业生存在的能力不足主要体现在哪些方面？（可以多选）

（1）教学领域

　　□①教学计划和教学设计　□②教学法运用　□③控班能力　□④其他_____

（2）专业领域

　　□①理论知识　　□②实践技能　　□③实验技能　　□④其他_____

26．（ⅥⅠ-2、3、4）您所在地区（县或县级市）的农业设施主要用于（限选3项）：

　　□①种植生产　　□②养殖生产　　□③观光旅游

　　□④科普展览　　□⑤科学研究　　□⑥其他用途_____

27．（ⅥⅤ-1、2、3、4、5、6）下表列出了设施农业生产的一些工作任务，其重要程度如何？请在5、4、3、2、1相应栏中划"√"（其中5为最重要，1为最不重要）。如果您认为还有未列出的其他工作任务，请填写在空白处，并进行重要程度评价，尽量填满22个。

工作任务	重要程度				
	5	4	3	2	1
（1）园区规划与棚室设计	□	□	□	□	□
（2）设施建造	□	□	□	□	□
（3）设施配套设备安装、维护与使用	□	□	□	□	□
（4）设施环境观测与调控	□	□	□	□	□
（5）设施栽培新技术引进、集成与示范	□	□	□	□	□
（6）设施植物专用品种选育	□	□	□	□	□
（7）设施作物工厂化育苗	□	□	□	□	□
（8）设施作物栽培管理	□	□	□	□	□
（9）设施作物病虫害诊断与防控	□	□	□	□	□
（10）土壤肥力及其检测	□	□	□	□	□
（11）设施作物无公害生产	□	□	□	□	□

续表

工作任务	重要程度				
	5	4	3	2	1
（12）设施作物无土栽培	□	□	□	□	□
（13）设施名、优、特、稀作物栽培	□	□	□	□	□
（14）产品的采收、包装、贮运、营销	□	□	□	□	□
（15）农产品品质分析、农药残留检验	□	□	□	□	□
（16）设施农业生产资料营销	□	□	□	□	□
（17）设施农业企业管理	□	□	□	□	□
（18）设施综合利用	□	□	□	□	□
（19）设施试验设计	□	□	□	□	□
（20）设施动物养殖	□	□	□	□	□
（21）_____	□	□	□	□	□
（22）_____	□	□	□	□	□

28.（WⅠ-4）您所在地区（县或县级市）的栽培设施类型主要有（可多选）：
　　□①基本无设施栽培，以露地栽培为主
　　□②塑料拱棚，包括塑料小棚、中棚、大棚
　　□③简易日光温室，面积小，较低矮，竹木结构
　　□④比较先进的节能型日光温室
　　□⑤有少量现代化大型温室
　　□⑥遮光、降温、防雨、防虫等设施
　　□⑦其他设施，如_____

29.（WⅠ-1、2、3、4）您所在地区设施农业的产品主要有（请尽可能多写，写出具体名称，重要的写在前面）：
　　（1）设施蔬菜主要有_____
　　（2）设施果树主要有_____
　　（3）设施花卉主要有_____
　　（4）设施食用菌主要有_____
　　（5）设施畜禽动物主要有_____
　　（6）设施水产动物主要有_____
　　（7）设施昆虫动物主要有_____
　　（8）其他的设施农产品有_____

30.（WⅠ-1）您了解的设施本科专业毕业生最想从事的职业岗位或就业去向有哪些?请首先选择比较重要的，个数不限；再按重要程度排序，填写下表，最重要的排在前面：
　　□①设施设计建造　　　□②设施作物生产　　　□③农业新技术推广
　　□④设施农业营销　　　□⑤设施农业管理　　　□⑥自主创业
　　□⑦进职业学校当教师　□⑧考研深造　　　　　□⑨其他，如_____

重要程度	1	2	3	4	5	6	7	8	9
选项序号									

四、教学活动及教学能力

31.（WⅠ-5）您教学中使用较多的是：

□①传统板书　　　□②PPT 课件　　　□③Flash 课件　　　□④网络课件

□⑤其他，如_____

32.（WⅠ-5）您使用的数字化教学课件来源：

□①自己原创　　　□②网上下载　　　□③参考他人课件自己制作

□④自己购买　　　□⑤随教材提供　　　□⑥学校统一购买

□⑦其他途径，如_____

□⑧没有使用过教学课件

33.（WⅠ-5）您愿意将自己制作的课件与他人共享吗？

□①愿意，在不附加任何条件下共享

□②附加条件愿意，在使用者注明作者、出处的情况下共享

□③附加条件愿意，在使用者支付一定费用的情况下共享

□④不愿意，任何情况下都不共享

□⑤其他可共享的附加条件_____

34.（WⅠ-5）E-Learning 英文全称为 electronic learning，中文译作"数字（化）学习""电子（化）学习""网络（化）学习"等，是通过应用信息科技和互联网技术进行内容传播和快速学习的方法。请问，您在看到本问卷前是否了解 E-Learning 的概念？

□①非常了解，并且使用过　　　　　　　□②非常了解，但没使用过

□③有所了解，但不清楚具体内容　　　　□④不了解

35.（WⅠ-5）您使用过网上教学平台吗？

□①使用过，请写出其名称或提供相关信息_____

□②听说过，但没用过

□③从未听说过，更未使用过

36.（WⅠ-5）您认为目前制约教师在教学过程中使用网络化、数字化教学的主要原因有哪些？请首先选择比较重要的，个数不限；再按重要程度排序，填写下表，最重要的排在前面：

□①教师的信息技术水平较低

□②没有合适的网络教学平台

□③没有较好的数字化教学资源

□④学校没有具体的网络化、数字化教学考核要求

□⑤网络化、数字化教学效果不佳

如果选择⑤，请说明主要体现在_____

□⑥其他，如_____

重要程度	1	2	3	4	5	6
选项序号						

37.（WⅠ-2）您目前采用的授课方式是（可多选）：

□①课堂讲授　　□②课堂讲授＋课堂讨论　　□③课堂讲授＋实验实训

□④在实训室边做边讲　　□⑤其他，如＿＿＿＿＿＿＿＿＿＿＿＿＿＿＿＿

38.（WⅠ-2）您利用多媒体进行教学的情况：

□①经常使用　　□②重要场合偶尔使用　　□③很少使用　　□④没有用过

如不利用或很少利用多媒体教学是因为：（可以多选）

□①没时间　　□②没有合适的课件　　□③没有多媒体设备

□④没有合适的网络学习材料　　　　　□⑤其他，如＿＿＿＿＿＿＿＿＿＿

39.（WⅠ-2）您所在学校进行实践技能操作训练的时间是否能满足专业的需求？

□①完全能满足　□②基本能满足　　□③不能满足　　□④基本没有

40.（WⅠ-2）您认为影响教师教学质量的主要因素是（请在相应的栏目内打"√"；如果您认为还有需要补充的因素，请填写在表中相应的空格位置，并进行重要性评价）。

因素	关键因素	重要因素	一般因素
（1）学生的学习基础及学习能力	□	□	□
（2）课程的性质、任务、目标是否明确	□	□	□
（3）课时安排的科学性、合理性	□	□	□
（4）教材的科学性、先进性	□	□	□
（5）教师的基本素质和能力	□	□	□
（6）教师的教学改革动力	□	□	□
（7）教师对教学研究的重视程度	□	□	□
（8）教师的教学理念	□	□	□
（9）教师参加培训的次数及培训质量	□	□	□
（10）学校领导的重视程度	□	□	□
（11）教学考核、评价的观念及方式	□	□	□
（12）仪器、设备、基地等教学条件	□	□	□
（13）＿＿＿＿＿＿＿＿＿	□	□	□
（14）＿＿＿＿＿＿＿＿＿	□	□	□
（15）＿＿＿＿＿＿＿＿＿	□	□	□

41.（WⅠ-6）您主讲的专业课程考核方式主要是：

□①仅有试卷考核　　□②仅有实践考核　　□③试卷考核＋实践考核

□④其他考核方式＿＿＿＿＿＿＿＿＿＿＿＿＿＿＿＿＿＿＿＿＿＿＿＿＿＿

42.（WⅠ-6）您主讲的专业理论课程考核结果主要表示方式（可多选）：

□①分数　　□②等级　　□③描述　　□④其他＿＿＿＿＿＿＿＿＿＿＿＿

43.（WⅠ-6）您主讲的专业实践课程考核结果主要表示方式（可多选）：

□①分数　　□②等级　　□③描述　　□④其他＿＿＿＿＿＿＿＿＿＿＿＿

44.（WⅠ-6）您主讲的专业实践课程考核主体（考核的主持人）主要是（可多选）：

□①行业专家　　□②任课教师　　□③学生互评　　□④其他＿＿＿＿＿＿

45.（WⅠ-6）您主讲的专业实践课程考核地点主要是（可多选）：

□①校内实训基地　　　□②校外实训基地　　　□③实验室

□④教室　　　　　　　□⑤其他场所_____

46.（WⅠ-6）您主讲的专业课程考核标准出自（可多选）：

□①课程标准（教学大纲）　　□②行业标准　　□③教师主观标准

□④学校或教研组确定的标准　□⑤其他_____

本问卷至此结束，再次谢谢您的支持和配合。

最后，如果您愿意，请留下您的联系方式，方便我们今后交流与合作。

姓名：_____

地址：_____

邮编：_____

电话：_____

E-mail：_____

您的其他留言：_____

_____

_____

二、开设设施农业科学与工程相关专业的中高职院校管理者调研问卷（WⅡ）

问卷编号：WⅡ_____

职教师资设施农业科学与工程专业培养标准、培养方案、核心课程和特色教材开发调研问卷（WⅡ中高职院校管理者）

尊敬的领导：

您好！恳请并感谢您百忙中填写这份调查问卷。

设施农业科学与工程专业（以下简称"设施专业"）教师培养包开发项目是2012年度由教育部、财政部批准的88个专业项目之一，委托河北科技师范学院为牵头单位。从您那里获得的信息，将为我国设施专业及其相关专业职教师资培养标准、培养方案、核心课程、特色教材、数字化资源库和培养质量评价方案的开发、制订与优化提供重要的参考价值。请您按照实际情况和真实想法填写问卷，本问卷结果仅用于科学研究。对您的合作与支持再次表示衷心的感谢！

河北科技师范学院

设施农业科学与工程专业职教师资培养包开发项目组

2013 年 5 月

一、基本情况

1. 贵单位的全称是_____

2. 贵单位是：□①中职院校　　□②高职院校　　□③其他_____

3. 您的职务是_____

属于：□①校级领导　　□②中层领导　　□③其他领导

4. 贵单位开设设施农业相关专业的情况：

□①目前仍在招生　　□②曾经开设，但目前不再招生　　□③其他_____

如果您选择了①，则每年的招生人数大约为_____人。

5. 贵单位目前开设的设施农业相关专业有：

□①设施农业技术专业　□②果蔬花卉生产技术专业　□③园艺技术专业

□④现代农艺技术专业　□⑤种子生产与经营专业　□⑥园林技术专业

□⑦种植专业　　　　　□⑧农产品保鲜与加工专业　□⑨植物保护专业

□⑩作物种植技术　　　□⑪其他专业（请写出来）_____

6. 贵单位近几年是否招聘过本科院校设施农业科学与工程专业的毕业生？

□①招聘过　　　　　　□②没招聘过　　　　　　□③不清楚

二、主要内容

7.（WⅡ-1、2）贵单位选聘毕业生时最看重下面哪些因素？最不看重哪些因素？请各选择5项，并按要求填写下面的两个表：

□①学历、学位　　□②毕业学校的名气　　□③学生干部　　□④党员

□⑤专业对口　　　□⑥专业技能证书　　　□⑦职业资格证书　□⑧档案记录

□⑨在校学习成绩　　　　　　　　　　　　□⑩工作及实践经验

□⑪仪表、谈吐与礼仪　　　　　□⑫社交、协调、管理能力

□⑬人生态度、道德素质　　　　□⑭综合素质

□⑮无所谓，能适合工作岗位就行　□⑯其他方面，如_____

最看重的因素排序（最看重的排前面）	1	2	3	4	5
填写选项序号					

最不看重的因素排序（最不看重的排前面）	1	2	3	4	5
填写选项序号					

8.（WⅡ-2、3、4）请您给出设施本科专业，理论课与实践课教学学时适宜的比例：

□①0：10　□②1：9　□③2：8　□④3：7　□⑤4：6　□⑥5：5

□⑦6：4　□⑧7：3　□⑨8：2　□⑩9：1　□⑪10：0　□⑫不能确定

9.（WⅡ-2）您认为按目前培养模式，高校设施本科专业毕业生是否能适应贵校的工作发展：

□①完全能　　□②应该能　　□③有一定难度　　□④不能

10.（WⅡ-2）贵单位是否愿意接受设施本科专业大学生前往观摩实习或顶岗实习：

□①非常欢迎　□②可以接受　□③不太愿意　□④不愿意

如果您选择了③或④，您的理由是：_____

11.（WⅡ-3）您认为设施本科专业课程教学大纲应该由谁牵头编写比较合适？可多选，并请排序：_____

□①课程主讲教师 □②设施农业领域知名教师 □③设施农业领域行业专家
□④学校教学工作委员会 □⑤其他，如＿＿＿＿＿＿＿＿＿＿＿＿＿＿＿

12.（WⅡ-3、4）根据贵校情况，您认为目前专业教师最缺乏的是哪些能力（最多选三项）？
□①团队协作能力 □②沟通交往能力 □③开拓创新能力
□④实践操作能力 □⑤课堂讲授能力 □⑥语言表达能力
□⑦专业写作能力 □⑧自主学习能力 □⑨其他能力，如＿＿＿＿＿＿

13.（WⅡ-4）您认为专业教师最重要的素质或能力是（单选题）：
□①专业知识 □②语言表达能力 □③沟通协作能力
□④实践操作能力 □⑤专业写作能力 □⑥课堂讲授能力
□⑦其他，如＿＿＿＿＿＿＿＿＿＿＿＿＿＿＿＿＿＿＿＿＿＿

14.（WⅡ-4）贵校教师在教学工作中对教材的使用情况是（单选）：
□①完全依照所选教材组织教学
□②以教材为框架，根据当地实际补充新内容，为当地经济发展培养人才
□③应试教育，以对口升学为指挥棒，考什么讲什么
□④其他，如＿＿＿＿＿＿＿＿＿＿＿＿＿＿＿＿＿＿＿＿＿＿

15.（WⅡ-5）E-Learning 英文全称为 electronic learning，中文译作"数字（化）学习""电子（化）学习""网络（化）学习"等，是通过应用信息科技和互联网技术进行内容传播和快速学习的方法。您在看到本问卷前是否了解 E-Learning 的概念？
□①非常了解 □②知道，但不清楚具体内容 □③不了解

16.（WⅡ-5）您所在的学校是否有网络学习平台？
□①有，学校统一建设管理 □②有，任课教师教师自行建设
□③没有，但有规划，条件成熟时建设 □④没有，学校也没有相关规划

17.（WⅡ-5）您认为开展数字化、网络化教学的限制性因素是什么？请先选择比较重要的，个数不限；再按重要程度排序，填写下表，最重要的排在前面。
□①学校的管理层、教师、教辅人员等相关人员的信息化水平
□②学校领导层的认知水平和管理水平
□③合理的考核方法和工作量核定
□④数字化教学资源的教学效果
□⑤其他，如＿＿＿＿＿＿＿＿＿＿＿＿＿＿＿＿＿＿＿＿＿＿

重要程度（重要的排在前面）	1	2	3	4	5
填写选项序号					

18.（WⅡ-5）您认为教师是否应具备网络教学平台使用和数字化教学资源制作的技能？
□①必须具备 □②具备更好，但不是必需的
□③不须具备，原因是＿＿＿＿＿＿＿＿＿＿＿＿＿＿＿＿＿＿＿＿

19.（WⅡ-1、2）根据贵校的情况，请对贵单位所录用的专业课教师进行评价：

项目	非常满意	基本满意	一般	不满意	非常不满意
（1）职业道德与素养	□	□	□	□	□
（2）工作责任心与敬业精神	□	□	□	□	□
（3）自我调控能力	□	□	□	□	□
（4）适应环境能力	□	□	□	□	□
（5）沟通与协作能力	□	□	□	□	□
（6）开拓创新能力	□	□	□	□	□
（7）继续学习能力	□	□	□	□	□
（8）专业实践能力	□	□	□	□	□
（9）专业理论基础	□	□	□	□	□
（10）教育教学水平	□	□	□	□	□
（11）外语水平	□	□	□	□	□
（12）写作水平	□	□	□	□	□
（13）计算机水平	□	□	□	□	□
（14）工作实绩	□	□	□	□	□
（15）综合素质	□	□	□	□	□

20.（WⅡ-6）贵校的专业课程考核方式主要是：
　　□①仅有试卷考核　　□②仅有实践考核　　□③试卷考核＋实践考核
　　□④其他考核方式，如＿＿＿＿＿＿＿＿＿＿＿＿

21.（WⅡ-6）贵校的专业课考核结果主要表示方式（可多选）：
　　□①分数　　　　　□②等级　　　　　□③描述
　　□④其他表示方式，如＿＿＿＿＿＿＿＿＿＿＿

22.（WⅡ-6）贵校专业实践课程考核主体（考核的主持人）主要是（可多选）：
　　□①行业专家　　　□②任课教师　　　□③学生互评
　　□④其他考核主体，如＿＿＿＿＿＿＿＿＿＿＿

23.（WⅡ-6）贵校的专业实践课程考核地点主要是（可多选）：
　　□①校内实训基地　□②校外实训基地　□③实验室
　　□④教室　　　　　□⑤其他场所，如＿＿＿＿＿＿＿＿＿＿

24.（WⅡ-6）贵校的专业课程考核标准出自（可多选）：
　　□①课程标准（教学大纲）　　□②行业标准　　　□③教师主观标准
　　□④学校或教研组确定的标准　□⑤其他，如＿＿＿＿＿＿＿＿＿＿＿

　　本问卷至此结束，再次谢谢您的支持和配合。
　　最后，如果您愿意，请留下您的联系方式，方便我们今后交流与合作。
　　　　姓名：＿＿＿＿＿＿＿＿＿＿＿＿
　　　　地址：＿＿＿＿＿＿＿＿＿＿＿＿
　　　　邮编：＿＿＿＿＿＿＿＿＿＿＿＿
　　　　电话：＿＿＿＿＿＿＿＿＿＿＿＿

E-mail：_____

您的其他留言：_____

_____

_____

三、开设设施农业科学与工程相关专业的中高职院校学生调研问卷（WⅢ）

问卷编号：WⅢ_____

职教师资设施农业科学与工程专业培养标准、培养方案、核心课程和特色教材开发调研问卷（WⅢ中高职院校学生）

亲爱的同学：

你好！首先感谢你百忙中接受我们的调研。

设施农业科学与工程专业（以下简称"设施专业"）教师培养包开发项目是 2012 年度由教育部、财政部批准的 88 个专业项目之一，委托河北科技师范学院为牵头单位。从你那里获得的信息，将为我国设施及其相关专业职教师资培养标准、培养方案、核心课程、特色教材、数字化资源库和培养质量评价方案的开发、制订与优化提供重要的参考价值。本调研内容仅用于科学研究，请你表达实际情况和真实想法。对你的合作与支持再次表示衷心的感谢！

河北科技师范学院
设施农业科学与工程专业职教师资培养包开发项目组
2013 年 5 月

1. 你的专业全称_____
2. 你所在的年级：□①一年级　　□②二年级　　□③三年级
3. 你来自：　　　　□①城市　　□②农村
4. 你的性别：　　　□①男　　　□②女
5. 你是否是独生子女：□①是　　□②否
6. 你母亲的职业是_____
7. 你父亲的职业是_____
8. 你将来想获得的最高文凭是：
   □①高中　□②专科　□③本科　□④硕士研究生　□④博士研究生　□⑤不确定
9. 你了解自己所学的专业吗？
   □①有深刻的认识和了解，且非常喜爱这个专业
   □②有较全面的认识和了解，但不喜欢这个专业
   □③有简单的认识和了解
   □④没有认识和了解

10. 你现在的学习动机是：
    □①为今后在社会上做一番事业打基础　　□②为今后进一步学习深造打好基础
    □③毕业后找份好工作　　　　　　　　　□④获得奖学金
    □⑤对得起父母　　　　　　　　　　　　□⑥其他＿＿＿＿＿＿＿＿＿＿＿＿
    □⑦没想过

11. 在学习中你看重：
    □①考试成绩　□②实践技能　□③文化素质　□④愉快有趣　□⑤教师的评价

12. 你喜欢的课程：
    □①专业实践课　□②专业理论课　□③计算机　□④外语　□⑤其他文化课
    □⑥课外活动

13. 你每天课后用于学习的时间：
    □①从不学习　　□②1 小时以内　□③2 小时以内
    □④3 小时以内　□⑤3 小时以上

14. 你学习中最大的障碍是：
    □①基础太差，缺乏学习动力　□②教师授课水平不高
    □③对所学专业不感兴趣　　　□④学校学习风气差
    □⑤自制力差，管不了自己

15. 你是否会利用图书馆进行学习：
    □①经常到图书馆查阅资料，对学习帮助很大　□②有时去查阅资料
    □③去图书馆只是借阅娱乐消遣书籍，与学习无关
    □④很少去查资料，基本上无帮助

16. 你学习中最大的压力来自：
    □①专业理论知识　□②专业实践技能　□③文化基础知识

17. 你如何评价学过的课程：
    □①提高了自己的综合素质和实践能力
    □②学到了一些有用的知识将来用得上
    □③学过就忘了，没学到什么东西

18. 在课堂上你的注意力：
    □①长时间集中在学习内容上　□②学到一半就走神　□③也就能集中十几分钟
    □④很难集中起来　　　　　　□⑤集中不到学习内容上来

19. 上课会迟到或早退吗？
    □①从来不会　□②偶尔　□③经常

20. 你利用网络主要是（可多选）：
    □①聊天　□②查学习资料　□③玩游戏　□④看新闻　□⑤其他

21. 在准备求职之前，你觉得自己应该具备哪些能力或素质（多选）：
    □①职业能力与综合素质　□②专业技能　□③社会实践经验

22. 你毕业后准备从事哪方面的工作？
    □①农业示范园区的生产与管理　□②农产品营销　□③农业技术推广
    □④农业园区规划　□⑤设施工程技术与装备　□⑥其他，如＿＿＿＿＿＿＿＿

23. 根据你的了解，请列出本专业往届毕业生主要从事的工作岗位有＿＿＿＿＿＿＿

24. 你认为下面的哪些能力对你更重要？请首先选择比较重要的，个数不限；再按重要程度排序，填写下表，最重要的排在前面：
　　□①自主学习能力　　　　□②运用知识的能力　　　□③观察分析问题的能力
　　□④设施建造使用能力　　□⑤园艺作物生产能力　　□⑥园艺作物贮运加工能力
　　□⑦与人沟通能力　　　　□⑧适应艰苦环境的能力　□⑨其他，如＿＿＿＿＿＿

重要程度	1	2	3	4	5	6	7	8	9
选项序号									

25. 学校安排生产实习的主要场所是：
　　□①校内实习基地　　□②科研院所　　□③农业企业
　　□④农户的生产基地　□⑤其他，如＿＿＿＿＿＿＿＿＿＿

26. 你学校实习指导课的任课教师一般是：
　　□①校内理论课教师　　　　□②专门指导实习的教师
　　□③来自企业一线的技术人员　□④其他，如＿＿＿＿＿＿＿＿

27. 在选择就业时，你认为什么是最重要的？
　　□①兴趣爱好　□②薪水高低　□③发展空间　□④工作的稳定性

28. 如果毕业后自主创业，建工厂化设施农业基地，你认为最需要的是：
　　□①资金　　　　□②技术　　□③社会环境　□④政策支持　□⑤父母支持
　　□⑥其他，如＿＿＿＿＿＿＿＿＿＿＿＿＿＿＿＿＿

29. 与人相处时，你会怎么做？
　　□①克制自己将就别人，以争取更好的人际关系　□②与人为善，互帮互助
　　□③追求公平，公正　　　　　　　　　　　　　□④互相利用
　　□⑤为达到目的，不惜损人利己　　　　　　　　□⑥各人自扫门前雪，莫管他人瓦上霜
　　□⑦不明确　　　　　　　　　　　　　　　　　□⑧没认真想过

30. 当你遇到困难时你第一时间会找谁帮忙？
　　□①老师　□②家长　□③同学　□④其他人，如＿＿＿＿＿＿＿＿＿＿

31. 考试时，如果你发现同学作弊，你将会：
　　□①向监考老师揭发或提醒老师注意　□②自己暗示他不要作弊
　　□③觉得这种行为可耻，但与己无关　□④作弊的人太多了，习以为常
　　□⑤有机会自己也作弊　　　　　　　□⑥其他，如＿＿＿＿＿＿＿＿

32. 你最烦恼的问题是：
　　□①学习紧张，压力大　　　　□②家庭经济困难
　　□③父母对我期望值过高　　　□④集体中缺少温暖，同学中没有友谊
　　□⑤缺少教师的关爱　　　　　□⑥其他，如＿＿＿＿＿＿＿＿＿

33. 你认为一般而言，中学生对电脑游戏、网络聊天等在时间上的自我控制力：
　　□①很强　□②比较强　□③比较差　□④非常差　□⑤根本不能控制

34. 你对学校教师的总体态度是：

□①很真心地尊敬　　□②还算能真心敬重　　□③内心没感觉，表面尊重
□④内心和表面都不太尊重　　　　□⑤看不起，无须尊重

35. 你对学校教师的素质：

□①很满意　□②基本满意　□③不满意　□④很失望　□⑤无所谓　□⑥没感觉

36. 你心目中好教师的标准是什么？请你列出来：

_____

_____

_____

　　本问卷至此结束，再次谢谢您的支持和配合。

　　最后，如果您愿意，请留下您的联系方式，方便我们今后交流与合作。

　　　　姓名：_____

　　　　地址：_____

　　　　邮编：_____

　　　　电话：_____

　　　　E-mail：_____

　　　　您的其他留言：_____

_____

_____

四、开设设施农业科学与工程专业的本科院校教师调研问卷（WⅣ）

问卷编号：WⅣ_____

职教师资设施农业科学与工程专业培养标准、培养方案、核心课程和特色教材开发调研问卷（WⅣ本科院校教师）

尊敬的老师：

　　您好！恳请并感谢您百忙中填写这份调查问卷。

　　设施农业科学与工程专业（以下简称"设施专业"）教师培养包开发项目是2012年度由教育部、财政部批准的88个专业项目之一，委托河北科技师范学院为牵头单位。从您那里获得的信息，将为我国设施专业及其相关专业职教师资培养标准、培养方案、核心课程、特色教材、数字化资源库和培养质量评价方案的开发、制订与优化提供重要的参考价值。请您按照实际情况和真实想法填写问卷，本问卷结果仅用于科学研究。对您的合作与支持再次表示衷心的感谢！

河北科技师范学院

设施农业科学与工程专业职教师资培养包开发项目组

2013 年 5 月

一、您的基本信息

1. 工作单位：（　　）省，全称＿＿＿＿＿＿＿＿＿＿＿＿＿＿＿＿＿＿＿＿
2. 目前学历：□①本科　□②硕士研究生　□③博士研究生　□④其他学历
3. 目前学位：□①学士　□②硕士　　　□③博士　　　　□④无学位
4. 所学专业：本科专业＿＿＿＿＿＿＿＿＿＿＿＿＿＿＿＿＿＿＿＿＿＿＿＿
　　　　　　硕士专业＿＿＿＿＿＿＿＿＿＿＿＿＿＿＿＿＿＿＿＿＿＿＿＿
　　　　　　博士专业＿＿＿＿＿＿＿＿＿＿＿＿＿＿＿＿＿＿＿＿＿＿＿＿
5. 拥有的与专业教育相关的职业资格证书是（可多选）：
　　□①教师资格证书　　　□②高级工证书　　　□③工程师证书
　　□④没有职业资格证书　□⑤其他，如（写全称）＿＿＿＿＿＿＿＿＿＿＿
6. 目前职称：□①初级　□②中级　□③副高级　□④正高级　□⑤无职称
7. 您的职务：□①校级领导　□②中层干部　□③普通教师　□④其他＿＿＿＿
8. 您的年龄：□①30岁及以下　□②31~40岁　□③41~50岁　□④51岁及以上
9. 您的教龄：□①5年及以下　□②6~10年　□③11~15年　□④16~20年
　　　　　　 □⑤20~25年　 □⑥26年及以上
10. 所教主要课程名称（可多写，写全称）＿＿＿＿＿＿＿＿＿＿＿＿＿＿＿＿
11. 所教课程类型（可多选）：
　　□①专业基础课　　　□②专业理论课　　　□③专业实践课
　　□④理论与实践一体课　□⑤其他＿＿＿＿　□⑥不任课

二、职业教育及职业活动

12. （WⅣ-1）您是否了解国家关于职业教育的相关政策、法规、文件？
　　□①非常了解　□②一般了解　□③了解不多　□④不了解
13. （WⅣ-1）您是否了解职业教育的相关理论、知识？
　　□①非常了解　□②一般了解　□③了解不多　□④不了解
14. （WⅣ-1）您是否了解职业学校教师从事的职业活动？
　　□①非常了解　□②一般了解　□③了解不多　□④不了解
15. （WⅣ-1）您认为我们培养的设施专业毕业生，成为合格的职教教师，应具有哪些能力？其中核心能力是什么？
＿＿＿＿＿＿＿＿＿＿＿＿＿＿＿＿＿＿＿＿＿＿＿＿＿＿＿＿＿＿＿＿＿＿＿
＿＿＿＿＿＿＿＿＿＿＿＿＿＿＿＿＿＿＿＿＿＿＿＿＿＿＿＿＿＿＿＿＿＿＿
16. （WⅣ-1）您认为优秀职教教师：
　　①除承担一般职教教师能够承担的工作外，还应承担什么工作？
＿＿＿＿＿＿＿＿＿＿＿＿＿＿＿＿＿＿＿＿＿＿＿＿＿＿＿＿＿＿＿＿＿＿＿
　　②除具有一般职教教师的能力外，还应具有什么能力？
＿＿＿＿＿＿＿＿＿＿＿＿＿＿＿＿＿＿＿＿＿＿＿＿＿＿＿＿＿＿＿＿＿＿＿
17. （WⅣ-1）您认为以下职教教师职业活动的重要性、难度和频率如何？请在5、4、3、2、1对应栏中划"√"。
　　说明：重要性——5为最重要，1为最不重要；

难度——5 为最难，1 为最容易；

频率——指在一定时期内，职业活动进行的次数。5 代表至少每周至少一次，4 代表每月至少一次，3 代表每学期至少一次，2 代表每年至少一次，1 代表一年以上一次。

职业活动		重要性					难度					频率				
		5	4	3	2	1	5	4	3	2	1	5	4	3	2	1
课程开发	（1）职业分析	□	□	□	□	□	□	□	□	□	□	□	□	□	□	□
	（2）教材开发	□	□	□	□	□	□	□	□	□	□	□	□	□	□	□
教学设计	（3）学生分析	□	□	□	□	□	□	□	□	□	□	□	□	□	□	□
	（4）教案设计	□	□	□	□	□	□	□	□	□	□	□	□	□	□	□
	（5）教学实施	□	□	□	□	□	□	□	□	□	□	□	□	□	□	□
	（6）教学评估	□	□	□	□	□	□	□	□	□	□	□	□	□	□	□
学生指导	（7）职业指导	□	□	□	□	□	□	□	□	□	□	□	□	□	□	□
	（8）学习指导	□	□	□	□	□	□	□	□	□	□	□	□	□	□	□
	（9）其他指导	□	□	□	□	□	□	□	□	□	□	□	□	□	□	□
学校管理	（10）教学管理	□	□	□	□	□	□	□	□	□	□	□	□	□	□	□
	（11）学生管理	□	□	□	□	□	□	□	□	□	□	□	□	□	□	□
	（12）行政管理	□	□	□	□	□	□	□	□	□	□	□	□	□	□	□
职业发展	（13）教学研究	□	□	□	□	□	□	□	□	□	□	□	□	□	□	□
	（14）指导其他教师	□	□	□	□	□	□	□	□	□	□	□	□	□	□	□
	（15）教学实践	□	□	□	□	□	□	□	□	□	□	□	□	□	□	□
	（16）企业实践	□	□	□	□	□	□	□	□	□	□	□	□	□	□	□
	（17）培训进修	□	□	□	□	□	□	□	□	□	□	□	□	□	□	□
公共关系	（18）与行业企业联系	□	□	□	□	□	□	□	□	□	□	□	□	□	□	□
	（19）与家长联系	□	□	□	□	□	□	□	□	□	□	□	□	□	□	□
	（20）与学生联系	□	□	□	□	□	□	□	□	□	□	□	□	□	□	□
	（21）其他人员联系	□	□	□	□	□	□	□	□	□	□	□	□	□	□	□

将上表中未包含的职教教师其他职业活动填入下表，并进行评价。

其他职业活动	重要性					难度					频率				
	5	4	3	2	1	5	4	3	2	1	5	4	3	2	1
（22）＿＿＿＿＿＿	□	□	□	□	□	□	□	□	□	□	□	□	□	□	□
（23）＿＿＿＿＿＿	□	□	□	□	□	□	□	□	□	□	□	□	□	□	□
（24）＿＿＿＿＿＿	□	□	□	□	□	□	□	□	□	□	□	□	□	□	□
（25）＿＿＿＿＿＿	□	□	□	□	□	□	□	□	□	□	□	□	□	□	□

三、专业教育及专业活动

18.（WⅣ-1）您了解的设施专业毕业生最想从事的职业岗位或就业去向有哪些？请

首先选择比较重要的，个数不限；再按重要程度排序，填写下表，最重要的排在前面：

　　　　□①设施设计建造　　　□②设施作物生产　　　□③农业新技术推广
　　　　□④设施农业营销　　　□⑤设施农业管理　　　□⑥自主创业
　　　　□⑦进职业学校当教师　□⑧考研深造　　　　　□⑨其他，如＿＿＿＿＿＿＿＿

重要程度	1	2	3	4	5	6	7	8	9
选项序号									

19.（WⅤ-1、2、3、4、5、6）下表列出了设施农业生产的一些工作任务，其重要程度如何？请在5、4、3、2、1相应栏中划"√"（其中5为最重要，1为最不重要）。如果您认为还有未列出的其他工作任务，请填写在空白处，并进行重要程度评价，尽量填满22个。

工作任务	重要程度				
	5	4	3	2	1
（1）园区规划与棚室设计	□	□	□	□	□
（2）设施建造	□	□	□	□	□
（3）设施配套设备安装、维护与使用	□	□	□	□	□
（4）设施环境观测与调控	□	□	□	□	□
（5）设施栽培新技术引进、集成与示范	□	□	□	□	□
（6）设施植物专用品种选育	□	□	□	□	□
（7）设施作物工厂化育苗	□	□	□	□	□
（8）设施作物栽培管理	□	□	□	□	□
（9）设施作物病虫害诊断与防控	□	□	□	□	□
（10）土壤肥力及其检测	□	□	□	□	□
（11）设施作物无公害生产	□	□	□	□	□
（12）设施作物无土栽培	□	□	□	□	□
（13）设施名、优、特、稀作物栽培	□	□	□	□	□
（14）产品的采收、包装、贮运、营销	□	□	□	□	□
（15）农产品品质分析、农药残留检验	□	□	□	□	□
（16）设施农业生产资料营销	□	□	□	□	□
（17）设施农业企业管理	□	□	□	□	□
（18）设施综合利用	□	□	□	□	□
（19）设施试验设计	□	□	□	□	□
（20）设施动物养殖	□	□	□	□	□
（21）＿＿＿＿＿＿	□	□	□	□	□
（22）＿＿＿＿＿＿	□	□	□	□	□

20.（WⅣ-2、3、4）请您先熟悉以下专业类和教师教育类课程名称，然后回答下面三个问题：

①设施蔬菜栽培　　②设施果树栽培　　③设施花卉栽培　　④食用菌栽培

⑤无土栽培　　　　⑥工厂化育苗　　　⑦有机果蔬生产　　⑧现代农业技术

⑨园艺植物育种　　⑩作物病虫害防控　⑪设施产品采后处理　⑫休闲农业

⑬农业园区规划与管理　⑭设施设计与建造　⑮设施环境与调控　⑯设施自动化控制

⑰设施土壤与肥料　⑱设施灌溉　　　　⑲设施园艺机械　　⑳设施农业经营

㉑田间试验与统计　㉒专业技能训练　　㉓科研技能训练　　㉔教师技能训练

㉕专业教学法　　　㉖计算机应用技术　㉗教育学　　　　　㉘心理学

问题一：选出 8 个最重要的课程（将重要性最大的课程序号排在前面）＿＿＿＿＿＿

问题二：选出 3 个最不重要的课程（将重要性最小的课程序号排在前面）＿＿＿＿＿

问题三：您认为"应该开设，而没有开设"的课程有＿＿＿＿＿＿＿＿＿＿＿＿＿＿＿

21.（WⅣ-4）您认为，培养设施及其相关专业的职教师资，最适宜的教材编写体例是：

□①按行动体系编写，按项目分章节，划分工作任务，根据需要穿插理论知识和专业技能

□②按传统学科体系编写，先总论后各论，先理论后实践

□③以传统学科体系为框架，提炼知识点、技能点，理论与实践并重

□④其他＿＿＿＿＿＿＿＿＿＿＿＿＿＿＿＿＿＿＿

22.（WⅣ-2、3、4）设施本科专业的课程设置，您认为哪种模式更有利于学习（可以多选）？

□①课程小型化（增加课程数量，减少单个课程学时）

□②课程大型化（相近、相关课程合并，增加课程学时数）

□③现有的学科课程体系（以理论课程为主，穿插辅以实验、实习课程）

□④课程实践化（全部改为实践性课程，理论课程尽量不开设）

□⑤课程理实一体化（以实践性课程为主，辅以理论课程）

□⑥其他＿＿＿＿＿＿＿＿＿＿＿＿＿＿＿＿＿＿＿＿＿＿＿

23.（WⅣ-2、3、4）您认为设施本科专业，理论课与实践课教学学时适宜的比例是：

□①0：10　□②1：9　□③2：8　□④3：7　□⑤4：6　□⑥5：5

□⑦6：4　□⑧7：3　□⑨8：2　□⑩9：1　□⑪10：0　□⑫不能确定

24.（WⅣ-2、3、4）您所在地区的农业设施主要用于（限选 3 项）：

□①种植生产　　□②养殖生产　　□③观光旅游

□④科普展览　　□⑤科学研究　　□⑥其他用途＿＿＿＿＿＿＿＿＿＿＿＿＿

25.（WⅣ-4）您所在地区的栽培设施类型主要有（可多选）：

□①基本无设施栽培，以露地栽培为主

□②塑料拱棚，包括塑料小棚、中棚、大棚

□③简易日光温室，较低矮，竹木结构　　□④比较先进的节能型日光温室

□⑤有少量现代化大型温室　　　　　　　□⑥遮光、降温、防雨、防虫等设施

□⑦其他设施＿＿＿＿＿＿＿＿＿＿＿＿＿＿＿＿＿＿＿＿＿＿＿＿＿＿＿＿

四、教学活动及教学能力

26.（WⅣ-2）您目前采用的授课方式是（可多选）：

□①课堂讲授 □②课堂讲授＋课堂讨论 □③课堂讲授＋实验实训

□④在实训室边做边讲 □⑤其他，如_____

27.（WⅣ-2）您所在学校进行实践技能训练的时间是否能满足设施专业的需求？

□①完全能满足 □②基本能满足 □③不能满足 □④基本没有技能训练

28.（WⅣ-2）您认为影响教师教学质量的主要因素是（请在相应的栏目内打"√"；如果您认为还有需要补充的因素，请填写在表中相应的空格位置，并进行重要性评价）。

因素	关键因素	重要因素	一般因素
（1）学生的学习基础及学习能力	□	□	□
（2）课程的性质、任务、目标是否明确	□	□	□
（3）课时安排的科学性、合理性	□	□	□
（4）教材的科学性、先进性	□	□	□
（5）教师的基本素质和能力	□	□	□
（6）教师的教学改革动力	□	□	□
（7）教师对教学研究的重视程度	□	□	□
（8）教师的教学理念	□	□	□
（9）教师参加培训的次数及培训质量	□	□	□
（10）学校领导的重视程度	□	□	□
（11）教学考核、评价的观念及方式	□	□	□
（12）仪器、设备、基地等教学条件	□	□	□
（13）_____	□	□	□
（14）_____	□	□	□
（15）_____	□	□	□

29.（WⅣ-2）请您对设施专业开设的课程进行评价（请在相应的栏目内打"√"）：

项目	选项				
（1）总课程量	□①很大	□②较大	□③一般	□④较小	□⑤很小
（2）理论性课程量	□①很大	□②较大	□③一般	□④较小	□⑤很小
（3）实践性课程量	□①很大	□②较大	□③一般	□④较小	□⑤很小
（4）课程面	□①很宽	□②较宽	□③一般	□④较窄	□⑤很窄
（5）课程的实用性	□①很强	□②较强	□③一般	□④较弱	□⑤很弱
（6）课程的前沿性	□①很强	□②较强	□③一般	□④较弱	□⑤很弱
（7）课程与企业需求相关性	□①很强	□②较强	□③一般	□④较弱	□⑤很弱

30.（WIV-2）请您对设施专业开设的实践性课程进行评价（请在相应的栏目内打"√"）：

项目	能否满足教学需要		
（1）实习基地条件	□①完全满足	□②基本满足	□③不能满足
（2）实验室条件	□①完全满足	□②基本满足	□③不能满足
（3）实践技能训练时间	□①完全满足	□②基本满足	□③不能满足

31.（WIV-5）您教学中使用较多的是：

□①传统板书　□②PPT 课件　□③Flash 课件　□④网络课件

□⑤其他_____

32.（WIV-5）您使用的数字化教学课件来源：

□①自己原创　□②网上下载　□③参考他人课件自己制作

□④自己购买　□⑤随教材提供　□⑥学校统一购买

□⑦其他途径_____

□⑧没有使用过教学课件

33.（WIV-5）您愿意将自己制作的课件与他人共享吗？

□①愿意，在不附加任何条件下共享

□②附加条件愿意，在使用者注明作者、出处的情况下共享

□③附加条件愿意，在使用者支付一定费用的情况下共享

□④不愿意，任何情况下都不共享

□⑤其他可共享的附加条件_____

34.（WIV-5）E-Learning 英文全称为 electronic learning，中文译作"数字（化）学习""电子（化）学习""网络（化）学习"等，是通过应用信息科技和互联网技术进行内容传播和快速学习的方法。请问，您在看到本问卷前是否了解 E-Learning 的概念？

□①非常了解，并且使用过　　　　□②非常了解，但没使用过

□③有所了解，但不清楚具体内容　　□④不了解

35.（WIV-5）您使用过网上教学平台吗？

□①使用过，请写出其名称或提供相关信息_____

□②听说过，但没用过

□③从未听说过，更未使用过

36.（WIV-5）您认为目前制约教师在教学过程中使用网络化、数字化教学的主要原因有哪些？请首先选择比较重要的，个数不限；再按重要程度排序，填写下表，最重要的排在前面：

□①教师的信息技术水平较低

□②没有合适的网络教学平台

□③没有较好的数字化教学资源

□④学校没有合理的网络化、数字化教学考核方法

□⑤网络化、数字化教学效果不佳

　如果选择⑤，请说明主要体现在_____

□⑥其他_____

重要程度	1	2	3	4	5	6
选项序号						

37.（WⅣ-6）您主讲的专业课程考核方式主要是：
　　□①仅有试卷考核　□②仅有实践考核　□③试卷考核＋实践考核
　　□④其他考核方式＿＿＿＿＿＿＿＿＿＿

38.（WⅣ-6）您主讲的专业<u>理论</u>课程考核结果主要表示方式（可多选）：
　　□①分数　□②等级　□③描述　□④其他＿＿＿＿＿＿＿＿＿＿

39.（WⅣ-6）您主讲的专业<u>实践</u>课程考核结果主要表示方式（可多选）：
　　□①分数　□②等级　□③描述　□④其他＿＿＿＿＿＿＿＿＿＿

40.（WⅣ-6）您主讲的专业实践课程考核主体（考核的主持人）主要是（可多选）：
　　□①行业专家　□②任课教师　□③学生互评　□④其他＿＿＿＿＿＿

41.（WⅣ-6）您主讲的专业实践课程考核地点主要是（可多选）：
　　□①校内实训基地　□②校外实训基地　□③实验室
　　□④教室　　　　　□⑤其他场所＿＿＿＿＿＿＿＿＿＿

42.（WⅣ-6）您主讲的专业课程考核标准出自（可多选）：
　　□①课程标准（教学大纲）　　□②行业标准　□③教师主观标准
　　□④学校或教研组确定的标准　□⑤其他＿＿＿＿＿＿＿＿

　　本问卷至此结束，再次谢谢您的支持和配合。
　　最后，如果您愿意，请留下您的联系方式，方便我们今后交流与合作。
　　　　姓名：＿＿＿＿＿＿＿＿＿＿＿＿＿＿＿＿
　　　　地址：＿＿＿＿＿＿＿＿＿＿＿＿＿＿＿＿
　　　　邮编：＿＿＿＿＿＿＿＿＿＿＿＿＿＿＿＿
　　　　电话：＿＿＿＿＿＿＿＿＿＿＿＿＿＿＿＿
　　　　E-mail：＿＿＿＿＿＿＿＿＿＿＿＿＿＿＿＿
　　　　您的其他留言：＿＿＿＿＿＿＿＿＿＿＿＿＿＿＿
＿＿＿＿＿＿＿＿＿＿＿＿＿＿＿＿＿＿＿＿＿＿＿＿＿＿＿＿＿＿＿＿＿
＿＿＿＿＿＿＿＿＿＿＿＿＿＿＿＿＿＿＿＿＿＿＿＿＿＿＿＿＿＿＿＿＿

五、开设设施农业科学与工程专业的本科院校学生调研问卷（WⅤ）

问卷编号：WⅤ＿＿＿＿＿

职教师资设施农业科学与工程专业培养标准、培养方案、核心课程和特色教材开发调研问卷（WⅤ本科院校学生）

　　亲爱的同学：
　　你好！感谢并欢迎你参加问卷调查。

　　设施农业科学与工程专业（以下简称"设施专业"）教师培养包开发项目是 2012 年度由教育部、财政部批准的 88 个专业项目之一，委托河北科技师范学院为牵头单位。从你那里获得的信息，将为我国设施专业及其相关专业职教师资培养标准、培养方案、核心课程、特色教材、数字化资源库和培养质量评价方案的开发、制订与优化提供重要的参考价值。请你按照实际情况和真实想法填写问卷，本问卷结果仅用于科学研究。对你的参与与支持表示衷心的感谢！

河北科技师范学院

设施农业科学与工程专业职教师资培养包开发项目组

2013 年 5 月

一、你的基本信息

1. 你的学校：（　　）省，全称＿＿＿＿＿＿＿＿＿＿＿＿＿＿＿＿＿＿＿
2. 你入学的年份：＿＿＿＿＿年
3. 你的家庭所在地：□①城市　□②农村
4. 你来自哪一类型的高中：
　□①普通高中　□②职业高中　□③中等专业学校　□④技工学校　□⑤其他
5. 你进入大学前对设施农业：
　□①曾从事相关工作，比较了解　□②知道设施农业，但了解不多　□③不了解
6. 你选择现在所学专业的决定因素是（可多选）
　□①自己喜欢　　　　□②父母决定　　　□③亲戚朋友推荐　　□④老师推荐
　□⑤新闻媒体的宣传　□⑥教育部门分配　□⑦学校的招生介绍　□⑧收费较低
　□⑨容易找工作　　　□⑩其他＿＿＿＿＿＿＿＿＿＿＿＿＿＿＿＿＿＿＿
　其中，最重要的是（限 1 项）＿＿＿＿＿＿＿＿＿＿＿＿＿＿＿＿＿＿＿
7. 你对现在所学专业是否感兴趣？
　□①感兴趣　□②一般　□③不感兴趣　□④说不好
8. 你知道自己所学设施专业的培养目标和对口就业方向吗？
　□①知道，老师讲过　□②知道，自己研究过　□③不知道，比较盲目
　□④说不清楚
9. 你毕业后准备从事哪方面的工作？
　□①教师　□②公务员　□③农业企业管理　□④农业企业经营　□⑤农业技术推广
　□⑥考研　□⑦自主创业　□⑧其他，如＿＿＿＿＿＿＿＿＿＿＿＿＿＿＿

二、职业能力培养

10.（WV-1）你认为下面的哪些职业能力对你更重要？多选并排序：＿＿＿＿＿＿
　□①自主学习能力　　　□②运用知识的能力　　□③观察分析能力
　□④与人沟通能力　　　□⑤适应艰苦环境的能力　□⑥学生管理能力
　□⑦外语、计算机应用能力　□⑧教学研究能力　　□⑨课程开发能力
　□⑩教学设计能力　　　□⑪其他能力，如＿＿＿＿＿＿＿＿＿＿＿＿＿＿＿

11.（WV-1）学校实践实习课的指导教师主要是：

□①校内理论课教师兼任　　□②配备专门实践实习指导教师

□③来自企业行业的专家　　□④从事设施农业生产的技术人员

□⑤不确定，比较随意　　□⑥其他人员，如_____

12.（WV-1）目前专业课教师主要采用的教学方法是（可多选）：

□①讲授法　　　　□②讨论法　　　　□③情景教学法

□④项目教学法　　□⑤任务驱动法　　□⑥其他，如_____

三、专业能力培养

13.（WV-2、3、4）请你先熟悉以下专业类和教师教育类课程名称，然后回答下面三个问题：

①设施蔬菜栽培	②设施果树栽培	③设施花卉栽培	④食用菌栽培
⑤无土栽培	⑥工厂化育苗	⑦有机果蔬生产	⑧现代农业技术
⑨园艺植物育种	⑩作物病虫害防控	⑪设施产品采后处理	⑫休闲农业
⑬农业园区规划与管理	⑭设施设计与建造	⑮设施环境与调控	⑯设施自动化控制
⑰设施土壤与肥料	⑱设施灌溉	⑲设施园艺机械	⑳设施农业经营
㉑田间试验与统计	㉒专业技能训练	㉓科研技能训练	㉔教师技能训练
㉕专业教学法	㉖计算机应用技术	㉗教育学	㉘心理学

问题一：选出8门最有帮助的课程（将帮助最大的课程序号排在前面）_____

问题二：选出5门帮助较小的课程（将帮助最小的课程序号排在前面）_____

问题三：除上面罗列的28门课程外，你认为帮助较大的课程还有（写出课程名称，门数不限）：

_____

14.（WV-1、2、3、4、5、6）下表列出了设施农业生产的一些工作任务，其重要程度如何？请在5、4、3、2、1相应栏中划"√"（其中5为最重要，1为最不重要）。如果您认为还有未列出的其他工作任务，请填写在空白处，并进行重要程度评价，尽量填满22个。

工作任务	重要程度				
	5	4	3	2	1
（1）园区规划与棚室设计	□	□	□	□	□
（2）设施建造	□	□	□	□	□
（3）设施配套设备安装、维护与使用	□	□	□	□	□
（4）设施环境观测与调控	□	□	□	□	□
（5）设施栽培新技术引进、集成与示范	□	□	□	□	□
（6）设施植物专用品种选育	□	□	□	□	□
（7）设施作物工厂化育苗	□	□	□	□	□
（8）设施作物栽培管理	□	□	□	□	□
（9）设施作物病虫害诊断与防控	□	□	□	□	□
（10）土壤肥力及其检测	□	□	□	□	□
（11）设施作物无公害生产	□	□	□	□	□

续表

工作任务	重要程度				
	5	4	3	2	1
（12）设施作物无土栽培	□	□	□	□	□
（13）设施名、优、特、稀作物栽培	□	□	□	□	□
（14）产品的采收、包装、贮运、营销	□	□	□	□	□
（15）农产品品质分析、农药残留检验	□	□	□	□	□
（16）设施农业生产资料营销	□	□	□	□	□
（17）设施农业企业管理	□	□	□	□	□
（18）设施综合利用	□	□	□	□	□
（19）设施试验设计	□	□	□	□	□
（20）设施动物养殖	□	□	□	□	□
（21）_____	□	□	□	□	□
（22）_____	□	□	□	□	□

15.（WV-4）你认为目前所用的专业课教材内容存在的问题是（可多选）：
□①知识较陈旧，最新生产实践经验和科研成果较少
□②理论性强，实践性偏弱　□③教材内容与生产脱节
□④教材内容不够全面　　　□⑤其他，如_____

16.（WV-4）你认为，目前所用的专业课教材的表现形式存在的问题是（可多选）：
□①印刷不够精美　　　　□②排版设计不够新颖
□③图片（插图）较少　　□④其他，如_____

17.（WV-3）你认为在学习某门课程之前，研读该课程的教学大纲重要吗？
□①非常重要　□②重要　□③一般　□④不重要　□⑤无所谓
那么，你阅读过所开课程的教学大纲吗？
□①认真仔细阅读过　　□②看到过，没有认真阅读　　□③没看到过

18.（WV-3）你学习的课程，在开课之初，任课教师是否介绍了教学大纲的相关内容？
□①所有课程都介绍　　　□②大部分课程（50%以上）介绍
□③只有少部分课程（50%以下）介绍　□④所有课程都不介绍

19.（WV-3）你认为课程考核与评分应该包括哪些内容，考核的结果才更真实（可多选）？
□①日常考核　　　□②操作考核　　　□③卷面考核
□④提交实验报告　□⑤其他_____

20.（WV-3）你认为哪种实践教学实习比较适合你？
□①有老师带队，在校内实习基地实习　□②到企业顶岗实习
□③自己找实习单位实习　　　　　　　□④其他_____

21.（WV-3）你认为由哪些人来审核教学大纲比较合适（可多选）？
□①学科专家　　　□②有经验的教师　□③生产岗位技术专家

□④本专业的学生　　□⑤教学管理者

22.（WⅤ-3）请谈谈你理想的教学大纲或自己对教学大纲的期望？请对学校开设的课程或教学大纲提出自己的建议或意见？

_____

_____

23.（WⅤ-2）请你对设施专业开设的课程进行评价（请在相应的栏目内打"√"）：

项目	选项				
（1）总课程量	□①很大	□②较大	□③一般	□④较小	□⑤很小
（2）理论性课程量	□①很大	□②较大	□③一般	□④较小	□⑤很小
（3）实践性课程量	□①很大	□②较大	□③一般	□④较小	□⑤很小
（4）课程面	□①很宽	□②较宽	□③一般	□④较窄	□⑤很窄
（5）课程的实用性	□①很强	□②较强	□③一般	□④较弱	□⑤很弱
（6）课程的前沿性	□①很强	□②较强	□③一般	□④较弱	□⑤很弱
（7）课程的吸引力	□①很强	□②较强	□③一般	□④较弱	□⑤很弱
（8）课程与企业需求相关性	□①很强	□②较强	□③一般	□④较弱	□⑤很弱

24.（WⅤ-2）请你对设施专业开设的实践性课程进行评价（请在相应的栏目内打"√"）：

项目	能否满足教学需要		
（1）实习基地条件	□①完全满足	□②基本满足	□③不能满足
（2）实验室条件	□①完全满足	□②基本满足	□③不能满足
（3）实践技能训练时间	□①完全满足	□②基本满足	□③不能满足

25.（WⅤ-2）除课堂教学外，你认为学校还应采取哪些措施来提高学生的能力（可多选）？

□①开设培训课程和邀请专业人士讲座　□②去公司基地参观或实习
□③提供更多专业相关的资料书　□④无所谓，看自己的努力
□⑤开展各种专业竞赛　□⑥校企合作共建
□⑦其他，如_____

26.（WⅤ-2）关于设施专业选修课的设置，你所在学校的情况是怎样？

□①没有　□②太少，应适当增加　□③合适　□④较多，应适当减少　□⑤太多

27.（WⅤ-2）你觉得本校设施专业各学期课程安排如何？

学期	选项				
（1）第一学期	□①很松	□②较松	□③适中	□④较紧	□⑤很紧
（2）第二学期	□①很松	□②较松	□③适中	□④较紧	□⑤很紧
（3）第三学期	□①很松	□②较松	□③适中	□④较紧	□⑤很紧
（4）第四学期	□①很松	□②较松	□③适中	□④较紧	□⑤很紧

续表

学期	选项				
（5）第五学期	□①很松	□②较松	□③适中	□④较紧	□⑤很紧
（6）第六学期	□①很松	□②较松	□③适中	□④较紧	□⑤很紧
（7）第七学期	□①很松	□②较松	□③适中	□④较紧	□⑤很紧
（8）第八学期	□①很松	□②较松	□③适中	□④较紧	□⑤很紧

28.（WⅠ-3）设施本科专业的课程设置，你认为哪种模式更有利于学习（可以多选）？

□①课程小型化（增加课程数量，减少单个课程学时）

□②课程大型化（相近、相关课程合并，增加课程学时数）

□③现有的学科课程体系（以理论课程为主，穿插辅以实验、实习课程）

□④课程实践化（全部改为实践性课程，理论课程尽量不开设）

□⑤课程理实一体化（以实践性课程为主，辅以理论课程）

□⑥其他，如_____

29.（WⅤ-2）请评价你所在学校以下教学环节的实际执行情况（请在选中的框中打"√"）：

项目	①很严格	②较严格	③一般	④不太严格	⑤很不严格
（1）完成学分	□	□	□	□	□
（2）理论课程教学	□	□	□	□	□
（3）理论课程考核	□	□	□	□	□
（4）专业实践课程教学	□	□	□	□	□
（5）专业实践课程考核	□	□	□	□	□
（6）教师技能训练教学	□	□	□	□	□
（7）教育教学实习	□	□	□	□	□
（8）毕业论文	□	□	□	□	□

30.（WⅤ-4）你家乡所在地区（县或县级市）的农业设施主要用于（限选3项）：

□①种植生产　　□②养殖生产　　□③观光旅游

□④科普展览　　□⑤科学研究　　□⑥其他用途_____

31.（WⅤ-4）你家乡所在地区（县或县级市）的栽培设施类型主要有（可多选）：

□①基本无设施栽培，以露地栽培为主

□②塑料拱棚，包括塑料小棚、中棚、大棚

□③简易日光温室，面积小，较低矮，竹木结构

□④比较先进的节能型日光温室

□⑤有少量现代化大型温室

□⑥遮光、降温、防雨、防虫等设施

□⑦其他设施_____

四、教学能力培养

32.（WⅤ-5）E-Learning 英文全称为 electronic learning，中文译作"数字（化）学习""电子（化）学习""网络（化）学习"等，是通过应用信息科技和互联网技术

进行内容传播和快速学习的方法。请问，你在看到本问卷前是否了解 E-Learning 的概念？

　　□①非常了解，并且使用过　　　　□②非常了解，但没使用过
　　□③有所了解，但不清楚具体内容　　□④不了解

33.（WV-5）你认为教师使用的数字化教学课件能够满足你的学习需要吗？
　　□①完全能满足　□②基本能满足，但还需要改进　□③不能满足

34.（WV-5）你使用过网上教学平台吗？
　　□①使用过，请写出其名称或提供相关信息_____
　　□②听说过，但没用过　□③从未听说过，更未使用过

35.（WV-5）你认为以下哪种教学方式的学习效果更好？
　　□①课堂教学方式　　　　　　　　□②网上教学方式
　　□③课堂教学与网上教学相结合的方式　□④其他方式_____

36.（WV-2）你的专业课教师的教学表现（可多选）：
　　□①老师讲课时条理清晰、逻辑性强、语言生动
　　□②老师的板书、板画、板演极为规范
　　□③老师的教学课件、动画制作用心，发挥了多媒体教学的优势
　　□④老师注重调动、鼓励学生积极主动发言，课堂气氛生动活泼
　　□⑤老师讲课普通话标准、流利
　　□⑥老师非常注重实践教学
　　□⑦老师的教学方法极灵活，启发引导，学生学习积极性极高

37.（WV-2）你的老师，经常有以下哪种不良的行为表现（可多选）？
　　□①备课马虎，教学不认真　□②上课迟到　　□③言行举止不文明
　　□④讽刺、挖苦、歧视学生　□⑤体罚或变相体罚学生
　　□⑥用不及格等威胁报复学生　□⑦利用职位谋取私利　□⑧其他____

38.（WV-2）请你用简短的语言概括，你对教师教学方面的最大期望是：
_____

39.（WV-6）你所在学校对大学生的能力评价方式是：
　　□①理论考核　□②技能考核　□③理论与实践综合考核　□④其他方式____

40.（WV-6）你所在学校对大学生进行能力测试的评价主体（考核的主持人）是：
　　□①学校教师　□②企业专家　□③学生互评　□④其他_____

41.（WV-6）你所在学校进行专业技能考核的地点一般是：
　　□①学校实训基地　□②企业实训基地　□③公共实训中心　□④教室

42.（WV-6）你所在学校学生能力测评结果靠什么体现？
　　□①考试成绩　　□②作品　　　□③考证　　　□④其他

43.（WV-6）你认为学校的能力测评应该包括哪些内容，核心能力是什么？
_____

44.（WV-6）你认为学校的能力测评方式是否测出你的真实能力？哪些能力没有测

评出来？

_____

_____

　　本问卷至此结束，再次谢谢你的支持和配合。

　　最后，如果你愿意，请留下你的联系方式，方便我们今后交流与合作。

　　　　姓名：_____

　　　　地址：_____

　　　　邮编：_____

　　　　电话：_____

　　　　E-mail：_____

　　　　您的其他留言：_____

_____

_____

六、设施农业行业企业专家调研问卷（WⅥ）

问卷编号：WⅥ_____

职教师资设施农业科学与工程专业培养标准、培养方案、核心课程和特色教材开发调研问卷（WⅥ设施农业行业企业专家）

尊敬的先生、女士：

　　您好！恳请并感谢您百忙中填写这份调查问卷。

　　设施农业科学与工程专业（以下简称"设施专业"）教师培养包开发项目是2012年度由教育部、财政部批准的88个专业项目之一，委托河北科技师范学院为牵头单位。从您那里获得的信息，将为我国设施专业及其相关专业职教师资培养标准、培养方案、核心课程、特色教材、数字化资源库和培养质量评价方案的开发、制订与优化提供重要的参考价值。请您按照实际情况和真实想法填写问卷，本问卷结果仅用于科学研究。对您的合作与支持再次表示衷心的感谢！

河北科技师范学院
设施农业科学与工程专业职教师资培养包开发项目组
2013年5月

一、基本信息

　　1. 您的单位全称_____

　　2. 单位所在地_____省（直辖市、自治区）、_____（地级市）、_____（县、县级市）

　　3. 单位性质：□①国有企业　　□②国有控股企业　　□③民营企业（集体）

　　　　□④民营企业（个体）　　□⑤外资企业　　□⑥港澳台投资企业

　　　　□⑦合资企业　　　　　　□⑧其他_____

4. 单位所涉及的业务范围＿＿＿＿＿＿＿＿＿＿＿＿＿＿＿＿＿＿＿＿＿＿＿＿

5. 上级主管部门全称＿＿＿＿＿＿＿＿＿＿＿＿＿＿＿＿＿＿＿＿＿＿＿＿＿＿

6. 您的学历和学位＿＿＿＿＿＿＿＿＿＿＿＿＿＿＿＿＿＿＿＿＿＿＿＿＿＿＿

7. 您的职称：□①初级　□②中级　□③副高级　□④高级　□⑤无职称

8. 您的职务：□①单位领导　□②单位中层领导　□③其他＿＿＿＿＿＿＿＿＿＿

9. 您的年龄：□①30岁及以下　□②31~40岁　□③41~50岁　□④51岁及以上

10. 从事设施农业相关工作的年限：
□①5年以下　　□②6~10年　　□③11~15年
□④16~20年　□⑤21~25年　□⑥26年以上

二、主要内容

11. （WⅥ-1、2、3、4、5、6）请写出您了解的全国或当地有代表性的5个设施农业企业单位名称：
（1）＿＿＿＿＿＿＿＿＿＿＿＿＿＿＿＿＿＿＿＿＿＿＿＿＿＿＿＿＿＿＿＿＿
（2）＿＿＿＿＿＿＿＿＿＿＿＿＿＿＿＿＿＿＿＿＿＿＿＿＿＿＿＿＿＿＿＿＿
（3）＿＿＿＿＿＿＿＿＿＿＿＿＿＿＿＿＿＿＿＿＿＿＿＿＿＿＿＿＿＿＿＿＿
（4）＿＿＿＿＿＿＿＿＿＿＿＿＿＿＿＿＿＿＿＿＿＿＿＿＿＿＿＿＿＿＿＿＿
（5）＿＿＿＿＿＿＿＿＿＿＿＿＿＿＿＿＿＿＿＿＿＿＿＿＿＿＿＿＿＿＿＿＿

12. （WⅥ-2、3、4）您认为设施本科专业，理论课与实践课教学学时适宜的比例是：
□①0：10　□②1：9　□③2：8　□④3：7　□⑤4：6　□⑥5：5
□⑦6：4　□⑧7：3　□⑨8：2　□⑩9：1　□⑪10：0　□⑫不能确定

13. （WⅥ-2）您认为设施专业人才的培养目标主要应该是：
□①研究型人才　□②应用型人才　□③复合型人才　□④其他＿＿＿＿＿＿

14. （WⅥ-2）您认为设施专业人才的主要对口就业单位是：
□①农业科技园区　　　　　　□②教学、科研院所等事业单位
□③园艺设施设计及建造企业　□④园艺设备及相关生产资料的生产单位
□⑤其他，如＿＿＿＿＿＿＿＿＿＿＿＿＿＿＿＿＿＿＿＿＿＿＿＿＿＿＿＿

15. （WⅥ-2）您认为设施专业人才的主要对口从事的工作是：
□①现代农业设施工程的设计　□②特色作物的栽培　□③农业园区的经营管理
□④产品研发及科学研究　　　□⑤教学及科研　　　□⑥其他，如＿＿＿＿＿＿

16. （WⅥ-2）您认为设施专业课程体系的设置总体应该：
□①偏农科，以种植管理为主　□②偏工科，以设施建造园区规划为主
□③工、农对半　　　　　　　□④其他，如＿＿＿＿＿＿＿＿＿＿＿＿＿＿

17. （WⅥ-2）除培养方案设定的课程外，您认为还可以通过哪些方面提高学生的能力（可多选）？
□①开设培训课程和邀请专业人士讲座　□②去公司基地参观或实习
□③学校提供更多有关设施专业的资料书　□④无所谓，看学生自己的努力
□⑤开展各种专业竞赛　　　　　　　　□⑥校企合作共建
□⑦其他，如＿＿＿＿＿＿＿＿＿＿＿＿＿＿＿＿＿＿＿＿＿＿＿＿＿＿＿＿

18. （WⅥ-2）您对设施专业培养方案及培养条件等方面有哪些建议？

（1）培养方案： _____

（2）培养条件： _____

19.（WⅥ-2、3、4）请您先熟悉以下大学开设的课程名称，然后回答下面三个问题：

①设施蔬菜栽培　　　②设施果树栽培　　③设施花卉栽培　　④食用菌栽培

⑤无土栽培　　　　　⑥工厂化育苗　　　⑦有机果蔬生产　　⑧现代农业技术

⑨园艺植物育种　　　⑩作物病虫害防控　⑪设施产品采后处理　⑫休闲农业

⑬农业园区规划与管理　⑭设施设计与建造　⑮设施环境与调控　⑯设施自动化控制

⑰设施土壤与肥料　　⑱设施灌溉　　　　⑲设施园艺机械　　⑳设施农业经营

㉑田间试验与统计　　㉒专业技能训练　　㉓科研技能训练　　㉔教师技能训练

㉕专业教学法　　　　㉖计算机应用技术　㉗教育学　　　　　㉘心理学

问题一：选出 8 门应该开设的课程（将最应该开设的课程序号排在前面）_____

问题二：选出 3 门可以取消的课程（将最应该取消的课程序号排在前面）_____

问题三：您认为大学还应该开设的课程，有_____

20.（WⅥ-1、2、3、4、5、6）下表列出了设施农业生产的一些工作任务，其重要程度如何？请在 5、4、3、2、1 相应栏中划"√"（其中 5 为最重要，1 为最不重要）。如果您认为还有未列出的其他工作任务，请填写在空白处，并进行重要程度评价，尽量填满22 个。

工作任务	重要程度				
	5	4	3	2	1
（1）园区规划与棚室设计	□	□	□	□	□
（2）设施建造	□	□	□	□	□
（3）设施配套设备安装、维护与使用	□	□	□	□	□
（4）设施环境观测与调控	□	□	□	□	□
（5）设施栽培新技术引进、集成与示范	□	□	□	□	□
（6）设施植物专用品种选育	□	□	□	□	□
（7）设施作物工厂化育苗	□	□	□	□	□
（8）设施作物栽培管理	□	□	□	□	□
（9）设施作物病虫害诊断与防控	□	□	□	□	□
（10）土壤肥力及其检测	□	□	□	□	□
（11）设施作物无公害生产	□	□	□	□	□
（12）设施作物无土栽培	□	□	□	□	□
（13）设施名、优、特、稀作物栽培	□	□	□	□	□
（14）产品的采收、包装、贮运、营销	□	□	□	□	□
（15）农产品品质分析、农药残留检验	□	□	□	□	□
（16）设施农业生产资料营销	□	□	□	□	□

续表

工作任务	重要程度				
	5	4	3	2	1
（17）设施农业企业管理	☐	☐	☐	☐	☐
（18）设施综合利用	☐	☐	☐	☐	☐
（19）设施试验设计	☐	☐	☐	☐	☐
（20）设施动物养殖	☐	☐	☐	☐	☐
（21）＿＿＿＿	☐	☐	☐	☐	☐
（22）＿＿＿＿	☐	☐	☐	☐	☐

21．（WⅥ-1、2）对贵单位录用的农科类毕业生，进行综合素质及能力评价：

项目	非常满意	基本满意	一般	不满意	非常不满意
（1）职业道德与素养	☐	☐	☐	☐	☐
（2）工作责任心与敬业精神	☐	☐	☐	☐	☐
（3）自我调控能力	☐	☐	☐	☐	☐
（4）适应环境能力	☐	☐	☐	☐	☐
（5）沟通与协作能力	☐	☐	☐	☐	☐
（6）开拓创新能力	☐	☐	☐	☐	☐
（7）继续学习能力	☐	☐	☐	☐	☐
（8）专业实践能力	☐	☐	☐	☐	☐
（9）专业理论基础	☐	☐	☐	☐	☐
（10）教育教学水平	☐	☐	☐	☐	☐
（11）外语水平	☐	☐	☐	☐	☐
（12）写作水平	☐	☐	☐	☐	☐
（13）计算机水平	☐	☐	☐	☐	☐
（14）工作实绩	☐	☐	☐	☐	☐
（15）综合素质	☐	☐	☐	☐	☐

22．（WⅥ-2、3）您认为哪种实践教学实习更有利于提高学生的实践技能？
☐①有老师带队，在校内实习基地实习　☐②到企业顶岗实习
☐③自己找实习单位实习　　　　　　　☐④其他，如＿＿＿＿＿＿＿＿＿

23．（WⅥ-2、3）您认为设施专业课程体系设置总体应该是：
☐①偏重设施设计建造　　　☐②偏重设施蔬菜种植
☐③偏重设施果树种植　　　☐④偏重设施动物养殖
☐⑤偏重其他作物种植

24．（WⅥ-5）您所在单位对职工的培训主要采用哪种方式？
☐①采用面对面授课的培训班方式

　　□②采用网络培训的方式

　　□③采用老员工传帮带的方式

　　□④其他，如＿＿＿＿＿＿＿＿＿＿＿＿＿

　　□⑤没有专门的职业培训

25.（WⅥ-5）您认为您的单位在职工培训中存在的主要问题是：

　　□①培训成本较高　　□②培训效果不理想　　□③其他，如＿＿＿＿＿＿＿＿＿

26.（WⅥ-5）您认为使用网络进行职工职业培训所面临的主要问题是：

　　□①单位职工的信息化水平较低　　□②缺少适合本行业职业培训的数字化资源

　　□③本单位的信息化建设较落后，缺少硬件、软件支撑

　　□④其他，如＿＿＿＿＿＿＿＿＿＿＿＿＿

27.（WⅥ-6）请您列举出您认为能够考察出学生操作技能的具体工作任务或好的测评方法：

＿＿＿＿＿＿＿＿＿＿＿＿＿＿＿＿＿＿＿＿＿＿＿＿＿＿＿＿＿＿＿＿＿＿＿＿＿

＿＿＿＿＿＿＿＿＿＿＿＿＿＿＿＿＿＿＿＿＿＿＿＿＿＿＿＿＿＿＿＿＿＿＿＿＿

＿＿＿＿＿＿＿＿＿＿＿＿＿＿＿＿＿＿＿＿＿＿＿＿＿＿＿＿＿＿＿＿＿＿＿＿＿

28.（WⅥ-6）请您列举出您认为能够考察出学生知识水平的具体工作任务或好的测评方法：

＿＿＿＿＿＿＿＿＿＿＿＿＿＿＿＿＿＿＿＿＿＿＿＿＿＿＿＿＿＿＿＿＿＿＿＿＿

＿＿＿＿＿＿＿＿＿＿＿＿＿＿＿＿＿＿＿＿＿＿＿＿＿＿＿＿＿＿＿＿＿＿＿＿＿

＿＿＿＿＿＿＿＿＿＿＿＿＿＿＿＿＿＿＿＿＿＿＿＿＿＿＿＿＿＿＿＿＿＿＿＿＿

　　本问卷至此结束，再次谢谢您的支持和配合。

　　最后，如果您愿意，请留下您的联系方式，方便我们今后交流与合作。

　　　　姓名：＿＿＿＿＿＿＿＿＿＿＿＿＿＿

　　　　地址：＿＿＿＿＿＿＿＿＿＿＿＿＿＿

　　　　邮编：＿＿＿＿＿＿＿＿＿＿＿＿＿＿

　　　　电话：＿＿＿＿＿＿＿＿＿＿＿＿＿＿

　　　　E-mail：＿＿＿＿＿＿＿＿＿＿＿＿＿

　　　　您的其他留言：＿＿＿＿＿＿＿＿＿＿＿＿＿＿＿＿＿＿＿＿＿＿＿

＿＿＿＿＿＿＿＿＿＿＿＿＿＿＿＿＿＿＿＿＿＿＿＿＿＿＿＿＿＿＿＿＿＿＿＿＿

＿＿＿＿＿＿＿＿＿＿＿＿＿＿＿＿＿＿＿＿＿＿＿＿＿＿＿＿＿＿＿＿＿＿＿＿＿

七、面向本科院校的设施农业科学与工程专业基本情况调查问卷（WⅦ）

问卷编号：WⅦ＿＿＿＿＿＿

设施农业科学与工程专业基本情况调查问卷

尊敬的＿＿＿＿＿＿＿教授：

　　您好！我们是教育部、财政部《设施农业科学与工程》专业职教师资本科专业

培养标准、培养方案、核心课程和特色教材开发"（VTNE058）项目组，获悉贵校该专业在师资、课程、教学、管理等诸多方面特色显著且培养质量水平高，因此恳请您在百忙当中将贵校设施农业科学与工程专业现有数据填入下表，以期为项目组顺利完成课题提供重要的数据支撑，在此对您的不吝赐教表示深深的感谢！

河北科技师范学院

设施农业科学与工程专业职教师资培养包开发项目组

2015 年 9 月

附件 1：调查表 1～表 5

附件 2：调查提纲

您的学校名称：＿＿＿＿＿＿＿＿＿＿＿＿＿＿＿＿＿＿＿＿＿＿＿

设施农业科学与工程专业学生总数：＿＿＿＿＿＿＿＿＿＿＿＿＿＿＿

设施农业科学与工程专业教师总数：＿＿＿＿＿＿＿＿＿＿＿＿＿＿＿

附件 1：

表 1　设施农业科学与工程专业生源情况调查表

生源类别：　□统招　　　□对口　　　□其他

录取批次：　□本科一批　□本科二批　□本科三批

年份	录取情况				综合素质
	最低分超出本批次分数线/分	在贵校各专业排名（名次/专业总数）	第一志愿录取人数/人	录取学生总数/人	录取学生中为党员或获得市级以上各种奖励的人数/人
2011					
2012					
2013					
2014					
到2017年有望达到					

注：（1）多种生源类别、多种录取批次招生时，请注意分别填写。可以复印本表。（2）"综合素质"栏，同一人获得多项奖励，只按 1 人计算，不能累加

表 2　设施农业科学与工程专业师资组成调查表

时间	学位			职称				年龄			专兼		资格证书	
	博士	硕士	其他	正高	副高	中级	初级	≤35岁	36～55岁	≥56岁	专职	兼职	双师	其他
截至2014.12.31														
到2017.12.31有望达到														

表3　设施农业科学与工程专业师资荣誉及成果调查表

年份	荣誉及专家称号		教学获奖							课题立项		科研奖励		技术推广奖励	
	国家级	省级	教学优秀	教学竞赛			教学成果奖			国家级	省级	国家级	省级	国家级	省级
				国家级	省级	校级	国家级	省级	校级						
2011															
2012															
2013															
2014															
到2017年有望达到															

注：（1）同一人获得多项荣誉及成果，可以累加；（2）"课题立项"指自然科学、社会科学、教学研究等课题；（3）"科研奖励"不包括教学成果奖及技术推广奖励；（4）"技术推广奖励"包括山区创业奖、农业技术推广成果奖、农业技术推广贡献奖、农业技术推广合作奖等

表4　设施农业科学与工程专业教学条件与保障调查表

年份	教学经费		专业实验室			校内实习场站			校外基地		
	学校财政投入占学费比例/%	本专业申请的外来经费投入/万元	总面积/m²	设备总值/万元	10万元以上设备值/万元	总面积/m²	各种设施总面积/m²	大型温室面积/m²	数量/个	总面积/m²	大型温室面积/m²
2011											
2012											
2013											
2014											
到2017年有望达到											

注：（1）"学校财政投入占学费比例/%"使用学校数据；（2）"本专业申请的外来经费投入/万元"是指用于专业建设的经费，不包括教师申请的课题科研经费；（3）"大型温室面积/m²"包括现代化大型温室、高效节能日光温室

表5　设施农业科学与工程专业学生培养质量调查表

年份	在校期间获得各种奖励情况/人次		毕业情况		考研率/%	职业资格证书获取率/%	初次就业率/%	到中职学校就业的人数/人
	国家级	省级	毕业率/%	学位获取率/%				
2011								
2012								
2013								
2014								
到2017年有望达到								

注：（1）同一人获得多项奖励，可以累加；（2）"考研率/%"指考取研究生人数占本专业学生总数的比例；（3）"初次就业率/%"是指毕业生毕业当年8月31日之前统计的就业率

附件 2：

调查提纲

1. 学校支持学生创新、创业的政策及平台（赛事、项目、组织等）的情况如何？
2. 专业课使用慕课平台的情况如何？专业课教师制作微课的情况如何？
3. "理实一体化"课程比例应该如何安排？
4. 翻转课堂、项目教学等现代教法改革情况如何？
5. 综合性、真实性考核、评价改革情况如何？
6. 毕业生对专业满意度情况如何？
7. 用人单位对毕业生满意度情况如何？
8. 贵校设施农业科学与工程专业有何特色？

第三部分 访谈提纲

一、开设设施农业科学与工程相关专业的中高职院校教师访谈提纲（FI）

**职教师资设施农业科学与工程专业培养标准、培养方案、核心课程和特色教材开发
访谈提纲（FI 中高职院校教师）**

尊敬的老师：

您好！首先感谢您百忙中接受我们的访谈。

设施农业科学与工程专业（以下简称"设施专业"）教师培养包开发项目是 2012 年度由教育部、财政部批准的 88 个专业项目之一，委托河北科技师范学院为牵头单位。从您那里获得的信息，将为我国设施专业及其相关专业职教师资培养标准、培养方案、核心课程、特色教材、数字化资源库和培养质量评价方案的开发、制订与优化提供重要的参考价值。本访谈内容仅用于科学研究，请您表达实际情况和真实想法。对您的合作与支持再次表示衷心的感谢！

河北科技师范学院
设施农业科学与工程专业职教师资培养包开发项目组
2013 年 5 月

首先，访谈主持人简介项目情况，说明访谈的主要目的、意义。

记录人做好全程记录（见专用《访谈记录纸》），注意填写《被访谈人员基本信息记录表》。

1. 请您谈一谈对刚刚完成的调研问卷的评价及意见建议。

2.（FⅠ-1）专业课教师在发展过程中，一般经历入职阶段、新手阶段、骨干教师阶段、专家教师阶段，每个阶段的主要特征是什么？或者简单理解为新入职、工作5年、工作6～10年、工作11～15年以上，在不同时间段对其专业能力有何不同的要求？

3.（FⅠ-1）您认为作为一名合格的专业课教师，应具备怎样的专业能力？最重要的能力是什么？

4.（FⅠ-2）您学校培养的学生最大的优势和特色是什么？

5.（FⅠ-2）您学校师资配置是否充足、合理？您认为最需要哪种素质的教师？

6.（FⅠ-3）您是依据什么来编写教学大纲的？教学内容是如何选择的？可以举一个具体的例子吗？

7.（FⅠ-3）您认为目前教学大纲编制存在哪些问题？如何改进这项工作？

8.（FⅠ-3）您认为实践教学大纲的编写应该注意哪些问题？

9.（FⅠ-4）您认为，目前设施本科专业最急于编著的教材有哪几种？最有使用前景的教材有哪几种？

10.（FⅠ-4）您认为，专业课教材的编写体例最好是什么样的？

11.（FⅠ-5）您认为您现在使用的数字化教学资源能否满足教学需要，有哪些优点？存在哪些不足？您认为理想的数字化教学资源应具备哪些特征？

12.（FⅠ-5）您所在的学校有网络化、数字化教学考核办法吗？如果有，您认为考核办法是否合理、有效？是否能提高教师在教学中应用信息技术的积极性？

13.（FⅠ-6）您认为职业学校培养质量评价的核心内容是什么？

14.（FⅠ-6）您认为目前您所在专业培养质量评价方面存在什么问题？其中突出问题是什么？您对于所在专业培养质量评价的具体建议是什么？

15.（FⅠ-6）您是否知道或使用过KOMET（职业能力与职业能力测评）能力模型和测试方法？

16.最后，请您尽量协助我们完成以下工作：

（1）提供贵校设施相关专业培养方案或教学计划的电子版或纸质版。

（2）提供贵校设施相关专业主要专业课教学大纲的电子版或纸质版。

（3）提供贵校设施相关专业主要专业课教材清单或教材。

（4）访谈人员需要的其他相关资料。

二、开设设施农业科学与工程相关专业的中高职院校管理者访谈提纲（FⅡ）

职教师资设施农业科学与工程专业培养标准、培养方案、核心课程和特色教材开发访谈提纲（FⅡ中高职院校管理者）

尊敬的领导：

您好！首先感谢您百忙中接受我们的访谈。

设施农业科学与工程专业（以下简称"设施专业"）教师培养包开发项目是2012年度由教育部、财政部批准的88个专业项目之一，委托河北科技师范学院为牵头单位。从您那里获得的信息，将为我国设施专业及其相关专业职教师资培养标准、培养方案、核心课程、特色教材、数字化资源库和培养质量评价方案的开发、制订与优化提供重要的参考价值。本访谈内容仅用于科学研究，请您表达实际情况和真实想法。对您的合作与支持再次表示衷心的感谢！

河北科技师范学院

设施农业科学与工程专业职教师资培养包开发项目组

2013 年 5 月

首先，访谈主持人简介项目情况，说明访谈的主要目的、意义。

记录人做好全程记录（见专用《访谈记录纸》），注意填写《被访谈人员基本信息记录表》。

1. 请您谈一谈对刚刚完成的调研问卷的评价及意见建议。

2.（FⅡ-1）目前贵校专业课教师的专业实践能力是否能够满足当前职业教育教学改革的需要？您认为提高专业课教师专业实践能力的途径有哪些？

3.（FⅡ-2）您学校的办学理念是什么（主要培养什么样的人才？培养目标是什么？）？

4.（FⅡ-2）您学校的办学特色是什么？最大的优势是什么？

5.（FⅡ-3）根据贵校的专业设置，您认为设施农业专业课教师应具备哪些专业知识和技能？

6.（FⅡ-3）您对于教师编写的教学大纲满意吗？有哪些不足？您如何来评价一份好的教学大纲？编制教学大纲的依据是什么？

7.（FⅡ-4）您认为编写教材哪种体例为好？比如按学科体系编写、按项目或工作任务体系编写、理实一体结构等，为什么？

8.（FⅡ-4）您认为在教材中是否有必要详细列出实践操作步骤？在教材中配有大量图片是否有必要？在教材中，如何处理理论教学和实践教学的学时比例？

9.（FⅡ-5）您认为网络教学是否能够取代传统的课堂教学，为什么？数字化教学资源在教学活动中应发挥哪些作用？

10.（FⅡ-5）您认为教师是否应具备网络教学平台使用和数字化教学资源制作的技能，为什么？如何考核教师的网络化、数字化教学？

11.（FⅡ-5）您认为学校的数字化教学资源建设是否能满足教学需要，有哪些优点？存在哪些不足？主要面对的困难是什么？

12.（FⅡ-6）您是否参加过有关学生质量测评的培训？您对学生考核评价的理念是什么？

13.（FⅡ-6）您认为目前您所在专业培养质量评价方面存在的突出问题是什么？您认为职业学校培养质量评价最核心内容是什么？

14.（FⅡ-6）您是否在教学中使用过 KOMET 能力模型和测试方法？如果使用了，什么时候开始使用的？实施的效果如何？师生的态度如何？

15. 最后，请您尽量协助我们完成以下工作：

（1）提供贵校设施相关专业培养方案或教学计划的电子版或纸质版。

（2）提供贵校设施相关专业主要专业课教学大纲的电子版或纸质版。

（3）提供贵校设施相关专业主要专业课教材清单或教材。

（4）访谈人员需要的其他相关资料。

三、开设设施农业科学与工程相关专业的中高职院校学生访谈提纲（FⅢ）

职教师资设施农业科学与工程专业培养标准、培养方案、核心课程和特色教材开发访谈提纲（FⅢ中高职院校学生）

亲爱的同学：

你好！首先感谢你百忙中接受我们的访谈。

设施农业科学与工程专业（以下简称"设施专业"）教师培养包开发项目是 2012 年度由教育部、财政部批准的 88 个专业项目之一，委托河北科技师范学院为牵头单位。从你那里获得的信息，将为我国设施及其相关专业职教师资培养标准、培养方案、核心课程、特色教材、数字化资源库和培养质量评价方案的开发、制订与优化提供重要的参考价值。本访谈内容仅用于科学研究，请你表达实际情况和真实想法。对你的合作与支持再次表示衷心的感谢！

河北科技师范学院

设施农业科学与工程专业职教师资培养包开发项目组

2013 年 5 月

首先，访谈主持人简介项目情况，说明访谈的主要目的、意义。

记录人做好全程记录（见专用《访谈记录纸》），注意填写《被访谈人员基本信息记录表》。

1. 请您谈一谈对刚刚完成的调研问卷的评价及意见建议。

2. 请您谈谈在职业学校学习、生活的感受？

3. 请您对教师的教育、教学提几点建议和意见？

4. 你最喜欢什么样的教师？

5. 您对学校人才培养或开设课程方面有什么需求？

6. 您期望就业的单位或岗位有哪些？

四、开设设施农业科学与工程专业的本科院校教师访谈提纲（FⅣ）

职教师资设施农业科学与工程专业培养标准、培养方案、核心课程和特色教材开发访谈提纲（FⅣ本科院校教师）

尊敬的老师：

您好！首先感谢您百忙中接受我们的访谈。

设施农业科学与工程专业（以下简称"设施专业"）教师培养包开发项目是 2012 年度由教育部、财政部批准的 88 个专业项目之一，委托河北科技师范学院为牵头单位。从您那里获得的信息，将为我国设施专业及其相关专业职教师资培养标准、培养方案、核心课程、特色教材、数字化资源库和培养质量评价方案的开发、制订与优化提供重要的参考价值。本访谈内容仅用于科学研究，请您表达实际情况和真实想法。对您的合作与支持再次表示衷心的感谢！

河北科技师范学院
设施农业科学与工程专业职教师资培养包开发项目组
2013 年 5 月

首先，访谈主持人简介项目情况，说明访谈的主要目的、意义。

记录人做好全程记录（见专用《访谈记录纸》），注意填写《被访谈人员基本信息记录表》。

1. 请您谈一谈对刚刚完成的调研问卷的评价及意见建议。

2.（FⅣ-1）您认为设施专业培养目标如何定位？设施专业毕业生的就业方向有哪些？

3.（FⅣ-1）您认为职教师资培养过程中存在哪些问题？

4.（FⅣ-1）您认为学校培养的师范生最应该加强哪方面的能力？

5.（FⅣ-2）您对设施专业培养方案的制订有什么建议？

6.（FⅣ-2）您对设施专业培养条件有什么建议？

7.（FⅣ-3）您是依据什么来编写教学大纲的？教学内容是如何选择的？可以举一个具体的例子吗？

8.（FⅣ-3）您认为目前教学大纲编制存在哪些问题？如何改进这项工作？

9.（FⅣ-3）您认为课程主讲教材的选择依据是什么？

10.（FⅣ-4）您认为设施专业当前最难编写、又最急需编写的教材是什么？

11.（FⅣ-4）您认为本专业最具有前瞻性的教材是什么？

12.（FⅣ-4）您认为本专业最适合的教材体系应该是什么样的？

13.（FⅣ-5）您认为您现在使用的数字化教学资源能否满足教学需要？有哪些优缺点？您认为理想的数字化教学资源应具备哪些特征？

14.（FⅣ-5）您所在的学校有网络化、数字化教学考核办法吗？如果有，您认为考核办法是否合理、有效？是否能提高教师在教学中应用信息技术的积极性？

15.（FⅣ-6）您认为职业学校培养质量评价核心内容是什么？

16.（FⅣ-6）您认为目前您所在专业培养质量评价方面存在什么问题？其中突出问题是什么？您对于所在专业培养质量评价的具体建议是什么？

17.（FⅣ-6）您是否在教学中知道或使用过 KOMET（职业能力与职业能力测评）能力模型和测试方法？

18. 最后，请您尽量协助我们完成以下工作：

（1）提供贵校设施专业培养方案或教学计划的电子版或纸质版。

（2）提供贵校设施专业主要专业课教学大纲的电子版或纸质版。

（3）提供贵校设施专业主要专业课教材清单或教材。

（4）访谈人员需要的其他相关资料。

五、开设设施农业科学与工程专业的本科院校学生访谈提纲（FV）

职教师资设施农业科学与工程专业培养标准、培养方案、核心课程和特色教材开发访谈提纲（FV 本科院校学生）

亲爱的同学：

你好！首先感谢你接受我们的访谈。

设施农业科学与工程专业（以下简称"设施专业"）教师培养包开发项目是 2012 年度由教育部、财政部批准的 88 个专业项目之一，委托河北科技师范学院为牵头单位。从你那里获得的信息，将为我国设施专业及其相关专业职教师资培养标准、培养方案、核心课程、特色教材、数字化资源库和培养质量评价方案的开发、制订与优化提供重要的参考价值。本访谈内容仅用于科学研究，请你表达实际情况和真实想法。对你的合作与支持再次表示衷心的感谢！

河北科技师范学院

设施农业科学与工程专业职教师资培养包开发项目组

2013 年 5 月

首先，访谈主持人简介项目情况，说明访谈的主要目的、意义。

记录人做好全程记录（见专用《访谈记录纸》)，注意填写《被访谈人员基本信息记录表》。

1. 请您谈一谈对刚刚完成的调研问卷的评价及意见建议。

2.（FV-2）你认为你所在学校培养的毕业生能力上最大的优势是什么？

3.（FV-2）你对目前的专业课教学满意吗？最希望改变哪些课程？如何改变？

4.（FV-3）你认为哪种课程教学大纲比较容易接受？

5.（FV-3）你认为所学的主干专业课程教学内容合理吗？为什么？

6.（FV-3）老师所讲的课程教学内容是你想学的吗？你想学的内容有哪些？

7.（FV-3）老师是否采用了适合课程特点的教学手段？你认为理想的教学手段应是什么样的？

8.（FI-4）你认为，目前本专业最急缺的教材有哪几种？最有使用前景的教材有哪几种？

9.（FI-4）你认为，专业课教材的编写体例应该是什么样的？

10.（FV-5）你在学习过程中使用过哪些数字化教学资源？你认为数字化教学资源应包含哪些内容？

11.（FV-5）你认为通过网络教学平台自主学习有哪些优势？存在哪些不足？你希望网络教学平台具备哪些功能？提供哪些资源？

12.（WV-6）你认为学校的能力测评应该包括哪些内容？核心能力是什么？

13.（WV-6）你认为学校的能力测评方式能否测出你的真实能力？哪些能力没有测评出来？

六、设施农业行业企业专家访谈提纲（FVI）

职教师资设施农业科学与工程专业培养标准、培养方案、核心课程和特色教材开发访谈提纲（FVI设施农业行业企业专家）

尊敬的专家：

您好！首先感谢您百忙中接受我们的访谈。

设施农业科学与工程专业（以下简称"设施专业"）教师培养包开发项目是2012年度由教育部、财政部批准的88个专业项目之一，委托河北科技师范学院为牵头单位。从您那里获得的信息，将为我国设施专业及其相关专业职教师资培养标准、培养方案、核心课程、特色教材、数字化资源库和培养质量评价方案的开发、制订与优化提供重要的参考价值。本访谈内容仅用于科学研究，请您表达实际情况和真实想法。对您的合作与支持再次表示衷心的感谢！

河北科技师范学院

设施农业科学与工程专业职教师资培养包开发项目组

2013年5月

首先，访谈主持人简介项目情况，说明访谈的主要目的、意义。

记录人做好全程记录（见专用《访谈记录纸》），注意填写《被访谈人员基本信息记录表》。

1. 请您谈一谈对刚刚完成的调研问卷的评价及意见建议。

2.（WVI-1）您愿意到职业院校做兼职教师吗？您觉得实习实训教师应该具备什么能力？

3.（WVI-1）您认为从事设施农业生产活动，如何提高动手操作能力？

4.（WVI-2）您对设施专业培养方案的制订有什么建议？

5.（WVI-2）您对设施专业培养条件有什么建议？

6.（WVI-3）您认为目前设施农业行业中用的最多的专业知识（或技能）有哪些？

7.（WVI-3）根据您的工作经验，您认为每门专业课程单独设立教学实习合适，还是所有专业课程合在一起进行综合教学实习合适？为什么？

8.（WⅥ-4）您认为毕业生最应该学习的课程是什么？

9.（WⅥ-4）您认为本专业毕业生最应该掌握的技能是什么？

10.（WⅥ-5）从行业特点来说，您认为制作一套设施农业数字化职业技能培训库是否可行？应注意哪些问题？

11.（WⅥ-6）贵单位在聘用该专业毕业生时对能力评价的具体方法是什么？效果如何？

12.（WⅥ-6）贵单位在聘用该专业毕业生时使用的测评方法是独创还是行业认可的典型方法？

13. 最后，请您尽量协助我们完成以下工作：

（1）请您推荐一些有代表性的设施农业企业参与我们的项目研发。

（2）提供贵单位人才聘任相关资料。

（3）提供贵单位简介、企业文化、管理理念等相关资料。

（4）访谈人员需要的其他相关资料。

第四部分　调研访谈辅助资料

一、被访谈人员基本信息记录表

编号：＿＿＿＿＿＿

被访谈人员基本信息记录表

访谈层次：□①中高职院校教师　　□②中高职院校管理者
　　　　　□③本科院校教师　　　□④本科院校学生
　　　　　□⑤设施农业行业企业

访谈单位：＿＿＿＿省、＿＿＿＿市／县，单位全称＿＿＿＿＿＿＿＿＿＿＿

序号	姓名	性别	目前从事的主要工作	联系方式（邮箱、电话、QQ等）	备注
1					
2					
3					
4					
5					
6					
7					
8					

注：（1）请注意发现思路清晰、逻辑严密，能为本研究提供较大帮助的访谈者，方便今后联系；（2）访谈人员大约10人，如超过10人，建议分组进行访谈；（3）请将本表与相应的调研问卷一起归类打包

二、访谈记录纸

编号：_____

访谈记录纸

访谈层次：□①中高职院校教师　　□②中高职院校管理者
　　　　　□③本科院校教师　　　□④本科院校学生
　　　　　□⑤设施农业行业企业

访谈单位：_____省、_____市/县，单位全称_____

日期：　年　月　日	开始时间	时　分	用时	分钟
	结束时间	时　分		
被访谈人名单（共　人）				
访谈主持人		记录人		

访谈现场原始记录（附索取资料清单）：

注：（1）记录必须真实、规范、有价值。（2）防止两个错误倾向，一是原话照录，反而不能体现被访谈者的真实意图；二是加入自己的理解，偏离了被访谈者的真实意图。（3）访谈时，尽量做到对被访谈人不培训、不引导、不发表观点。（4）本表不够可后附白纸。（5）访谈结束，要对本次访谈进行简要总结。（6）与相应问卷、《被访谈人员基本信息记录表》一同归类打包

三、调研访谈介绍信及项目简介

介　绍　信

＿＿＿＿＿＿＿＿＿：

兹介绍我校＿＿＿＿＿＿＿＿＿等＿＿＿＿＿＿名同志，前往贵处联系设施农业科学与工程专业培养包项目开发调研事宜，敬请接洽并予以协助为盼。

此致

敬礼

河北科技师范学院

全国重点建设职教师资培养培训基地

年　月　日

附：

项　目　简　介

依据《教育部办公厅关于下达职业院校教师素质提高计划 2012 年度项目任务的通知》（教师厅函〔2012〕17 号）文件精神，我校承担了教育部、财政部"《设施农业科学与工程》专业职教师资培养标准、培养方案、核心课程和特色教材开发"项目（编号：VTNE058）。

该项目是由教育部、财政部批准的 88 个专业项目和 12 个公共项目之一，委托河北科技师范学院为牵头单位。

本项目开发的目的：实施职业院校教师素质提高计划，进一步加强职教师资培养体系建设，提高职教师资培养质量，最终成果是培养中等职业学校设施农业技术相关专业的合格师资。

本项目开发的要求：以加强"双师型"职教师资培养为目标，遵循职教师资培养的规律和特点，突出职业学校对专业师资的能力要求，开发覆盖职教师资培养过程的系列成果，促进职教师资培养工作的科学化、规范化，提升职教师资培养的整体水平。

本项目开发的内容包括 6 个方面：专业教师标准、专业教师培养标准、专业课程大纲、主干课程教材、数字化资源库、培养质量评价方案。

深入职业教育一线进行调研、访谈，是项目研发的源泉和基础，我们希望得到您的支持和帮助。从您那里获得的信息，将为我国设施专业及其相关专业职教师资培养标准、培养方案、核心课程、特色教材、数字化资源库和培养质量评价方案的开发、制订与优化提供重要的参考价值。您提供的信息，我们仅作为项目研究使用，不作为其他任何依据。

再次谢谢您的合作！

欢迎有机会来河北·秦皇岛·河北科技师范学院做客、指导工作。

我们的联系方式：

地址：河北省秦皇岛市昌黎县学院路 113 号，河北科技师范学院

手机：13780580782

办公电话：0335-2037936

邮箱：qhdsuq@163.com

QQ：1434898212

教育部、财政部职教师资设施农业科学与工程专业培养包开发项目组

项目负责人：宋士清

2013 年 9 月 10 日

2012-07-16　根据《教育部办公厅、财政部办公厅关于做好职业院校教师素质提高计划 2012 年度项目申报工作的通知》(教师厅函〔2012〕11 号),宋士清牵头申报"《设施农业科学与工程》专业职教师资本科专业培养标准、培养方案、核心课程和特色教材开发"项目。

2012-10-29　根据《教育部办公厅关于下达职业院校教师素质提高计划 2012 年度项目任务的通知》(教师厅函〔2012〕17 号),"《设施农业科学与工程》专业职教师资培养标准、培养方案、核心课程和特色教材开发"获得批复,项目编号 VTNE058(以下简称"本项目"),中央补助资金 150 万元,项目开发周期为 3 年。全国共计 88 个专业项目、12 个公共项目获批。

2013-04-08　教育部教师工作司印发《关于成立职业院校教师素质提高计划职教师资培养资源开发项目专家指导委员会的通知》。此委员会以下简称"专指委"。

2013-04-12　宁永红代表项目组参加同济大学教育部、财政部职业院校教师素质提高计划培养资源开发项目管理办公室(以下简称"同济项目办")举办的"职教师资培养资源开发项目高级研修班"。

2013-04-17　河北科技师范学院教育部、财政部职业院校教师素质提高计划培养资源开发项目管理办公室(以下简称"学校项目办")召开《教育部、财政部素质提高计划培养开发包项目和专业点建设项目管理办法》研讨会"。

2013-04-27　东北农业大学"农学专业"(VTNE054)项目组主持人刘家富一行 4 人来我校同"植物保护专业(VTNE057)""设施农业科学与工程专业(VTNE058)"项目组交流座谈。

2013-04-28　成立项目研发核心组(以下简称"项目组"),并召开第 1 次全体会议,项目主持人宋士清及子项目主持人宁永红、贺桂欣、武春成、王久兴、杨靖、路宝利参加会议,明确 6 个子项目,分别组建研发团队。

2013-04-28　项目组出台《子课题目标任务与经费资助分配办法》,明确目标任务、研发基本经费、奖励经费及权利、义务等事项。

2013 年 4 月 28 日项目核心组 7 人第 1 次研讨会

2013-05-01　提出项目开发的基本原则：分工负责、各司其职、密切配合、整体研发。项目开发的定位：代表教育部进行开发，是全国的最高水平，要达到国内领先或国际先进水平。项目开发的内容需具备：时代性（前瞻性）、科学性、专业性、创新性、系统性、可行性（实践性）。项目开发的程序：组建团队→学习文件→研读文献→一线调研→研究报告→撰写起草→征求意见→审核评议→修改完善→定稿提交→准备出版。

2013-05-02　确定项目研发的最终成果：总项目申报书及各子项目申报书；各层次调研问卷及访谈提纲；总项目研究报告及各子项目研究报告；各子项目搜集的文献资料；每子项目公开发表论文1篇以上；专业教师标准1份；专业教师培养标准1份；专业课程大纲1套；主干课程教材5～7本；数字化教学资源库网站1个；培养质量评价方案1份；《中职教师培养资源开发研究——以设施农业科学与工程专业为例》专著1本。

2013-05-08　项目组召开第3次专题研讨会。参加人员：宋士清、宁永红、贺桂欣、武春成、王久兴、杨靖、路宝利。会议主要内容如下：各子项目汇报工作进展及存在问题；全体与会人员展开研讨；强调项目开发的原则、定位、一般过程、文献搜集形式、调研问卷层次、最终提交成果等。本次研讨会使研发思路进一步清晰。

2013-05-17　天津职业技术师范大学职业教育教师研究院院长、专指委委员曹晔教授到我校，项目组宋士清、路宝利、宁永红同曹晔教授进行座谈，咨询项目研发有关情况。

2013-05-19　项目组宋士清、路宝利、宁永红到秦皇岛职业技术学院观摩酒店管理专业"实践专家研讨会"。

2013-05-21　项目组召开第6次研讨会。参加人员：宋士清、宁永红、贺桂欣、武春成、王久兴、杨靖、路宝利。会议主要内容：介绍与5月17日曹晔教授的座谈情况；介绍5月19日秦皇岛职业技术学院"实践专家研讨会"情况；请宁永红进行职教理念培训；各子项目汇报"中职教师"调研问卷情况；确定调研层次；审核设有设施专业的33所本科院校（含培养基地院校）及调研重点；审议了主干课程教材、教学大纲、数字化教学资源库研发的基本设想；其他工作进展情况。

2013-05-25　项目组路宝利、范博、厉凌云到秦皇岛职业技术学院观摩物流管理专业"实践专家研讨会"。

2013-05-30　河北科技师范学院继续教育学院组织召开"教育部、财政部教师素质提高计划培养开发包暨专业点建设项目推进会"。学校项目办主任、继续教育学院院长赵宝柱教授主持。河北金融学院党委书记、专指委委员、专指委第三组组长汤生玲教授，河北省职业技术教育研究所所长、河北师范大学职业技术学院院长、专指委委员刁哲军教授，以及曹晔教授到会指导。

2013-06-04　项目组利用"2012年度中等职业学校国家级骨干教师培训班"（现代农艺技术专业、果蔬花卉生产技术专业）在我校举办的有利时机，启用

《中高职院校教师预调研问卷》，进行预调研。

2013-06-07　教育部办公厅发布关于印发《职教师资本科专业培养标准、培养方案、核心课程和特色教材开发项目管理办法》的通知（教师厅〔2013〕5号）。

2013年6月4日国家级骨干教师培训班预调研现场

2013-06-07　河北省高职高专教育教学指导委员会主任委员、河北省高职高专院校评估委员会委员丁德全教授做题为《高职教育专业课程体系构建与单元核心课程开发》的报告，项目核心组成员听取了报告。

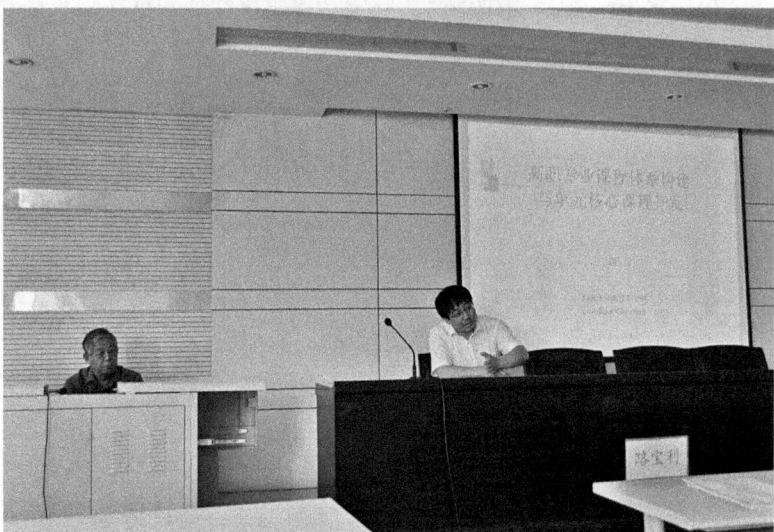

2013年6月7日课程开发专家丁德全教授专题培训报告

2013-06-10　项目组宁永红到迁安市职业技术教育中心，利用《中高职院校教师预调研问卷》，进行预调研。

2013-06-22　项目组路宝利、宁永红、范博、厉凌云到秦皇岛职业技术学院观摩数控技术专业"实践专家研讨会"。

2013-06-29　项目组召开第 10 次专题研讨会。参加人员：宋士清、宁永红、贺桂欣、王久兴、杨靖、路宝利、历凌云。主要内容：宋士清用 PPT 演示、介绍上海开题报告预计汇报内容；对各个层次的调研问卷、访谈提纲进行的逐题审核，提出修改意见；布置今后的工作。

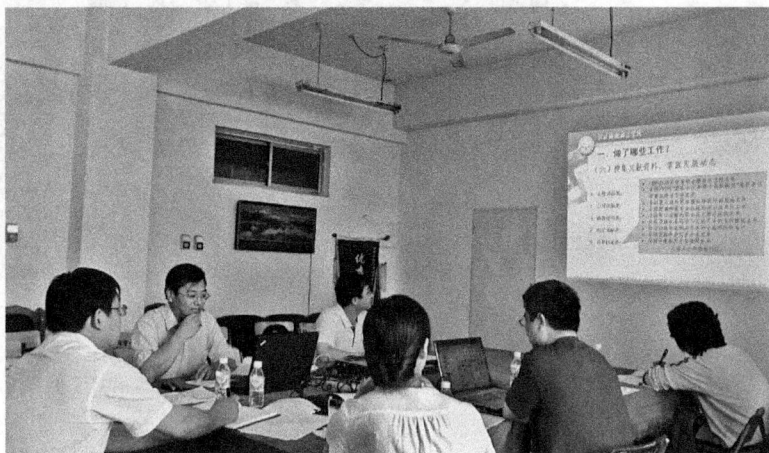

2013 年 6 月 29 日项目组召开开题评审预备会

2013-07-03　河北科技师范学院发布关于印发《教育部、财政部素质提高计划培养开发包项目和专业点建设项目管理办法》的通知（校继字〔2013〕1 号）、关于成立教育部、财政部素质提高计划培养开发包项目和专业点建设项目管理领导小组的通知（校继字〔2013〕2 号）2 个文件。

2013-07-18　签署《职业院校教师素质提高计划职教师资本科专业培养标准、培养方案、核心课程和特色教材开发项目委托开发协议》。甲方：中华人民共和国教育部，代表人葛振江（教育部教师工作司副司长）；乙方：河北科技师范学院，代表人房海（河北科技师范学院副校长）。

2013-07-20　20~24 日，同济项目办在同济大学组织召开"职教师资培养资源开发项目开题评审会"。项目组宋士清、宁永红、路宝利、杨靖、历凌云参会。22 日上午，宋士清代表项目组进行汇报并答辩，专家给予了较高的评价，认为"做足了功课，非常用心，而且有创意，有成效"。会议期间，项目组专程拜访了华东师范大学职业教育与成人教育研究所所长徐国庆教授、曹晔教授等多位有关专家，探讨了项目开发有关问题。

2013-07-27　项目组召开"专业模块实践专家研讨会"。会议邀请专家 10 人：侯东军（食用菌）、李政（农业设施）、梁郅光（农业设施）、刘振林（花卉栽培）、毛秀杰（蔬菜育种）、齐慧霞（病虫防控）、项殿芳（果树栽培）、肖和忠（园区规划）、张建文（设施养殖）、张京政（果树栽培）。另外，王久兴（无土栽培）、宋士清（设施蔬菜）作为项目组成员以特邀专家身份参会。本次研讨会形成了《设施农业科学与工程专业工作领域（专业技能）难易程度与重要性排序结果》和《设施农业科学与工程专业工作任务（专业技能）与职业能力分析结果》2 项成果。

2013 年 7 月 27 日设施农业科学与工程专业"专业模块实践专家研讨会"现场

2013-08-16　16～18 日，项目组召开全国中高职院校职教师资设施农业科学与工程专业"师范模块实践专家研讨会"。研讨会邀请了蔬菜、果树、园艺、园林、设施等相关领域的全国知名专家 10 人（括号内为主讲课程）：陈杏禹（蔬菜栽培、园艺设施、蔬菜种子生产）、黄广学（绿色果蔬标准化生产、农产品概论、就业教育、专项实训、综合实训）、李劲松（果树栽培学、植物生产与环境、植物保护技术）、连进华（蔬菜生产技术、设施园艺、农业概论）、田与光（节能日光温室蔬菜栽培技术）、王秀娟（花卉栽培技术、设施花卉栽培技术、园艺作物病虫害防治、园艺作物栽培综合实训）、王月英（蔬菜生产技术、园艺植物育苗技术、绿色蔬菜生产技术）、肖家彪（果树栽培、林果生产技术、园林绿化）、杨作龄（果树栽培学、核桃栽培、农村社会与经济）、张宏荣（涉农专业课、

2013 年 8 月 17 日全国中高职教师"师范模块实践专家研讨会"合影

2013 年 8 月 17 日全国中高职教师 "师范模块实践专家研讨会" 会场

食用菌），分别来自河北、辽宁、山东、黑龙江、北京等省（直辖市）的 "国家中等职业教育改革发展示范学校" 和 "国家示范和骨干高职院校"。东北农业大学应用技术学院农业教育与推广系主任、农学专业培养包项目（VTNE054）主持人刘家富博士作为特邀嘉宾参会。本次研讨会形成了《设施农业科学与工程专业工作领域（教师技能）难易程度与重要性排序结果》和《设施农业科学与工程专业工作任务（教师技能）与职业能力分析结果》2 项成果。

2013-09-07　项目组召开第 15 次专题研讨会。各子项目汇报近期研发工作情况，确定今后研发工作重点，特别是确定了调研工作方案。截至 2013 年底，调研工作全面展开；此后，重点调研和补充调研工作贯穿项目始终。项目组设计了 6 套调研问卷和 6 套访谈提纲，成立 8 个调研组，分赴全国 30 个省（直辖市、自治区），对 4 类 200 余个单位、6 个层次 2000 多人进行了调研。调研具体分 4 个区域，即东北及华北区域、西北区域、西南及华南区域、华中区域。涉及 20 多所高等本科院校，涵盖 10 余所中等职业院校，以及 30 多家设施农业行业企业。另外，还调研了 4 个专业 7 个班次的国家级骨干教师、专业带头人培训班。

2013-10-10　宋士清随我校教育代表团，赴美国参加由特洛伊大学主办的第二届阿拉巴马-中国经济、教育、文化国际研讨会，在美国特洛伊大学进行调研、考察，并作题为《加强专业交流 促进合作共赢》的学术报告，介绍了本项目的有关情况。

2013-10-15　自 10 月 15 日起，项目组利用一个多月时间，对全国重点建设职教师资培养培训基地 20 余所高校及部分中高职学校进行信函调研。

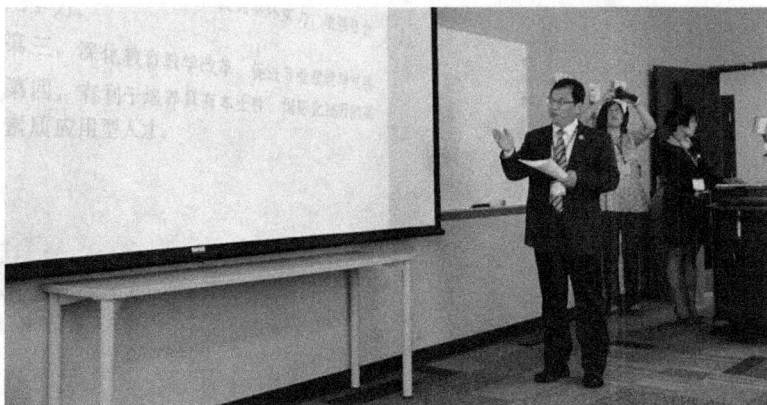

2013 年 10 月 10 日宋士清博士在美国特洛伊大学调研并做
《加强专业交流 促进合作共赢》学术报告

2013 年 10 月 16 日第一调研组拜访北京师范大学职教专家赵志群教授

2013 年 10 月 31 日第三调研组在云南省曲靖农业学校调研

2013 年 11 月 22 日第五调研组在天津农学院调研访谈后师生合影

2013 年 11 月 25 日甘肃省武威职业学院翟存祥副校长亲自主持调研访谈会

2013 年 11 月 26 日在西北农林科技大学向设施园艺专家邹志荣教授进行专访请教

2013 年 11 月 27 日项目组部分成员深入设施农业企业基地调研

2013 年 12 月 4 日项目组研究生对调研问卷进行分类整理

2013-12-07　7～8 日，集中 2 天时间，聘请 60 余名本科学生，统一进行调研问卷的统计录入工作。此前，召开专题会议，研究、确定问卷整理、录入方案。

2013 年 12 月 7 日 60 余名本科生调研问卷录入、统计现场

2013-12-08　"教育部、财政部职教师资设施农业科学与工程专业培养包开发项目"网站 1.0 版开通。

2013-12-17　同济项目办发布《教育部、财政部职业院校教师素质提高计划职教师资本科专业的培养标准、培养方案、核心课程和特色教材开发项目指南》《教育部、财政部职业院校教师素质提高计划培养资源开发项目会议纪要（第二期）》《培养资源开发项目管理决策会会议纪要》3 个文件。第二期会议纪要主要内容为开题评审会简介、审定意见、开题评审会综述等。

2014-01-19　项目组召开第 28 次专题研讨会。研讨和布置《主干课程教材》《专业课程大纲》教材编写工作，确定了编写进度时间节点。部分《主干课程教材》负责人、《专业课程大纲》负责人参加了研讨会。

2014-01-28　"教育部、财政部职教师资设施农业科学与工程专业培养包开发项目"网站 2.0 版正式开通。

2014-03-07　汤生玲教授到河北科技师范学院进行现场指导。学校项目办主任赵宝柱主持。项目组宋士清、宁永红参会。

2014 年 3 月 7 日培养包专指委第三组组长汤生玲教授亲临现场指导

2014-03-20　20～24 日，同济项目办组织在云南大学召开"项目阶段成果推进会"。项目组宋士清、宁永红、贺桂欣、武春成、王久兴参会。会议集中完成了阶段成果评审、指导、交流及后续工作部署等系列工作。教育部教师工作司葛振江副司长出席会议并讲话。专指委副主任王宪成、郭春鸣和全体专家、各项目负责人及主要成员、各项目牵头单位协调人、同济项目办等人员参加了会议。评审结果：符合项目进度要求、工作完成较好的有 37 个，基本完成项目阶段性任务的有 51 个，进展比较缓慢、开发质量较差、没有完成阶段任务的有 12 个。宋士清代表本项目在第三组（农林牧渔、土木类）做了汇报，获得专家一致好评，并被推荐作为示范项目进行大会交流，葛振江副司长在总结讲话中再次给予了高度评价。专家评审意见："该项目较好地完成了阶段性计划任务目标。①采用了文献资料分析法、会议调研法、访谈调研法、问卷调研法等多种方法，调查方法合理，路经正确。②对中高等职业学校、本专业毕业生用人企业、开展职教师资培养培训的高校等三类主体进行了调研，主要包括 6 个群体：职教师资培养基地的教师、学生，中职学校的教师、学生及管理者，用人单位主要是涉农企业的管理者（含毕业的学生），考虑较为全面。③设计了 6 个层次的问卷、6 个层次的访谈提纲，整体规划较为细致全面。④调研结果分析翔实，逻辑合理。"

2014 年 3 月 22 日在"项目阶段成果推进会"上做大会汇报交流

2014-04-08 宋士清受邀参加"河北科技师范学院财务管理专业培养包项目"（VTNE075）研讨会，并做了"培养包项目研发问题的思考"报告，进行了交流。

2014-04-25 广东技术师范学院机电学院院长、"机械设计制造及其自动化专业培养包项目"（VTNE007）主持人李玉忠教授等一行 4 人到我校交流、考察。

2014-05-04 同济项目办发布《教育部、财政部职业院校教师素质提高计划培养资源开发项目会议纪要（第三期）》《培养资源开发项目管理 2014 年度计划表》《项目阶段成果整改情况一览表》《项目进展情况月报表》4 个文件。第三期会议纪要主要内容为阶段成果推进会简介、专家预备会及形成的主要结论、阶段成果推进会活动总结等。

2014-06-14 14~16 日，同济项目办在同济大学举办"职教师资培养资源开发项目研修班"。项目组宋士清、宁永红、武春成、杨靖参加研修班。有关专家对专业教师标准、专业教师培养标准、专业课程大纲、主干课程教材的开发进行了指导。同济大学职业技术教育学院书记、同济项目办负责人王继平教授做了《中期检查工作的要求和评价指标体系简要说明》报告。

2014-06-28 项目组召开第 42 次专题研讨会。通报 6 月 15 日上海研修班情况及中期检查工作安排情况，布置下阶段研发工作。到会人员宋士清、宁永红、贺桂欣、王久兴、杨靖、路宝利、范博。

2014-07-20 项目组召开"教育部、财政部设施农业科学与工程专业职教师资培养标准、培养方案、核心课程和特色教材开发项目专家咨询论证会"。主要对《专业教师标准》进行审定，并对项目研发的其他关键问题进行咨询。邀请专家：孙景余（秦皇岛职业技术学院院长）、边卫东（设施农业科学与工程专业带头人）、崔万秋（教育学院院长）、房海（学校党委常委、副校长）、李佩国（学校党委常委、党办校办主任）、马爱林（体育系党总支书记）、王同坤（学校党委副书记、校长）、武士勋（教务处处长）、项殿芳（园艺科技学院院长）、赵友（图书馆党总支书记）、赵宝柱（继续教育学院院长），孙景余任组长。会议最终形成《专家咨询论证会意见建议汇总表》。在此基础上，项目组邀请国内其他高校部分专家进行了函审。

2014 年 7 月 20 日设施农业科学与工程专业"专家咨询论证会"合影

2014-07-20 同济项目办发布《培养资源开发项目中期检查自评表》《职业院校教师素质提高计划培养资源开发项目专业教师标准专家论证表》。

2014-07-28 学校项目办组织召开"教育部、财政部职教师资本科专业开发包项目中期检查促进会议"。到会人员：王同坤（校长）、房海（副校长）、赵宝柱（学校项目办主任）、本校 5 个培养包负责人及各培养包骨干成员。本项目参会人员：宋士清、宁永红、贺桂欣、武春成、王久兴、杨靖、范博。

2014-08-23 项目组召开项目进展专题研讨会。主要议题：各子项目汇报《中期检查会议推迟以后研发工作梳理与部署》进展情况；9 月 24 日中期检查之前有关工作安排；对各子项目涉及专业内容进行深入审定、审议。

2014-09-12 同济项目办发布《职教师资本科专业培养资源开发项目专家指导委员会

2014 年 7 月 28 日学校项目办召开培养包研发推进研讨会

关于项目成果开发若干问题的指导意见》《教育部、财政部职业院校教师素质提高计划职教师资本科专业培养标准、培养方案、核心课程和特色教材开发项目中期检查实施方案》。

2014-09-24　24～28 日，同济项目办组织在同济大学召开"职教师资培养资源开发项目中期检查会"。项目组参加人员：宋士清、宁永红、贺桂欣、刘桂智。评审结果：符合项目中期要求、工作完成较好的合格项目（80 分以上）有 77 个；基本完成中期任务、基本合格的项目（60～79 分）有 22 个；进展比较缓慢、开发质量较差、没有完成阶段任务的不合格项目有 1 个。本项目评审结论：合格。

2014-10-12　项目组召开第 55 次专题研讨会。参会人员：宋士清、宁永红、贺桂欣、武春成、王久兴、杨靖、路宝利。主要内容：上海中期检查会议通报；各子项目下阶段工作进度及安排情况汇报；集中研讨，今后研发工作安排。

2014-10-28　同济项目办发布《教育部、财政部职业院校教师素质提高计划培养资源开发项目会议纪要（第四期）》。主要内容：中期检查会简介、刘来泉主任代表专指委的大会总结报告、财务专家吴胜教授的大会报告摘要、葛振江副司长在大会上的总结发言、项目管理办公室关于后续工作的计划要点。

2014-11-01　学校项目办组织召开"职教师资本科专业培养包项目交流研讨会"。哈尔滨商业大学、云南大学及我校 3 校 11 个培养包项目研发骨干 30 余人参加了会议。我校继续教育学院院长、学校项目办主任赵宝柱主持，房海副校长到会讲话。本项目组参加人员：宋士清、宁永红、王久兴。

2014-12-09　项目组利用"2014 年度中等职业学校国家级骨干教师培训班"（现代农艺技术专业、果蔬花卉生产技术专业）在我校举办的有利时机，召开了专业教师标准、专业教师培养标准调研会和座谈会。参会人员：宋士清、宁永红、贺桂欣、武春成、王久兴。

2014 年 11 月 1 日全国 3 校 11 个培养包项目交流座谈会现场

2014 年 12 月 9 日对国家级骨干教师培训班学员进行研发成果问卷咨询

2015-01-12　12～14 日，同济项目办在同济大学举办"职教师资培养资源开发项目研修活动"。本项目参会人员：宋士清、宁永红、王久兴、武春成、杨靖。研修活动的主要内容：完善专业教师标准和专业教师培养标准的相关提示；主干课程教材开发及举例；数字化资源开发要求；培养质量评价方案开发；职教师资培养模式；职教师资培养素养类课程开发；理实一体化课程开发；后续项目管理计划。

2015-01-21　项目组召开第 63 次专题研讨会。参会人员：宋士清、宁永红、王久兴、武春成、杨靖、路宝利、贺桂欣、范博。主要内容：1 月 13 日上海研修会议精神研讨及吸收；各子项目近期工作进展情况；后续工作安排及时间节点；对预计 1 月 25 日召开的主干课程教材会议进行安排与布置。

2015-01-25　24～27 日，项目组组织召开"教育部、财政部设施农业科学与工程专业职教师资培养标准、培养方案、核心课程和特色教材开发项目主干课程教材开发研讨会"。来自西北农林科技大学、阜新高等专科学校及河北科技师范学院的各教材负责人及主要编写人员 14 人参会：宋士清、王久兴、胡晓辉、张毅、石玉、狄文伟、边卫东、王子华、李政、宁永红、路宝利、武春成、贺桂欣、杨靖。会议议题：学习教育部关于教材开发的背景文件，理解教材开发基本思路，确认教材编写体例，掌握教材开发及编写方法，讨论开发过程中遇到的主要问题，确定编写时间节点，确保按时完成教材开发任务。

2015 年 1 月 25 日主干课程教材专题研讨会议合影

2015 年 1 月 25 日主干课程教材专题研讨会议现场

2015-01-29　29～30 日，项目组连续召开第 65～67 次 3 个专题研讨会。议题：审议贺桂欣负责的《专业教师培养标准》；审议武春成负责的《专业课程大纲》；审议路宝利负责的《培养质量评价方案》。

2015-03-24   项目组召开第 69 次专题研讨会。主要议题：审议并商讨预计 3 月 27 日
              召开的长沙会议 PPT 汇报课件；寒假期间项目工作进展情况汇报总结。
              到会人员：宋士清、宁永红、贺桂欣、武春成、王久兴、杨靖、路宝利。

2015-03-27   27~30 日，湖南农业大学承办"职教师资培养资源开发第三组项目研
              讨交流活动"。活动目标：研讨项目研发中存在的问题；推动教材、数
              字化资源、评价方案等后续成果的开发；交流研发经验和体会。参会人
              员：第三组专家、秘书、各专业项目负责人及研发人员。本项目组宋士
              清、宁永红、王久兴、杨靖、路宝利、刘桂智参会。专家组对本项目给
              予了高度评价和充分肯定。

2015 年 3 月 28 日培养包第三组长沙研讨交流活动

2015 年 3 月 28 日职教师资培养资源项目第三组交流研讨合影

2015-04-15   项目组召开第 70 次专题研讨会。参会人员：宋士清、宁永红、贺桂欣、
              王久兴、杨靖、路宝利、李晓丽。主要议题：长沙会议总结汇报；各子
              项目进展情况及问题研讨；商讨和部署预计 4 月 18 日召开的培养质量
              评价方案专家会议。

2015-04-18   项目组召开"培养质量评价方案专家论证会"。邀请校内外专家：李佩

国、孙景余、张立彬、凌志杰、赵宝柱、马爱林、王艳侠、李晓丽。
项目核心组全体成员到会。论证主持人：路宝利。论证会主要任务：
确定指标体系（一级、二级、观测点）；确定指标权重（一级、二级、
观测点）。

2015 年 4 月 18 日培养质量评价方案专题研讨会议合影

2015 年 4 月 18 日培养质量评价方案专题研讨会议现场

2015-08-27　项目组召开第 76 次专题研讨会。到会人员：宋士清、宁永红、贺桂欣、
　　　　　　武春成、王久兴、杨靖、路宝利。主要内容：《专业课程大纲》研讨；
　　　　　　《培养质量评价标准》数据调研表研讨；其他有关问题。

2015-09-15　接同济项目办通知，由 VTNE094 项目组建设的数字化课程资源平台开
　　　　　　通试用。

2015-09-20　学校项目办组织召开了"教育部、财政部职教师资培养标准、培养方
　　　　　　案、核心课程和特色教材开发项目汇报研讨会"。本校 5 个培养包项目
　　　　　　研发骨干参会。受邀与会专家：华东师范大学职业教育与成人教育研究

2015 年 8 月 27 日培养包核心组专题研讨会

所所长石伟平教授、重庆师范大学全国重点建设职教师资培养培训基地专职副主任徐流教授、吉林工程技术师范学院副校长刘君义教授、天津职业技术师范大学职业教育教师研究院院长曹晔教授。我校党委副书记、校长王同坤，党委常委、副校长房海，党委常委李佩国出席会议，并全程听取汇报、参与研讨。研讨会由继续教育学院院长宋士清教授主持。项目组宋士清、贺桂欣、王久兴、杨靖、路宝利参加会议。与会专家对本项目给予了高度评价。曹晔教授评价："宋老师这个项目做得很好。"徐流教授评价："宋老师这个项目，是按照最高境界，做好一个示范性的、引领性的项目，确实做得很好。"刘君义教授评价："这个项目确实做得非常好，很细、很实、很全，是一个标杆性的。"石伟平教授评价："听完宋老师的报告，感觉眼睛一亮。准备充分，理念先进，特色明显，定位准确，特别规范，亮点很多，可以看出原来做国家精品课程的功底，比较认真、到位。"

2015 年 9 月 20 日培养包项目专指委专家石伟平等 4 位专家到校指导听取汇报现场

2015年9月20日培养包项目专指委专家石伟平等4位专家到校指导研讨合影

2015-09-28　项目组召开第78次专题研讨会。参会人员：宋士清、宁永红、贺桂欣、武春成、王久兴、杨靖、路宝利。主要议题：9月20日学校研讨会情况解读与通报；各子项目进度情况；结项验收工作布置；拟提交的成果清单及注意事项；数字化资源平台专项研讨。

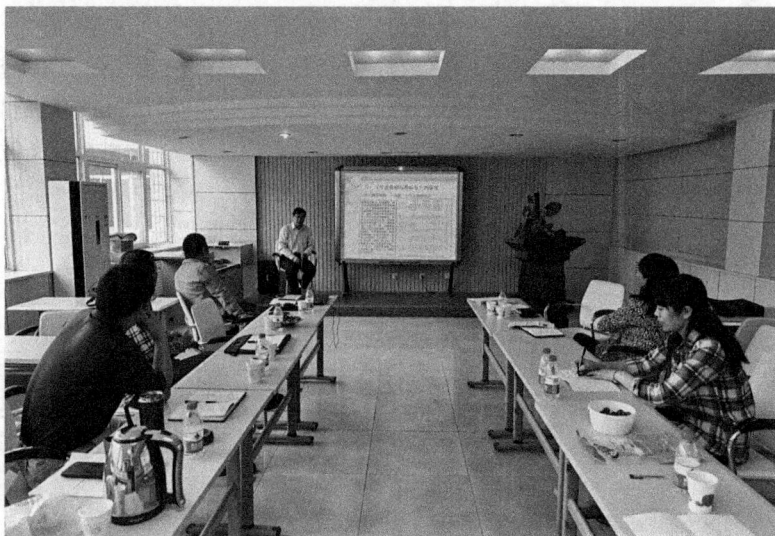

2015年9月28日培养包核心组专题研讨会

2015-10-22　同济项目办发布《教育部、财政部职业院校教师素质提高计划培养资源开发项目专家指导委员会主任会议会议纪要》。主任会议由教育部教师工作司培养处王薇副处长主持，葛振江副司长就项目结题验收发表了重要讲话，强调了结题验收工作的重要性，进一步明确了严格标准、规范要求的指导思想。项目办汇报了项目总体进展情况及结题验收方案设想，也介绍了诸如出版经费处置等现阶段项目急需解决的问题。专指委主任、与会专家与教师工作司领导对结题验收方案和配套材料进行了逐一讨论。

2015-10-22　同济项目办发布《教育部、财政部职业院校教师素质提高计划职教师资本科专业培养标准、培养方案、核心课程和特色教材开发项目结题验收实施方案（草案）》。3 个附件：《教育部、财政部职业院校教师素质提高计划培养资源开发项目结题报告表》《培养资源开发项目专业项目结题评审标准及评分表》《培养资源开发项目公共项目结题评审标准及评分表》。

2015-10-30　项目组召开第 80 次专题研讨会。参会人员：宋士清、宁永红、贺桂欣、武春成、王久兴、杨靖、路宝利。主要议题：学习同济项目办发布的《专家指导委员会主任会议会议纪要》；学习《项目结题验收实施方案（草案）》；解读《项目结题报告表》；解读《项目结题评审标准及评分表》；确定《结题验收提交资料清单》；布置结项验收工作。

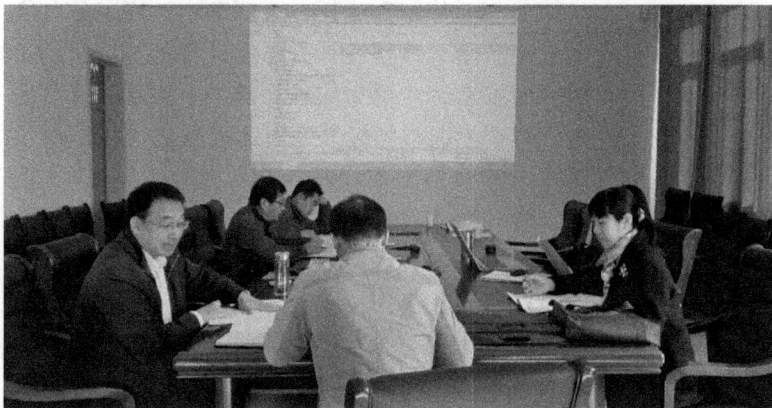

2015 年 10 月 30 日项目核心组结题验收研讨会

2015-10-31　10 月 31 日～11 月 1 日，项目组召开第 81 次专题研讨会。参会人员：宋士清、路宝利及其教材编写团队。主要内容：教师教育实践教材——《中职教师教育理论与实践：设施农业科学与工程专业》的编写。

2015 年 10 月 31 日项目组召开教师教育实践教材专题研讨会

2015-11-09　9～12 日，同济项目办组织在苏州市召开"教育部、财政部职业院校教师素质提高计划培养资源开发项目结题验收试评会"。项目组参会人员：宋士清、王久兴、杨靖、路宝利、武春成。本项目顺利通过结题验收。同时，经过专指委的严格遴选，本项目作为大会唯一交流项目，宋士清教授代表我校设施农业科学与工程专业做了大会主题报告。验收专家组对本项目所做的工作及提交的 16 本研发成果给予了高度评价，一致认为，该项目做了大量深入、细致、开创性的工作，思路清晰，创新性强，对其他项目工作具有示范和引领作用。教育部、财政部职业院校教师素质提高计划培养资源开发项目共计 100 项，本次申请结项的 11 个项目中有 7 个项目通过验收。验收专家对本项目的评审意见："项目推进堪称典范。研发团队的结构合理。研究方法科学，研发过程科学规范；项目各成果之间逻辑关系清晰，各阶段成果之间的相互依存和支撑关系明确；调研工作扎实开展、调研过程形成的资料齐全、数据统计方法比较合理、调研结论真实可信；按照结题验收的要求，全部完成项目成果，质量达标。培养方案开发的依据明确，体现专业教师标准、人才成长规律和当前中等职业教育的要求；开发过程呈现出现代职业教育理念、'三性'融合的理念、强化实践能力的理念；评价体系合理系统；课程设计的总体思路、课程设置的依据、课程内容确定的依据明确；课程基本内容和学时分配科学；科学设计学习性工作任务；实践教学环节设计合理；以职教师资能力素质培养为导向，采用各种不同的教学方式。建议提高项目的转化率，在自己校内开始推广使用。"

2015 年 11 月 10 日在苏州结题验收试评会上宋士清教授作为唯一受邀代表做大会主题报告

2015 年 11 月 11 日项目组拜访教育部职业技术教育中心研究所研究员、
我国著名职教专家姜大源先生

2015-11-15　项目组召开结题总结座谈会。会议总接了成功的经验，并一致决定再接
　　　　　　再厉，努力做好后续工作。

2015 年 11 月 15 日项目组召开结题总结庆功座谈会

2015-12-04　通过本校 5 个项目共同分别与 5 家出版社洽谈，最终确定由科学出版社
　　　　　　出版教材成果，并签订了出版协议。

2015-12-12　自苏州结题验收试评会至今一个月以来，30 多所高校的 70 多个项目
　　　　　　通过信函、邮件及现场考察等多种方式，与本项目进行交流学习、交
　　　　　　换资料。

2015 年 12 月 12 日项目组在第三组结题验收评审会上汇报下一阶段的工作和思路

2015-12-12 　11～14 日，同济项目办组织在同济大学召开"教育部、财政部职业院校教师素质提高计划培养资源开发项目结题验收评审会"。项目组宋士清、王久兴、杨靖参加。本项目 11 月 10 日苏州会议已通过验收，按要求继续做了汇报，报告了验收通过后继续做的一些工作。

2015-12-31 　按照教育部、财政部及同济项目办有关要求，3 年开发周期已到。其间，项目组首先组建了"能干事、干实事、干成事"的研发团队。项目组研发人员达 98 人，分布于高等院校、中高职学校、农业管理部门、设施农业行业企业等单位，有一线专业教师、职教专家、教育教学管理专家及一线生产经营者、设施农业企业管理专家等。项目组明确了成员职责，理顺了合作机制，制订了研发计划，设计了技术路线，明晰了时间节点，制定了工作制度、奖惩办法、经费使用办法等。另外，项目组还聘请了全国职业教育、中高职院校、本科高等院校及设施农业行业企业的专家 46 人，形成咨询委员会和顾问委员会。在 3 年的研发实践中，项目组达成了"必须依靠专家，但不唯专家"的基本共识，凝练了"追根溯源，有依有据"的研发品质，塑造了"精益求精，勇于创新"的团队精神。其间，项目组组织召开各类各层次研讨会 86 次，参加各种交流、研讨、报告、培训会议 46 次，对全国职教届、设施农业界知名专家、教授进行了专门单独访谈 16 次。形成了系列会议纪要、研讨成果等。

2016-06-15 　教育部、财政部职业院校教师素质提高计划成果系列丛书、职教师资培养资源开发项目（VTNE058）设施农业科学与工程专业主干课程教材、全国普通高等教育"十三五"规划教材《无土栽培》（王久兴、宋士清主编）、《设施蔬菜栽培》（宋士清、王久兴主编）、《工厂化育苗》（武春成、狄文伟主编）、《园艺设施设计与建造》（胡晓辉主编），由科学出版社出版，并陆续投入全国高校使用。

2016-10-15 教育部、财政部职业院校教师素质提高计划成果系列丛书、职教师资培养资源开发项目（VTNE058）《设施农业科学与工程》专业主干课程教材、全国普通高等教育"十三五"规划教材《设施果树栽培》（边卫东主编），由科学出版社出版，并陆续投入全国高校使用。

2016-12-22 22～26日，宋士清参加教育部教师工作司在国家教育行政学院举办的"职教师资培养培训体系建设高级研修班"，在会上展示了本项目已经出版的系列教材。

2017-03-15 教育部、财政部职业院校教师素质提高计划成果系列丛书、职教师资培养资源开发项目（VTNE058）《设施农业科学与工程》专业主干课程教材、全国普通高等教育"十三五"规划教材《中等职业学校设施农业生产技术专业教学法》（宁永红、贺桂欣主编）、《中职教师教育理论与实践：设施农业科学与工程专业》（路宝利、崔万秋主编），由科学出版社出版，并陆续投入全国高校使用。

2017年3月10日项目研发成果——7本主干课程教材由科学出版社出版完成

2017-03-19 项目组向我校捐赠了总价值6877.20元的主干课程教材样书22套（每套7种），其中捐赠给图书馆20套（140本）、捐赠给校史馆2套（14本），分别颁发了捐赠证书，学校将永久珍藏。

2017 年 3 月 19 日项目组向校史馆捐赠主干课程教材证书

2017-06-20 　同济项目办发布《关于职教师资培养资源开发项目成果出版的通知》
　　　　　　（项目办〔2017〕3 号）文件。其中，将本项目研发的《专业教师标准》
　　　　　　（子项目负责人为宁永红）作为标准类成果出版的模板，印发给全国各
　　　　　　承担高校的项目主持人，要求各项目以此为依据对成果进行细致的修
　　　　　　改、核对，将定稿报送项目办准备出版。

2017-07-17 　项目组将《中等职业学校设施农业生产技术专业教师指导标准》《职教
　　　　　　师资设施农业科学与工程专业本科培养指导标准》《职教师资设施农业
　　　　　　科学与工程专业本科培养课程指导大纲》3 个标准类成果报送同济项目
　　　　　　办准备出版。

2017-08-31 　《中职教师培养资源开发研究——以设施农业科学与工程专业为例》专
　　　　　　著完稿，送交科学出版社准备出版。

2017-09-28 　受河北北方学院邀请，宋士清做了题为《设施农业科学与工程专业职教
　　　　　　师资培养包项目开发及其思考——谈卓越农林人才培养》的学术报告，
　　　　　　并向该校农林科技学院捐赠了价值 3126 元的主干课程教材样书 10 套
　　　　　　（70 本）。

参 考 文 献

安国民, 徐世艳, 赵化春. 2004. 国外设施农业现状与发展趋势 [J]. 现代化农业, (12): 34-36.

蔡颖华. 2009. 中等职业学校专业教师教学能力标准研究 [D]. 杭州: 浙江工业大学硕士学位论文.

蔡映辉. 2006. 大学单门课程编制情况的国际比较 [J]. 理工高教研究, 25 (5): 92-93, 106.

曹国亮, 吴海清. 2013. 高职院校 "双师型" 教师专业能力标准指标体系研究 [J]. 职业技术教育, 34 (8): 71-73.

曹慧, 张保仁, 李媛媛, 等. 2012. 设施农业科学与工程专业人才培养方案的建设与改革 [J]. 中国科教创新导刊, (14): 198-199.

曹霞, 武春成, 宋士清, 等. 2011. 设施蔬菜栽培学实践教学的创新与应用 [J]. 安徽农业科学, 39 (18): 11332-11334.

曹晔, 冯利民. 2008. 我国农村职业学校布局结构与专业结构调整分析 [J]. 教育与职业, (5): 19-21.

曹晔, 刘宏杰. 2011. 我国中等职业教育教师资格制度的历史与现实 [J]. 职教论坛, (19): 57-61.

曹晔, 刘宏杰. 2014. 现代职业教育体系内涵及需处理好的重要关系 [J]. 职业技术教育, 35 (1): 5-9.

曹晔, 刘宏杰. 2016. 职业教育校企合作的利益分享机制及保障措施 [J]. 职业技术教育, 37 (13): 19-23.

曹晔, 刘颖, 盛子强. 2015. 新中国现代职业教育体系建设的历史溯源 [J]. 教育与职业, (10): 5-8.

曹晔, 卢双盈. 2014. 中等职业学校教师职业特点初探 [J]. 职教论坛, (20): 4-9.

曹晔, 母华敏. 2011. 我国中等职业学校教师职务制度的历史与现实 [J]. 职业技术教育, 32 (7): 61-66.

曹晔, 宁永红. 2005. 关于职技高师院校发展战略的几点思考 [J]. 职教论坛, (9), 11-15.

曹晔, 宁永红. 2006. 河北省中等职业学校师资队伍调查 [J]. 中国职业技术教育, (35): 30-31.

曹晔, 盛子强. 2014. 加快发展现代职业教育需要 "四破" "四立" [J]. 职业技术教育, 35 (28): 5-10.

曹晔, 盛子强. 2015a. 我国职业资格证书制度的历史、现状与趋势 [J]. 职教论坛, (1): 70-75.

曹晔, 盛子强. 2015b. 我国中等职业学校教师专业发展标准体系构建 [J]. 职教论坛, (8): 4-9.

曹晔, 吴长汉. 2016. 全国中等职业学校教师发展总体报告 [J]. 职教论坛, (31): 17-24.

曹晔, 周兰菊. 2016. 中国现代职业教育体系: 建设基础与改革重点 [J]. 职教论坛, (28): 28-34.

曹晔. 2006. 我国职业教育校企合作三大体制机制缺陷及破解策略 [J]. 中国职业技术教育, (18): 60-6574-78.

曹晔. 2008. "三农" 职业教育辨析 [J]. 职业技术教育, 29 (22): 5-9.

曹晔. 2009. 我国农村职业教育近三十年办学经验的回顾与思考 [J]. 职业技术教育, 30 (25): 60-65.

曹晔. 2009a. 河北省中等职业学校专业建设现状分析 [J]. 中国职业技术教育, (12): 41-46.

曹晔. 2009b. 中国农村职业教育改革发展三十年主要成就回顾 [J]. 江苏技术师范学院学报 (职教通讯), 24 (1): 25-30, 67.

曹晔. 2010a. 我国职业技术教育师资培养的历史和现实选择 [J]. 教育与职业, (6): 5-8.

曹晔. 2010b. 我国职业教育区域统筹发展的七大举措 [J]. 教育发展研究, (19): 17-21.

曹晔. 2010c. 我国中等职业学校人员编制情况发展报告 [J]. 职业技术教育, 31 (19): 18-24.

曹晔. 2011. 试论发展面向农村的职业教育 [J]. 职业技术教育, 32 (22): 71-75.

曹晔. 2012a. 农村职业教育的价值取向: "离农" 还是 "为农" ——基于历史变迁视角的考察 [J]. 职教通讯, (1): 26-32.

曹晔. 2012b. 我国现代职业教育体系建设历程与发展趋势 [J]. 职教论坛, (25): 44-48.

曹晔. 2012c. 职业技术师范教育 "三性" 办学特色辨析 [J]. 职业技术教育, 33 (25): 9-13.

曹晔. 2013a. 构建现代职业教育体系的几点思考 [J]. 教育与职业, (14): 5-7.

曹晔. 2013b. 农村职业教育发展面临的新形势与新任务 [J]. 职教论坛, (16): 41-45.

曹晔. 2013c. 我国现代职业教育体系框架构建 [J]. 教育发展研究, (11): 41-45.

曹晔. 2013d. 我国职业教育的主要贡献 [J]. 职教论坛, (4): 4-8.

曹晔. 2014. 该还职业教育的本来面目了 [N]. 中国教育报 (职教周刊), [2014-6-9] (第6版).

曹晔. 2015a. 我国中等职业教育发展的战略性思考 [J]. 教育与职业, (2): 14-16.

曹晔. 2015b. 中等职业学校教师政策实践与反思 [J]. 职教论坛, (28): 16-21.

曹晔. 2016a. 基于供给侧结构性改革的我国西部地区农村客运市场实证分析——以内蒙古地区为例 [J]. 财经理论研究, (6): 45-54.

曹晔. 2016b. 新形势下我国中等职业教育功能定位与推进策略 [J]. 教育发展研究, (13-14): 106-112.

曹晔. 2017a. 巩固与提高中等职业教育需要新思维、新举措 [J]. 河北师范大学学报 (教育科学版), 19 (1): 61-66.

曹晔. 2017b. 职业教育教师队伍建设的新思路、新机制、新举措 [J]. 职业技术教育, 38 (1)：37-42.

柴秀智. 2006. 地方高职院校"双师素质"教师队伍现状及培养对策个案研究 [D]. 长春：东北师范大学硕士学位论文.

常平福. 2003. 知识·能力·素质——学习新计划、新大纲、新教材的体会及思考 [J]. 卫生职业教育, 21 (4)：68-69.

陈长幸, 盘明英. 2009. 中外高等职业教育考核评价比较分析 [J]. 法制与经济, (3)：102-103, 105.

陈超, 张敏, 宋吉轩. 2008. 我国设施农业现状与发展对策分析 [J]. 河北农业科学, 12 (11)：99-101.

陈丹辉. 2006. 职业学校学生学习特点研究 [M]. 北京：气象出版社.

陈方. 2005. 影响我国教师专业发展的社会因素分析 [D]. 上海：上海师范大学硕士学位论文.

陈杰, 杨祥龙, 周胜军, 等. 2005. 中国设施园艺研究现状与发展趋势 [J]. 中国农学通报, 21 (1)：236-238.

陈瑾. 2013. 高职设施农业技术专业建设配套建筑材料课程改革的思路 [J]. 科教导刊, (8)：170-171, 256.

陈梦迁. 2005. 发达国家职业教育立法的指导思想研究 [J]. 职业技术教育 (教科版), 26 (22)：70-73.

陈胜权, 戴国洪. 2002. 职技高师学生实践教学能力培养体系的构建 [J]. 职教通讯, (2)：38.

陈向明. 2003. 实践性知识：教师专业发展的知识基础 [J]. 北京大学教育评论, 1 (1)：104-112.

陈永芳. 2007. 职业技术教育专业教学论 [M]. 北京：清华大学出版社.

陈友根, 王冬良, 陶鸿, 等. 2010. 学分制下设施农业科学与工程专业课程体系建设 [J]. 安徽农业科学, 38 (14)：7184-7185, 7188.

陈幼德. 2000. 德国职业教育教师资格及其培养模式的启迪 [J]. 教育发展研究, (2)：80-83.

陈祝林, 徐朔, 王建初. 2004. 职教师资培养的国际比较 [M]. 上海：同济大学出版社.

成有信. 1990. 十国师范教育和教师 [M]. 北京：人民教育出版社.

迟淑筠, 李法德, 李修渠, 等. 1995. 突出课程特点、强化能力培养——提高农业生产机械化课程教学质量的尝试 [J]. 高等农业教育, (5)：45-46.

迟振国. 2001. 教师职业实践课教学大纲的设计与思考 [J]. 体育学刊, 8 (3)：102-104.

崔涛. 2006. 山东省高职院校师资队伍建设存在的问题及应对策略 [D]. 济南：山东师范大学硕士学位论文.

大连教育学院教师教育中心. 2006a. 职业学校校本培训规范与教师专业能力标准 (上) [J]. 职业技术教育研究, (2)：20-21.

大连教育学院教师教育中心. 2006b. 职业学校校本培训规范与教师专业能力标准 (下) [J]. 职业技术教育研究, (3)：12-15.

戴尔·H. 申克 (Schunk. D. H.). 2012. 学习理论 [M]. 6版. 南京：江苏教育出版社.

邓泽民. 2009. 职业教育实训设计 [M]. 2版. 北京：中国铁道出版社.

杜惠洁. 2008. 德国教学设计研究 [M]. 北京：中国科学技术出版社.

段兆兵, 王守恒. 2010. 教师专业标准理念、构成与建设 [J]. 安徽师范大学学报, 38 (1)：19-23.

范博, 厉凌云, 张奕. 2014. 高等职业教育教材研究的特点与问题 [J]. 河南科技学院学报, (8)：84-86.

范博, 盛子强, 周琪. 2015. BAG 与 DACUM 课程开发技术比较研究 [J]. 河南科技学院学报, (6) 85-87.

范博. 2015. 应用型本科专业课程教材编撰研究 [D]. 秦皇岛：河北科技师范学院硕士学位论文.

范海荣, 陈丽娜, 吴素霞, 等. 2015. 基于创新能力培养的农业资源与环境专业实践教学体系构建与研究 [J]. 安徽农业科学, 43 (5)：378-380.

范晶晶, 张保仁, 曹慧, 等. 2014. 设施农业科学与工程专业创新应用型人才培养研究 [J]. 现代农业科技, (9)：337-338.

方光罗. 2002. 德国职业教育的情况和启示 [J]. 安徽商贸职业技术学院学报, 1 (4)：44-50.

菲利普·葛洛曼, 菲利克斯·劳耐尔. 2011. 国际视野下的职业教育师资培养 [M]. 石伟平译. 北京：外语教学与研究出版社.

费利克斯·劳耐尔, 赵志群, 吉利. 2010. 职业能力与职业能力测评——KOMET 理论基础与方案 [M]. 北京：清华大学出版社.

冯长春, 秦海生. 2014. 我国设施农业发展研究 [J]. 当代农机, (2)：10-12.

冯辉荣, 周新年, 张正雄, 等. 2010. 试论教学大纲、授课教案和讲稿的改革与实践 [J]. 福建农林大学学报 (哲学社会科学版), 13 (3)：102-105.

冯善斌. 2006. 新课程理念下的教师教学能力 [J]. 河北教育 (教学版), (1)：6-7.

冯志红, 张慎好, 李晓丽, 等. 2009. 新就业形势下蔬菜栽培课程的教学改革 [J]. 河北科技师范学院学报 (社会科学版), 8 (2)：94-97.

付春梅. 2012. 高职畜牧兽医专业实训课程和实训教学方法改革与探索 [J]. 畜牧与饲料科学, 33 (5-6)：49-50.

付雪凌, 石伟平. 2010. 美、澳、欧盟职业教育教师专业能力标准比较研究 [J]. 比较教育研究, (12)：81-85.

高洪波，张广华，吴晓蕾，等．2007．设施农业科学与工程专业人才培养模式研究与实践［J］．河北农业大学学报（农林教育版），9（4）：112-115．

高新华．2013．高校课程教学大纲的法学分析［J］．现代教育科学，（1）：96-99．

高岩．2007．新课程标准对教师能力的新要求［J］．青海师专学报（教育科学），（1）：94-99．

高瑛．2003．世界各国及地区职业教育师资培养与培训情况简述［J］．职教通讯，（8）：53-56．

高瑛．2009．中职教师职业活动、职业意识及职业活动障碍——中职教师职业活动调查报告［J］．中国职业技术教育，（25）：49-51．

高原，曹晔，高玉峰，等．2003．河北省县级职教中心专业建设现状的调查与分析［J］．中国职业技术教育，（5）：15-16．

郭海芳．2006．BTEC课程教学大纲对高职院校借鉴作用的研究［J］．广东农工商职业技术学院学报，22（1）：33-36．

郭红云．2003．中德职业师范教育之比较研究［D］．武汉：华中师范大学硕士学位论文．

郭家瑜．2009．经管类青年教师实践教学能力不足的原因及培养途径［J］．宁波工程学院学报，21（3）：31-33，50．

郭世荣，孙锦，束胜，等．2012．我国设施园艺概况及发展趋势［J］．中国蔬菜，（18）：1-14．

国家汉语国际推广领导小组．2007．国际汉语教师标准［M］．北京：外语教学与研究出版社．

国家教委职业技术教育中心研究所．1998．历史与现状——德国双元制职业教育［M］．北京：经济科学出版社．

韩海燕．2006．高等职业师范教育"双师型"师资队伍建设的研究［D］．长春：吉林农业大学硕士学位论文．

韩喜梅．2015．基于《中等职业学校教师专业标准》的中职教师评价标准研究［D］．石家庄：河北师范大学硕士学位论文．

杭永宝．2006．职业教育的经济发展贡献和成本收益问题研究［M］．南京：东南大学出版社．

郝建峰，吕文静．2010．对我国高职人才培养质量评价问题的探讨［J］．职教论坛，（32）：73-75．

郝增宝．2011．高职教育教学质量监控与评价体系的实践［J］．成人教育，（10）：34-35．

何雪涛，郭耀邦．1999．职业学校教育评估的理论与实践［M］．杭州：浙江教育出版社．

和凤英．2006．云南省高职院校"双师型"教师培养问题研究［D］．昆明：云南师范大学硕士学位论文．

贺桂欣，王久兴，齐永顺，等．2007．论创业教育视野下的园艺学专业实践教学体系构建［J］．河北科技师范学院学报，21（2）：64-66，77．

贺桂欣，王久兴，宋士清．2015．职教师资本科人才培养方案的思考——以设施专业为例［J］．科技视界，（8）：58，84．

贺桂欣，王久兴，宋士清，等．2015．试论本科水平职教师资培养方案的开发——以设施专业为例［J］．现代交际，（5）：146，145．

贺文瑾，石伟平．2005．我国职教师资队伍专业化建设的问题与对策［J］．教育发展研究，（10）：73-78．

贺文瑾．2006．国外职教教师教育的特点及启示［J］．职业技术教育，27（16）：48-51．

贺应根．2005．高职院校"双师型"教师资格认定标准和培养对策研究［D］．长沙：湖南农业大学硕士学位论文．

胡克玲，陈友根，陶鸿，等．2011．设施农业科学与工程专业生产实习改革探讨［J］．现代农业科技，（22）：30，32．

胡晓辉，李建明，张智．2013．设施农业科学与工程专业课程网络教学平台建设的必要性探析［J］．教育教学论坛，（17）：260-262．

黄宏伟．2010．高职院校专业教师实践教学能力培养的问题与对策［J］．教育与职业，（14）：51-52．

黄克孝．1999．职业和技术教育课程概论［M］．上海：华东师范大学出版社．

黄日强，许祥云．2005．世界职业教育管理研究［M］．北京：新华出版社．

黄荣怀．2008．移动学习：理论·现状·趋势［M］．北京：科学出版社．

黄远，程菲，张俊红，等．2017．设施农业科学与工程本科专业实践教学的改革与创新——以华中农业大学为例［J］．高等农业教育，（1）：68-71．

贾剑方．2007．职教模块化课程研发模式的分析与借鉴［J］．广东农工商职业技术学院学报，23（4）：17-20，27．

贾俊刚．2008．重点大学职教师资培养特色研究［D］．咸阳：西北农林科技大学硕士学位论文．

江雪双．2009．高校数字化教育资源共享机制的研究［D］．武汉：华中科技大学硕士学位论文．

姜大源，吴全全．2007．当代德国职业教育主流教学思想研究——理论、实践与创新［M］．北京：清华大学出版社．

姜大源．2002．职业学校专业设置的理论、策略与方法［M］．北京：高等教育出版社．

姜大源．2004．"学习领域"——工作过程导向的课程模式——德国职业教育课程改革的探索与突破［J］．职教论坛，（8）：61-64．

姜大源．2007．职业教育的学习结构论［J］．中国职业技术教育，（1）：1．

姜大源．2008a．当代德国职业教育主流教学思想研究［M］．北京：清华大学出版社．

姜大源．2008b．职业教育：课程与教材辨［J］．中国职业技术教育，（19）：1，13．

姜大源．2012．论工作过程系统化的课程开发［J］．职业技术教育，（9）：5-7．

姜大源．2014．现代职业教育与国家资格框架构建［J］．中国职业技术教育，（21）：23-34．

姜大源. 2015. 刍议如何做好职业教育这篇大文章 [J]. 教育与职业, (32): 5-8.

姜大源. 2016a. 教育供给侧改革的最大潜力在于职业教育 [J]. 教育与职业, (21): 5-7.

姜大源. 2016b. 结构问题是课程开发的关键 [N]. 中国教育报 (职业教育周刊), 2016-8-23 (第3版).

姜大源. 2017a. 关于加固中等职业教育基础地位的思考 (连载二) [J]. 中国职业技术教育, (12): 5-30.

姜大源. 2017b. 关于加固中等职业教育基础地位的思考 (连载一) [J]. 中国职业技术教育, (9): 21-36.

姜大源. 2017c. 关于加固中等职业教育基础地位的思考 (全文导读) [J]. 中国职业技术教育, (9): 18-20.

蒋乃平, 杜爱玲. 2009. 职业生涯规划教学大纲开发做到的 "三个必须" ——对现代职教课程开发理念的运用 [J]. 中国职业技术教育, (3): 26-28, 39.

蒋宗珍. 2011. 高职双师型教师实践教学能力培养 [J]. 教育与职业, (20): 63-64.

教育部. 2004. 教育部关于印发《中小学教师教育技术能力标准 (试行)》的通知 (教师 [2004] 9号) [Z]. [2004-12-15].

靳希斌. 2012. 教师教育模式研究 [M]. 北京: 北京师范大学出版社.

阚雅玲, 张强. 2008. 高职院校教师专业能力标准的研究 [J]. 广东职业技术师范学院学报, (2): 29-32.

柯和平. 2006. 高校数字化教学资源系统的建设与管理 [J]. 远程教育杂志, (4): 110-112.

克莱因. 2007. 教师能力标准 [M]. 顾小清译. 上海: 华东师范大学出版社.

匡瑛. 2006. 比较高等职业教育: 发展与变革 [M]. 上海: 上海教育出版社.

劳春南. 2014. 构建中职会计专业校内实训教学模式的研究与实践 [J]. 商业会计, (6): 116-118.

黎加厚. 2007. Moodle课程设计 [M]. 上海: 上海教育出版社.

礼广成. 2005. 论我国高职院校师资队伍结构与优化 [D]. 沈阳: 东北大学硕士学位论文.

李琛, 曹霞, 武春成. 2013. 设施农业科学与工程专业大学生就业调查分析 [J]. 河北科技师范学院学报, 27 (3): 78-80.

李芬芳. 2006. 高职院校 "双师型" 教师培养探究 [J]. 浙江纺织服装职业技术学院学报, (1): 55-59.

李关华. 2004. 谈德国职业教育技能培养的新模式——"行动导向" 的教育方法 [J]. 安徽教育论坛, (3): 6-8.

李国富. 2005. 职教 "双师型" 师资队伍建设探析 [J]. 职业教育研究, (1): 40-41.

李吉成. 2004. 烟台职业学院师资队伍建设问题的研究 [D]. 北京: 中国农业大学硕士学位论文.

李建明, 胡晓辉, 邹志荣, 等. 2014. 设施农业科学与工程本科专业 "1423" 型实践教学新体系的构建与实践 [J]. 教育教学论坛, (19): 201-203.

李建明, 胡晓辉, 邹志荣, 等. 2014. 设施农业科学与工程专业改革和发展思路及政策建议 [J]. 教育教学论坛, (22): 200-201.

李建明, 邹志荣, 屈锋敏, 等. 2004. 设施农业科学与工程本科专业的建设与发展 [J]. 高等农业教育, (4): 45-47.

李立峰, 胡红霞. 2007. 大学体育教师教学能力的结构证实性因子分析 [J]. 江西教育学院学报 (综合), 28 (6): 77-79.

李丽. 2007. 高职旅游管理专业实训课程教学方法研究 [J]. 实习实训, (2): 49-50.

李梦卿. 2002. 双师型职教师资培养制度研究 [M]. 武汉: 华中科技大学出版社.

李其龙, 陈永明. 2002. 教师教育课程的国际比较 [M]. 北京: 教育科学出版社.

李芹. 2011. 高职院校教师专业能力标准制定的流程与方案选择 [J]. 广东轻工职业技术学院学报, 10 (1): 52-55.

李斯伟. 2005. 国外教学大纲对高职课程教学大纲编制的启示 [J]. 职教论坛, (11): 58-60.

李文光. 1996. 职技高师课程设计 [M]. 北京: 中国农业科技出版社.

李贤瑜, 邱小林, 彭跃红. 2006. 高职教育新体系的研究与实践 [M]. 南昌: 江西高校出版社.

李珣, 雷恩, 何芳芳, 等. 2016. 红河学院设施农业科学与工程专业学生就业情况调查分析 [J]. 农业教育研究, (3): 36-38.

李尧, 王少愚, 吴福明, 等. 2007. 说课与示范课结合是提高授课质量的有效途径 [J]. 教育与职业, (6): 179-180.

李政红, 兰海波, 李敬蕊, 等. 2010. 设施农业科学与工程专业实践教学建设与改革 [J]. 农业教育研究, (1): 29-31.

厉凌云, 范博. 2014. 职业教育课程评价调查分析与对策思考 [J]. 继续教育研究, (9): 116-118.

厉凌云. 2015. 中职学前教育专业学生顶岗实习问题与对策研究——以河北N中职学校为例 [D]. 秦皇岛: 河北科技师范学院硕士学位论文.

梁宁. 2007. 本科职教师资专业教学课程体系研究 [J]. 技术与市场, (8): 73-75.

林慧敏, 万代红. 2012. 信息化环境下的有效学习 [M]. 北京: 北京师范大学出版社.

林农. 2006. 高职院校 "双师型" 教师培养问题的思考 [J]. 漳州职业技术学院学报, 8 (1): 108-111.

刘春生. 2000. 跨入新世纪的中国高等职业技术师范教育 [M]. 北京: 高等教育出版社.

刘桂智, 马俊云, 郑春颖, 等. 2010. 基于B/S架构的河北省大学生就业服务评价平台 [J]. 河北科技师范学院学报 (社会科学版), 9 (2): 24-27.

刘建湘. 2005. 职业院校双师型教师教育研究 [M]. 长春: 吉林科技出版社.

刘少梅, 王丽娟, 马钊, 等. 2014. 设施农业科学与工程专业建设与设施蔬菜安全的关系浅析 [J]. 天津农业科学, 20 (9): 89-91.

刘玮. 2012. 中等职业学校实训教师专业能力的研究 [D]. 天津: 天津大学硕士学位论文.

刘霞, 伍静. 2013. 高职院校人才培养质量评价体系的构建 [J]. 企业导报, (13): 156-157.

刘晓敏. 2013. 高等职业教育评价的现状、问题及对策研究 [J]. 职业技术教育, 26 (7): 79-83.

刘欣, 宋士清, 尹秀玲. 2010. 高校实验室建设与管理模式的改革研究 [C]// 石千峰, 汤生玲. 现代高等教育研究. 北京: 中国农业科学技术出版社.

刘宇. 2010. 中等职业学校专业课教师能力指标体系研究 [D]. 石家庄: 河北师范大学硕士学位论文.

刘玉侠. 2009. 高职院校教师专业能力标准的探讨 [J]. 教育与职业, (2): 16-18.

刘育锋. 1997a. 论职业教育教师的职业技能 [J]. 职业技术教育, (1): 8-9.

刘育锋. 1997b. 论职业教育教学方法分类 [J]. 职业技术教育, (11): 18-20.

刘育锋. 1998. 论职业教育教师标准 [J]. 职业技术教育, (9): 20-23.

刘育锋. 1999. 欧盟职教师资培养方式的比较研究 [J]. 职业技术教育, (11): 42-43.

刘育锋. 2005. 四国职业资格制度及发展脉络 [J]. 中国职业技术教育, (18): 47-49.

刘育锋. 2006. 对我国职教教师职业化若干问题的反思 [J]. 职教论坛, (12): 20-23.

刘育锋. 2008. 当前国际主流职教教学改革对职教教师职业能力提出的新要求 [J]. 中国职业技术教育, (27): 46-50.

刘育锋. 2009a. 对制定我国职教教师资格制度基础的研究 [J]. 中国职业技术教育, (27): 26-30.

刘育锋. 2009b. 结构性矛盾——中职教师配置急需关注的重大问题——2004～2007 年中职校（机构）教师队伍状况分析 [J]. 中国职业技术教育, (4): 40-43.

卢双盈. 2003. 德国职业学校师资培养培训的体系、特点与借鉴 [J]. 现代技能开发, (1): 100-102.

卢正芝, 洪松舟. 2007. 我国教师能力研究三十年历程之述评 [J]. 教育发展研究, (2): 70-74.

陆维研, 储诚炜. 2013. 农林经济管理专业人才培养质量评价体系研究 [J]. 科教文汇, (7): 54-56.

路宝利, 辛彦怀, 盛子强, 等. 2015. 论中职师资培养的课程转向 [J]. 职业教育研究, (5): 40-44.

路宝利, 赵淑梅. 2017. "完整教学": 职业教育教学 "新概念" [J]. 职业技术教育, 38 (13): 8-13.

路宝利. 2009. 河北省大学生农村就业形势分析与前景预测 [J]. 中国成人教育, (23): 107-108.

路宝利. 2012. 新世纪十年中国职业教育的发展困境与思考 [J]. 开放教育研究, 18 (5): 37-42.

路宝利. 2017. 回归传统: 中国职业教育 "再现代化" 进路 [J]. 中国职业技术教育, (8): 71-79.

罗平. 2015. 职教师范生实践教学能力提升途径研究 [J]. 职业教育研究, (5): 42-45.

罗树华, 李洪珍. 2000. 教师能力学 [M]. 济南: 山东教育出版社.

罗小科. 2007. 开发高职教师职业能力标准构建师资队伍管理体系 [J]. 中国职业技术教育, (33): 27-28, 36.

马爱林, 宁永红, 王大江, 等. 2016. 基于现代农业发展的职业农民供需分析及市场培育 [J]. 职教论坛, (34): 26-31.

马爱林, 宁永红. 2013. 基于市场驱动的职业教育办学研究 [J]. 教育与职业, (23): 5-7.

马俊云, 刘桂智, 郑春颖, 等. 2010. 高校图书馆大学生就业服务体系评价指标研究 [J]. 图书馆建设, (6): 79-82.

马庆发. 2002. 当代职业教育新论 [M]. 上海: 上海教育出版社.

马钊, 王丽娟, 刘少梅. 2014. 设施农业科学与工程专业教学改革的认识与探讨 [J]. 中国电力教育, (26): 50-51.

毛园芳. 2006. 校外实践教学组织形式和操作机制探索 [J]. 职业技术教育 (教科版), 27 (10): 30-32.

孟令臣, 马爱林, 宁永红. 2013. 中等职业学校面向市场办学的现实思考 [J]. 河北科技师范学院学报 (社会科学版), 12 (4): 77-81.

孟令臣, 马爱林, 宁永红. 2014. 澳大利亚行业主导职业教育发展的机制及其启示 [J]. 职教论坛, (3): 88-91.

面向 21 世纪职业教育师资队伍建设对策研究课题组. 2003. 面向 21 世纪职业教育师资队伍建设研究 [M]. 北京: 高等教育出版社.

苗逢春. 2005. 《中小学教师教育技术能力标准 (试行)》: 内内容解读与实施建议 [J]. 人民教育, (13-14): 2-5.

聂竹明. 2012. 从共享到共生的 e-Learning 研究 [D]. 南京: 南京师范大学博士学位论文.

宁永红, 蔡兰花. 2011. 我国职教师资国际交流与合作的现状及发展建议 [J]. 河北科技师范学院学报 (社会科学版), 10 (1): 37-40, 46.

宁永红, 郭立昌, 夏凡. 2007. 基于现代教育技术的农村职业教育教学改革 [J]. 河北科技师范学院学报 (社会科学版), 6 (4): 101-104.

宁永红, 郝理想. 2012. 我国中等职业学校师资队伍建设的政策回顾与分析 [J]. 职业技术教育, 33 (7): 68-72.

宁永红, 凌志杰. 2012. 中等职业学校师资队伍建设的薄弱环节及应对策略 [J]. 职业技术教育, 33 (13): 49-54.

宁永红, 马爱林, 张小军. 2015. 近三十年中等职业学校专业教学方法的发展及趋势 [J]. 中国职业技术教育, (23): 13-17.

宁永红，马爱林，周铁军．2010．县级职教中心专业建设的结与解——基于秦唐两市 4 所职教中心的调查 [J]．职业技术教育，（6）：38-41．

宁永红，马爱林．2009．澳大利亚现代职业技术教育的特点与启示 [J]．河北师范大学学报（教育科学版），11（10）：45-48．

宁永红，杨蕾，郭立昌．2005．论职业中学兼职教师的聘用与管理 [J]．河北科技师范学院学报（社会科学版），4（2）：62-64，69．

宁永红，张萌，孙芳芳．2012．中等职校"双师型"师资队伍建设存在的误区及建议 [J]．职教论坛，（10），58-63．

宁永红．2006．农村初等职业教育体系的构建与完善 [J]．职业技术教育研究，（7）：28-30．

宁永红．2007a．基于现代教育技术的农村职业教育发展模式转换 [J]．中国农村教育，（11）：30-31．

宁永红．2007b．浅析我国农村职教发展过程中的五大矛盾 [J]．职教论坛，（3）：54-56．

宁永红．2010．我国职教师资国际交流与合作的回顾与展望 [J]．中国职业技术教育，（36）：74-79．

牛晓燕．2006．德国职教师资培养体系及其特点 [J]．职教论坛（综合版），（2）：58-60．

牛英杰．2004．中德职业教育师资培养比较与借鉴 [J]．辽宁高职学报，6（4）：132-134．

潘培道．2005．高职高专教师"双师素质"培训基地建设的探讨 [J]．职业教育研究，（5）：24．

裴孝伯，单国雷，李绍稳，等．2009．设施农业科学与工程专业建设的探索与实践 [J]．安徽农业科学，37（31）：15537-15538，15540．

彭宁．2012．民族地区职教师资培养模式的探索与实践 [M]．桂林：广西师范大学出版社．

皮连生．1998．知识分类与目标导向教学——理论与实践 [M]．上海：华东师范大学出版社．

皮连生．2003．学与教心理学 [M]．上海：华东师范大学出版社．

漆书青，何齐宗，万文涛．1998．职业技术教育师资培养模式研究 [M]．南昌：江西高校出版社．

祁连弟，赵永旺，张琨，等．2014．创新设施农业技术专业人才培养模式 [J]．中国职业技术教育，（8）：71-73．

齐玉斌，宋士清，张海涛，等．2010．网络评教系统的设计与实现的研究 [C]// 石千峰，汤生玲．现代高等教育研究．北京：中国农业科学技术出版社．

秦虹．2007．高职教育培养目标下的教师教学能力培养 [J]．职业，（14）：95-96．

秦勇，姜秀梅．2013．设施农业科学与工程专业课程教学改革与探索 [J]．安徽农学通报，19（1-2）：136-137，139．

邱永成．2007．高职人才的培养标准对职教师资的设定及建构 [J]．中国成人教育，（19）：88-89．

屈锋敏．2005．设施农业科学与工程专业人才培养体系探索 [D]．咸阳：西北农林科技大学硕士学位论文．

全国信息技术标准化技术委员会，中华人民共和国国家质量监督检验检疫总局，中国国家标准化管理委员会．2011．GB/T26222—2010，信息技术学习、教育和培训内容包装 [S]．

人事部．关于印发《国家公务员通用能力标准框架（试行）》的通知（国人部发〔2003〕48 号）[Z]．[2003-11-18]．

任波，孙玉中．2009．探析高职教师能力标准的构建 [J]．中国高等教育，（1）：49-50．

任波．2011．中等职业学校专业课教师专业能力标准研究——以机械加工专业为例 [D]．沈阳：沈阳师范大学硕士学位论文．

任君庆．2005．高职院校"双师型"师资队伍建设探讨 [J]．教育与职业，（5）：70-72．

任少红．2002．高职教育"双师素质"教师队伍建设的问题与对策 [J]．长沙航空职业技术学院学报，2（3）：1-4．

申继亮，王凯荣．2000．论教师的教学能力 [J]．北京师范大学学报（人文社会科学版），（1）：64-71．

申继亮．2006．教师人力资源开发与管理——教师发展之源 [M]．北京：北京师范大学出版社．

申文缙．2007．基于"学习领域"课程方案的德国职业教育教学大纲研究 [D]．天津：天津大学硕士学位论文．

盛学文，杜金霞，冯鑫．2014．中职园林专业多层次实践教学体系的构建与实践 [J]．科技资讯，（33）：151．

施良方．2008．学习论 [M]．2 版．北京：人民教育出版社．

石美珊．2007．中职学校教师通用能力标准与专业发展 [J]．课程·教材·教法，27（9）：80-83．

石伟平，徐国庆．2006．职业教育课程开发技术 [M]．上海：上海教育出版社．

石伟平，徐国庆．2008．以就业为导向的中等职业教育教学改革理论探索 [J]．中国职业技术教育，（11）：18-22．

石伟平．2001．比较职业技术教育 [M]．上海：华东师范大学出版社．

石伟平．2005．我国职业教育课程改革中的问题与思路 [J]．职业技术教育（教科版），26（31）：15-18．

石伟平．2006．我国职业教育课程改革中的问题与思路 [J]．中国职业技术教育，（1）：6-8．

宋丽娜．2010．中职学校实训教学评价标准设计及实施策略 [J]．大连教育学院学报，26（4）：82-84．

宋士清，王久兴，武春成．2009．"设施蔬菜栽培学"课程建设的理论与创新 [J]．河北科技师范学院学报（社会科学版），8（4）：5-9．

宋士清，王久兴，武春成．2010．《设施蔬菜栽培学》国家级精品课程建设的理论与实践 [C]// 石千峰，汤生玲．现代高等教育研究．北京：中国农业科学技术出版社．

宋士清，张慎好，刘桂智，等．2008．新形势下蔬菜学创新型、创业型人才的培养［J］．河北科技师范学院学报（社会科学版），7（3）：9-14.

宋小平．2004．高职学院"双师型"教师培养研究［D］．长沙：湖南师范大学硕士学位论文．

苏万益，陈健．2007．高职院校教师教育策略研究［J］．济源职业技术学院学报，6（2）：1-3，24.

苏小兵，祝智庭．2012．数字化教学资源的需求和供给模式研究——公共产品的视角［J］．中国电化教育，（8）：78-82.

孙清立．2007．山东理工大学"双师型"职教师资培养现状及对策研究［D］．济南：山东师范大学硕士学位论文．

孙芸，万凤华，胡夏闽．2000．21世纪工程实践教学环节教学内容与课程体系改革的着陆点——实践环节教学大纲修订方案的探讨［J］．南京建筑工程学院学报（社会科学版），（2）：64-67.

孙祖复，金锵．2000．德国职业技术教育史［M］．杭州：浙江教育出版社．

汤生玲，曹晔．2004．职业中学农类专业课程体系构建的实践与探索［J］．职业技术教育（教科版），25（28）：38-41.

汤生玲，曹晔．2006．我国三类地区农村职业教育的发展条件对比分析［J］．职教论坛，（2）：9-16.

汤生玲，曹晔．2007．论中国职业教育"双师型"师资的产生与内涵演变［J］．广东技术师范学院学报，（9）：42-45.

汤生玲，闫志利．2011．我国职业教育改革和发展的总体态势分析［J］．河南科技学院学报，（2）：3-7.

汤生玲．2004．我国三类地区农村职业教育的比较研究［J］．职业技术教育（教科版），25（22）：29-33.

汤生玲．2005．河北省中职师资队伍发展现状比较研究［J］．职业技术教育（教科版），26（28）：25-29.

汤生玲．2008．我国中部三省中职学校教师队伍发展现状抽样调查报告［J］．职业技术教育，29（28）：55-62.

汤生玲．2009a．我国职业教育办学体制的探讨［J］．职业技术教育，30（1）：18-21.

汤生玲．2009b．县级职教中心实训基地建设的途径探讨［J］．广东技术师范学院学报（职业教育），（2）：88-90.

汤生玲．2009c．职业教育如何增强对农村学生与家长的吸引力［J］．职业技术教育，30（34）：62-65.

汤生玲．2010．社会转型时期的农村职业教育［J］．职业技术教育，31（34）：64-68.

唐海瑞．2005．高职"双师素质"教师队伍建设探讨［J］．机械职业教育，（6）：21-22.

唐晓鸣，朱玲，陈松洲．2010．关于构建高职院校教师专业能力标准的调查［J］．职教论坛，（21）：86-89.

田延光，陈上仁．2010．本科院校教师教育质量标准研究［M］．北京：中国社会科学出版社．

王春玲．2006．美国大学提高教师教学能力的举措［J］．河北师范大学学报（教育科学版），8（3）：85-88.

王宏丽，裴莉娟，邹志荣．2011．设施农业科学与工程专业学生工程素质培养研究［J］．中国农业教育，（4）：76-78.

王华，阮琦琦，张玲，等．2015．提升设施农业科学与工程专业本科教学效果的探索与实践［J］．农业工程技术（温室园艺），（19）：16，18.

王久兴，贺桂欣，宋士清，等．2010．园艺类课程实践教学改革探析［C］//石千峰，汤生玲．现代高等教育研究．北京：中国农业科学技术出版社．

王久兴，贺桂欣，宋士清，等．2014．设施农业科学与工程专业课程设置的调查分析［J］．河北科技师范学院学报，28（1）：52-57.

王丽娟，边珮璐，王学利，等．2012．建设设施农业科学与工程专业的思考［J］．天津农学院学报，19（4）：55-57.

王丽娟，刘少梅，任志雨．2014．设施农业科学与工程专业新生职业规划的调查与研究［J］．天津农业科学，20（9）：78-81.

王前新，孙泽文．2003．高等职业教育教学论［M］．汕头：汕头大学出版社．

王绍梅．2009．关于多媒体教学实践的几点思考——从复旦大学取消CAI课时说起［J］．电化教育研究，（10）：94-97.

王淑宁．2012．近20年以来我国幼儿教师职业能力的研究及其展望［J］．湖南师范大学教育科学学报，11（1）：110-113.

王伟，张春旭．2006．高职院校"双师型"师资队伍建设的途径探究［J］．辽宁高职学报，8（4）：41-42.

王炜，祝智庭．2004．解析英国ICT应用与学科教学的教师能力标准［J］．电化教育研究，（12）：77-80.

王雯．2015．中等职业学校专业教师标准开发探析［J］．职教论坛，（17）：12-14，62.

王晞．2008．课堂教学技能［M］．福州：福建教育出版社．

王先平，唐玉光．2006．课程改革视野下的教师教学能力结构［J］．集美大学学报，7（1）：27-32.

王祥薇，张红飞．2010．高职院校实训教学质量的过程管理研究［J］．安徽电气工程职业技术学院学报，15（2）：77-80.

王学玲．2004．天津市技工学校师资队伍建设的现状及对策研究［D］．天津：天津大学职业技术教育学院硕士学位论文．

王毅，卢崇高，季跃东．2005．高等职业教育理论探索与实践［M］．南京：东南大学出版社．

王珍，王宪成．1997．中外职业教育比较［M］．天津：天津科学技术出版社．

王治民．2008．"教师教学能力"概念辨析——对"中职学校专业教师教学能力标准"概念的解读［J］．中国职业技术教育，（18）：8-10.

王治民．2008．教师能力标准开发的理性思考——《中职学校专业教师教学能力标准》项目研究设计［J］．河北大学成人教育学院学报，10（2）：49-50.

王祚昌. 2007. 关于高职院校"双师型"师资队伍建设的思考 [J]. 中国职业技术教育, (5): 27-28.

魏钧, 李晓. 2009. 大学生网络学习平台的技术等级与实现方式 [J]. 远程教育, (2): 62-64.

魏泽, 2010. 高校本科课程教学大纲编制的现状考察 [D]. 重庆: 西南大学硕士学位论文.

闻琴华. 2011. 融师范生实践教学能力培养于专业课程 [J]. 哈尔滨职业技术学院学报, (1): 84-85.

吴砥, 刘清堂, 杨宗凯. 2011. 网络教育标准与技术 [M]. 2 版. 北京: 清华大学出版社.

吴海霞. 2006. 中德中等职业教育比较研究 [D]. 大连: 大连理工大学硕士学位论文.

吴宏岳. 2008. 构建职业院校教师专业能力标准体系、内涵和理论依据分析 [J]. 职业技术教育, 29 (4): 53-56.

吴建设. 2007. 加拿大高职能力本位课程教学大纲探析 [J]. 职业技术教育, 28 (34): 91-93.

吴全全. 2011. 职业教育双师型教师基本问题研究: 基于跨界视域的诠释 [M]. 北京: 清华大学出版社.

吴少红. 2000. 从德国职教师资培养趋势看我国普通高校职业教育师资培养的发展 [J]. 河北大学成人教育学院学报,
　　2 (1): 26-29.

吴雪萍. 2004. 国际职业技术教育研究 [M]. 杭州: 浙江大学出版社.

吴雪萍. 2007. 基础与应用: 高等职业教育政策研究 [M]. 杭州: 浙江教育出版社.

吴泽. 2007. 高职院校实践型专业教师培养模式比较研究 [J]. 十堰职业技术学院学报, 20 (4): 24-25.

武旎. 2006. 论青年田径教师教学能力素质的培养及提高途径 [J]. 四川体育科学, (4): 140-142.

项明寅, 鲍志晖, 方继光, 等. 2004. 研读《教学大纲》瞄准本科教学 [J]. 黄山学院学报, 6 (6): 15-16.

谢春琼, 魏兰芳, 张乃明, 等. 2009. 农科院校设施农业科学与工程本科专业实践教学体系构建初探 [J]. 云南农业大
　　学学报 (社会科学版), 3 (2): 68-71, 88.

谢莉花. 2015. 对我国职业教育教师标准开发的思考 [J]. 职业技术教育, (25): 53-57.

谢晓慧. 2007. 美国药学博士培养标准和指南及其启示 [J]. 中国药事, 21 (2): 134-137.

邢金龙, 王丽平. 2007. 关于"双师型"教师培养策略的思考 [J]. 教育理论与实践, 27 (2): 23-25.

徐斌艳. 2012. 数学教师专业标准的国际比较 [M]. 上海: 华东师范大学出版社.

徐国庆. 2005. 实践导向职业教育课程研究: 技术学范式 [M]. 上海: 上海教育出版社.

徐国庆. 2006. 课程标准与职业能力标准 [J]. 职教论坛, (18): 1.

徐国庆. 2007. 职业教育项目课程的几个关键问题 [J]. 中国职业技术教育, (4): 9-11, 24.

徐国庆. 2008. 职业教育课程论 [M]. 上海: 华东师范大学出版社.

徐国庆. 2009. 职业教育项目课程开发指南 [M]. 上海: 华东师范大学出版社.

徐国庆. 2011. 中美职业教育信息化发展水平比较研究 [J]. 教育科学, 27 (2): 80-84.

徐国庆. 2012. 美国职业教育标准体系的构建及启示 [J]. 比较教育研究, (6): 58-61, 71.

徐国庆. 2014. 从项目化到制度化: 我国职业教育教师培养体系的设计 [J]. 教育发展研究, (5): 19-25.

徐国庆. 2014a. 课程衔接体系: 现代职业教育体系构建的基石 [J]. 中国职业技术教育, (21): 187-191.

徐国庆. 2014b. 职业教育国家专业教学标准开发需求调研报告 [J]. 职教论坛, (34): 22-31.

徐国庆. 2015a. 职业教育的教材建设. 职教论坛, (18): 1.

徐国庆. 2015b. 职业教育教材设计的三维理论 [J]. 华东师范大学学报 (教育科学版), (2): 41-48.

徐国庆. 2016a. 现代职业教育的关键要素 [J]. 职教论坛, (15): 1.

徐国庆. 2016b. 中等职业教育还有必要存在吗 [J]. 职教论坛, (3): 1.

徐国庆. 2016c. 中等职业教育如何才能存在 [J]. 职教论坛, (6): 1.

徐红. 2013. 专家型教师培养标准研究 [M]. 北京: 中国社会科学出版社.

徐鹏, 王永锋, 王以宁. 2008. 中英高等教育网络学习平台的比较及启示 [J]. 中国电化教育, (4): 48-52.

徐朔. 2004. 德国职业教育教师培养的历史和现状 [J]. 外国教育研究, 31 (5): 56-59.

徐魏, 刘慧英, 史为民, 等. 2017. 设施农业科学与工程专业应用型本科人才培养模式探讨 [J]. 当代教育实践与教学
　　研究, (3): 61-62.

徐英俊, 王永平. 2012. 准中职师资实践教学能力形成与发展的有效策略 [J]. 职业技术教育, 33 (2): 63-66.

许文博, 黄韬. 2012. 设施农业发展的发展现状与思路建议 [C]// 设施园艺与园艺作物标准化生产技术交流会论文汇编:
　　20-24.

薛春丽, 袁盛勇, 蒋成砚. 2010. 设施农业科学与工程专业生产实习改革的探索与实践 [J]. 吉林省教育学院学报,
　　26 (9): 145-146.

颜海波, 韩永强. 2010. 职业院校"双师型"教师专业能力标准的建构. 河北大学成人教育学院学报, 12 (2): 51-53.

杨超男. 2007. 高职院校"双师型"教师培养研究 [D]. 重庆: 西南大学硕士学位论文.

杨铎, 宁永红, 刘颖. 2015. 中日农业职业教育体系的比较分析及启示 [J]. 教育与职业, (6): 20-23.

杨铎, 宁永红. 2016. 中职本科"3+4"分段培养的现实思考与实施建议 [J]. 教育与职业, (10): 20-24.

杨柳. 2008. 德国"双元制"职教师资培养模式对我国的启示 [D]. 南昌: 江西师范大学硕士学位论文.

杨万里. 2012. 基于探究、合作、创新教育理念的电子教材研发 [J]. 课程·教材·教法, 32 (12): 41-46.

杨延. 2012. 职业教育有效教学评价研究 [J]. 职教论坛, (21): 4-6.

杨振升. 2005. 谈双师型高职教师的内涵及培养 [J]. 教育与职业, (17): 73-74.

姚吉祥. 2010. 应用型本科院校教师实践教学能力缺失及对策研究 [J]. 合肥工业大学学报, 24 (3): 139-142.

叶澜, 白益民, 王枬, 等. 2001. 教师角色与教师发展新探 [M]. 北京: 教育科学出版社.

叶全宝, 李华, 霍中洋, 等. 2004. 我国设施农业的发展战略 [J]. 农机化研究, (5): 36-38.

尹秀玲, 武士勋, 薛艳茹, 等. 2010. 借鉴兄弟院校先进经验加快实验教学中心 (室) 建设 [J]. 河北科技师范学院学报 (社会科学版), 9 (4): 97-100.

应智国. 2002. 高职教育"双师素质"教师队伍建设研究 [J]. 嘉兴学院学报, 14 (6): 85-87.

于玲玲, 宁永红. 2011. 陕西高职院校专业结构和区域经济结构适应性调查与分析 [J]. 教育与职业, (24): 15-18.

于水. 2008. 设施农业发展的现状、问题与对策——以江苏省为例考 [J]. 华中农业大学学报 (社会科学版), (6): 9-14.

余朝阁, 孙周平, 周娣, 等. 2014. 设施农业科学与工程专业实践教学改革途径 [J]. 沈阳农业大学学报 (社会科学版), 16 (2): 203-206.

余金咏, 于泉林, 吉志新, 等. 2015. 以就业为导向的高校植保专业课程教学实习的实践与思考 [J]. 天津农业科学, 21 (7): 89-92.

袁松鹤. 2012. 典型网上教学平台的功能特性对比研究 [J]. 中国远程教育, (7): 12-19.

曾拓. 2003. 教师教学能力研究综述 [J]. 绍兴文理学院学报, 23 (1): 102-105.

翟悦, 宁永红. 2012. 辽宁省中等职业学校专业设置与产业结构适应性分析 [J]. 职教通讯, (25): 15-19, 25.

翟悦, 宁永红. 2013a. 东西部职业教育跨区域合作办学的需求与基础分析 [J]. 教育与职业, (30): 9-11.

翟悦, 宁永红. 2013b. 天津市职业教育跨区域合作办学现状调查分析与对策 [J]. 职教论坛, (18): 81-85.

张保仁, 曹慧, 李媛媛, 等. 2012. 设施农业科学与工程专业实践教学体系的建设与改革 [J]. 中国农业教育, (6): 71-73, 93.

张波. 2007. 论教师能力结构的建构 [J]. 教育探索, (1): 78-80.

张晶. 2006. 高职院校"双师型"教师管理研究 [D]. 长沙: 湖南农业大学硕士学位论文.

张可创. 2004. 德国教师教育的改革思潮 [J]. 外国教育研究, 31 (5): 37-40.

张学军, 张丽颖. 2004. 高职院校"双师型"教师队伍建设探析 [J]. 辽宁高职学报, 6 (5): 134-135.

张勇华. 2002. 高职"双师型"教师专业素质与培养的研究 [D]. 重庆: 西南师范大学硕士学位论文.

张志凯. 2013. 综合实训教学在中职计算机网络技术专业课程中的应用探索 [J]. 职教通讯, (15): 61-62.

张智, 胡晓辉, 李建明. 2016. 设施农业科学与工程专业实践教学体系的建设——以西北农林科技大学为例 [J]. 中国林业教育, 34 (5): 18-22.

赵计平, 刘渝. 2007. 高职教师职业教学能力培训课程开发途径 [J]. 职业技术教育, 28 (16): 58-60.

赵建波, 郭华婷, 岳凤丽. 2013. 郑州市设施农业发展现状与思路 [J]. 农业工程技术 (温室园艺), (5): 34-42.

赵丽丽, 宁永红. 2015. 职技高师近30年招生的历史分析与现实思考——以某职技高师为例 [J]. 中国职业技术教育, (6): 82-87.

赵铁, 林坤勇. 2004. 人才培养质量社会评价指标体系的构建 [J]. 高教论坛, (3): 146-149, 172.

赵雪春. 2006. 职业教育师资队伍建设与发展 [M]. 昆明: 云南大学出版社.

赵正然. 2006. 双师型教师及其培养策略的研究 [D]. 天津: 天津师范大学硕士学位论文.

赵志群. 2003. 职业教育与培训学习新概论 [M]. 北京: 科学出版社.

赵志群. 2009. 职业教育工学结合一体化课程开发指南 [M]. 北京: 清华大学出版社.

郑敏贤, 宁永红. 2014. 中职农科类专业学生数量变化分析及发展建议 [J]. 职教论坛, (6): 23-27.

郑余. 2006. 高职"双师型"教师的内涵识读与培养模式研究 [D]. 杭州: 浙江师范大学硕士学位论文.

中国 CBE 专家考察组, 国家教育委员会, 职业技术教育中心研究所. 1993. CBE 理论与实践 [Z].

钟风林, 林义章, 林碧英, 等. 2011. 设施农业科学与工程专业学生加强实践能力培养的意义及提升对策 [J]. 现代农业科技, (15): 43-45.

衷克定. 2011. 在线学习与发展 [M]. 北京: 高等教育出版社.

周广强. 2007. 教师专业能力培养与训练 [M]. 北京: 首都师范大学出版社.

周合兵, 杨美珠. 2009. 科学编制实验教学大纲的实践和探索 [J]. 实验科学与技术, 7 (1): 96-98.

周磊. 2012. CELTS-41.1 教育资源建设技术规范难点实现 [J]. 电脑知识与技术, 8 (24): 5755-5757.

周倩. 2008. 专业标准：从萌芽走向成熟［J］. 现代大学教育，（6）：90-95，111.

朱旭东，李琼. 2011. 教师教育标准体系研究［M］. 北京：北京师范大学出版社.

朱雪梅，叶小明. 2010. 高职教师专业能力标准的制定依据探析［J］. 职业技术教育，31（7）：46-49.

朱雪梅. 2010. 高职教师专业能力标准的内涵与框架［J］. 职业技术教育，31（1）：56-58.

朱远胜. 2011. 高职课堂教学质量评价体系存在的问题及解决策略［J］. 职业教育研究.（12）：57-58.

祝吉芳. 2010. 高校课程教学大纲的编写与执行——美国的经验与中国的实践［J］. 社会科学战线，（1）：276-277.

Albers C. 2003. Using the syllabus to document the scholarship of teaching[J]. Teaching Sociology, (31): 60-72.

Parkes J, Harris M B. 2002. The purposes of a syllabus[J]. College Teaching, 50(2): 55-61.

Taylor C, Peat M, May E, et al. 2007. Does the new biology syllabus encourage students to think differently about their biology knowledge? [J]. Teaching Science, 53(3): 23-26.

致　　谢

特别感谢对本项目做出贡献的领导、专家、学者及相关单位！

一、教育部、财政部职业院校教师素质提高计划职教师资培养资源开发项目专家指导委员会

主　任　刘来泉

副主任　王宪成　郭春鸣

成　员（按姓氏汉语拼音排序）

曹　晔　崔世钢　邓泽民　刁哲军　郭杰忠　韩亚兰　姜大源　李栋学

李梦卿　李仲阳　刘君义　刘正安　卢双盈　孟庆国　米　靖　沈　希

石伟平　汤生玲　王继平　王乐夫　吴全全　夏金星　徐　流　徐　朔

张建荣　张元利　周泽扬

二、教育部、财政部职业院校教师素质提高计划职教师资培养资源开发项目专家指导委员会第三组（农林牧渔、土木类）专家组

组　长　汤生玲

成　员（按姓氏汉语拼音排序）

曹　晔　卢双盈　徐　流　张建荣

秘　书　鲍同梅　郑建萍

三、"《设施农业科学与工程》专业职教师资培养标准、培养方案、核心课程和特色教材开发"（VTNE058）专家咨询委员会

高等院校（按姓氏汉语拼音排序）

刁哲军　河北师范大学

丁德全　承德石油高等专科学校

董存田　江苏理工学院

姜大源　教育部职业技术教育中心研究所

刘君义　吉林工程技术师范学院

石伟平　华东师范大学

徐国庆　华东师范大学

赵志群　北京师范大学

邹志荣　西北农林科技大学

中高职院校（按姓氏汉语拼音排序）

陈少华　海南省农业学校
陈杏禹　辽宁农业职业技术学院
黄广学　北京农业职业学院
李劲松　日照市农业学校
连进华　邢台现代职业学校
凌志杰　迁安市职业技术教育中心
孙景余　秦皇岛职业技术学院
田冬梅　昌黎县第三中学
田与光　迁安市职业技术教育中心
王秀娟　黑龙江农业工程职业学院
王月英　北京农业职业学院
肖家彪　青县职业技术教育中心
杨作龄　卢龙县职业技术教育中心
张宏荣　玉田县职业技术教育中心

设施农业行业（按姓氏汉语拼音排序）

安　学　秦皇岛市润果生态农业开发有限公司
邸亚林　卢龙县福临瑞果蔬种植专业合作社
刘兆勇　昌黎县勇正蔬菜专业合作社
苏俊坡　乐亭县农牧局
谭景辉　乐亭县金畅果蔬专业合作社
万文来　秦皇岛市金农农业科技有限公司
王艳侠　秦皇岛市蔬菜管理中心
武春成　张家口市蔚县科技局
项　平　昌黎县农林畜牧水产局
张　宁　昌黎县农林畜牧水产局
张　生　卢龙县德惠种植专业合作社
张立君　抚宁区农牧水产局
郑悦忠　秦皇岛市蔬菜管理中心

四、"《设施农业科学与工程》专业职教师资培养标准、培养方案、核心课程和特色教材开发"（VTNE058）项目专家顾问委员会

（按姓氏汉语拼音排序）

崔万秋　河北科技师范学院
房　海　河北科技师范学院
李佩国　河北科技师范学院
马爱林　河北科技师范学院
王同坤　河北科技师范学院
武士勋　河北科技师范学院

项殿芳　河北科技师范学院
辛彦怀　河北科技师范学院
赵　友　河北科技师范学院
赵宝柱　河北科技师范学院

五、"《设施农业科学与工程》专业职教师资培养标准、培养方案、核心课程和特色教材开发"（VTNE058）项目主研人名单

（按姓氏汉语拼音排序，带*者为项目研发核心组成员）

包艳青　毕开颖　边卫东　曹　霞　陈俊琴　陈杏禹　陈秀敏　程　超
崔万秋　狄文伟　丁　明　董海泉　董慧超　董立娇　范　博　冯志红
付蕾高　玉　峰　耿立英　龚俊良　贺桂欣*　胡晓辉　吉志新　贾永霞
靳亚忠　李　琛　李集周　李建军　李琳琳　李青云　李双民　李双玥
李晓丽　李育华　李云飞　李政厉　凌　云　凌志杰　刘桂红　刘桂智*
刘静波　刘素稳　刘伟洋　刘玉艳　刘振林　路宝利*　马爱林　毛秀杰
聂庭斌　宁永红*　齐福高　齐慧霞　秦　文　石　玉　宋聚红　宋士清*
苏翠军　睢晓蕾　田冬梅　汪　洋　王　晶　王久兴*　王秀娟　王振玉
王子华　吴佳露　吴素霞　武春成*　项殿芳　谢兆森　许传强　闫立英
闫志军　杨春燕　杨　靖*　杨　晴　杨英霞　余金咏　翟陆陆　张广华
张会芳　张吉军　张慎好　张卫国　张　毅　张　勇　张　智　赵会芝
赵建功　赵　瑞　赵　帅　赵　友　郑冠群　周　琪　朱京涛　朱玉莲
邹志荣　祖秀颖